U0328046

“新闻出版改革发展项目库”入库项目
“十二五”国家重点图书

特殊钢丛书

软磁铁素体不锈钢

刘亚丕　石康　著

北京
冶金工业出版社
2021

内容提要

本书从磁性角度出发，详细论述了不锈钢材料的微观结构及其对性能的影响，并对影响不锈钢磁性能的因素进行了分析。在此基础上，对现代铁素体不锈钢材料的分类及其主要性能指标进行了解释和说明，并对现代铁素体不锈钢的性能特点进行了分析。重点讨论了现代铁素体不锈钢材料应用中的一些问题，包括铁素体不锈钢的性能特点、显微结构对性能的影响、耐腐蚀性能及合金元素对不锈钢性能的影响，还包括各种影响因素对铁素体不锈钢磁性能的影响以及铁素体不锈钢和马氏体不锈钢的磁性能特点等。

本书可对人们正确认识和使用不锈钢起借鉴作用，为从事铁素体不锈钢生产和磁性应用方面的专业技术人员提供一定的理论指导，也可供磁应用设计使用人员及相关人员参考。

图书在版编目(CIP)数据

软磁铁素体不锈钢/刘亚丕，石康著．—北京：冶金工业出版社，2019.1（2021.3 重印）
（特殊钢丛书）
ISBN 978-7-5024-7977-0

Ⅰ.①软…　Ⅱ.①刘…　②石…　Ⅲ.①软磁材料—铁素体—不锈钢　Ⅳ.①TG142.71

中国版本图书馆 CIP 数据核字（2018）第 297925 号

出 版 人　苏长永
地　　址　北京市东城区嵩祝院北巷 39 号　邮编　100009　电话　(010)64027926
网　　址　www.cnmip.com.cn　电子信箱　yjcbs@cnmip.com.cn
责任编辑　于昕蕾　美术编辑　吕欣童　版式设计　孙跃红
责任校对　石　静　责任印制　禹　蕊
ISBN 978-7-5024-7977-0
冶金工业出版社出版发行；各地新华书店经销；北京虎彩文化传播有限公司印刷
2019 年 1 月第 1 版，2021 年 3 月第 2 次印刷
169mm×239mm；19.75 印张；381 千字；295 页
64.00 元
冶金工业出版社　投稿电话　(010)64027932　投稿信箱　tougao@cnmip.com.cn
冶金工业出版社营销中心　电话　(010)64044283　传真　(010)64027893
冶金工业出版社天猫旗舰店　yjgycbs.tmall.com
（本书如有印装质量问题，本社营销中心负责退换）

《特殊钢丛书》

编辑委员会

主　　编　徐匡迪

编　　审　刘嘉禾　杨树森　董　瀚

编　　委　（按姓氏笔画为序）

马绍弥　王一德　王洪发　毛新平　兰德年

刘正东　刘　宇　刘剑辉　刘振清　孙开明

朱　荣　李士琦　李正邦　李依依　李国忠

李鹤林　张晓刚　陈　列　陈国良　陈思联

林慧国　洪及鄙　钱　刚　殷国茂　董学东

《特殊钢丛书》序言

特殊钢是众多工业领域必不可少的关键材料，是钢铁材料中的高技术含量产品，在国民经济中占有极其重要的地位。特殊钢材占钢材总量比重、特殊钢产品结构、特殊钢质量水平和特殊钢应用等指标是反映一个国家钢铁工业发展水平的重要标志。近年来，在我国社会和经济快速健康发展的带动下，我国特殊钢工业生产和产品市场发展迅速，特殊钢生产装备和工艺技术不断提高，特殊钢产量和产品质量持续提高，基本满足了国内市场的需求。

目前，中国经济已进入重工业加速发展的工业化中期阶段，我国特殊钢工业既面临空前的发展机遇，又受到严峻的挑战。在机遇方面，随着固定资产投资和汽车、能源、化工、装备制造和武器装备等主导产业的高速增长，全社会对特殊钢产品的需求将在相当长时间内保持在较高水平上。在挑战方面，随着工业结构的提升、产品高级化，特殊钢工业面临着用户对产品品种、质量、交货时间、技术服务等更高要求的挑战，同时还在资源、能源、交通运输短缺等方面需应对日趋激烈的国内外竞争的挑战。为了迎接这些挑战，抓住难得发展机遇，特殊钢企业应注重提高企业核心竞争力以及在资源、环境方面的可持续发展。它们主要表现在特殊钢产品的质量提高、成本降低、资源节约型新产品研发等方面。伴随着市场需求增长、化学冶金学和物理金属学发展、冶金生产工艺优化与技术进步，特殊钢工业也必将日新月异。

从20世纪70年代世界第一次石油危机以来，工业化国家的特殊钢生产、产品开发和工艺技术持续进步，已基本满足世界市场需求、资源节约和环境保护等要求。近年来，在国家的大力支持下，我国科研院所、高校和企业的研发人员承担了多项国家科技项目工作，在特殊钢的基础理论、工艺技术、产品应用等方面也取得了显著成绩，特别是近20年来各特钢企业的装备更新和技术改造促进了特殊钢行业进步。为了反映特殊钢技术方面的进展，中国金属学会特殊钢分会、先进钢铁材料技术国家工程研究中心和冶金工业出版社共同发起，并由先进钢铁材料技术国家工程研究中心和中国金属学会特殊钢分会负责组织编写了新的《特殊钢丛书》，它是已有的由中国金属学会特殊钢分会组织编写《特殊钢丛书》的继续。由国内学识渊博的学者和生产经验丰富的专家组成编辑委员会，指导丛书的选题、编写和出版工作。丛书编委会将组织特殊钢领域的学者和专家撰写人们关注的特殊钢各领域的技术进展情况。我们相信本套丛书能够在推动特殊钢的研究、生产和应用等方面发挥积极作用。本套丛书的出版可以为钢铁材料生产和使用部门的技术人员提供特殊钢生产和使用的技术基础，也可为相关大专院校师生提供教学参考。本套丛书将分卷撰写，陆续出版。丛书中可能会存在一些疏漏和不足之处，欢迎广大读者批评指正。

《特殊钢丛书》编委会主编
中国工程院院长　徐匡迪

2008年夏

前　言

本书是产学研合作的产物。新昌是国内最大的空调用四通阀生产基地之一，2002 年国内空调四通阀市场急需一种 1.4105 软磁易切削不锈钢来替代进口产品。当时，国外的产品不但品种单一、价格高、备货周期长，而且常常断货，企业不得不通过增加库存来应对。于是，我们与绍兴康健精密不锈钢有限公司合作，开发出了替代进口的 430F 系列产品，并进行了产业化生产。以此为出发点，我们开始了与企业的长期密切合作，合作内容涉及生产、研发、销售等各个方面。在此过程中，我们的合作也受到了作为国家科技进步示范县的浙江省新昌县人民政府的大力支持，特别是新昌县科技局给予了许多帮助。目前全国唯一一个县域国家科技成果转化服务示范基地落户新昌，在新昌县科技局的支持下，作为产学研合作的产物，新昌县政府出资成立了中国计量大学新昌研究院，使我们以后的产学研合作真正落地在了新昌。

随着科研、生产的深入和对市场的不断开拓，我们也在学习中不断成长。后来发现，这类材料不仅仅用在空调四通阀中，软磁不锈钢也不仅仅只有这一个品种。为了满足市场需求，也为了企业发展的需要，我们开始了在软磁不锈钢这个领域中的开拓。

材料是人类文明发展的先导，人类文明的划分是以材料为标志的：旧石器时代、新石器时代、铜器时代、铁器时代、半导体时代、新材料时代。而 2025 中国制造就是以材料为基础。人们应该还记得，在 2015 年 12 月 18~21 日召开的中央经济工作会议上，“去产能”被列为 2016 年五大结构性改革的任务之首。2016 年 1 月 4 日是第一个工作日，这一天李克强总理是在山西度过的。总理在会上强调，一方面，我国钢铁产量严重过剩，但是另一方面，我国仍然需要进口一些特殊品类的高质量钢材。这时人们才意识到，圆珠笔头上的“圆珠”用钢，当时仍然需要进口。也就是说，一方面是普通钢种产能过剩，另一方面是大量进口特殊钢种。这些都说明了我国对钢铁产业进行结构调整的迫切性和必要性。

“圆珠”用钢这种不锈钢只需要解决易切削问题，而我们研究的软磁不锈钢，不但要易切削，还要求具有好的软磁性能、焊接性能等。当然，软磁不锈钢的品种很多，包括水阀、油阀、气阀等，在汽车发动机、电动工具、小家电等中有着广泛的应用，而我国在这方面的研究资料严重缺乏，长期存在的情况是，研究不锈钢的人不懂磁学，而学习磁学的人又不懂炼钢，由此造成了国内的现状。我们只能一边干，一边摸索。冶金工业出版社出版的《特殊钢丛书》，也就是希望为国内的特殊钢行业做出一些贡献。

软磁材料的用途十分广泛，有时甚至超出人们的想象。随着信息技术及自动控制技术的发展，软磁材料的使用量已经十分巨大，应用领域也十分广阔，并且其用量还在以一定的速度逐年递增。从应用角度，在高频领域，考虑到低损耗的要求，一般都使用铁氧体材料或薄膜材料，铁氧体材料的唯一缺点是其饱和磁化强度 M_S 低，室温下其 $\mu_0 M_S$ 只有 0.5T 左右。在低频、直流领域，一般都使用金属基软磁材料及非晶、纳米晶材料。这些材料的最大特点是饱和磁化强度 M_S 大，但缺点是电阻率不够高，所以在使用时也要考虑如零件尺寸、材料厚度等对性能的影响。

在使用金属基磁性材料的过程中，除了作为功能材料外，由于其良好的强度、硬度及塑性，在有的情况下还可作为支撑材料、结构材料使用，这就给器件的设计带来很大的灵活性和优越性，也使得轻量化、小型化、便携化成为可能。因为这样既可以节约材料，缩小器件的体积和质量，进而又可以降低成本。为了增加材料的环境适应性，有时还需要材料具有一定的抗氧化、耐高温和耐腐蚀能力，不锈钢在这方面就具有突出的优势。

随着自动控制技术及智能化技术的迅猛发展，软磁材料在电子器件上的应用越来越多。在直流和低频、大功率器件中，以前常用的软磁材料是纯铁和硅钢。这两种材料在加工成元件后为确保其耐蚀性就必须加以电镀，或者增加防锈涂层，这样既增加了生产成本又有环境污染问题。在某些特殊的使用环境下，既要求软磁材料具有良好的软磁性能和电性能，又要求有良好的耐腐蚀性，因此研究开发具有优异磁性能的不锈钢就显得非常必要，而且该类材料具有广阔的市场潜力和应用前景。

随着国民经济的持续稳定发展，人民的物质生活水平日益提高，不锈钢因其具有抗腐蚀、耐高温、强度高、表面精美、百分之百可回收等无与伦比的良好性能，广泛应用于建筑、交通、能源、石化、环保、城市景观、医疗、餐饮等各个领域，并逐渐被人们所接受。在自动化及家用电器中也获得了广泛的应用，不锈钢越来越多地走进了寻常百姓的日常生活。社会消费层次对不锈钢的需求日益增大，不锈钢的使用量甚至被作为一项衡量社会发达程度和生活水平高低的重要指标。随着不锈钢使用量的增加，人们越来越关注不锈钢的各种性能，包括磁性能。本书将在这方面进行系统介绍，以期对人们能正确地认识、使用不锈钢提供借鉴，并引起相关专业人员的关注。

作为我们对市场不断研究和思考的总结，本书的部分内容在2016年年初曾以论文形式连载发表在《磁性材料及器件》杂志上，并引起了人们的广泛关注。以该论文为基础，进行适当的补充，并加入一些新的内容，构成了本书的主要内容。为了使本书的体系相对更加完整，在本书一开始首先介绍了一些本书涉及的磁学和金属学方面的专业知识，还介绍了关于腐蚀的专业知识，作为对本书知识的一个补充。关于不锈钢的知识和有关磁学的知识非常多，本书不可能成为一本百科全书，有许多内容并未在书中出现，这并不是因为这些知识不重要，而是不得不有所取舍。因为这本书面对的是广大不锈钢从业人员和用户，多数人并未系统学习过有关不锈钢和磁学的知识，因此，书中的知识更多地是普及性质的，对书中内容的取舍也是根据我们这么多年与客户打交道的经验。对于客户普遍关心的一些共性问题，我们做了重点阐述。当然，这有时也是因为作者的偏好。如果想知道一些更深入的知识，可以参考更专业的有关不锈钢知识的书籍和关于磁学知识的书籍，这方面的书籍有很多，书后也有一个列表，列出了作者认为重要的参考书目，但未列入外文书籍，供大家参考。

在长期的研究过程中，资料的收集整理是一个漫长的过程。铁素体不锈钢作为软磁材料，虽然已经使用了很长一段时间，应用也十分广泛，但铁素体不锈钢一直不被认为是传统意义上的软磁材料。马氏体不锈钢具有铁磁性，因此也可以当作软磁材料来使用，虽然历史上一度曾把淬火马氏体钢作为永磁材料来使用。但是一直缺乏铁素体不锈钢和马氏体不锈钢作为软磁材料的文献资料。有的资料大多是国外一些钢厂做的宣传材料和资料。我们也搜集整理过一些国内外的文献资料，当时只是为了解决生产实际中存在的问题，没有想到会结集出版，因此，有些资料已经记不清楚来源，也无法查证出处，在此深表歉意。

在这个过程中，我们也搜集了一些国外的样品，对磁性能进行了测试分析，典型数据见本书第11章，供同行参考。

本书中涉及的所有产品的研制和生产都是在绍兴康健精密不锈钢有限公司完成的，并得到了该公司技术部石凯鸣，销售部石凯翔、周焊峰及陈金钗等人的热情帮助。书中所论述的问题也几乎全部来自于企业生产实际和服务客户的结果，康健公司销售部帮助搜集了国外的样品，样品的测试都是在中国计量大学国家磁性材料及其制品质量监督检验中心（浙江）完成的，王子生老师帮助测试了部分样品。对以上人员的帮助在此表示衷心感谢。

本书得到了中国计量大学材料科学与工程学院重点学科建设的支持，在此深表谢意。本书也得到了绍兴康健精密不锈钢有限公司董事长石健先生的大力支持，在此表示感谢。

虽然关于不锈钢甚至铁素体不锈钢的专业书籍在国内外已有很多，但是讨论大都是从奥氏体不锈钢角度来进行的。有些资料中虽有涉及磁性的内容和知识，却大都不完善，至今未有专门讨论不锈钢磁性的专业书籍问世。为了填补这方面的缺憾，更希望为从事软磁铁素体不锈钢生产和应用的人士提供一些专业知识，本书从磁性入手来论述不锈钢，也是一种尝试。

我们是从磁学入手研究不锈钢，对不锈钢还是外行。关于磁性的论述和关于不锈钢的论述，我们也仅仅是从实用主义的角度出发来选取。本书如果能对从事此行业的专业人士有所裨益，对想从事此行业的人士能有所帮助，我们将深感欣慰。限于我们的能力，书中如有不当之处，请不吝指正，以便以后有机会再版时更正。

在此，感谢家人和亲属们的理解和支持。感谢我的导师兰州大学葛世慧教授多年来的培养，感谢恩师王力平老师几十年来的教导、支持和鼓励。

作者谨识

2018年9月

目　　录

1 磁学基础知识

磁学是研究物质磁性的科学。

磁学主要由三部分知识组成：铁磁学、磁性材料和磁性测量。这三方面的内容组成了材料、科学、工程三个方面互相依存的知识体系。铁磁学主要研究物质磁性的起源及其在磁场作用下变化的基本规律。磁性材料主要研究磁性材料的相关知识，包括材料的结构、制备、应用及磁学性质等。要研究磁性材料、研发新材料，离不开铁磁学理论，而要理解铁磁学的理论，又离不开磁性材料，更离不开磁性测量。这三个方面互相促进，不断向新领域扩展。

磁学知识是一个很庞大的知识体系，涉及很多非常专业的理论知识，这些知识抽象繁杂，不易掌握。为了使读者对本书的内容有一个比较好的理解，我们对书中所涉及的磁学专业知识做一些简单的介绍。要想非常简单地把磁学知识说清楚，方便读者理解，也是一件很难的事情。

1.1 磁场和磁场强度

磁性是物质的一种根本属性。

磁性材料具有很强的磁性，并且，在不同外界磁场作用下会表现出不同的规律性。

最早发现的磁石是天然磁铁矿石，其化学成分是四氧化三铁（Fe_3O_4），人们称之为磁铁。现在的磁铁都是人工制成的。磁性材料是最基本的功能材料，有电就有磁，人们的生活离不开磁，现代的高科技装备更是离不开磁性材料。

1.1.1 磁铁的磁场

如果将一块条形磁铁放到磁性微粒（如铁屑）中，靠近磁铁两端会吸引非常多的铁屑（图 1-1），即条形磁铁的两端磁性特别强。磁性较强的区域称为磁极。如果将磁铁棒或细长的磁针悬挂起来，使它能在水平面内自由转动（图 1-2），则磁极两端总是分别指向地球的南方和北方。我们将指北的一端称为北极（用 N 表示），指南的一端称为南极（用 S 表示），这也说明地球是一个大的磁铁。电流也可以产生磁场。

一块磁铁总是存在 N 极和 S 极。磁极之间还有相互作用力——磁力。同号磁极相斥，异号磁极相吸。磁极（或电流）会在自己周围的空间里产生一个磁场，

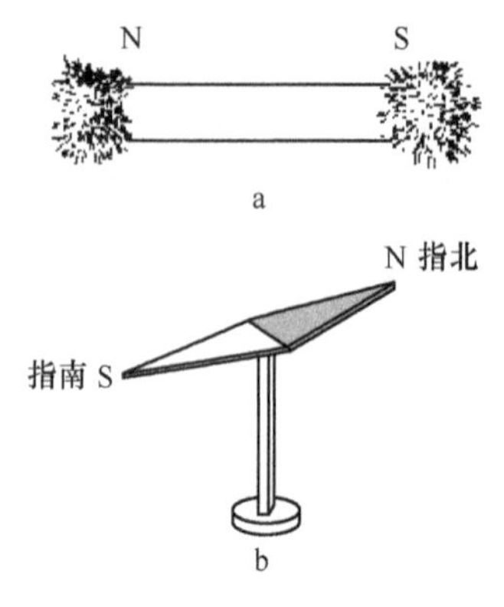

图 1-1　磁铁的磁极
a—磁铁棒；b—磁针

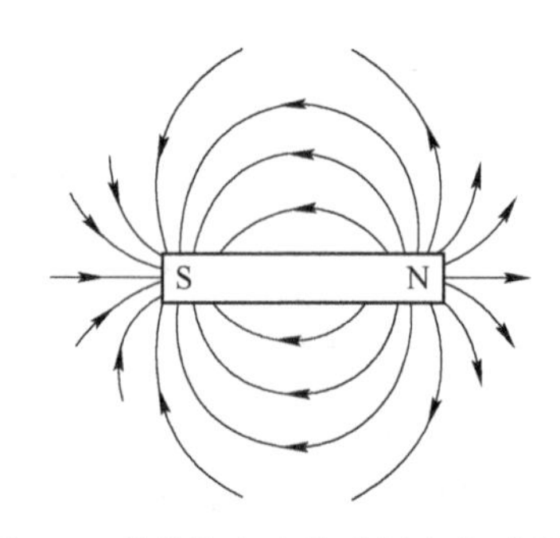

图 1-2　磁铁棒产生的磁场方向示意图

这样，磁极或电流之间的相互作用就是通过磁场来传递的。磁场的最基本的性质之一是对任何置于其中的其他磁极或电流施加作用力。

磁场的分布可用磁感应线来描述。在真空或非磁性介质中，人们常常简称为磁力线。磁棒之所以能吸引铁屑，也是因为磁铁在它的四周产生了磁场。磁棒的磁力线，是从 N 极出发走向 S 极，如图 1-2 所示。下面将看到，通电螺线管在外部空间产生的磁力线与磁棒十分相似，是从螺线管的一端（称作等效 N 极）出发走向另一端（称作等效 S 极）。但在螺线管内部，却是从 S 极走向 N 极的，形成了一个闭合回路。

磁场的大小通常用磁场强度 $\boldsymbol{H}$ 来描述。如图 1-2 所示，磁铁棒的磁场强度 $\boldsymbol{H}$ 是随地点变化的。

1.1.2　磁场

磁场是磁学中最基本的概念之一。当一个空间体积中产生磁场时，就意味着该体积的能量有一个变化。这种能量可以用它产生的力来测量（如作用在载流导体上的力），也可以通过磁场中电荷的加速运动来体现。此外，磁场还能使磁矩（比如磁棒）发生转动，甚至可以使电子自旋再取向。这些物理效应都是存在磁场的具体体现。

磁场的来源有两个：（1）电流（电荷运动）；（2）永磁体（与材料的磁特性紧密相连）。

描述磁场的物理量是磁场强度 $\boldsymbol{H}$，磁场强度是矢量，单位是安/米（A/m）。

1.1.3　电流产生的磁场

电流具有磁效应，说明磁场也可以用电流来产生。当导线通电后，在导线的周围会产生磁场，可以用这种磁场对磁性材料进行磁化，如电感器件的磁芯、电磁阀中的动铁芯等都是用线圈来驱动的。

1.1.3.1 载流无限长直导线产生的磁场

如图 1-3a 所示，在无限长直导线中通以电流 I(A)，则在离导线的距离为 r(m) 的 P 点的磁场强度为

$$H=\frac{I}{2\pi r} \tag{1-1}$$

H 的单位为安/米（A/m）。H 的方向符合右手螺旋定则，如图 1-3b 所示，即垂直纸面向里。

从式（1-1）可以看出，磁场强度的大小与电流成正比。由于直导线产生的电流不强，因此，多采用环形线圈。

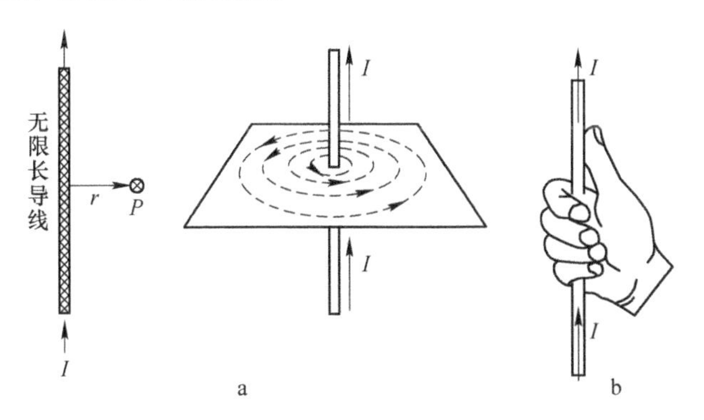

图 1-3 载流无限长直导线在 P 点产生的磁场

1.1.3.2 圆电流轴线上产生的磁场

如图 1-4a 所示，有一半径为 R，通电流为 I 的细导线圆环，中心点为 O。轴线上距圆心 O 点 r 处的 P 点的磁场强度为（如果 $r \gg R$）

$$H=\frac{IS}{2\pi r^3} \tag{1-2}$$

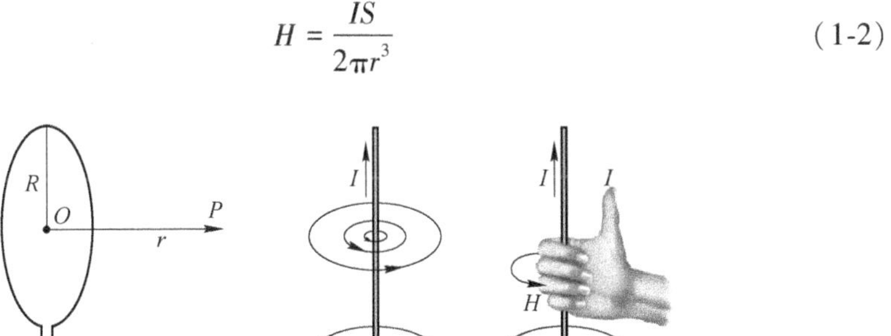

图 1-4 载流环形线圈

式中，S 是圆环的面积。如果 $r=0$，即在圆心 O 处的磁场强度为

$$H = \frac{I}{2R} \tag{1-3}$$

H 的方向符合右手螺旋定则，如图 1-4b 所示，即从 O 点指向 P 点。

从式（1-3）可以定义磁场强度 $\boldsymbol{H}$ 的单位。A/m 的定义：1A/m 的磁场强度就是直径 1m 的单匝圆线圈通以 1A 电流时在其中心处产生的磁场强度。

1.1.3.3　载流螺线管产生的磁场

如图 1-5a 所示，绕在圆筒上的螺线圈，叫螺线管。设螺线管的半径为 R，总长为 L，单位长度的匝数为 n。如图 1-5b 所示。图 1-5c 显示了螺线管的磁场分布，可以看到螺线管内一点的磁场在很大的范围内是均匀的，其大小为

$$H = nI \tag{1-4}$$

对于无限长螺线管，其管内的磁场处处均匀，大小均如式（1-4）所示。

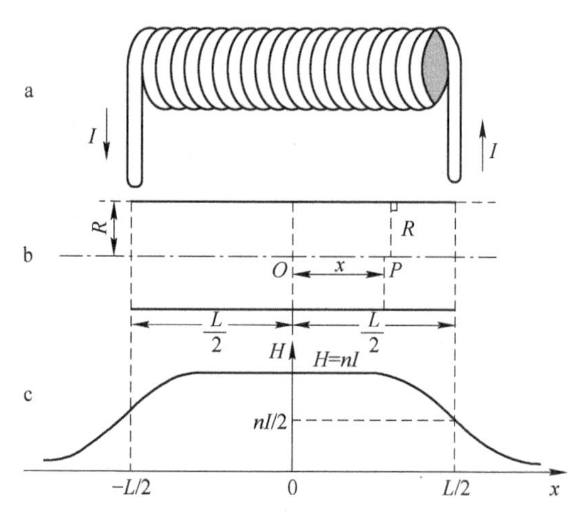

图 1-5　载流螺线管中的磁场

1.1.3.4　螺绕环产生的磁场

如图 1-6 所示，设有一较细的螺绕环，平均半径为 R，总匝数为 N。根据轴的对称性可知，在与环共轴的圆周上，磁场强度 H 的大小相等，方向沿圆周的切线方向，符合右手螺旋定则：

$$H = nI \tag{1-5}$$

式中，n 是单位长度的匝数，$n = \dfrac{N}{2\pi R}$。

公式（1-5）与无限长螺线管中磁场的公式（1-4）相同。螺绕环以外的磁场强度 $H \approx 0$。

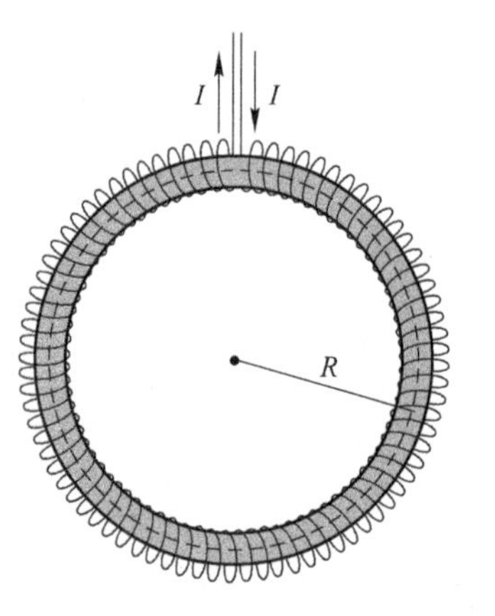

图 1-6　螺绕环的磁场

1.2　磁感应强度

前面通过对电流产生的磁场强度 $\boldsymbol{H}$ 的计算表明，磁场强度 $\boldsymbol{H}$ 仅取决于产生磁场的电流分布，而与磁介质的性质无关。

当电流在介质中产生磁场 $\boldsymbol{H}$ 时，介质的响应就是其磁感应强度 $\boldsymbol{B}$，有时也称为磁通密度。磁感应强度的单位是特斯拉（T）。

所有介质都有一定的磁感应（包括真空），磁感应强度 $\boldsymbol{B}$ 和磁场强度 $\boldsymbol{H}$ 之间的联系是一个被称之为介质磁导率 μ 的特性参数。在真空中，磁感应强度 B 和磁场强度 H 之间的关系可以表示为

$$B = \mu_0 H \tag{1-6}$$

式中，μ_0 是真空的磁导率，$\mu_0 = 4\pi \times 10^{-7}$，单位是亨利/米（H/m）。

在许多介质中，B 是 H 的线性函数，尤其是在自由空间，可以写成式（1-6）。

在其他介质中，尤其是铁磁体和亚铁磁体中，B 不再是 H 的线性函数，甚至不是 H 的单值函数。但是，B 和 H 最终仍然由介质磁导率 μ 通过式（1-7）联系起来：

$$B = \mu H \tag{1-7}$$

在顺磁体和抗磁体中，H 值在很大范围内变化时 μ 都是常数。但在铁磁体中，μ 随 H 的变化而剧烈变化。

在磁感应强度为 B 的匀强磁场中，有一个面积为 S 且与磁场方向垂直的平面，磁感应强度 B 与面积 S 的乘积，叫做穿过这个平面的磁通量，简称磁通。磁通量是标量，符号为 Φ，单位是韦伯（Wb）。磁通量也可以理解为磁感应线的数目，这样，磁感应强度 B 就是通过单位垂直面积的磁感应线数目，即磁感应线的数密度。因此，磁感应强度 B 还有另外一个单位，Wb/m^2，$1T = 1Wb/m^2$，因此也被称为磁通密度。在磁力线密集的地方，磁通密度 B 就大，在磁力线稀疏的地方，磁通密度 B 就小。

磁通量是由存在于介质中的磁场引起的。一个给定的磁场强度 H 所产生的磁通量的大小依赖于介质的性质并随介质不同而改变，因为不同的介质会产生不同的磁感应强度 B。

1.3　铁磁物质的磁化和磁化强度

1.3.1　磁矩

磁矩是表征磁偶极子磁性强弱的一个物理量。

一个磁体的两端具有极性相反而强度相等的两个磁极，它表现为磁体外部磁力线的出发点和汇集点。当磁体无限小时，就成为一个磁偶极子。

通常，我们把尺度小到原子的小磁体称为磁偶极子，前面提到的磁针和条形

磁铁也是磁偶极子，因为它们尺度较大，所以称为宏观磁偶极子。这些磁偶极子在磁场中都会受到转矩的作用，使它们沿外磁场方向排列，这是因为每个磁偶极子都有一个磁矩 $\boldsymbol{m}$。

磁偶极子所产生的外磁场与在同一位置上的一个无限小面积的电流回路（电流元）产生的外磁场相等效。因此，我们可以从磁极模型定义磁矩 $\boldsymbol{m}$，也可以从电流模型定义磁矩 $\boldsymbol{m}$。磁极模型和束缚电流模型都可以描述磁矩的起源，两者是等效的。

由式（1-2）可以看出，在产生磁场时，圆电流的 IS 是作为一个整体出现的。因此，如图 1-7 所示，定义圆电流的磁矩 $\boldsymbol{m}$ 为：

$$\boldsymbol{m} = IS\boldsymbol{e}_n \tag{1-8}$$

式中，$\boldsymbol{e}_n$ 为圆环平面的法线方向。

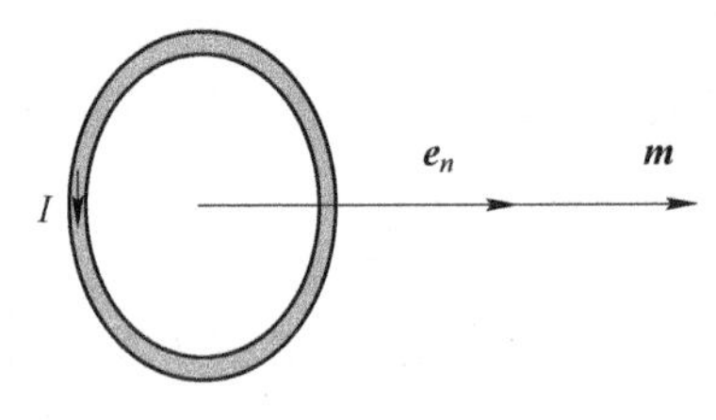

图 1-7　磁矩

磁矩 $\boldsymbol{m}$ 的单位是安·米^2（$A \cdot m^2$）。

电子具有自旋磁矩。电子绕原子核转动，相当于一个圆电流，因此，电子还具有轨道磁矩。原子或离子的磁矩就是其所包含的电子的自旋磁矩和轨道磁矩的矢量和。

这里还需要说明的是，磁偶极矩 $\boldsymbol{j}_{\mathrm{m}}$ 与磁矩 $\boldsymbol{m}$ 具有相似的物理意义，只是单位不同，数值不同。它们的关系为 $\boldsymbol{J}_{\mathrm{m}}=\mu_0\boldsymbol{m}$，$\boldsymbol{J}_{\mathrm{m}}$ 的单位是韦伯·米（$Wb \cdot m$）。

1.3.2　磁化强度和磁极化强度

能反映材料对磁场响应的物理量是磁矩和磁化强度，由此可以定义另一个描述与磁化特性密切相关的物理量，即磁化率。

磁化强度矢量是为了描述材料的磁化状态（磁化方向和强度）而引入的，是矢量，用符号 $\boldsymbol{M}$ 表示。根据实验观察，铁磁物质内分成许多磁畴，每个磁畴内的原子磁矩都平行排列。但铁磁物质对外是否显示磁性，取决于这些磁畴磁矩的共同表现（矢量和）。

磁化强度 $\boldsymbol{M}$：磁化强度矢量的定义是固体中单位体积内各个磁矩的矢量和。

$$\boldsymbol{M}=\frac{\sum \boldsymbol{m}_i}{V} \tag{1-9}$$

当外界磁场强度 $\boldsymbol{H}=0$ 时，如果 $\sum \boldsymbol{m}_i=0$，则 $\boldsymbol{M}=0$，表示物体未被磁化。加上外磁场后，$\boldsymbol{H}\neq 0$，由于 $\sum \boldsymbol{m}_i \neq 0$，其方向沿 $\boldsymbol{H}$ 方向，因此，$\boldsymbol{M}$ 是一个能够反映出物质磁化状态的物理量，单位是安/米（A/m）。

材料单位体积内的磁偶极矩的矢量和称为磁极化强度 $\boldsymbol{J}$，单位是特斯拉（T）。磁极化强度 $\boldsymbol{J}$ 和磁化强度 $\boldsymbol{M}$ 的关系是：

$$\boldsymbol{J}=\frac{\sum \boldsymbol{J}_m}{V}=\mu_0\boldsymbol{M} \tag{1-10}$$

磁极化强度 $\boldsymbol{J}$ 与磁化强度 $\boldsymbol{M}$ 具有相似的物理意义，只是单位不同，数值不同。

1.3.3 饱和磁化强度

外界磁场 $\boldsymbol{H}$ 的作用是可以使物质内部各磁矩 $\boldsymbol{m}_i$ 都转向 $\boldsymbol{H}$ 方向，即磁场 $\boldsymbol{H}$ 的施加会使磁场 $\boldsymbol{H}$ 方向的磁化强度 $\boldsymbol{M}$ 增加。如果在起始状态下铁磁体没有被磁化（对外不显示磁性），则随着 $\boldsymbol{H}$ 的增加，材料沿 $\boldsymbol{H}$ 方向的 $\boldsymbol{M}$ 会增大。当 $\boldsymbol{H}$ 足够大时，所有的 $\boldsymbol{m}_i$ 全都会在与磁场 $\boldsymbol{H}$ 平行的方向排列，这时再增加磁场，$\boldsymbol{M}$ 的大小也不会再增加。也就是说，即使 $\boldsymbol{H}$ 无限制地增大，磁化强度 $\boldsymbol{M}$ 最终会在一个值上达到饱和，这时我们称达到了饱和磁化，这时的磁化强度矢量称为饱和磁化强度矢量 $\boldsymbol{M}_S$。

饱和磁化代表了这样一种情况：材料中所有的磁矩都沿着磁场 $\boldsymbol{H}$ 的方向平行排列。可见，饱和磁化强度仅仅取决于原子磁矩 $\boldsymbol{m}_i$ 的大小和每单位体积的原子数 n。如果一种材料每单位体积内有 n 个基本的原子磁矩，每个磁矩为 $\boldsymbol{m}$，那么所有这些磁矩平行排列时，材料中每单位体积的磁矩就是饱和磁化强度 M_S，它等于 n 和 m 的乘积：$M_S = nm$。可见，$\boldsymbol{M}_S$ 只依赖于铁芯材料，它是结构不灵敏量。

1.4 磁化

在前面计算载流线圈产生的磁场时，我们都假定导体以外是真空，或者不存在铁磁物质。实际在使用时，电感器件（如电磁阀、继电器、变压器、电动机、发电机等等）的线圈中都含有铁芯。铁芯的作用是使线圈中的磁感应通量 Φ 大大增加。如图 1-8 所示，这里 $\Phi = BS$，其中 B 为磁感应强度，S 为铁芯的截面积。

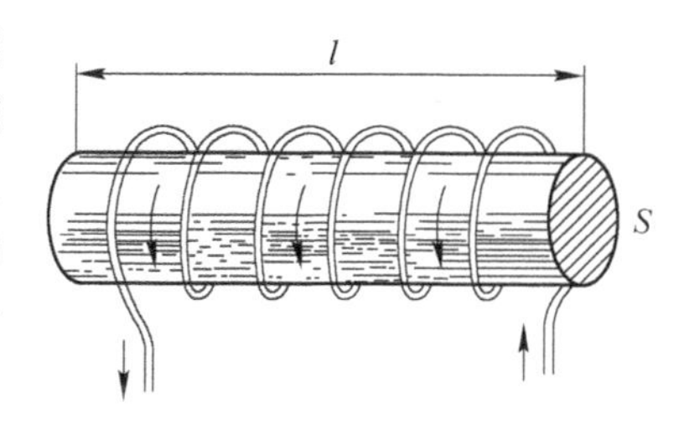

图 1-8　有铁芯的线圈

磁化场是用来使磁性体感应出磁化强度的外磁场，它可以是恒定磁场、交变磁场或脉冲磁场。

在图 1-8 中，线圈内有一块软磁材料。在没有外磁场作用时，材料内部各磁畴的磁矩取向是无规分布的，因此，磁矩互相抵消。从宏观上看，软磁棒不显示磁性，即处于未磁化状态。当线圈中通入电流后，它将产生磁场（叫做磁化场）。在磁化场的作用下，各磁畴内的磁矩在一定程度上都沿着磁场方向排列起来，我们认为，这时软磁棒就被磁化了，对外显示出一定的磁性。

材料由不表现出磁性到表现出磁性的过程，称为磁化。在磁化过程中，材料的一系列磁性参量都会发生变化，甚至还会影响到材料的其他特性。伴随着磁化的同时，还会引起一系列的物理效应，如磁电阻效应、磁致伸缩效应等。

磁致电阻是施加磁场时材料电阻的变化。

磁致伸缩是当一个磁性材料样品受到磁场作用时，其形状会发生变化的现象。

1.5 磁场强度 *H*、磁感应强度 *B* 和磁化强度 *M* 之间的关系

当把铁芯放入线圈中后，线圈内的磁通量 Φ 会大大增加，这主要是由铁芯内部磁感应强度 $\boldsymbol{B}$ 的增大所致。一个给定的磁场强度 $\boldsymbol{H}$ 所产生的磁通量 Φ 的大小依赖于介质的性质，并会随着介质的不同而改变。因为铁芯中磁通量 Φ 的变化是由存在于介质中的磁感应强度 $\boldsymbol{B}$ 引起的，对不同的材料，由给定磁场 $\boldsymbol{H}$ 引起的 $\boldsymbol{B}$ 的大小是不同的。

磁感应强度 $\boldsymbol{B}$ 由两个部分贡献（组成）：一个来自于磁场 $\boldsymbol{H}$，另一个来自于介质的磁化强度 $\boldsymbol{M}$。磁场强度 $\boldsymbol{H}$ 是由材料外部的螺线管或电磁铁的电流产生的，或者是由永磁体产生的，而磁化强度 $\boldsymbol{M}$ 则是由固体内部电子（未配对）的自旋磁矩和轨道磁矩的合成产生的。

如果磁化强度 $\boldsymbol{M}$ 已知，则铁芯材料的磁化强度 $\boldsymbol{M}$ 对磁感应强度的贡献为 $\mu_0\boldsymbol{M}$，自由空间的磁感应强度根据公式（1-6）为 $\mu_0\boldsymbol{H}$，则磁感应强度 $\boldsymbol{B}$ 就是两者的矢量和：

$$\boldsymbol{B} = \mu_0(\boldsymbol{H} + \boldsymbol{M}) \tag{1-11}$$

式中，$\boldsymbol{H}$ 为线圈所产生的磁场强度。

公式（1-11）还有一种表述方法：

$$\boldsymbol{B} = \mu_0\boldsymbol{H} + \boldsymbol{J} \tag{1-12}$$

这里 $\boldsymbol{J}$ 就是磁极化强度矢量。

1.6 退磁场和退磁因子

在给定的磁场 $\boldsymbol{H}$ 中，磁性材料的存在会影响到周围空间磁场的分布，并进而影响到磁感应强度 $\boldsymbol{B}$，而影响的程度取决于材料的磁导率 μ_r。因此，要确定磁路中的磁通量，首先要确定磁路中的磁阻（与电阻对应）。此外，如果磁性材料尺寸有限，在其端部附近生成的“磁极”会产生一个与外加磁场方向相反的磁场，我们称之为退磁场。退磁场的大小取决于材料的几何形状和磁化强度 $\boldsymbol{M}$。

从图 1-9 中可以看到，在材料外部，磁场线和磁感应线是一样的；但是在材料内部，它们有着显著的差别，甚至指向相反的方向。

在自由空间中 $\boldsymbol{B}=\mu_0\boldsymbol{H}$，因此磁棒周围的磁场线和该材料外部的磁通线就是一样的，如图 1-9a 和 b 所示。但是在材料内部它们是不同的，由于材料有磁化

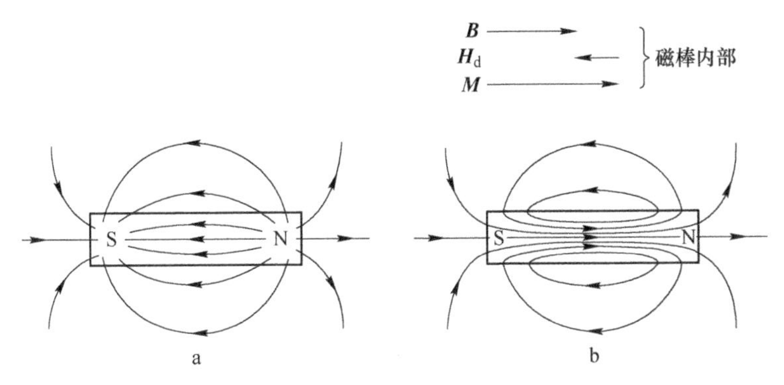

图 1-9 一个磁棒内部和外部的磁场强度 ***H*** 线（a）和
一个磁棒内外的磁感应强度 ***B*** 线（b）

强度 ***M***，实际上 ***B*** 和 ***H*** 指向不同的方向。这一点也可以用磁极说来说明，如图 1-10 所示。可以把磁化强度 ***M*** 看成是材料内部磁偶极子整齐排列的结果，如图 1-10a 所示；这样就在有限大小样品的端面附近产生了磁极，如图 1-10b 所示；结果，退磁场就出现了，如图 1-10c 所示。

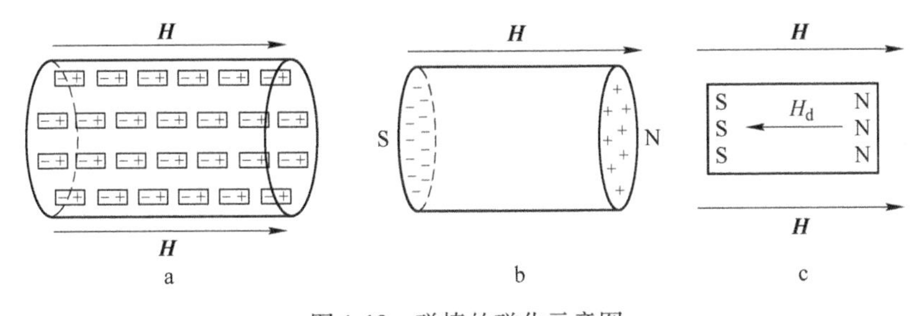

图 1-10 磁棒的磁化示意图

a—磁偶极子的定向排列；b—磁棒端面上的磁荷；c—退磁场

可见，由于磁偶极矩的存在，实际上在一个有限大小的被磁化的铁磁体内部，磁化强度 ***M*** 和磁场 ***H*** 的方向是相反的：铁磁体内部的磁化强度向量 ***M*** 是从“南极”指向“北极”，而磁场 ***H*** 总是从“北极”指向“南极”。由此，可以定义一个退磁场 $\boldsymbol{H}_d$。并且，这个退磁场可以在测量有限大小样品磁滞回线的过程中体现出来。

退磁场只依赖于两个因素：

（1）材料中的磁化强度；

（2）样品的形状（也就是由样品几何形状决定的磁极间隔）。

退磁场正比于磁化强度：

$$\boldsymbol{H}_d = N_d \boldsymbol{M} \tag{1-13}$$

式中，N_d是退磁因子，它只能通过样品的几何形状计算而来。

因此，外磁场 $\boldsymbol{H}_{app}$ 使铁芯磁化，如果有退磁场 $\boldsymbol{H}_d$ 存在，则真正作用在铁芯内的磁场强度 $\boldsymbol{H}_0$ 可以写成：

$$\boldsymbol{H}_0 = \boldsymbol{H}_{app} + \boldsymbol{H}_d \tag{1-14}$$

在均匀磁化的情况下，$\boldsymbol{H}_{app}$ 与 $\boldsymbol{H}_d$ 方向相反，因此，样品感受到的场 $H_0 = H_{app} - H_d$，总是小于施加的场 $\boldsymbol{H}_{app}$。

1.7　磁化曲线和磁滞回线

1.7.1　磁化

在不同磁场强度 $\boldsymbol{H}$ 的作用下，闭合环状铁芯的磁化强度 $\boldsymbol{M}$ 的变化规律，即 *M-H* 或 *B-H* 之间的关系，只能通过实验来测定。如图 1-11 所示的测量线路，在铁芯上绕有两个线圈，一个是初级线圈（也就是磁化线圈），一个是次级线圈（也就是 *B* 测量线圈）。把这两个线圈的信号分别接入磁通计（磁场强度 *H* 也可以通过计算得到），就可以得到 *M-H* 或 *B-H* 曲线。

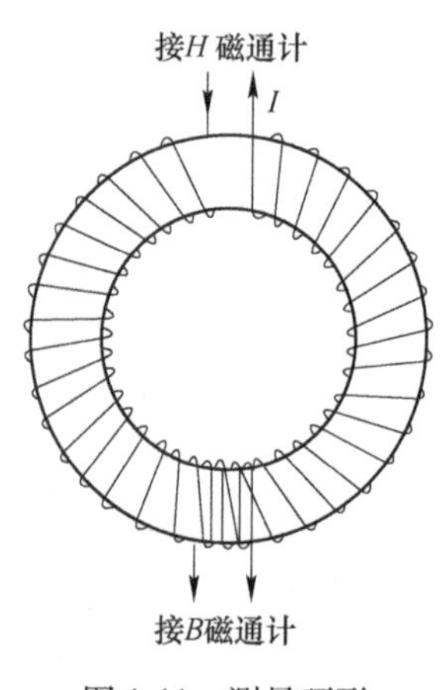

图 1-11　测量环形样品的磁性能

磁性材料一般有三种曲线：*M-H* 曲线、*J-H* 曲线和 *B-H* 曲线，*M-H* 曲线和 *J-H* 曲线也被称为内禀曲线，因为 *M* 和 *J* 是结构不灵敏量，主要由材料的成分决定，因此也叫物质的磁性能曲线。而把 *B-H* 曲线称为正常曲线，也称为物体的磁性能曲线。这几个曲线之间借助公式（1-11）和公式（1-12）可以互相换算。因此，只要测出一种曲线就可以了，前提是要对曲线进行退磁场修正，或者在测量中消除退磁场的影响。

1.7.2　磁化曲线

如果环状铁芯一开始处于磁中性状态，即 $H=0$ 时，$M=0$ 的状态，由此状态做测量的起点，就可以测量出 *M-H* 或 *B-H* 曲线，如图 1-12a 和 b 曲线所示：*OA* 部分是起始磁化部分，*AB* 部分是磁化变化剧烈的阶段，到 *BC* 段变化又比较缓慢，*CS* 为饱和磁化阶段。

材料的内禀曲线如 *M-H* 曲线和正常曲线如 *B-H* 曲线还是有区别的，特别是在趋近饱和阶段。如图 1-12 所示，*M-H* 中的 *CS* 是平行于 *H* 轴的直线，而 *B-H* 曲线上的 *CS* 是斜线，这是由于根据公式（1-11）和公式（1-12），*B* 中仍包含 *H* 的大小。*J-H* 曲线和 *B-H* 曲线的这种差别对于软磁材料是比较小的，因为软磁材料磁化到饱和时所需的磁场强度 *H* 比较小。对于永磁材料，这种区别会更加明显。关于这一点，后面还会讲到。

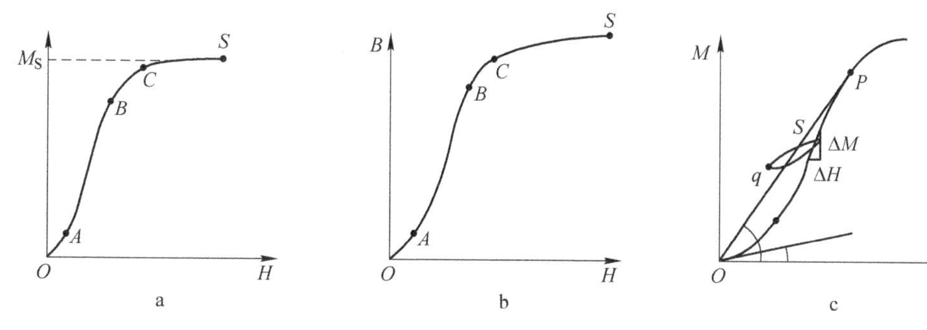

图 1-12 磁性材料的磁化曲线和磁化率的定义

a—磁化曲线 M-H；b—磁化曲线 B-H；c—磁化率的定义

1.7.3 磁滞回线

前面已经提到，在磁化过程中，如果沿正向增大磁场，材料会达到饱和磁化，这个场就叫饱和磁化场 H_S。不同材料的饱和磁化场 H_S是不同的，在材料标准中一般都有规定。

磁性体从磁中性状态开始，受到一个从零起单调增加的磁化场作用时，所得到的磁化强度（或磁感应强度，或磁极化强度）随磁场强度变化的曲线，称为初始磁化曲线。初始磁化曲线通常简称为磁化曲线。

当铁磁物质在 H_S的作用下达到饱和后，如果将 H_S去掉（$H=0$），铁芯的磁化状态并不会恢复到原来的 O 点，而是会保持一定的磁性，如图 1-13 中的 M_r，这时的 M_r 叫剩磁。由式（1-11）可得，当 $H=0$ 时，$B_r=\mu_0 M_r$，因此 B_r 也叫剩磁。

若要使铁磁物质的磁感应强度 B 或磁化强度 M 减到零，必须在原磁化场的相反方向加上磁场。当反方向的磁场 H 加到某一数值，使$B=0$ 时，此时的磁场强度用 H_{cB}表示（一般用 H_c 表示 H_{cB}），称为矫顽力。如果使 $M=0$，则记作 H_{cM}或 H_{cJ}，称内禀矫顽力。内禀矫顽力定义为使磁化强度或磁极化强度减小到零的磁场。因此，H_{cB} 和 H_{cJ} 的物理意义是完全不同的。图 1-13 中 K 到 C'这一段叫退磁曲线（也就是磁滞回线的第二象限部分）。

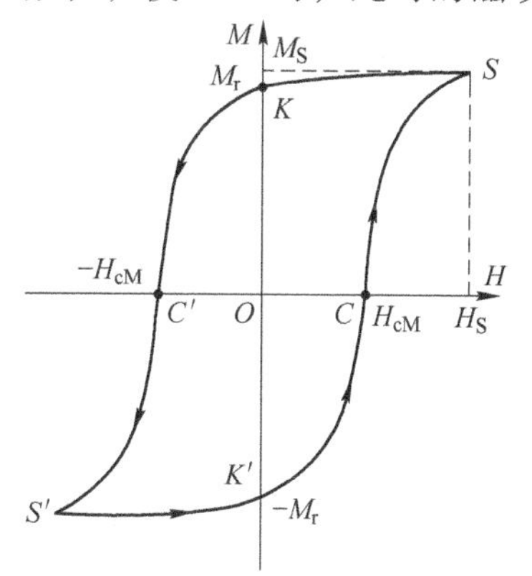

图 1-13 铁磁的磁滞回线

软磁材料的 H_{cB} 和 H_{cJ} 的数值是如此接近，通常不加以区分。但是，两者的数值并不完全相同，H_{cJ}或 H_{cM}永远大于 H_{cB}，如图 1-14 所示。对于永磁材料，两者会有明显的不同，甚至差别会很大。软磁材料和永磁材料的根本区别在于 H_c 的大小。一般永磁材料的 H_{cB} 至少在 10^4 A/m 以上，而软磁材料的 H_{cB} 在 10^3 A/m 以下。

根据公式（1-12），可以把 *B-H* 回线换算成 *J-H* 回线，或者反之，把 *J-H* 回线换算成 *B-H* 回线。可以用同一坐标画出 *B* 和 *J* 对 *H* 的关系，如图 1-14 所示，是把 *B-H* 回线换算成了 *J-H* 回线。在第二象限，公式（1-12）可以写成

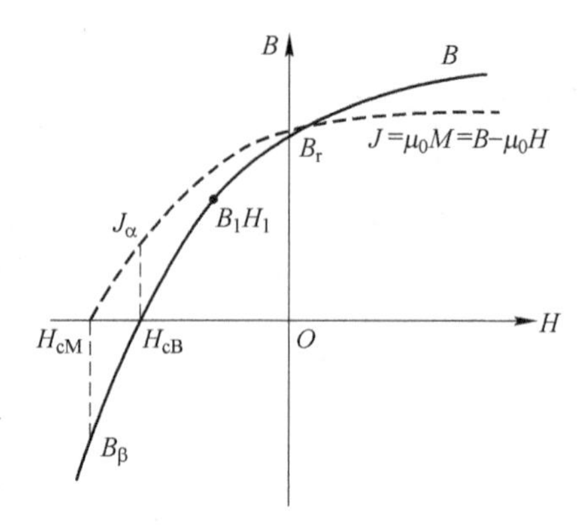

图 1-14　磁芯的退磁曲线

$$J = \mu_0 M = B - \mu_0 H \tag{1-15}$$

从式（1-11）和式（1-15）两式可知，当 $H=0$ 时，$J=B=B_r$，即 $J_r=B_r$；当 $H=H_{cB}$时，$B=0$，由式（1-11）可得

$$H_{cB} + M = 0 \tag{1-16}$$

$$M = - H_{cB} = M_\alpha \tag{1-17}$$

从式（1-17）可以看出，H_{cB}为负值，因此，M_α 是正值。图 1-14 中的 $J_\alpha=\mu_0 M_\alpha$，所以这时 *M* 或 *J* 都还没有退到零。要使 *J* 或 *M* 退到零，也就是 $J=\mu_0 M=0$，由图 1-14 可以看到，*H* 必须在反方向上加到 H_{cJ}或 H_{cM}。因此，

$$|H_{cM}| > |H_{cB}| \tag{1-18}$$

由式（1-15），这时

$$J = 0 = B - \mu_0 H_{cM} \tag{1-19}$$

$$B = \mu_0 H_{cM} = B_\beta \tag{1-20}$$

H_{cM}是负值，所以这时 B_β 已经是负值了。

这样，就有 H_{cB}和 H_{cM}（或 H_{cJ}）矫顽力，前者是 *B* 退到零时的磁场强度，后者是 *M* 或 *J* 退到零时的磁场强度，这两个的数值是不同。对于软磁材料，由于这两个矫顽力的值差别不大，因此，一般不加以区分，统称为 H_c。

此时，如果继续增大反向场至 $-H_S$，则铁芯将反向磁化到饱和（即达到 $-M_S$，即 *S′*点），如图 1-13 所示。这时如果继续沿正方向增加磁场至 H_S值，则磁化状态将由 $-M_S$ 变到 M_S，组成了完整的磁滞回线。

以上描述的是从一个方向的饱和磁化状态变到相反方向的饱和磁化状态，这个过程称为反磁化过程。如图 1-13 所示，*S* 点代表一个方向的饱和磁化状态。由 *S* 沿箭头到 *S′*，即曲线 *SKC′S′*代表的是一个反磁化过程，从 *S′*点沿另一条曲线（*S′K′CS*）回到 *S* 点，这是对 *S′*点代表的饱和磁化状态的反磁化过程。这两条曲线合成一个磁滞回线，表示反磁化过程中的磁滞现象。磁滞回线的面积代表了磁化一周所消耗的能量，称为磁滞损耗 P_h。

这样，当磁场由$+H_S$变到$-H_S$，再变到$+H_S$的往复一周的变化中，磁环的磁化过程经历了一个循环，闭合曲线 $SKC'S'CS$ 叫做铁磁物质的磁滞回线，这种现象叫做磁滞现象。磁滞回线分为上升支 $S'K'CS$ 和下降支 $SKC'S'$ 两支，一般这样得到的曲线 $SKC'S'$ 和 $S'K'CS$ 两支磁滞回线对于原点 O 是对称的，但有的磁性材料，磁滞回线的两支是不对称的，称为偏移回线。

1.7.4 最大磁感应强度和饱和磁感应强度

这里应该强调一下，无论从理论上讲，还是从实际情况分析，J-H 曲线和 M-H曲线在高场下能达到饱和，但 B-H 曲线却不能饱和，因为随着 H 的增加，B 也会一直增加，对于永磁材料更是如此，如图 1-15 和图 1-16 所示。图 1-15 显示了 J-H 和 B-H 磁化曲线及 μ_r-H 曲线，图 1-16 显示了 B-H 和 J-H 磁滞回线。从这两个图上可以清楚地看到，B 值随磁场增加一直在增加，这是因为

$$B = \mu_0 H + J = \mu_0(H + M) \tag{1-21}$$

从式（1-21）可以看出，H 是 B 的组成部分，B 有一部分来自于磁介质，一部分来自于磁场。因此，当磁场 H 增大时，虽然磁介质会达到饱和，即 J 值在高场下达到了饱和值 J_s，但 B 值肯定还会随着磁场的增加而增大，不会饱和于某一值。

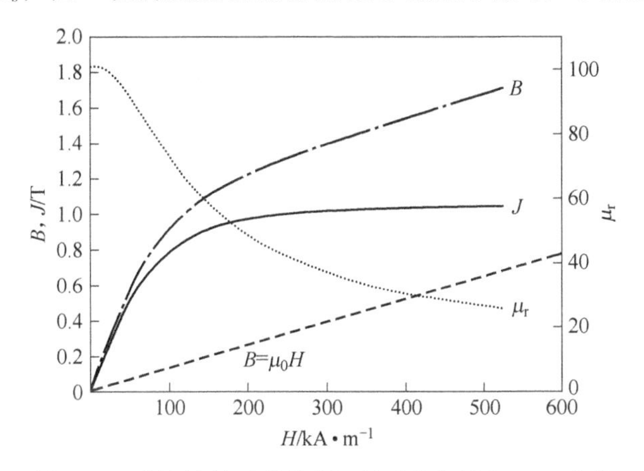

图 1-15 磁性材料（磁粉芯）的磁化曲线和 μ_r-H 曲线

从图 1-15 和图 1-16 也可以看出，B_s 点在 B-H 回线上实际不是一个特征点，按照式（1-21），B_s 点应该就是 J 和 M 开始饱和的点。因此，在 B_s 点以上，斜率 dB/dH 的值应为常数 μ_0，实际上也正是通过这种方法来求 B_s 值的。因此，当我们说到饱和磁感应强度或饱和磁通密度值 B_s 值时，应该清楚地意识到我们指的是哪个值。在大多数情况下，人们提到 B_s 值时通常不是指这个点，实际上指的应该是最大磁感应强度 B_m 值。因此，为了准确起见，当我们说到 B_m 值时，还要同时说明对应的 H_m 值。例如，在 IEC 60404-8-4 中，B_{2500}的意思是，在 H=

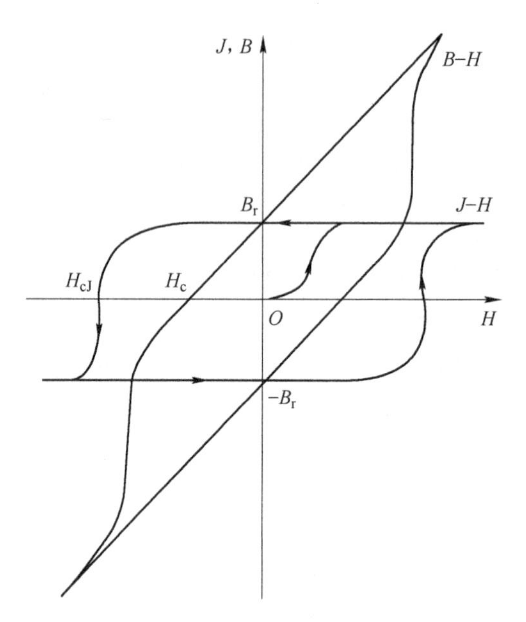

图 1-16　磁性材料的磁滞回线示意图

2500A/m 时的 B 值，国际中也有相应规定。在实际使用中，由于不同材料的饱和磁化场是不同的。因此，为了便于比较，通常选取同一磁场下的 B_m 值进行比较，如 $H=32$A/m 下的 B_m 值称为 B_{32}。人们在磁滞回线上看到的斜率通常不是以 μ_0 出现的，这是因为 B 轴和 H 轴的比例通常是不同的所致。但是，在高场下 B-H 这条线肯定是和 $B=\mu_0 H$ 线平行，如图 1-15 所示。

1.7.5　饱和磁化

前面介绍的是施加饱和磁化电流的结果。如果把铁芯磁化到在正向施加的磁化场小于饱和场 H_S 的一定值后，把磁化场减小，循环一周，也会得到一个小的磁滞回线，如图 1-17 所示。这样，就可以得到一簇磁滞回线，这些磁滞回线的顶点的连线，就是磁化曲线。其中最外面（也就是最大的）的磁滞回线，也叫极限磁滞回线（饱和磁滞回线）。

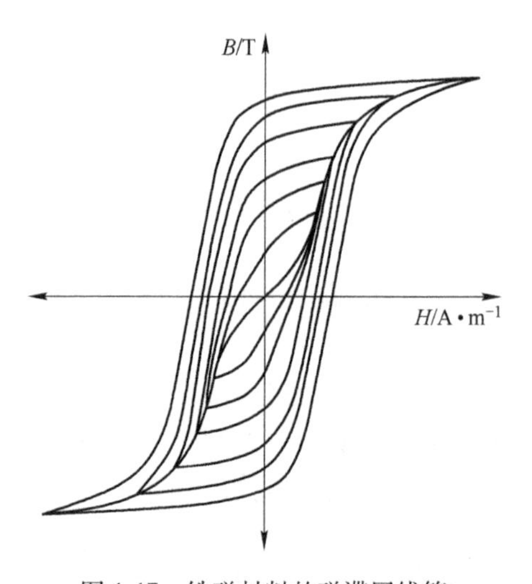

图 1-17　铁磁材料的磁滞回线簇

对于永磁材料，一般是磁化到饱和后再使用，以发挥材料最大的潜能。而对于软磁材料，可以磁化到任意水平。

正如前面提到的，这时的任意一个磁滞回线的顶点，就用（H_m，B_m）来表示：H_m叫最大磁化场，相应地，B_m叫最大磁感应强度。对于任一小回线上的特征参数，为了与饱和磁滞回线相区别，也用了不同的名称。

剩磁：材料磁化到饱和后去掉磁场，此时剩余的磁感应或磁化强度（磁极化强度）的值。

剩余磁感应强度（剩余磁化强度或剩余磁极化强度）：磁化到任意水平后去掉磁场所剩余的磁感应或磁化强度的值。

矫顽力（coercivity）：从饱和状态将磁化强度减到零所需的磁场。

矫顽磁场（coercive field）（或矫顽磁力 coercive force）：将磁化强度（磁感应强度或磁极化强度）从任意磁化水平减小到零所需的磁场。

因此，剩磁是所有剩余磁感应（剩余磁化强度、剩余磁极化强度）的上限，矫顽力就是所有矫顽磁力值的上限。

由于铁磁物质中存在磁滞现象，使它的磁化规律变得更加复杂了。M 或 B 对 H 的依赖关系不仅不是线性的，而且也不是单值的。例如，在 $H=0$ 的情况下，可能存在 $B=0$、$+B_r$ 和 $-B_r$ 三种状态，甚至更多；当 $H\neq0$ 时，这种情况会更加复杂。因此，要确定铁磁物质处于哪个状态，必须要知道其磁化的历史。

1.8 磁导率和磁化率

1.8.1 起始磁导率和最大磁导率

描述磁性材料对磁场的响应时，要用到磁导率和磁化率。

磁导率：
$$\mu = \frac{B}{H} \tag{1-22}$$

磁化率：
$$\chi = \frac{M}{H} \tag{1-23}$$

在国际单位制中，相对磁导率 μ_r 为

$$\mu_r = \frac{\mu}{\mu_0} \tag{1-24}$$

式中，μ_0 是真空的磁导率。这样，μ_r 就成为一个无量纲的数。

磁化率的大小表示材料在一定磁场下磁化的难易程度。容易推导出，磁导率和磁化率的关系为

$$\mu_r = \chi + 1 \tag{1-25}$$

常见的磁导率有起始磁导率 μ_i、最大磁导率 μ_m 等。起始磁导率 μ_i 是磁导率在起始磁化曲线起点处的值：

$$\mu_i = \frac{1}{\mu_0}\left(\frac{dB}{dH}\right)_{B=0,\ H=0} = \frac{1}{\mu_0}\left(\frac{B}{H}\right)_{B\to0,\ H\to0} \tag{1-26}$$

软磁材料经常在不同磁场强度下使用。在磁场很弱的情况下，叫起始磁导率μ_i，在磁场较强的情况下，有一个最大值，叫最大磁导率μ_m，如图1-18所示。相应地，有最大磁化率和起始磁化率。

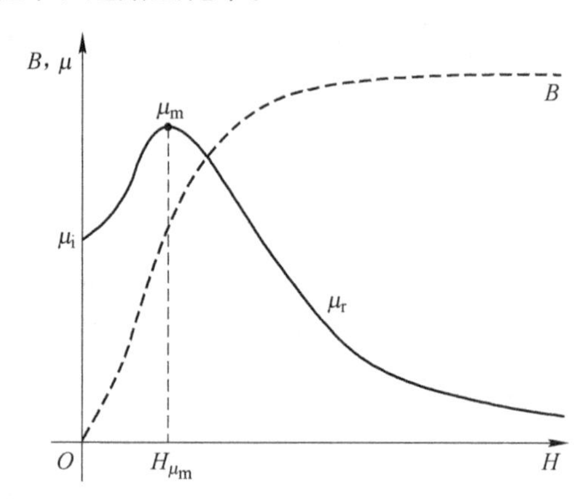

图1-18　磁化曲线和磁导率与磁场强度的关系

如图1-18所示，在初始磁化曲线上，各点的磁导率μ_r随磁场强度的不同而不同。其最大值就称为最大磁导率μ_m，产生最大磁导率的磁场为H_{μ_m}，也是一个很重要的应用参量。这时，如果继续增大磁场，材料的磁导率μ_r就开始降低。

1.8.2　复数磁导率

当铁磁样品处在周期（如正弦周期）性变化的交变磁场中时，材料的磁化也会周期性地反复变化，构成了磁滞回线。交流磁滞回线与静态磁场中的磁滞回线相似，但也有差别。首先，在交变磁场中，磁滞回线的面积要大一些，而且其形状和大小也会随着磁场频率的改变而变化。因为磁滞回线的面积等于反复磁化一周所损耗的能量，在静态情况下，这个损耗仅仅是磁滞损耗P_h，而在动态交变磁场下，除了磁滞损耗P_h外，还有涡流损耗P_e和剩余损耗P_r。这种回线称为动态磁滞回线。如图1-19和图1-20所示，分别是两种典型的交流软磁材料在不同频率下的动态回线。其次，由于磁滞现象，在B和H之间还会存在位相差，使交流磁导率变为复数磁导率$\tilde{\mu}$。

在稳恒磁场中，磁性材料的磁导率μ_r是实数。在交变磁场作用下，磁性材料的磁导率要用复数$\tilde{\mu}$来描述。这是因为，在交变磁场中，磁感应强度B的变化落后于交变磁场H的变化，即式（1-22）中，B与H有位相差δ，这就是磁化的时间效应。产生B落后于H的位相差δ的原因不同，因此磁化的时间效应表现为几类不同的现象：（1）磁滞现象；（2）涡流效应；（3）磁导率的频散和吸收现象（磁共振等）；（4）磁后效及老化现象。

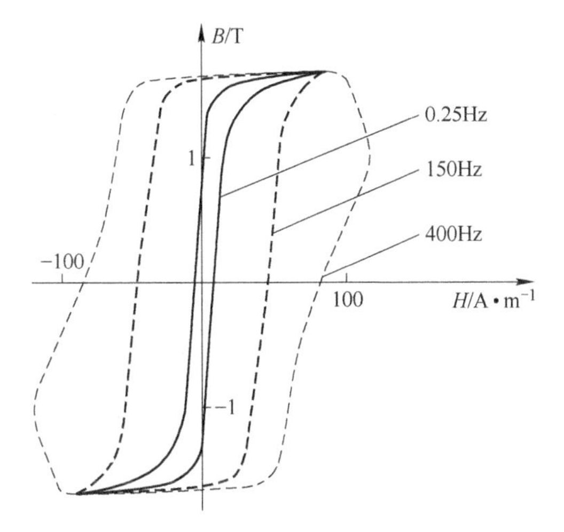

图 1-19　晶粒取向电工钢（0.3mm）的交流磁滞回线簇

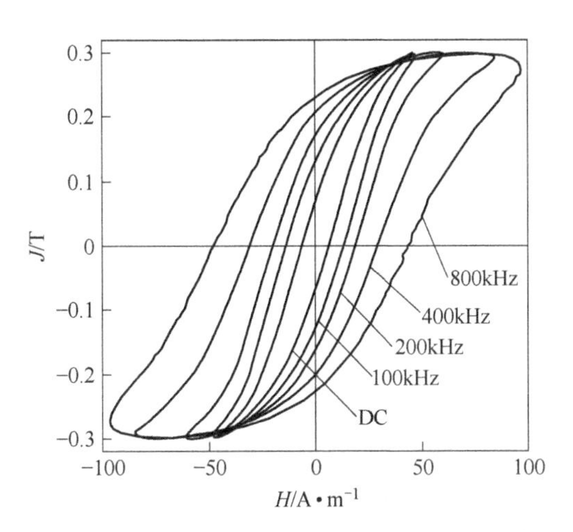

图 1-20　MnZn 铁氧体材料的交流磁滞回线簇

在交变磁场作用下，以上四种现象都会引起铁磁材料的能量损耗，由此，使磁导率变为复数$\tilde{\mu}$：

$$\tilde{\mu} = \mu' - j\mu'' \tag{1-27}$$

式中，μ'为铁磁材料复数磁导率的实部分量，相当于稳恒磁场中的磁导率，它决定磁性材料中贮存的磁能；μ''为铁磁材料复数磁导率的虚部分量，它代表铁磁材料在交变磁场中的能量损耗。

δ为磁感应强度B落后于H的位相，称为损耗角。通过磁导率的实部μ'和虚部μ''，可以定义磁性材料的品质因数Q：

$$Q = \frac{1}{\tan\delta} = \frac{\mu'}{\mu''} \tag{1-28}$$

软磁材料的 Q 值是复数磁导率的实部 μ' 与虚部 μ'' 之比，也就是软磁材料在交变磁化过程中能量的贮存与能量的损耗之比。因此，Q 值是反映铁磁样品在交变磁场下性能的重要物理量。Q 值越高，表明损耗就越小，材料在交变场中的发热就越不明显。

这里还要注意一种现象，叫循环磁状态：磁性体在受到某一交变磁场的反复磁化时，最初交变磁场的每一周期所得到的磁滞回线虽然很接近，但不相同。经过多次反复磁化后，所得到的磁滞回线比较稳定，才与交变磁场循环次数无关。这种现象被称为循环磁状态。这种现象在测试材料和器件的性能时可能也会遇到。

1.9　磁性的分类

1.9.1　磁性的起源

对物质磁性的研究是近代物理学的重要领域之一。磁性现象的范围是很广泛的，按照磁学的观点，世界上的一切物质都具有磁性，从微观粒子到宏观物体，以至宇宙天体，都具有某种程度的磁性。磁性材料在现代科学技术的各个领域，特别是在电子技术、无线电领域和通讯领域，有着极其广泛的应用。

物质的磁性来源于原子的磁性。对原子磁性的研究是研究物质磁性的基础。原子有一个磁矩，由于原子的结构不同，各种原子有不同的磁矩，其中也有磁矩等于零的。

原子的磁矩来源于原子中的电子及原子核。原子核的磁矩很小，可以忽略不计。电子的磁矩又分为轨道磁矩和自旋磁矩，原子的总磁矩是这两部分磁矩的总和。对于填满了电子的壳层，电子的磁矩互相抵消，所以只需考虑未填满的那些次壳层中电子的贡献。

外磁场发生改变时，系统就会表现出宏观磁性。从微观角度，物质中的电子具有磁矩，当这些元磁矩取向为有序时，便形成了物质的磁性。磁有序材料是铁磁性材料、反铁磁性材料和亚铁磁性材料的总称。

物质磁性根据其不同的特点，可以分为弱磁性和强磁性两大类。弱磁性仅在具有外磁场的情况下才能表现出来，并随着磁场的增大而增强。按照磁化方向与磁场的异同，弱磁性又分为抗磁性和顺磁性。抗磁性起源于电磁感应，而顺磁性则是由元磁矩在外磁场下的取向所致。抗磁性物质的磁化率 χ 是负的，其数值在 $10^{-6} \sim 10^{-3}$ 之间；顺磁性物质的 χ 大于零，数值在 $10^{-6} \sim 10^{-2}$ 之间。比起铁磁性来，它们的磁性要弱得多。

强磁性材料，是铁磁性材料和亚铁磁性材料的统称。强磁性主要表现为在无外加磁场时仍存在自发磁化，因此，加上磁场后，有很高的正磁化率χ，可达$10^4 \sim 10^5$。强磁性来源于自发磁化。自发磁化强度是指由自发磁化所产生的单位体积内的磁矩的矢量和。

可见，强磁性和弱磁性的差别是很大的，但磁性都是存在的。

1.9.2 物质的宏观磁性和磁性的分类

组成宏观物体的原子都具有一定的磁性，因此，宏观物质无例外地都具有某种程度的磁性。

为了描述宏观物体磁性的强弱，我们定义了磁化强度$\boldsymbol{M}$，也就是单位体积内的总磁矩；单位体积内的总磁偶极矩，我们称之为磁极化强度$\boldsymbol{J}$。$\boldsymbol{J}$和$\boldsymbol{M}$的换算关系如式（1-10）所示。

放到磁场中的物体会被磁化，其磁化强度$\boldsymbol{M}$和磁场强度$\boldsymbol{H}$之间的关系就是物质的磁化率χ，是物质的磁性参量之一。按传统的习惯，物质磁性以它对磁场的反应，即以磁化率的特点来进行分类，共分为五类，如表1-1所示。

表1-1 物质磁性的分类

磁性种类	磁化率χ	磁矩排列	磁性行为	温度依赖性	举例说明
抗磁性	$\chi<0$，很小， Au：-2.74×10^{-6} Cu：-0.77×10^{-6}	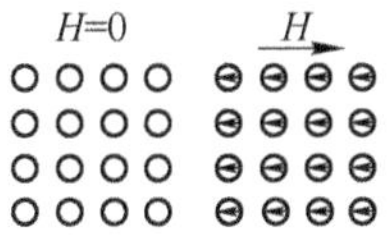 $H=0$　H	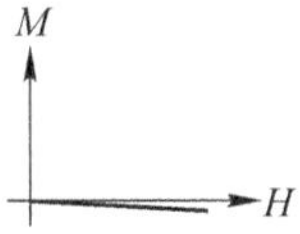 M　H	与温度无关	原子排列满壳层，如Ge、Si和金属Au、Ag、Cu等
顺磁性（PM）	$\chi>0$，很小， Pt：21.04×10^{-6} Al：1.65×10^{-6}	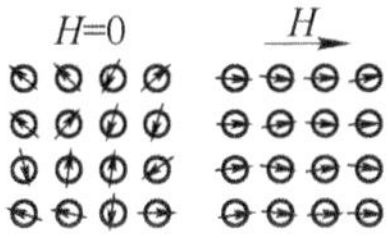 $H=0$　H	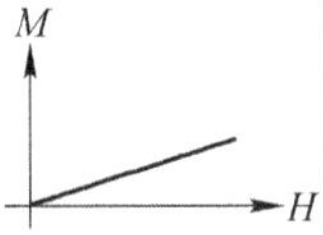 M　H	与温度无关，服从居里-外斯定律	原子有磁矩，无规排列，如碱金属和过渡金属
铁磁性（FM）	$\chi>0$，很大，与磁场大小和微结构有关， Fe：约10^5	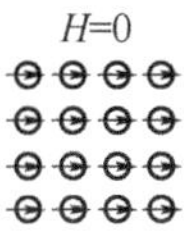 $H=0$	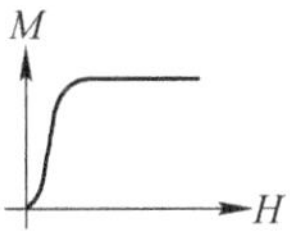 M　H	居里温度T_c以下为铁磁性，T_c以上为顺磁性	原子固有磁矩在无外场时自发平行排列，如Fe、Co、Ni、Gd、Dy、Fe_2O_3等
亚铁磁性	$\chi>0$，很大，与磁场大小和微结构有关， BaM：约3	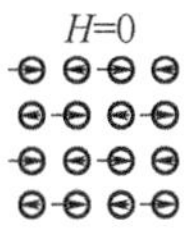 $H=0$	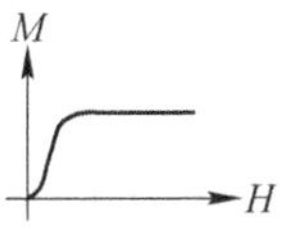 M　H	居里温度T_c以下为铁磁性，T_c以上为顺磁性	原子磁矩反平行排列，有未抵消的剩余磁矩，如Fe_3O_4、BaM等

续表 1-1

磁性种类	磁化率χ	磁矩排列	磁性行为	温度依赖性	举例说明
反铁磁性（AF）	$\chi>0$，很小，Cr：3.6×10^{-6}	H=0	M H	涅尔温度T_N以下为反铁磁性，T_N以上为顺磁性	原子磁矩反平行排列，互相抵消，如 FeO、NiO、MnO、Cr_2O_3 等

可见，所谓磁化，就是物体从不表现磁性变为具有一定磁性，其根本原因是物质内原子磁矩按同一方向整齐排列。

铁磁性、亚铁磁性和反铁磁性自发磁化的原因，可以用外斯假说来解释。外斯有两个基本假说：（1）分子场假说；（2）磁畴假说。

分子场假说认为，由于磁矩之间存在一种相互作用，称为分子场，使得所有的原子磁矩有规则地排列起来。磁畴假说认为，为了降低退磁能，自发磁化的物体内部会分成一个个小的磁畴。每个磁畴都自发磁化到饱和，但各个磁畴之间的磁矩互相混乱排列，对外不显示出磁性。磁化时，各个磁畴的磁矩向磁场方向取向，因此，显示出很强的磁性。

1.10　技术磁化与磁畴

在磁性材料有着广泛应用的今天，各种用途对材料的性能提出了不同的技术要求。

磁性物质在使用时总是处在磁化状态，它的性能在磁化过程中会显示出来。磁性物质在外加磁场的作用下显示出磁性，称为技术磁化。也就是说，技术磁化是外磁场把铁磁物质中经自发磁化形成的各磁畴的磁矩从不同方向转到磁场方向或接近磁场方向，因而对外显示磁性的过程。

磁性物质的性能取决于它内部的结构。原子结构和晶体结构同磁性都有密切关系。而铁磁性和亚铁磁性物质还有一种特有的结构，那就是磁畴。磁畴同那些以前提到过的磁性参量，如磁导率μ_r、剩磁B_r、矫顽力H_c，以及磁性物质的其他性能都有密切关系。

1.10.1　磁畴

抗磁性是基于电磁感应的一种效应，它存在于一切物质中。抗磁性是由于物质在外场中电子轨道的附加运动产生，因而磁化率χ为负，且数量级很小。

顺磁性物质当中的原子有固有磁矩。因此，在顺磁性物质中有很多小的单元磁矩，在物体没有磁化前，这些磁矩之间无相互作用，彼此独立，沿空间混乱取向，使得整个物体宏观上没有磁性，如图 1-21 所示。加上磁场后，磁场反抗热运动使元磁矩沿外场方向取向，表现出宏观磁性，因而磁化率 χ 为正，但数量级很小。可见，磁化实质上就是把物体中原来方向零乱的磁矩在外加磁场的作用下排列起来的过程。图 1-21 是从未磁化到饱和磁化的示意图。当所有磁矩都排列整齐了，再加强磁场，也不能增强磁化，这时就达到了磁饱和。

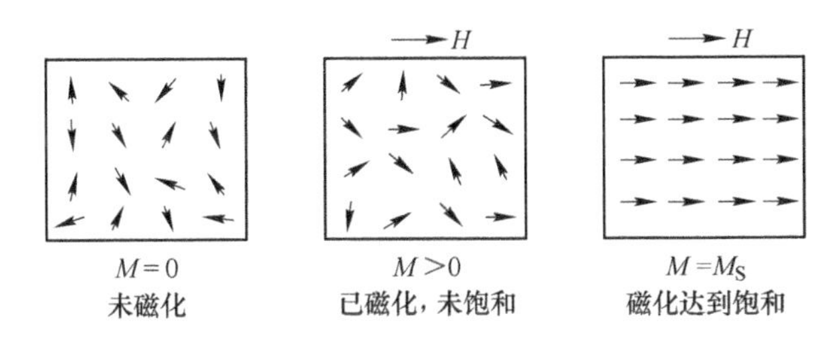

图 1-21 顺磁性物体在磁场中磁化

铁磁性和亚铁磁性物质在很弱的磁场中就可以被磁化，并获得很强的磁性，原因就在于有磁畴的存在。在强磁性物质中，由于自发磁化，大量原子或离子磁矩（通常为 10^{12} ~ 10^{18} 个）在各个小区域中互相平行地整齐排列起来，在每一个小区域内都达到了饱和磁化的程度，形成一个联合的总的磁矩，因此，磁畴内部的磁化强度基本上是饱和的。这就同未经自发磁化的散漫零乱的原子磁矩（如顺磁性的情形）大不相同了。但是，一块磁性物质分成了很多这样的小区域，各区域的磁矩分别取各种不同的方向，互相抵消，对外就不显示出磁性。因此，磁性物质在技术磁化前，或处在磁中性状态时，不显示宏观磁性。这样的小区域，就称为磁畴，在这些磁畴内原子磁矩平行取向。

铁磁体内存在一个很强的分子场，此分子场使元磁矩在一个磁畴内彼此平行排列而自发磁化。在无外场（$H=0$）时，由于不同磁畴的自发磁化强度方向不同，使得物质在宏观上不表现出磁性。但当 $H\neq 0$ 时，各磁畴整体地沿磁场 H 方向择优取向，物体表现出很强的磁性。分子场起源于磁性离子间的交换作用。

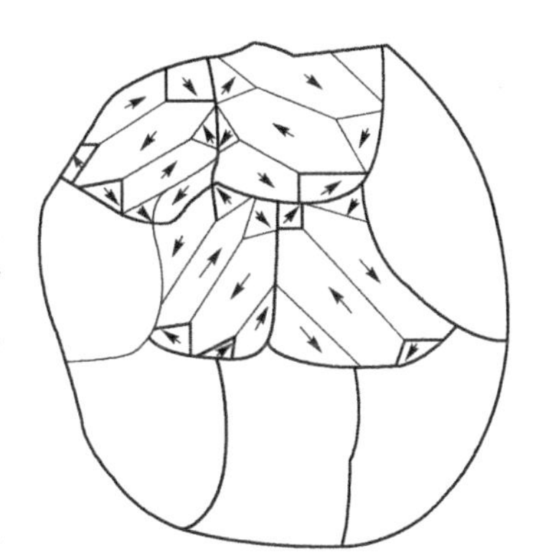

图 1-22 磁畴结构示意图

图 1-22 是多晶铁磁材料磁畴磁矩无规排列的示意图，代表了真实的情况。当然，这是技术磁化前的状况，也就是没有外加磁场或应力作用时的情况，黑色的线代表晶界，箭头代表着每一个磁畴的磁矩方向。可以看到，一个晶粒内可能会包含几个磁畴。

磁畴的大小一般在微米量级。对于软磁性能非常好的材料，磁畴的尺寸可能会很大。在没有外磁场时，为了减小退磁能，一般会形成封闭畴，如图 1-23 所示的情况。

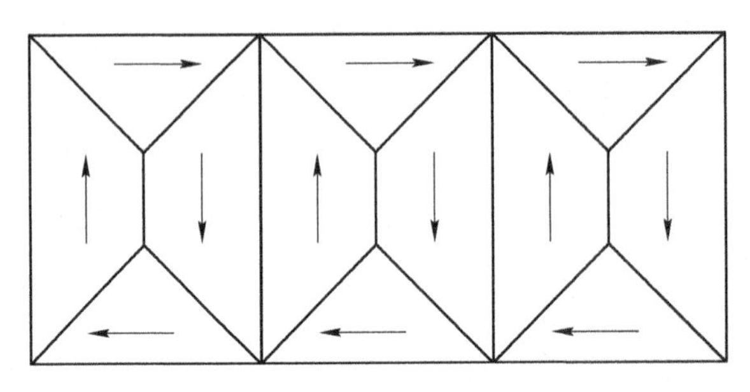

图 1-23　封闭畴示意图

此外，磁畴之间会存在畴壁。在磁畴边界附近，会存在一个过渡区，其中的磁矩在磁畴之间重新取向，因此不属于任何一个磁畴，这个过渡区就是畴壁。也就是说，畴壁是在相邻磁畴之间，使磁矩的方向逐渐改变的过渡层。

1.10.2　技术磁化过程

对于铁磁材料，在技术磁化过程中，外加磁场的作用只是把已经高度磁化的磁畴磁矩从各个不同方向转到磁场方向或接近磁场的方向，这样，材料就显示出强的宏观磁性。这种技术磁化过程是通过磁畴的两种变动进行的：（1）畴壁位移；（2）磁畴磁矩的一致转动。因此，磁性物质中由于自发磁化而存在的磁畴是铁磁物质或亚铁磁物质技术磁化的基础。

畴壁位移是指在有效磁场（外磁场减去磁体内部的自退磁场）作用下，自发磁化方向接近于外场方向的磁畴长大，而自发磁化方向与外场方向偏离较大的邻近畴相应地被压缩，使畴壁发生位移。这种磁化过程称为畴壁位移。

在技术磁化过程中，当外磁场强度 H 从零逐渐增加时，铁磁物质的磁化过程也逐渐上升，直至饱和，如图 1-24 所示。尽管不同材料的磁滞回线不同，磁化曲线也不同，但是，大多数磁化曲线具有共同的规律。

从磁中性状态（$M=0$）开始到饱和（$M=M_S$），整个磁化过程主要分为三个过程：畴壁位移、磁矩转动和平行磁化。畴壁位移过程又分为可逆畴壁位移和不可逆畴壁位移两个过程。如图 1-24 所示，一条典型的技术磁化曲线大致可以分为以下五个阶段（对应于磁化曲线上磁导率的变化，可参看图 1-18）。

（1）起始或可逆区域（磁场很弱：图中 1 区）。所谓可逆，就是说，如果磁场强度 H 退回到零，磁化强度 M 也会退回到零。起始阶段，如果磁化场比较小，通过畴壁的移动，使某些磁畴的体积扩大，造成铁芯的磁化。这个磁化过程是可逆的，这时若把外磁场去掉，畴壁又会退回原地，整个铁芯又回到磁中性状态，

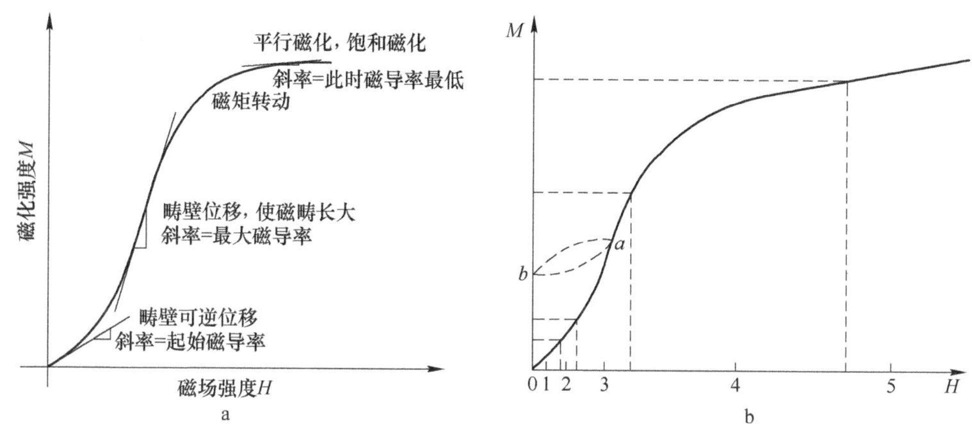

图 1-24 磁化的几个过程

a—磁化曲线上的磁导率；b—磁化曲线上的磁化过程

称为起始区。这个区域磁化强度 M（或 B）与外磁场保持线性关系，起始磁导率 μ_i就位于这个区域。在这个区域畴壁的移动是可逆的。离开 1 区，才开始出现不可逆磁化过程。

对金属软磁材料，例如在纯铁和磁导率较高的软磁铁氧体中，在这个阶段，由于材料的结构对畴壁位移的阻碍，主要是畴壁的可逆位移在起作用。

（2）瑞利区域（磁场略强：图中 2 区）。在这个区域，随着外磁场 H 的增大，磁化曲线上升很快，即铁芯的磁化强度 M 急剧增加，M（或 B）与 H 不再保持线性关系，磁化开始出现不可逆变化。这个区域也叫瑞利区。所谓不可逆，是指这时如果磁场强度 H 退回到原来的值，畴壁的位置或磁畴的结构并不能恢复到原来的样子。此时，磁化强度 M 不再沿原磁化曲线减退，而是沿着另一条曲线减退，如 3 区的虚线 ab 一样，而且 M 不减到零，出现剩余磁化强度。

这个阶段主要是不可逆壁移过程。这时畴壁的移动是跳跃式的（称为巴克豪森跳跃），或者磁畴结构会突然改组（称为磁畴结构的突变），这两个过程都是不可逆的。

（3）最大磁导率区域（中等磁场：图中 3 区）。在这个区域，M 和 B 急速增加，磁化率χ 或磁导率 μ_r经过其最大值。在这个区域里可能会出现剧烈的不可逆畴壁位移过程。

这时起主要作用的是磁畴磁矩的转动。随着外磁场的进一步增加，铁芯内的畴壁移动已经基本完毕，这时只有靠磁畴磁矩的转动，才能使磁化强度 M 增加。也是说，磁畴磁矩的方向，由远离外磁场的方向，逐渐向外磁场方向靠近，结果是外磁场方向的磁化强度便增加了。磁畴磁矩的转动，既有可逆的，也有不可逆的。在一般情况下，两种过程（可逆与不可逆）同时发生于这一阶段。

（4）趋近饱和区域（强场：图中 4 区）。磁化曲线缓慢升高，最后趋近技术饱和。这一过程具有比较普遍的规律性，称为趋近饱和定律（对于多晶铁磁体而言）。

这一阶段的特点是，尽管外磁场 H 的增加很大，磁化强度 M 的增加却很小。磁化强度 M 的增加都是由磁畴磁矩的可逆转动造成的。在此过程中，所有沿接近磁场方向的易磁化晶轴取向的磁矩在磁场强度 H 增加的时候都会逐渐转到磁场方向上，这样就产生了单畴样品。

当所有磁畴的自发磁化强度矢量都平行于磁场方向时，材料由单个磁畴构成，称达到了技术磁化饱和状态。

（5）顺磁区域（更强磁场：图中 4 区以上）。达到技术饱和后，如果磁场进一步增加，铁磁体的磁化强度 M 还会非常缓慢地继续增加，与之对应的磁导率也非常小，如图 1-18 所示。这是由磁畴内自发磁化强度 M_S 的增加引起的，其起因是单个磁畴内由于热激发的影响而没有完全平行于磁场的磁矩此时完全平行排列了。这一阶段与顺磁体的磁化相似，因此称为顺磁区域，这一段也称为平行磁化阶段。

在磁化的过程中，场从弱场、中场到强场变化时，磁化曲线上发生的磁畴结构的示意图如图 1-25 所示。在整个过程中，包括后来的磁滞回线上发生的可逆或不可逆过程的示意图，如图 1-26 所示。

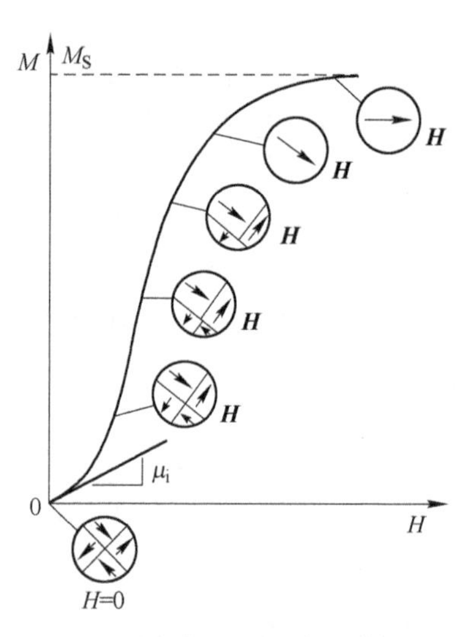

图 1-25　磁化曲线上磁畴结构的变化

如图 1-13 和图 1-26 所示，铁磁物质经过技术磁化达到饱和后，如果把磁场强度 H 减至零，磁化强度就会降低到一个数值，称为剩磁 M_r。这个阶段是磁畴磁矩的转动过程。在这以后，如果磁场向相反方向逐渐增强，M 会继续降低，直到减至零，这时的磁场强度就是内禀矫顽力 H_{cM}。在磁场沿反向增大的过程中（退磁曲线上），磁化强度起初降低较慢，逐渐加快，后来急剧下降。除开始一小段外，大部分是不可逆过程。

在整个磁化和反磁化过程中，磁矩转动和畴壁位移所占的比重在各种材料中是很不相同的，也取决于矫顽力的机制，如反磁化核的成核模型和钉扎模型等。

1.10.3　用磁畴理论分析磁化过程

根据磁畴理论，既然铁磁体内的磁矩即使在退磁状态下也是有序排列的，那

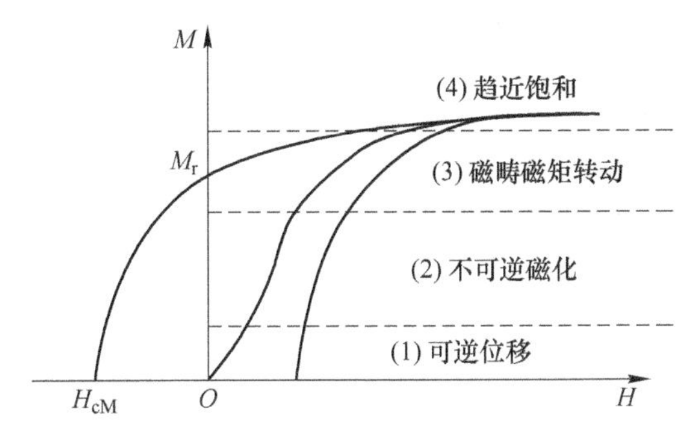

图 1-26 磁化和反磁化过程的各个阶段

么退磁状态和磁化状态的差别肯定就来自于磁畴的构造，如图 1-27 所示。

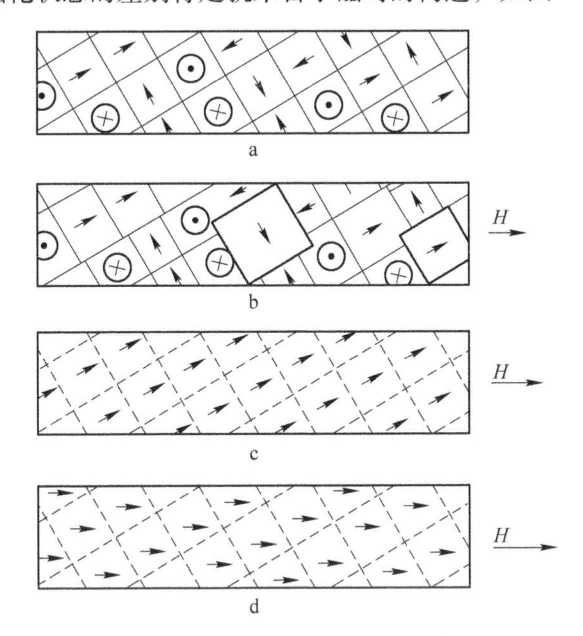

图 1-27 材料磁化到饱和时发生的磁畴变化过程

a—退磁状态；b—从退磁状态经畴壁位移到部分磁化状态；

c—磁畴磁化强度经不可逆转动，从部分磁化状态到磁化曲线的拐点；

d—磁畴磁化强度经可逆转动，从磁化曲线的拐点到技术饱和磁化状态

当我们给一个处于磁中性状态（退磁状态）的铁磁材料加上磁场时，测出的就是起始磁化曲线。低场下产生的第一种磁畴变化过程，即根据能量的最小化要求，顺着磁场方向取向的磁畴长大，随后是取向与磁场方向相反的磁畴尺寸缩小，如图 1-27b 所示。

在中等磁场强度 H 下第二种机制变得显著，这就是磁矩转动，此时逆向磁畴中的原子磁矩克服了各向异性能，突然从其原磁化方向转到最接近磁场方向的某

一个“易磁化”晶轴上，从而使得磁化强度 M 增加，如图 1-27c 所示。发生在高场下的最后一个磁畴变化的过程是一致转动，这样就产生了单畴样品，达到了技术饱和磁化，如图 1-27d 所示。

这种磁畴变化过程表现在整个磁滞回线上，如图 1-28 所示。如果把磁畴中磁矩的取向情况统计出来，就可以画成如图 1-29 那样的示意图，帮助我们理解。

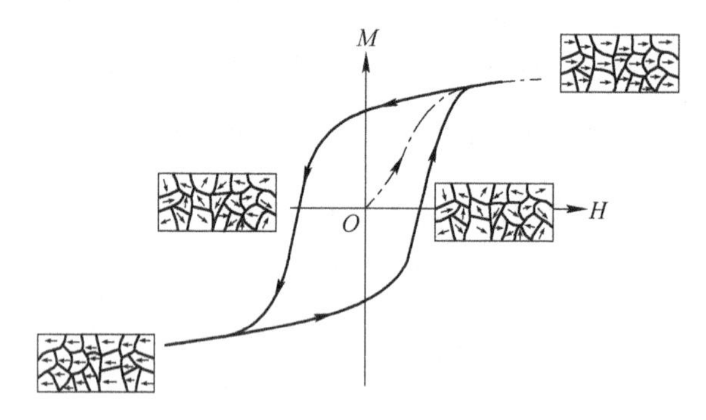

图 1-28　磁滞回线上磁畴结构的变化

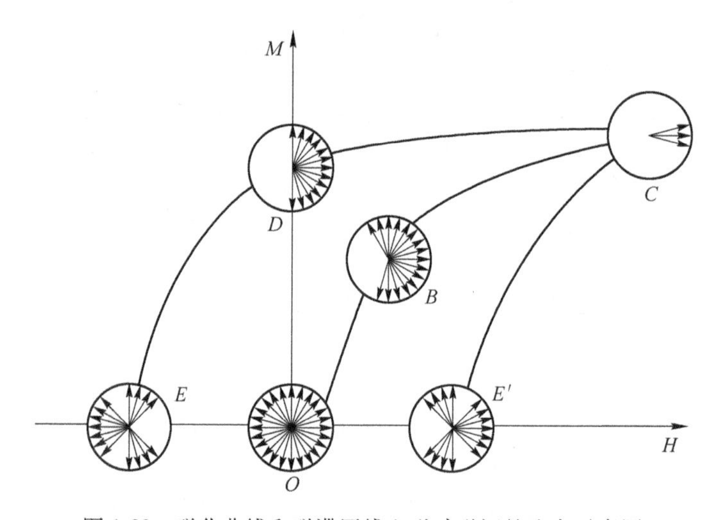

图 1-29　磁化曲线和磁滞回线上磁畴磁矩的取向示意图

可见，磁滞回线显示出了铁磁材料磁化历史的本质。材料一旦经过不可逆磁化（如饱和磁化）后，去掉磁化场，材料会保留其大部分磁化强度（材料记住了磁化的历史）。此时即使对外不反映磁性，但是与磁中性状态相比，磁畴结构已经发生了很大的变化。

磁中性化有时也称退磁，就是使磁体恢复到磁中性状态的过程。一般有动态磁中性化、静态磁中性化和热致磁中性化三种方法。

动态磁中性化是将足够强的交变磁场或反复改变方向的直流磁场作用于磁性体，然后逐渐减小磁场的强度到零值，由此得到磁中性状态的过程，就称为动态磁中性化，也称交（直）流退磁。

静态磁中性化是加一个与磁性体原磁化方向相反的外磁场，使得在去掉此磁场后，磁性体的磁感应强度恰好为零，此过程称为静态磁中性化。

热致磁中性化是将磁体加热到居里温度以上，然后在无磁场作用下进行冷却，由此得到磁中性状态的过程称热致磁中性化。

显然，要想使已经磁化的铁磁材料完全回到磁中性状态（完全退磁到图 1-29 中的 O 点状态），只有通过动态磁中性化和热致磁中性化两种方式，而只有热致磁中性化才能真正完全回到磁中性状态。我们知道，材料的磁性还与温度有关。只要加热到足够高的温度，所有的铁磁体都会变成顺磁体。从铁磁体特征转变成顺磁性行为的转变温度称为居里温度 T_c。在此温度下材料的磁导率 μ_r 急剧下降，矫顽力 H_c 和剩磁 B_r 都变为零。

当把铁磁材料加热到居里温度 T_c 之上，再回到室温，材料就会真正回到磁中性状态。

1.11 磁晶各向异性

1.11.1 磁晶各向异性能

在测量单晶铁磁性样品的磁化曲线时，我们会发现，磁化曲线的形状与测量方向相对于晶轴的取向有关。图 1-30 为铁（Fe）、镍（Ni）和钴（Co）三种单晶沿不同晶轴方向测得的磁化曲线。从图 1-30 中可以看到，每一个单晶体的三条磁化曲线（Co 只有两条）都不相同，其中有一个方向上最容易磁化，这个方向称为易磁化方向。例如，铁单晶的［100］晶轴、镍单晶的［111］晶轴和钴单晶的［0001］晶轴是易磁化轴，在易磁化方向上加不大的磁场，磁化就能达到饱和。而相对难磁化的方向称为难磁化轴，如铁单晶的［111］晶轴、镍单晶的［100］晶轴和钴单晶的［1010］晶轴是难磁化方向，在这些方向加同样的磁场，磁化就没有易轴方向那么强。在其他晶轴上的磁化难易程度介于难轴和易轴之间。在晶体的不同方向加同样强的磁场，得到的磁化强度很不同，这显示出晶体中磁性的各向异性。

研究发现，上述磁化曲线形状的不同说明沿铁磁单晶体不同晶轴方向磁化时所增加的自由能是不同的。我们称这部分与磁化方向有关的自由能为磁晶各向异性能。显然，铁磁晶体沿易磁化轴方向的磁晶各向异性能最小，沿难磁化轴方向的磁晶各向异性能最大。可见，沿不同晶轴方向磁化时所需的磁化功也是不同的。

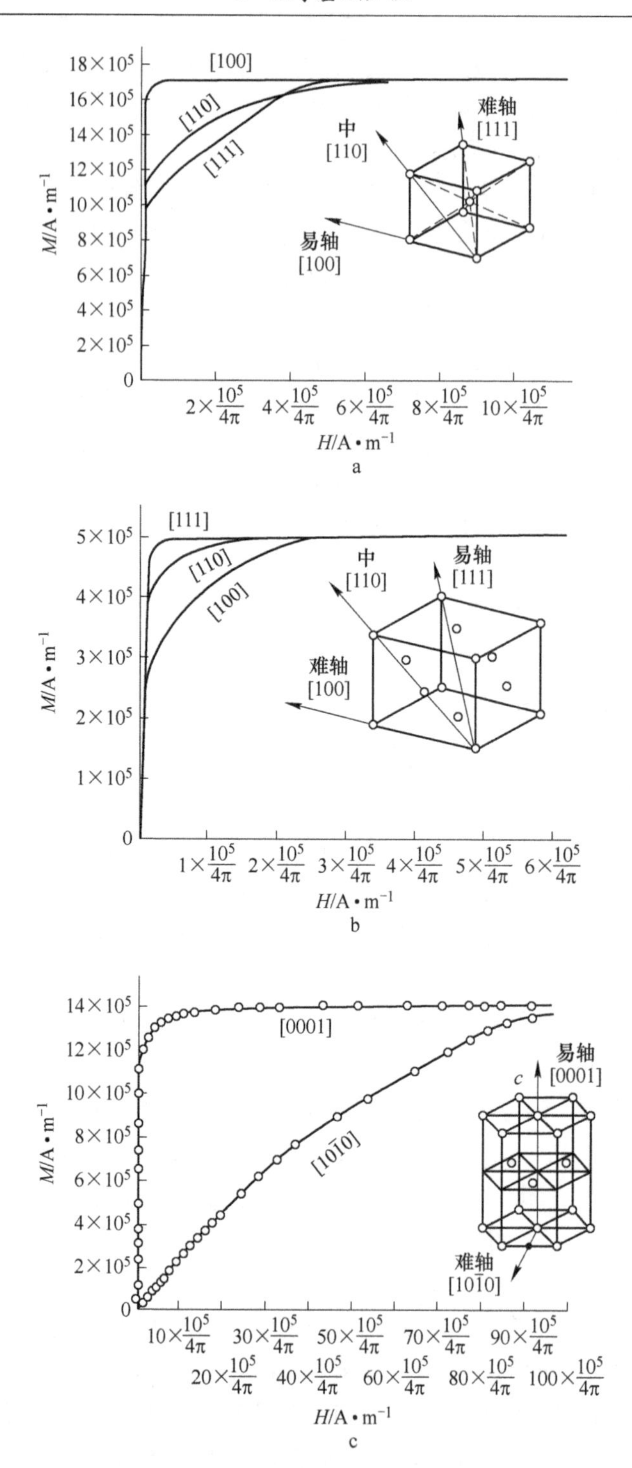

图 1-30　Fe、Ni 和 Co 单晶的磁化曲线

a—Fe 单晶沿不同晶向的磁化曲线；b—Ni 单晶沿不同晶向的磁化曲线；c—Co 单晶沿不同晶向的磁化曲线

1.11.2　磁晶各向异性

固体磁性物质是晶体。在晶体中，原子会排列成有规则的几何点阵，如图1-31所示的立方点阵。在这样的结构中，各个方向原子排列的情况是不相同的。例如，在某一方向上原子排列得紧密，另一方向排列得稀疏。又例如，在由两种以上原子构成的晶体中，在某一方向排列成直线的是同一种原子，在另一方向排成直线的是两种或两种以上原子。此外，在有些软磁材料中，还会出现结晶织构，如图1-32所示。这些例子都是结构上的各向异性，这就是说，在结构上各方向的状况有所不同。由于结构上的各向异性，晶体在其他性质上，如力学性质、电学性质和磁学性质等，也会表现出各向异性。

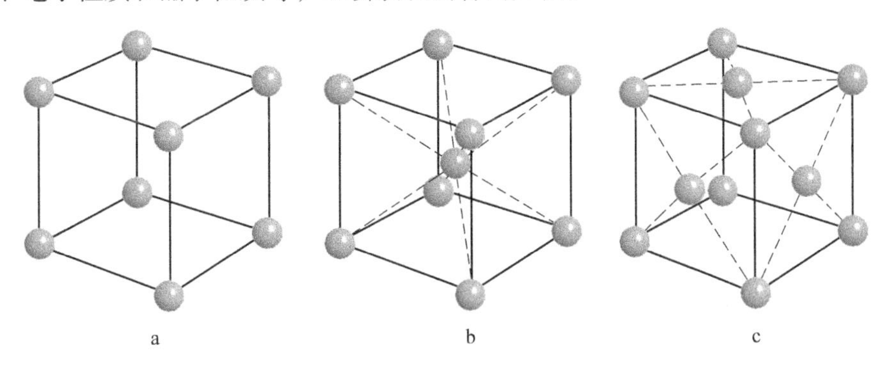

图1-31　三种立方点阵的元胞

a—简单立方（sc）；b—体心立方（bcc）；c—面心立方（fcc）

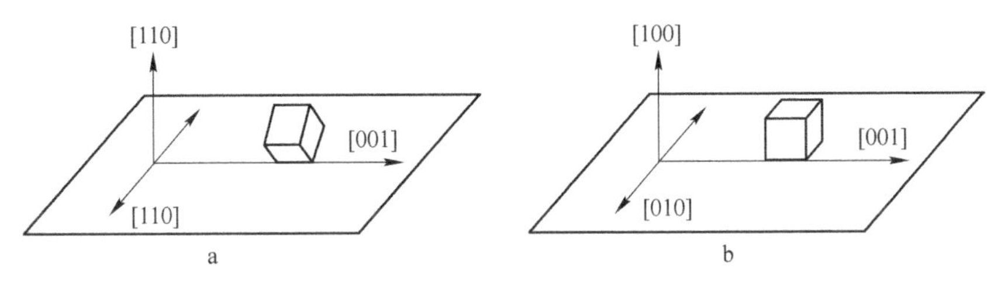

图1-32　硅钢片的两种结晶织构

a—(110)［001］；b—(100)［001］

图1-33是Fe、Co和Ni的三种元胞中的磁矩排列情况。从图1-33中可以看出，磁矩都是沿易轴方向排列的。

Fe、Co、Ni单晶的这种各向异性是由晶格对原子中电子运动的作用造成的，叫磁晶各向异性。铁磁材料的各向异性越大，其磁滞也就越大。例如，软磁材料一般都具有对称性比较高的立方晶系晶体结构，而永磁材料一般都具有单轴各向异性的晶体结构。

磁晶各向异性是说，在各向异性固体中，某些晶轴受到磁矩的偏爱，磁矩趋

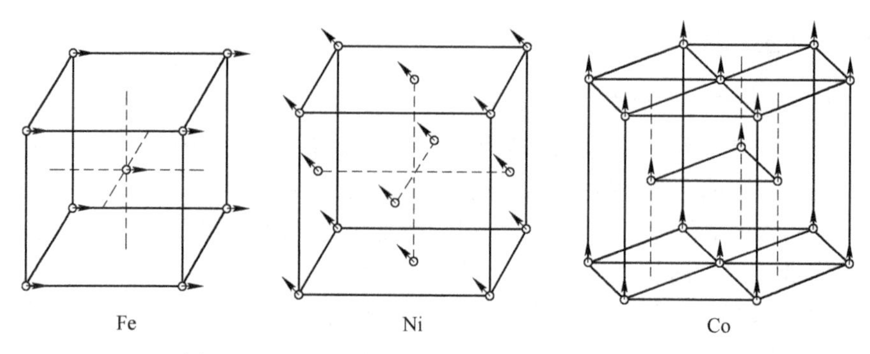

图 1-33　Fe、Ni 和 Co 三种晶胞中原子磁矩的排列

向于沿着这些晶轴取向，由此可以导致较低的能量。

磁晶各向异性产生的物理原因比较复杂，必须从晶体场对电子轨道运动的影响以及电子自旋-轨道耦合的联合效应加以考虑。考虑到晶体的对称性，可以把磁晶各向异性能用磁化矢量的方向余弦表示出来。这种“唯象”理论非常简明，也得到了实验的充分证明。表示磁性单晶体各向异性强弱的常数，叫磁晶各向异性常数，也是在磁学中经常遇到的物理量。

晶体中原子或离子的有规则排列会造成空间周期变化的不均匀静电场，这对于原子中电子的运动会产生很大的影响，例如，会造成磁矩在晶体中不同方向具有不同的能量，这就是磁晶各向异性能随方向变化的原因。

由于磁晶各向异性的存在，铁磁晶体内磁化强度矢量 $\boldsymbol{M}_S$ 在不受外磁场作用时，总是停留在易磁化轴的方向。因此，好像在易磁化轴方向存在一个“磁场”。我们把这一等效“磁场”叫磁晶各向异性场，用 H_K 表示。磁晶各向异性场仅仅是一种等效场，其含义是当磁化强度偏离易磁化轴方向时，好像会受到沿易磁化轴方向一个磁场的作用，使它恢复到易磁化轴方向。因此，即使对于同一晶轴，当在不同的晶面内接近晶轴时，磁晶各向异性场的大小也是不同的。

除磁晶各向异性之外，还可以通过其他方式产生磁各向异性，如应力各向异性、形状各向异性和感生各向异性等。

应力各向异性是指，受到应力作用的物体通过磁致伸缩效应所产生的磁各向异性。

形状各向异性是指，除球对称的磁性体以外的其他磁性体，由于自退磁场的影响所产生的磁各向异性。

感生各向异性是指，某些磁性材料在制造或热处理过程中所感生的各向异性。例如，材料经过磁场热处理所感生的磁各向异性等。

1.12　磁性的测量

我们前面已经提到，磁性测量是磁学的基本组成部分，但磁性测量又是非常专业的领域，如果不懂磁性材料、不懂磁学理论、不懂测量原理，而只有测量仪器，未必能得到正确的测量结果。

对于磁性材料的测量，工业上一般就是对磁场强度、磁感应强度或磁化强度的测量。对于这三个基本参量，可供采用的测量方法有好多种。

测量磁场的方法大体上可以分为四类：

（1）测量磁场对已知磁矩作用的转矩：如基于测量磁场引起的某种作用力的方法等。

（2）测量电磁感应在探测线圈中感生的电动势：如使用线圈的基于电磁感应的方法等。

（3）测量磁场电效应探针中感应的电信号：如基于测量因磁场的存在而使材料的各种特性发生变化的方法。

（4）测量磁共振，如电子自旋共振、铁磁共振、核磁共振等。

关于磁感应强度（或磁化强度）的测量方法可以分为三类，一般采用的都是感应法。

（1）测量在非均匀磁场中作用于磁化物体上的力。

（2）测量磁化物体产生的磁场。

（3）测量由磁化物体的位置或磁化状态变化所引起的电磁感应在检测线圈中产生的电压。

测量有三个基本要素：（1）样品；（2）磁化装置；（3）测量仪器（如磁通计）。

测量还分为直流测量和交流测量。下面主要介绍软磁材料直流磁特性的测量仪器和测量方法。测试标准主要是依据国家标准 GB/T 13012—2008《软磁材料直流磁性能的测量方法》，该标准等效采用 IEC 60404-4—2000，规定了在闭合磁路中使用环形样品或在磁导计中使用条形或棒状样品测量软磁材料直流磁性能的方法。国外还有一些测试标准，可以根据自己产品的销售区域，采用相应的测试标准。不同测试标准对测试条件的要求还是有差别的。现在的测试仪器基本上都是由计算机控制的，在软件中都可以输入测试条件，并得到想要的结果。但前提是，要对各种测试标准之间的差异非常熟悉。

根据标准规定，对于软磁材料，测量的样品主要分为两类：棒样和环样。

1.12.1 环形样品的测量

如果棒状样品的直径比较粗，可以采用环形试样。

对于环形样品，可以在其上直接绕制测量线圈和测试线圈进行测量，如图 1-34 所示。

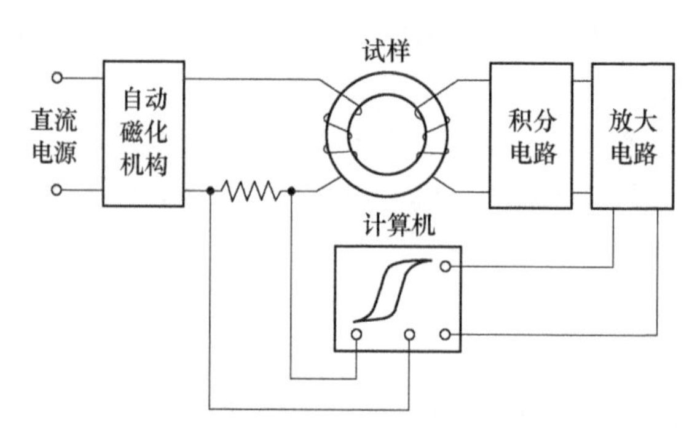

图 1-34　环形样品测量原理图

在环形样品的测量中，对于测量线圈（次级线圈）和磁化线圈（初级线圈）的绕制还是非常讲究的，如果绕制不好，会造成互相干扰，影响测量结果。至于绕线匝数，经过简单的计算，就可以确定。有些测试软件可以帮助测试者确定绕线的最少匝数。但是，对于磁化线圈，首先要保证磁化的均匀性；而对于测量线圈，则要保证测量的灵敏度。

绕制磁化线圈时线径不能太细，以避免大电流烧坏线圈，或加热试样。

虽然我们测量的是直流磁特性，由于测量是在计算机控制下自动完成的，因此，对测量速度的控制是非常关键的，特别是对电阻率比较低的材料，这是因为磁性材料存在磁滞的缘故。一般要求测量应在准静态条件下完成。但如果测量速度太慢，又影响工作效率，这时的一个关键技术就是运用 dB/dt 控制技术，如图 1-35 所示。因为磁化曲线和磁滞回线的斜率变化很大，在变化比较剧烈的地方，测量速度一定要慢，才能实现准静态测量，也才能测量出磁化曲线和磁滞回线的细节。当然，有些测量仪器的磁场强度 H 不是测量出来的，而是根据磁化电流计算出来的，这一点我们要明确。

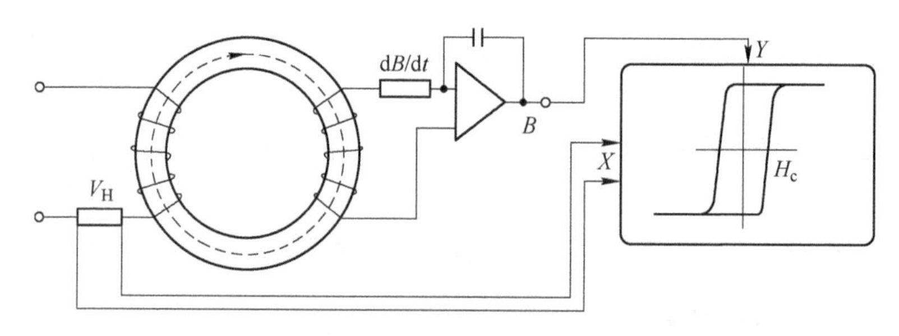

图 1-35　环形样品测试原理图（测量速度可以控制）

此外，使用环形样品，受磁化线圈绕线匝数和磁化电流大小的限制，磁化场不可能很高，有时测不到饱和磁滞回线，这一点在测量时要注意。

1.12.2 棒状和片状样品的测量

对于棒样，就需要用磁导计来使样品形成闭合回路。磁导计的优点是可以产生很强的磁化场。

在 GB/T 13012—2008 标准中规定了 A 类和 B 类两种磁导计，图 1-36 为该标准推荐的两种典型磁导计及典型磁极靴示意图。试样夹在两块由导磁性能良好的材料制成的磁轭之间，与试样共同构成闭合磁路。

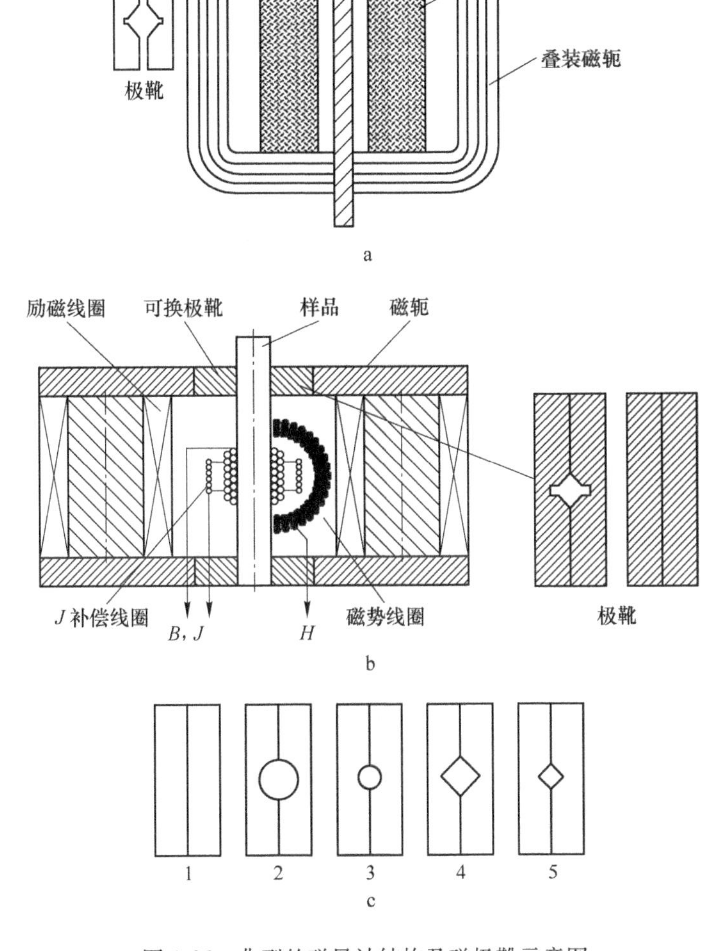

图 1-36 典型的磁导计结构及磁极靴示意图

a—A 类磁导计；b—B 类磁导计；c—极靴的形状

测试仪器一般都会配备不同形状的可换磁极靴。对于不同截面形状的试样，应选用不同形状的磁极靴。

这里需要提醒的是，无论对于棒状试样还是环状试样，因为磁化曲线的形状，造成在不同的磁场强度 H_m 下会得到不同的 B_m，除非磁化到饱和以后。因此，在对不同的试样进行比较时，首先要保证相同的测试条件，否则，这种比较是没有意义的。

由于磁性测量是一个非常专业的领域，涉及很多非常专业的知识，因此，在此只能进行简单介绍，就我们遇到的一些共性问题做一些说明。此外，这类仪器都已经国产化，而且，对于工业用产品的测量，与国外测量仪器的差距并不是很明显。

在此值得注意的是，对磁性的测试计量仪器，国家标准规定需定期进行计量检定，以确保测试仪器的准确性和测量精度。对于非标仪器和样品，进行计量比对是一个比较好的方法。

2 金属学基础

众所周知，材料的性能主要取决于其内部的组织结构。在材料的成分已经确定的情况下，改变其组织结构最有效的方法就是热处理。金属学是金属工艺的基础，它的任务就是研究金属及其合金的成分、组织结构、性能及其相互关系和变化规律。因此，原有材料性能的改善或者新材料的研究开发，有赖于对材料的成分、组织结构与性能关系规律的认识，有赖于对合金结构理论的物理本质的深刻理解。而这一切都是建立在固体物理（凝聚态物理）及材料专业基础课程的基础上。在第 1 章我们已经对磁学知识有了一定的了解，由于不锈钢软磁材料本身是金属合金，因此，有必要对金属学的基础知识有一些了解。

为了使没有系统学习过固体物理及材料专业的读者能够理解本书中出现的一些基本概念和基础理论知识，同时也使本书具有一定的系统性、完整性、可读性，本章对固体物理、金属学中的一些基础知识做一些扼要介绍。

2.1 金属的晶体结构

2.1.1 金属的概念

在已经发现的化学元素中，约有 3/4 是金属，即元素周期表中有 70 多种元素属于金属，如锂（Li）、钠（Na）、钾（K）、铜（Cu）、银（Ag）、金（Au）、铁（Fe）、镍（Ni）、钴（Co）等。传统上认为，固态金属具有以下特性：

（1）导电性好；

（2）导热性好；

（3）正的电阻温度系数，即电阻随温度升高而增大；

（4）较好的塑性：有产生变形而不被破坏的塑性性能；

（5）可锻性好；

（6）特有的金属光泽。

可以认为凡是具有上述特性的物质都是金属，否则，就是非金属。

根据原子在物质内部排列的规则程度，可以把它们分为晶体和非晶体两大类。凡是原子在物质内部呈有规则、有次序排列的物质，叫晶态物质，统称晶体。非晶态物质内部原子的排列与晶体完全不同。通常，它们只有在几个原子距离的所谓近程范围才会呈现有规则排列，而在大范围内却是完全无规则排列的。这种在很小范围内原子的有规则排列称为短程有序或短程序，以区别于晶体中所特有的那种原子在很大范围内保持规则排列的长程有序。

通过显微结构观察，可以看到，金属由许多的粒子组成，这种颗粒状的东西，就叫金属的晶粒。进一步研究发现，晶粒是由许多原子在空间作有规则的排列而成的。也就是说，金属是晶体。自然界中还有一类物质，叫非晶体，如松香、玻璃、沥青、橡胶等，其内部原子排列混乱，毫无规则。在此还要说明的是，液体、气体一般都呈非晶态，把固体、液体统称为凝聚态。

金属之所以具备上述特性，是与它的内部结构以及原子间相结合的特点有关。我们知道，一切物质都是由原子组成的，而原子又是由带正电的原子核和绕其运动的带负电的电子所组成。金属的原子结构特点是，它的最外层电子——价电子数目较少，一个到两个，一般不超过四个，而且与原子核的结合力较弱，因而价电子很容易脱离原子核而处于较自由的状态。

当金属成为固体时，各原子失掉其价电子而成为正离子（离子实）。正离子按一定次序在空间规则排列，并在其平衡位置附近作振动，而所有脱离原子核的价电子则可以较为自由地在各离子之间运动，为整个金属所共有，形成所谓“自由电子气”。金属原子便依靠正离子实和自由电子之间的静电作用而牢固地结合在一起。金属的这种特有的结合方式叫做“金属键”。

2.1.2　材料在固态下的结合方式

不同的材料具有不同的性能，经过不同的制备工艺加工而成的同一种材料也会有不同的性能，这些都归根于材料内部的结构。物质通常具有三种存在形态：气态、液态和固态，不锈钢在使用状态下通常都是固态。要研究固体材料的结构与性能之间的关系，首先必须弄清楚材料在固态下的结合方式及其结构特点。

2.1.2.1　原子的结合键

在固态下，当原子（离子或分子）聚集为晶体时，原子（离子或分子）之间会产生较强的相互作用，这种相互作用力就称为结合键。结合键使晶体维系在一起。固体的结合键（内聚力）都是由电子的负电荷与原子核的正电荷之间的静电吸引相互作用引起的。材料的许多性能在很大程度上取决于这种结合键。结合键使固体具有强度等力学性能和相应的电学、热学、磁学等物理性能。磁性的起源则更多地是由于电子的自旋磁矩和轨道磁矩及其相互作用，如交换作用和超交换作用等，而与键的类型关系不密切。

结合键可以分为化学键和物理键两大类。化学键的结合力较强，包括离子键、共价键和金属键。物理键的结合力较弱，包括分子键和氢键。

A　离子键

离子晶体由正离子和负离子组成，离子键由电荷异号的离子间的静电相互作用产生。

大部分盐类、碱类和金属氧化物主要以离子键的方式结合。这种结合的实质是金属原子将自己最外层的价电子给予非金属原子，使自己成为带正电的正离子，而非金属原子得到价电子后使自己成为带负电的负离子，这样，正负离子由于静电引力相互吸引，当它们充分接触时又会产生斥力，引力和斥力相等时即形成稳定的离子键。

一般，离子晶体中正负离子静电引力较强，结合牢固，因此，其熔点和硬度均较高，强度大，线膨胀系数小，但脆性大。另外，离子键中很难产生自由运动的电子，故离子晶体一般都是良好的绝缘体。

B 共价键

共价键是由两个或多个电负性相差不大的原子间通过共用电子对而形成的化学键。

共价键具有明显的饱和性。在共价键的形成过程中，因为每个原子所能提供的未成对电子数是一定的，一个原子的一个未成对电子与其他原子的未成对电子配对后，就不能再与其他电子配对，即每个原子能形成的共价键总数是一定的，这就是共价键的饱和性。

除 s 轨道是球形的以外，其他原子轨道都有其固定的延展方向，所以共价键在形成时，轨道重叠也有固定的方向，共价晶体中各个键之间都有确定的方位，这就是共价键的方向性，共价键的方向决定着分子的构形。

共价键的结合力很大，所以共价晶体具有结构稳定、强度高、硬度高、脆性大、熔点高等特点。由于束缚在相邻原子间的“共用电子对”不能自由运动，因此，共价结合形成的材料一般是绝缘体，其导电能力差。

离子型和共价型晶体之间不存在绝对的界限。一个给定的键在多大程度上是离子性的或共价性的，关键也在于如何从理论上进行估计。

C 金属键

绝大多数金属均以金属键方式结合，它的基本特点是电子的“共有化”。金属原子容易失去外层电子。当金属原子相互靠近时，这些外层电子就脱离原子，成为自由电子，为整个金属所共有，自由电子在金属内部运动，形成自由电子气。这种由金属中的自由电子与金属正离子（离子实）相互作用所构成的结合键称为金属键。

金属键既无饱和性又无方向性。当金属发生弯曲等变形时，正离子之间改变相对位置并不会破坏电子与正离子实间的结合力，因而金属具有良好的塑性。而且，由于自由电子的存在，金属一般都具有良好的导电性和导热性。

D 分子键

有些物质，如塑料、陶瓷等，它们的分子或原子团往往具有极性，即分子中的一部分带正电，而另一部分带负电。一个分子带正电的部位，同另一分子带负电的部位之间就存在比较弱的静电吸引力，这种吸引力就称为范德华力。这种存在于中性原子或分子之间的结合力称为分子键，又称范德华键。

分子键是最弱的一种结合键，没有方向性和饱和性，分子晶体熔点很低，硬度也很低。

E　氢键

氢键的本质与范德华键一样，也是靠原子（或分子、原子团）的静电吸引力结合起来的，只是氢键中氢原子起了关键作用。氢原子很特殊，只有一个电子，C—H、O—H 或 N—H 键端部暴露的质子是没有电子屏蔽的，因此，这个正电荷可以吸引相邻分子的价电子，于是形成一种库仑型的键，称为氢键。

氢键是所有范德华键中最强的。水或冰是典型的氢键结合，它们的分子 H_2O 具有稳定的电子结构，一个水分子中的氢质子吸引相邻分子中氧的孤对电子，氢键使水成为所有低相对分子质量物质中沸点最高的物质。

氢键具有饱和性和方向性。氢键可以存在于分子内或分子间。氢键在高分子材料中特别重要，纤维素、尼龙和蛋白质等分子有很强的氢键，并显示出非常特殊的结晶结构和性能。

2.1.2.2　材料的分类

原子间结合键的种类不同，其结合力的强弱差异较大。即使同一性质的结合键也存在强弱之别，例如一些弱共价键结合的固体也会具有一定的导电性。

实际上，大多数材料往往是几种键的混合结合，以其中一种结合键为主，如以离子键、共价键、金属键和分子键为主。根据性质的不同，材料也分为许多种类。

A　金属材料

金属材料的结合键主要是金属键。金属中也有共价键（如灰锡等）和离子键（如金属间化合物 Mg_3Sb_2 等）。金属材料具有良好的导电性、导热性及力学性能，有些金属材料还具有强的磁性。

B　陶瓷材料

简单来说，陶瓷材料是包含金属和非金属元素的化合物，其结合键主要是离子键和共价键，大多数是离子键。离子键赋予陶瓷材料相当高的稳定性，所以陶瓷材料通常具有极高的熔点和硬度，但同时陶瓷材料的脆性也很大。陶瓷材料内容非常丰富，有导体、半导体、超导体等，有的还具有强磁性。

C　高分子材料

高分子材料的结合键是共价键、氢键和分子键。其中，组成分子的结合键是共价键和氢键，而分子间的结合键是范德华键。尽管范德华键较弱，但由于高分子材料的分子很大，所以分子间的作用力也相应较大，这使得高分子材料具有很好的力学性能。有些高分子材料也具有强的磁性，叫有机磁体或分子磁体。

D 复合材料

复合材料是由两种或两种以上材料结合在一起得到的材料，可以有两种或两种以上的结合键结合，具体取决于组成物的结合键。复合材料可以发挥各种材料的优点，克服单一材料的缺陷，从而扩大材料的应用范围。复合材料主要可以分为结构复合材料和功能复合材料两大类。非均质多相复合材料一般具有高的比强度和比模量、良好的抗疲劳性能、优良的高温性能、减震性好、破断安全性好等特点。黏结磁体和磁粉芯是典型的复合材料。

2.1.3 晶体结构

金属材料是指以金属键来表征其特性的材料，包括金属及合金，不锈钢就属于合金。金属材料在固态下一般都是晶体，如图 2-1a 所示。因此，要研究金属及合金的结构，就必须理解晶体结构。材料的性能通常都与其晶体结构有关，而晶体结构是指晶体中原子（或离子、分子）在三维空间中的具体排列方式。

2.1.3.1 晶体结构的基本概念

晶体结构是指晶体内部原子规则排列的方式。晶体的结构不同，其性能往往相差很大。为了便于说明各种晶体中原子或分子的排列情况，通常把原子抽象为几何点，并用许多假想的直线连接起来，这样得到的三维空间几何点阵称为晶格，如图 2-1b 所示。

点阵：原子在空间有规则排列的几何图形，叫空间点阵或晶格。晶格中各连线的交点称为格点。不同的金属有不同的排列方式，有的金属处于不同温度时，它们的排列形式也不同。

晶胞：为了简化分析，可以在晶格中取出一个能完全代表晶格的最小单位，组成晶格的最小几何单元称为晶胞。通过对晶胞的研究，就可以找出该种晶体中原子在空间的排列规律。晶胞可以是晶体的最小重复单位，也可以包含几个最小重复单位。

晶胞参数（晶格常数）：为了研究晶体结构的需要，在结晶学中还规定用晶格来表示晶胞的几何形状。如图 2-1c 所示，晶胞参数是指晶胞在三个坐标的边长尺寸，也叫晶格常数，常用符号 a、b、c 表示，其尺寸单位为埃（Å）（$1Å=10^{-10}m$），现在常用纳米（nm）来计量（$1nm=10^{-9}m$）。晶胞参数还包括晶胞各边之间的相互夹角，分别以符号 α、β、γ 来表示，其单位为度。图 2-1c 所示的晶胞为简单立方晶胞（SC），其 $a=b=c$，$\alpha=\beta=\gamma=90°$。

晶胞的三个坐标轴则常用 x、y、z 来表示。对于对称性比较高的晶体只需一两个参数即可表明，而对那些对称性比较低的复杂晶体，则需用较多的参数。例如，对立方晶格，其晶胞的三个棱相等（即 $a=b=c$），三个轴间的夹角也相等，且均为直角。因此，对立方晶格，常常只需用一个常数 a 就可以表示其晶体结构

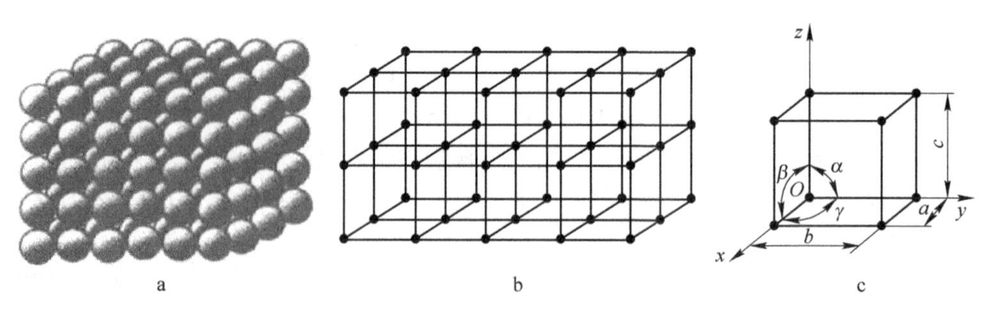

图 2-1　金属的晶格及晶格结构示意图

a—晶体结构；b—晶格；c—晶胞

的特征。

晶系：在自然界中，以晶体存在的物质种类繁多，结构复杂，晶体类型也多种多样。但是，研究表明，空间点阵的类型却只有 14 种，通常称其为布拉菲点阵。这十四种点阵又可以按其晶胞参数分为七大晶系，即三斜晶系、单斜晶系、正交晶系、四方晶系、立方晶系、菱面体晶系和六角晶系等，每一种晶系有一种或数种特征性的惯用晶胞。立方晶系包括简单立方（sc）、体心立方（bcc）和面心立方（fcc）三种晶格。

2.1.3.2　晶面和晶向的表示方法

在晶体点阵中，由原子群所组成的任一平面，代表着晶体的一个结晶面，简称晶面。在晶体中通过几个原子所组成的任一条直线代表着晶体空间内的一个方向，这种方向称为晶向，这条直线叫晶轴。

显然，从图 2-1 可以看出，在不同的晶面和晶向上，原子排列会有很大的差异。因此，晶体在不同的晶面和晶向上会显示出不同的性质，这种性质就叫各向异性。晶体里存在着数不清的晶面和晶向，在这些晶面和晶向里，某些特殊类型的晶面和晶向对晶体中发生的一些重要的物理化学过程起着特殊作用。

在定量表示晶面和晶向时，为了分析在晶体中不同晶面上的原子排列状况及特点，通常用晶面指数的概念。晶面指数并不是只代表一个晶面的方位，而是代表一组平行平面。为了分析晶体在不同方向上的性能差异（即各向异性），通常用晶向的概念。晶格中各原子列的位向就叫晶向，而表示晶向的符号就叫做晶向指数。

2.1.3.3　配位数和致密度

由于晶体中原子重复排列的规律性，可以用晶胞来表示晶格中原子排列的特征。在研究晶体结构时，通常以晶胞作为依据。为了描述晶格中原子排列的紧密程度，通常采用配位数和致密度 K 来表示。

配位数：是指在晶格中的任一原子，其周围所紧邻的（即最靠近的）等距原子的数目。也就是晶格中与任一原子处于相等距离并相距最近的原子数目。配位数的大小定性地反映了原子在空间排列的紧密程度。配位数越大，说明晶体的原子密集程度越高，即排列得越紧密；反之，则排列得越疏松。

致密度 K：也叫密积系数，它是指晶胞中所包含的全部原子（把原子看作是球体）的体积总和与该晶胞的体积之比。可见，致密度反映的是指晶胞中原子本身所占的体积分数。致密度可以用公式表示为

$$K = \frac{nV_{小球}}{V_{晶胞}} \tag{2-1}$$

式中 K——致密度；

n——在晶胞中实际包含的原子数；

$V_{小球}$——把每个原子看作小球，体积为 $\frac{4}{3}\pi r^3$，其中 r 为该原子的半径；

$V_{晶胞}$——晶胞的体积。

2.1.4 金属及合金的晶体结构及特点

2.1.4.1 金属的晶体结构

金属晶体中的结合键是金属键。对于金属来说，由于金属原子之间的键力较强，且金属键没有方向性和饱和性，所以，虽然金属材料种类繁多，但在金属及其合金中，大多数金属晶体都具有这样一种倾向，那就是趋向于排列成最紧密、对称性高的简单晶体结构，这就使得晶格排列组合的形式大为减少，而且常常形成具有高度对称性的比较简单的几何形式。常见的金属材料，晶体结构形式多为立方晶系、四方晶系、正交晶系及六角晶系四种。最常见的典型金属通常具有体心立方（bcc）、面心立方（fcc）和密排六方（又称密堆积立方，hcp）三种晶体类型。例如，在常温下，常见的三种铁磁性元素的晶体结构是：铁（Fe）是体心立方结构，镍（Ni）是面心立方结构，而钴（Co）是六角密堆积结构。

A 体心立方晶格

体心立方晶格的晶胞如图 2-2 所示。其晶胞呈立方体（正六面体），晶格常数 $a=b=c$，其 $\alpha=\beta=\gamma=90°$，所以只用一个常数 a 即可表示。在体心立方晶胞中，原子位于立方体的 8 个顶点和中心。属于这类晶格的金属有室温下的铁（910℃以下叫做 α-Fe），室温下的铬（Cr）、钒（V）、钨（W）、钼（Mo）、铌（Nb）、β-Ti、锂（Li）、钠（Na）等。

从图 2-2a 可以看出，在体心立方晶格的晶胞中，原子沿对角线方向紧密地接触在一起，所以，从图 2-2b 中可以求出原子半径 $r=\frac{\sqrt{3}}{4}a$。

从图 2-2c 可以看出，在一个体心立方晶胞内，晶胞的每个角上的原子为与

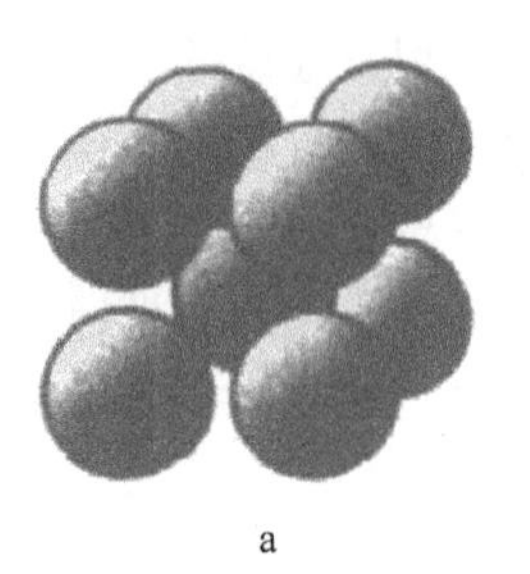
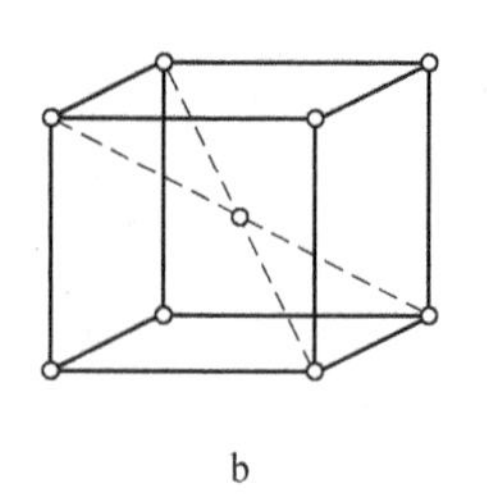
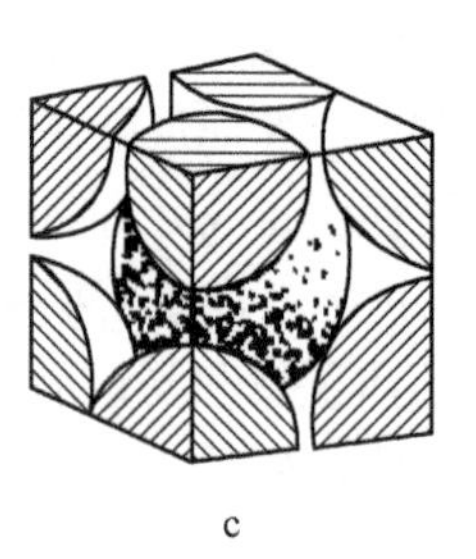

a　　b　　c

图 2-2　体心立方晶格的晶胞

a—模型；b—晶胞；c—晶胞原子数

其相邻的 8 个晶胞所共有，故只有 1/8 个原子属于这个晶胞，而只有晶胞中心的原子才完全为这个晶胞所独有，所以体心立方晶胞中的原子数为 $8\times1/8+1=2$，每个原子的最近邻原子数为 8。

在体心立方晶格中，最近的原子间距为体心原子与八个顶点的原子间距，为 $\frac{\sqrt{3}}{2}a$，所以其配位数为 8。

体心立方晶格的致密度，可以按照公式（2-1）计算出来，计算式如下：

$$K=\frac{2\times\frac{4}{3}\pi r^3}{\left(\frac{4r}{\sqrt{3}}\right)^3}=\frac{\sqrt{3}}{8}\pi=0.68017 \tag{2-2}$$

B　面心立方晶格

面心立方晶格的晶胞如图 2-3 所示。形状也是一个立方体，其晶格常数 $a=b=c$，$\alpha=\beta=\gamma=90°$，所以只用一个晶格常数 a 即可表示该晶格的结构特点。在一个面心立方晶胞中，每个角及每个面的中心各分布着一个原子，在各个面的对角线上各原子彼此相互接触，紧密排列。属于这一类晶格的金属有：温度处于

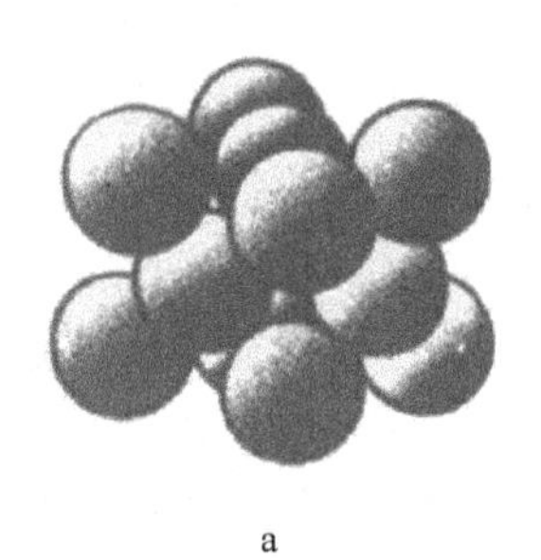
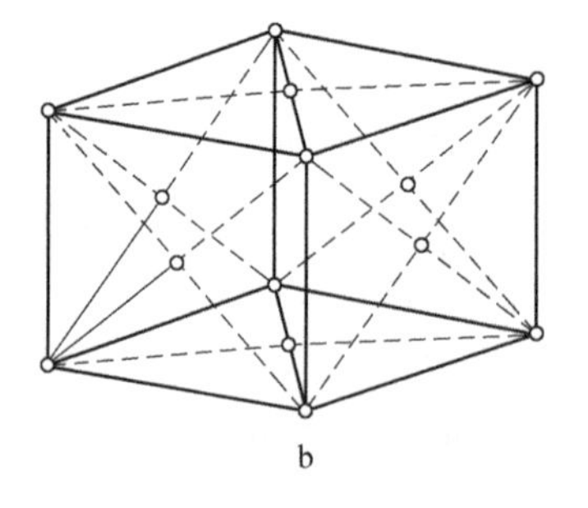
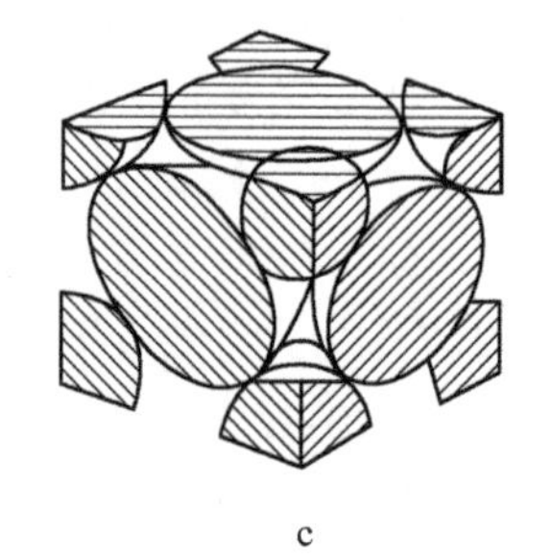

a　　b　　c

图 2-3　面心立方晶格的晶胞

a—模型；b—晶胞；c—晶胞原子数

910～1390℃之间的铁（叫 γ-Fe），室温下的铝（Al）、铜（Cu）、镍（Ni）、金（Au）、银（Ag）、铅（Pb）、铂（Pt）、钴（β-Co）等。

从图 2-3b 中可以求出面心立方晶体的原子半径 $r=\frac{\sqrt{2}}{4}a$，每个面心位置的原子为两个晶胞所共有，故面心立方晶胞中原子数为 8×1/8+6×1/2=4，配位数为 12。

面心立方晶格的致密度 K 为

$$K=\frac{4\times\frac{4}{3}\pi r^3}{\left(\frac{4}{\sqrt{2}}R\right)^3}=\frac{\sqrt{2}}{6}\pi=0.74048 \tag{2-3}$$

致密度为 0.74048，此值表明，在面心立方晶格金属中，有 74%的体积被原子占据，其余 26%的体积为空隙。可见，面心立方晶格的配位数和致密度都高于体心立方晶格，也就是说面心立方晶格中原子的排列比体心立方晶格紧密。

C 密排六方晶格

密排六方晶格的晶胞如图 2-4 所示。它是一个正六面柱体，上下两个面呈六边形，六个侧面呈长方形。在晶胞的 12 个角上各有一个原子，上底面和下底面的中心各有一个原子，上、下底面的中间有三个原子。属于这类晶格的常见金属有镁（Mg）、锌（Zn）、铍（Be）、镉（Cd）以及室温下的钛（α-Ti）与 400℃以下的钴（叫 α-Co）等。

密排六方晶格的晶胞，通常需要用两个晶格常数才能表示，一个是正六边形底面的边长 a，另一个就是晶胞的高度（即两个底面间的高度）c。研究表明，对密排六方晶格来说，只有当其轴比 c/a＝1.633 时，其晶格内的原子才是真正密集地排列着。但通常具有密排六方晶格的金属其轴比在 1.57～1.64 之间，而只有极少的金属正好等于 1.633。个别的金属，如锌（Zn）、镉（Cd）等则特别大，c/a 值甚至大到 1.89。

从图 2-4b 可以看出，密排六方晶格的原子半径 $r=a/2$。从图 2-4c 可以看出，在密排六方晶格的一个晶胞中，每个顶角上的原子为相邻的 6 个晶胞所共有，上、下底面中心的原子则同时为两个晶胞所共有，只有晶胞内部的三个原子为该晶胞所独有。因此，在一个密排六方晶胞中实际所包含的原子数为 1/6×6×2+1/2×2+3＝6，配位数为 12。根据计算，密排六方晶格的致密度与面心立方晶格相同，也是 0.74048，是原子最紧密排列的形式之一。

表 2-1 列出了 Fe、Co、Ni 三种铁磁性金属元素的晶体结构和晶格常数。

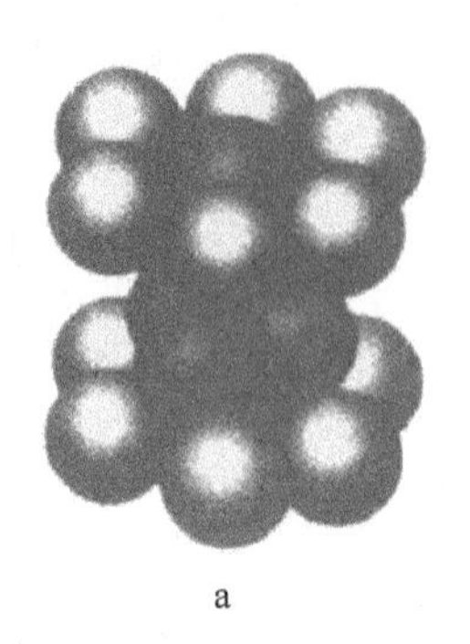
a

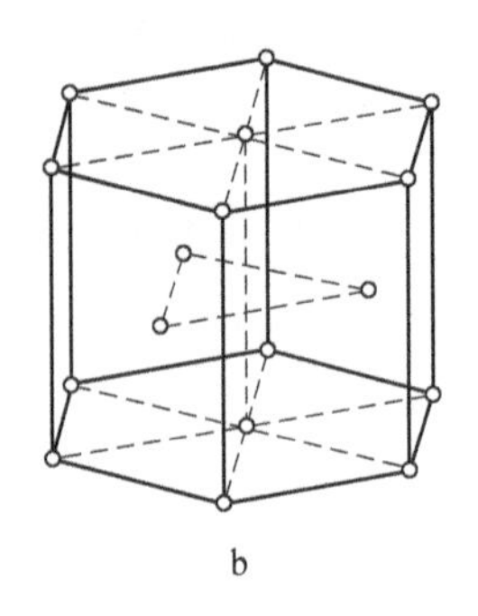
b

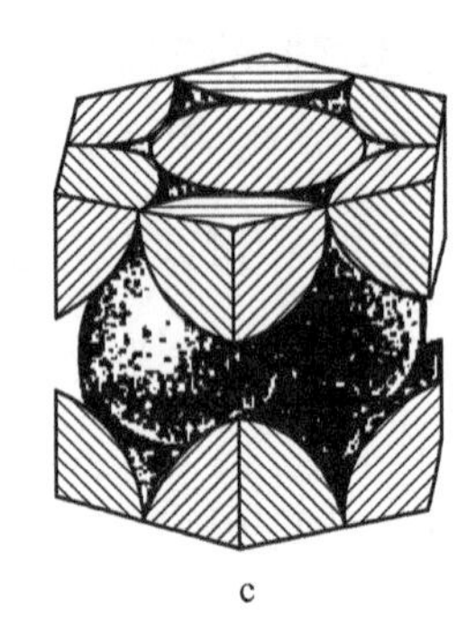
c

图 2-4 密排六方晶格的晶胞

a—模型；b—晶胞；c—晶胞原子数

表 2-1 铁磁性元素的晶体结构（室温 20℃）

元素符号	原子序数	相对原子质量	晶体结构	点阵常数 /nm	原子半径	每个晶胞的原子数	配位数	致密度
铁（Fe）	26	55.845	体心立方（bcc）	$a=0.2863$	$\frac{\sqrt{3}}{4}a$	2	8	0.68017
钴（Co）	27	58.933	密排六方（hcp）	$a=0.2502$ $c=0.4071$	$\frac{1}{2}a$	6	12	0.74048
镍（Ni）	28	58.693	面心立方（fcc）	$a=0.3524$	$\frac{\sqrt{2}}{4}a$	4	12	0.74048

2.1.4.2 金属的结构特点

金属内部原子之所以能做有规则的排列，是与原子之间的相互作用力和相互位能有关的。在金属晶体的原子之间，除了异性电质点（电子与正离子）之间的吸引力外，还有同性电质点（电子与电子、正离子与正离子）之间的排斥力，这两种力的大小分别随原子间距而变化。原子的位置是由引力和斥力等因素共同决定的，在达到平衡时，原子间的距离就是平衡距离 r_0。当 $r=r_0$ 时，两原子的位能最低，因而原子处于最稳定的状态。偏离 r_0，会使原子的位能增加，从而使原子处于不稳定的状态，原子就有力图恢复低能状态的倾向。

如果把这种双原子模型推广到多原子组成的物质中去，就可以理解多原子物体本身具有最低的能量，以保持稳定状态。为此，大量原子必须保持一定的平衡距离，于是，原子就会有规则地排列起来。

如果想从点阵中把一个原子拿走，就必须做功，以克服周围原子的作用。周围的原子越多，也就是配位数越大，做的功就越多，说明原子间的相互作用能（位能）就越低。物质系向最稳定的方向发展是自身的趋势，所以点阵中的原子有自发趋向于最紧密排列的趋势。一般情况下，金属都具有致密度较高的点阵结构。

利用金属键的概念，还可以解释金属所具有的某些特征。例如，由于自由电子的存在，当金属上的任意两点间存在电位差时，或者当金属受到外加电场作用时，其内部的自由电子将沿正电位方向（或电场方向）做定向运动，形成电子流（电流），因此，金属具有良好的导电性。再比如，物质对热能的传递，是靠原子的振动和电子的运动来实现的。金属除了依靠正离子实的振动传递热能外，自由电子的运动也能传递热能。原子的振动为所有固体物质所共有，而自由电子的运动则是金属所独有的，所以金属的导热性好。金属的电阻可以通过在一定电位下加速运动的电子与正离子实相撞，从而对自由电子的运动形成阻碍来得到解释。同时，电子经过碰撞，把能量传递给离子实，使正离子实的振幅增大，由此也可以解释电流通过引起的金属温度的升高。反过来，随着金属温度的升高，正离子实热振动的振幅加大，从而使自由电子的定向运动阻力增加，电阻升高，说明金属的电阻随温度升高而增加，所以金属具有正的电阻温度系数。

金属具有良好的塑性，也是由于金属中具有自由电子的原因。当金属在外力作用下，相邻原子层间发生相对位移时，金属的正离子和自由电子仍然保持金属键，所以金属具有良好的变形能力，金属具有塑性。自由电子可以吸收光的能量，因而金属不透明；而所吸收的能量在电子回复到原来状态时会产生辐射，使金属具有光泽。

以上只是通过金属中的自由电子模型来粗略地解释金属的性质，这些概念和解释都只是初步的，实际情况要复杂得多。要用到能带理论等许多专业的理论知识。

2.1.5 实际金属的晶体结构及缺陷

前面所讨论的晶体结构都是针对理想单晶体的构造来说的，属于理想晶体结构的情况。实际上像这样理想的几何单晶体，在自然界中几乎不存在，对于金属材料更是如此。即使是人工金属单晶体内部也存在着难以避免的缺陷。

在实际的金属材料中，原子的排列不可能这样规则和完整，总是不可避免地存在一些原子排列不规则的不完整区域，这种现象我们称之为晶体缺陷。一般来说，金属中偏离其规定位置的原子数是很少的，即使在最严重的情况下，位置偏离很大的原子数在金属晶体中所占的比例也不大。因此，总体来看，金属的结构还是接近完整的。尽管如此，这些缺陷的产生、发展、运动和相互作用，乃至于缺陷的合并和消失，对晶体的强度、塑性、韧性、扩散、电性、磁性以及其他结构敏感性的问题起着主要作用。

2.1.5.1 单晶体与多晶体

如果有一块晶体材料，其原子排列规律相同，晶格方位完全一致，整块晶体由一颗晶粒组成，就称为单晶体。单晶体中所含分子（原子或离子）在三维空间中呈规则、周期的排列。由于原子排列具有规律性，单晶体在不同晶面、不同晶向上原子排列的密度会有所不同。由于不同晶面和不同晶向的原子密度不同，所以单晶体在性能（力学性能、磁性能等）上会产生“各向异性”，即不同晶体方向上会表现出不同的性能。

由于受到结晶条件和许多其他因素的限制，实际使用的金属通常其结构都是由许多尺寸很小的、各自结晶方位都不同的小单晶体构成，如图 2-5 所示。这些小晶体内部的晶格位向是均匀一致的，而它们之间晶格位向却彼此不同，这些外形不规则的颗粒状小晶体通常称为晶粒。每个晶粒相当于一个单晶体。晶粒与晶粒之间的界面称为晶界。这种由许多晶粒组成的晶体称为多晶体。对于纯金属，多晶体的各个小晶粒的晶格结构形式都是相同的，而各晶粒在空间彼此的结晶方位则是不相同的。

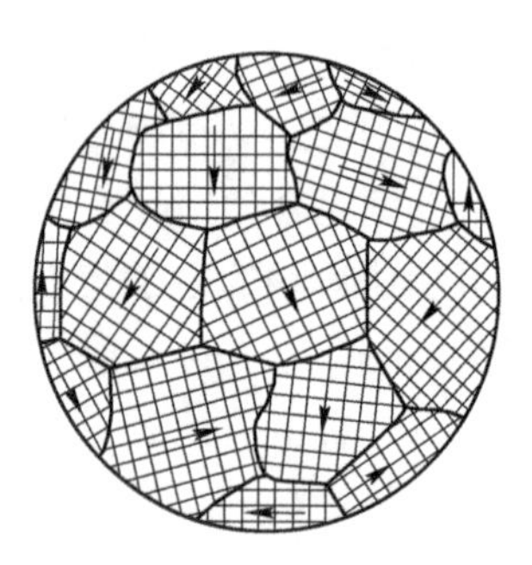

图 2-5　多晶体中晶粒位向和晶界示意图

多晶体的性能在各个方向上基本是一致的，这是由于多晶体中，虽然每一个晶粒都是各向异性的，但它们的晶格位向彼此不同，晶体的性能在各个方向相互补充和抵消，再加上晶界的作用，从而使整个多晶体表现出各向同性的性质。当然，通过特殊的加工手段，如冷轧、冷拔、磁场热处理和定向铸造工艺等，可以使各个晶粒的晶格位向趋于一致，则多晶体也能显示出各向异性来。

晶粒的尺寸很小，如钢铁材料一般为 $10^{-1} \sim 10^{-3}$mm，必须在显微镜下才能看见。在显微镜下观察到的金属中晶粒的种类、大小、形态和分布称为显微组织，简称组织。金属的组织对金属的性能有很大的影响，包括磁性能。

2.1.5.2　实际金属晶体中存在的缺陷

由于在一个晶粒内部结晶方位都是一致的，并在每个晶格的格点上都被原子所填满，这仍然是一种理想晶体。实际上，由于结晶及其他加工条件等的影响，使得金属的晶粒内部也存在着大量的缺陷，在晶界上更是如此。这些缺陷的存在，对金属的性能（物理性能、化学性能、力学性能、磁性能等）都将发生显著影响。

根据晶体缺陷存在形式的几何形态特征，通常把它们分为三类：点缺陷、线缺陷和面缺陷。

A　点缺陷

点缺陷是指在晶体空间中，其长、宽、高尺寸都很小的一种缺陷。晶体的点缺陷包括三种主要形式：晶格空位、间隙原子和置换原子。

晶格空位是在晶格的某一结点上由于缺少原子而形成的空位。研究表明，在实际的晶体结构中，并不是所有结点都会被原子占满，而是在某些结点处出现了空着的位置，从而形成一种点缺陷。间隙原子是因外来原子进入晶格的原子间隙而形成的一种缺陷，此原子并没有占据正常的晶格结点位置，而是处在晶格的空隙之间，即在少数个别的晶格空隙处出现了多余原子。还有一种点缺陷，是由于大小不同的原子占据晶格结点位置而形成的置换原子，置换原子是由外来原子（或称异类原子）的溶入造成的。

在一般情况下，这类形式点缺陷的形成是由于原子热运动的结果。我们知道，原子在晶体中都是以其平衡位置为中心而进行着不停的热振动。而且，原子的这种热振动，随着温度的增加，其频率增高能量增大，其振幅也增大。另外，并不是所有原子在任何时间里其振动能量都是均等的。因此，在某一瞬间，当某一个原子具有足够大的能量时，其振幅增大，就有可能克服周围原子对它的牵制作用，脱离其原来占据的平衡位置而“逃走”，这样就使结构中出现了空结点，即空位。离位原子既可能逃到晶体表面上的正常位置（或其他空位上），还可能产生“间隙原子”。形成空位后，其周围的其他原子便会发生靠拢现象，而处在间隙原子周围的原子晶格则会发生撑开的现象。像这样使正常的晶格造成扭曲的变化通常称之为晶格畸变。

研究表明，随着温度的增高，空位的数目也会增加。在晶体中由于产生空位而出现的间隙原子，将使其周围晶格发生严重的局部畸变，因此，形成这种间隙原子的能量是相当大的，特别是在密排结构的金属中，仅靠热涨落产生这种间隙原子的机会还是比较小的。只有当金属承受大的冷变形加工或经受高能粒子的轰击，因而有足够的附加能量时，才会产生间隙原子。

晶体内的这类缺陷的浓度是直接依赖于温度的。即在一定的温度下，晶体内存在一定平衡浓度的空位和间隙原子。因此，这类点缺陷通常又叫热缺陷。温度越高，热缺陷越严重。这种热缺陷是固态金属扩散的基础。

B　线缺陷

线缺陷是在晶体的某一平面上，沿着某一方向，伸展开来呈线状分布的一种缺陷。这种缺陷的特点是：在一个方向上的尺寸很长，而另外两个方向上的尺寸很短。这类缺陷的主要形式就是各种类型的位错。它们都是通过晶体的不同部分之间发生相对滑移而形成的。通常所说的位错就是晶体中已滑移区和未滑移区在滑移面上的边界线，实际上，也是在线附近一个局部的原子排列错乱区域。

若用一句通俗的话来说，位错就是在晶体某处有一列或若干列原子发生了某种有规律的错排现象。从微观角度来看，也可以说位错是一个具有一定宽度的管道，由于在这里的晶格发生了畸变，所以这个管道地带便是一个应力集中区。

位错理论是研究晶体塑性变形的有效方法。位错的形式有很多，如刃形位错（也叫棱位错）、螺型位错等。

C　面缺陷

面缺陷是在两个方向的尺寸很大，而第三个方向的尺寸很小而呈面状分布的缺陷。面缺陷通常是指金属晶体中的晶界、亚晶界（嵌镶块晶界）等。

晶界是指多晶体中小晶粒间的相互交界处，晶界是结晶时直接产生的。由于结晶开始时，结晶中心不止一个，当这些结晶中心进一步长大并相遇时，则在相遇处形成了晶界，它是一个有一定厚度的原子无规则排列的过渡带。在金属晶体中，晶界厚度通常在几个原子间距到几百个原子间距大小的范围内变动。并且，相邻晶粒的位向差越大，或者金属的纯度越低时，晶界就越厚。反之，晶界就越薄。

一般认为，在晶界处，由于晶粒之间原子排列的方向（对应于某一晶轴）有一定的差别，会存在一个过渡区，在这个区域中原子排列仍有一定的规律性，但它们处于应力畸变状态，即在这个区域中存在着位错等缺陷。

晶界的存在对多晶体的力学性能、磁性能等物理化学性能有很大的影响。由于晶界处存在位错，使晶粒的滑移阻力增大，从而使金属材料具有一定的机械强度和高的矫顽力 H_c。如果晶粒进一步变小，而且晶粒间的夹角增大，则位错增多，位错线之间的距离缩小，滑移更难进行，因而小晶粒多晶体比大晶粒多晶体的硬度大，矫顽力 H_c 也大。

由于在晶界处原子处于高能状态，因此，这部分原子沿着晶界扩散的能力强。在再结晶或相变时，它很可能是再结晶的核心或相变重结晶的核心。

由于位错（例如棱位错）的存在会造成原子的紧密区和稀疏区。紧密区会吸收比格点原子（溶剂原子）小的杂质原子，以减小应力畸变，而稀疏区会吸引比格点原子（溶剂原子）大的杂质原子，以减小应力畸变。溶质原子（格点原子）的半径与溶剂原子（进入格点的原子）的半径相差越悬殊，则晶粒间界吸引杂质原子的能力就越大。因此，在晶界处，经常聚集着一定浓度的杂质。

晶界处存在严重的晶格畸变，会造成很大的内应力，使畴壁位移受到阻止，因而使材料的磁导率 μ_r 下降，矫顽力 H_c 增大。

2.2　固态合金中的相结构

纯金属由于强度低等原因，工业上广泛使用的金属材料绝大多数都是合金。

2.2.1　合金和相

所谓合金，是指由两种或两种以上的金属元素，或金属与非金属元素，通过熔炼、烧结或其他方法组合在一起而形成的具有金属特性的物质。例如，应用最普遍的碳钢和铸铁就主要是由铁（Fe）和碳（C）所组成的合金，黄铜则是由铜（Cu）和锌（Zn）所组成的合金，焊锡是由锡（Sn）和铅（Pb）所组成的合金等。当然，不锈钢就是由铁（Fe）和铬（Cr）等元素组成的合金。绝大多数的金属磁性材料都是由合金组成的。

各种元素结合成合金以后，性能上和原来的金属会有很大的差别。而且，通过调整各种元素的比例，还可以使合金的性能在很大的范围内变化，从而能满足各种不同的性能需求。例如，铁（Fe）和碳（C）组成合金时，如果调整含碳（C）量，就可以得到具有各种性能的碳素钢；而硅（Si）和铁（Fe）组成合金时，通过调整含硅（Si）量，就可以得到软磁性能较好的各种电工钢（硅钢）。铁（Fe）和铬（Cr）组成合金时，通过调整含铬（Cr）量，和/或加入镍（Ni）等合金元素，就可以得到各种类型的不锈钢等。

组成合金的最基本的、独立的物质称为组元。一般来说，组元就是组成合金的元素，也可以是稳定的化合物。例如，铁碳合金中铁（Fe）和碳（C）都是组元，而不锈钢中铁（Fe）和铬（Cr）都是组元。根据合金组元个数不同，把由两个组元组成的合金称为两元合金，由三种组元组成的合金称为三元合金，由三种以上的组元组成的合金则称为多元合金。由给定组元可以制成一系列成分不同的合金，这些合金组成一个合金系统，称为合金系，例如，铁碳系合金、铁镍系合金、铁铬系合金和铁铬镍系合金等。

合金的性能比纯金属更为优异的原因，是它的组织、结构比纯金属更为复杂，组成合金的元素相互作用会形成各种不同的相。把不同的组元经熔炼或烧结组成合金时，这些组元间由于物理的或化学的相互作用，会形成具有一定晶体结构和一定成分的相。相是指合金中结构相同、成分和性能均一并以界面相互分开的、均匀的组成部分。相是合金中化学成分相同、结构相同的原子聚集在一起形成的，不同的相之间会以界面互相分开。

纯金属在固态时是一个相，而在合金中，由于组元的相互作用、形成条件等的不同，则可能形成许多不同的相。由一种固相组成的合金称为单相合金，由几种不同相组成的合金称为多相合金。如铝镍钴永磁合金是由两个体心立方结构的相所组成，其中一个相是富铁（Fe）、钴（Co）的相，另一个相是富镍（Ni）、铝（Al）的相。又如，在铁铬不锈钢中可以形成铁素体、奥氏体和马氏体三个主相及其他一些中间相。尽管合金中组成相多种多样，但根据合金组成元素及其原子相互作用的不同，固态下所形成的合金相基本上可分为固溶体和金属化合物两大类型。

2.2.2 固溶体

固溶体是组元在液态时能互相溶解，凝固后仍然能溶解而互相形成的一种均匀结构，即一种组元的原子完全溶解在另一种组元的晶格中所形成的固态溶液。在这种结构中，一个组元的原子分布在另一个组元的晶格中，即后一种组元保持其晶格点阵，而前一种组元不再保持其原有的晶格点阵。这种固相可以被认为是由前一种组元溶解在后一种组元中构成，所形成的与溶剂有相同晶体结构、晶格常数稍有变化的固体称为固溶体。和液态溶液相类似，一般把形成固溶体后仍能保持自己晶格结构不变的组元叫溶剂，把本身晶体结构消失的、不保留原晶格点阵的组元称为溶质。例如，钢中的铁素体是碳（C）在 α-Fe 中的固溶体，碳（C）是溶质，铁是溶剂。

几乎所有的金属都能在固态下或多或少地溶解其他元素成为固溶体。固溶体一般用 α、β、γ 等表示。固溶体晶体结构的最大特点是保持着原溶剂的晶体结构。按照溶质原子在溶剂晶格中所占的位置不同，可以把固溶体分为置换固溶体和间隙固溶体两种基本类型。

2.2.2.1　置换固溶体

置换固溶体是指溶质原子部分占据溶剂原子晶格某些结点位置所形成的固溶体，其结构如图 2-6 所示，也叫代位式固溶体。金属元素彼此之间一般都能形成置换固溶体，但溶解度视不同元素而异。有些能无限互溶，有些只能有限互溶。溶质原子溶入固溶体中的数量称为固溶体的浓度。在一定条件下的极限浓度称为溶解度。如果固溶体的溶解度有一定的限度，即溶质原子只能以有限的数量去占据溶剂的晶格结点位置时，则称为有限固溶体，大部分固溶体属于这类。如果溶质能以任意比例溶入溶剂，即溶质原子能以任何数量占据溶剂晶格结点的位置时，固溶体的溶解度可达 100%，这种固溶体就称为无限固溶体，无限固溶体只能是置换固溶体。

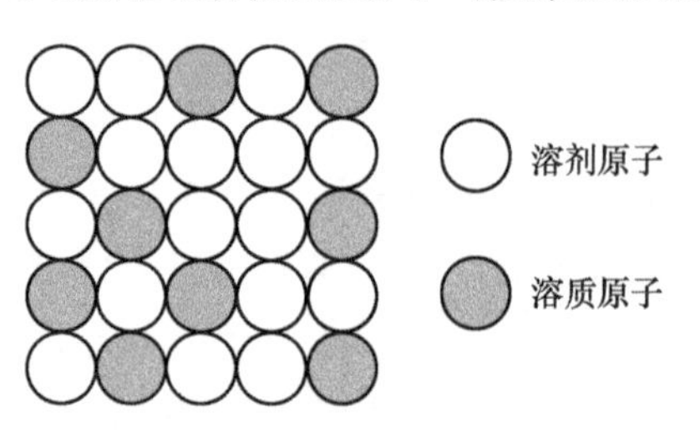

图 2-6　置换固溶体示意图

置换固溶体中溶质原子的分布通常是任意的，称为无序固溶体。在一定条件下，如果溶质原子占据溶剂晶格的结点位置是完全有规则的，则将形成有序固溶体。这两者之间可以互相转化，称为有序化转变，这时，合金的某些性质将发生巨大变化。

无限固溶体的形成主要取决于下列条件：

（1）形成固溶体的各组元应该具有相同类型的晶体结构。因为只有晶格类型完全相同，溶质原子才有可能连续地置换溶剂点阵中的原子，直到完全置换。显然，晶格类型不同，置换进行到一定的程度时，将不可避免地要终止，只能形成有限固溶体。

（2）溶剂原子和溶质原子的大小要接近。在形成置换固溶体时，由于组元的大小差别，将使溶剂金属的晶格发生畸变。如果溶质原子大于溶剂原子，则将使溶质原子周围晶格扩大；如果溶质原子小于溶剂原子，则溶质原子周围的晶格将缩小。这样，就会使溶质原子邻近的溶剂原子离开正常的位置，从而引起能量的升高。原子大小的差别越大，这种畸变就越严重，能量升高也就越多。当溶质达到一定数量后，能量的升高将使这种结构不再稳定。于是，溶质的原子就再也不能溶解到溶剂中去了。如果继续再加入溶质组元，则只能形成其他的新相。形成无限固溶体时所允许的原子半径之差值与溶剂原子有关。例如，对于铁基固溶体，只有当原子半径的差别小于 8%时，才能形成无限固溶体。对于所有金属来说，一般原子半径的大小差别超过 15%时，就没有条件形成无限固溶体。

（3）两组元应该具有相近似的原子结构。在形成无限固溶体时，原子在结构上一般只能差 1~2 个价电子。如果价电子数相差很大，即使它们的晶格类型相同、晶格常数相近，也不能形成无限固溶体。

绝大部分金属，彼此能部分地互相溶解成有限固溶体，但是各自的溶解度是不相同的。有限固溶体的溶解度与下列因素有关：

（1）组元间原子大小的差别。即原子半径相差越大，它们的相互溶解度就越小。

（2）元素电负性的差别。所谓元素的电负性就是指元素捕获电子的能力。在元素周期表中，元素的电负性在同一周期中自左至右增加，在同一族里自上而下增加。组元的电负性越接近，则溶解度越大。

（3）价电子数的差别。如果溶剂是一价的金属，当溶入不同价的溶质原子时，总的价电子数与原子数的比值会发生改变。当晶格点阵中价电子数增大到一定数值后，晶格点阵就会变得不稳定。溶入的溶质原子的价电子越多，其溶解度就越低。同样，当溶剂金属是高价的，而溶入低价溶质原子时，价电子数减少。此时，点阵结构明显地更不稳定。因而，高价溶剂组元中只能溶解少量的低价溶质。

（4）温度高低。对于绝大多数有限固溶体，随着温度的升高，溶解度增大。所以在高温时得到的饱和溶解度的固溶体，当温度下降时，溶解度降低，则将从固溶体中析出新的相，这就是所谓的过饱和固溶体的分解。

在金属磁性材料中，铁镍（Fe-Ni）合金、铁硅（Fe-Si）合金及铁钴镍（Fe-Co-Ni）合金等都是置换固溶体。在置换固溶体中，由于溶质原子和溶剂原子的半径不同，常会导致溶剂晶格发生畸变，而且溶质原子的浓度越高，晶格畸变程度也越严重，由此将会造成固溶体的强度和硬度升高，矫顽力 H_c 增大和磁导率 μ_r 下降等。

2.2.2.2 间隙固溶体

间隙固溶体：溶质原子进入溶剂晶格的原子间隙中而形成的固溶体称为间隙固溶体，其中的溶质原子不占据晶格的正常位置，其结构如图 2-7 所示。此时，一般是由半径较小的溶质原子占据溶剂晶格的原子间隙位置而形成的。

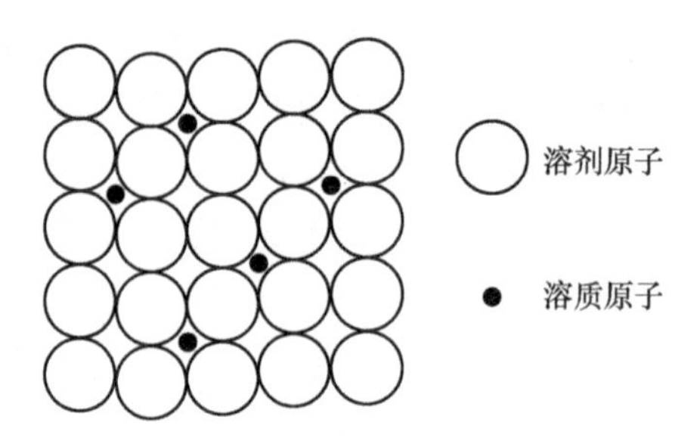

图 2-7　间隙固溶体示意图

在间隙固溶体中，由于溶质原子一般都比晶格间隙的尺寸大，所以，当它们溶入后，都会引起溶剂晶格畸变，晶格常数变大，畸变能升高。因此，间隙固溶体都是有限固溶体，而且溶解度很小。而且，同样也会使固溶体的强度、硬度、磁性等发生变化。

形成间隙固溶体时，其溶解度与下列因素有关：

（1）溶质原子与溶剂原子半径之比。一般来说，溶质原子半径越小，溶解度越高。而且，只有当溶质的原子半径与溶剂原子半径之比小于 0.58 时，才有可能形成间隙固溶体。通常，间隙固溶体都是由原子直径很小的氢（H）、硼（B）、碳（C）、氮（N）、氧（O）等非金属元素溶入过渡族金属元素（如 Fe、Ni、Co 等）的晶格间隙中而形成的固溶体。铁素体就是碳（C）原子溶入 α-Fe 原子间隙而形成的间隙固溶体。

（2）溶剂的晶格间隙大小。间隙固溶体的溶解度，不仅与溶质原子的大小有关，而且与溶剂的晶格间隙大小有关。例如，γ-Fe 是面心立方晶格，它的最大间隙为 0.052nm，碳（C）在其中的最大溶解量可达 2.06%；而体心立方结构的 α-Fe，其最大间隙为 0.036nm，碳（C）的最大溶解量为 0.02%。

（3）间隙固溶体中溶质原子的溶入，会使溶质原子周围的晶格发生畸变。间隙固溶体的晶格常数随着溶质浓度的增加而不断增大，系统能量急剧升高，这就限制了溶质原子继续进入溶剂晶格的间隙位置上去，最终导致溶解终止。

总之，不论形成哪一种固溶体，它都保持着溶剂的晶格。但是，由于溶质原子的溶入都会引起晶格畸变，致使材料的塑性形变阻力增加，塑性降低，而强度和硬度提高，这就是所谓的固溶强化。固溶体的晶格畸变还会使电阻率增大。例如，铁（Fe）中加硅（Si）后，其电阻率会增大，交流电磁损耗会降低。形成固溶体后，由于内部结构变化，对磁性也有极大的影响。例如，Fe-Ni 合金有着比纯铁高得多的磁导率 μ_r。

2.2.3　金属间化合物

一般来说，在合金中，当组成合金的各元素的原子结构、化学性质和原子半径等彼此相差较大时，或者固溶体中溶质原子的浓度超过了溶解度极限，就不太可能会再形成固溶体，而会形成许多化合物，这些化合物统称为金属间化合物。金属间化合物是合金组元间发生相互作用而形成的一种新相，由于它们在相图上常常位于中间位置，故又称为中间相或金属间相。它们的晶格类型和性能均不同于组成它的任一组元。金属间化合物可以由金属元素和金属元素或金属元素与非金属元素组成，可以是两种或两种以上的元素间相互结合的产物，一般可以用分子式来大致表示其组成，通常以化学式 A_mB_n来表示。如 MnAl、Fe_3C、Mg_2Si 等。

在该化合物中，除了离子键、共价键之外，金属键也会参与作用，因而它具有一定的金属性质，所以称为金属间化合物。合金中化合物的出现及其数量与分布对合金的性能将产生很大的影响。合金组织中的化合物一般都具有较高的熔点、硬度和较大的脆性。当合金中出现金属间化合物时，它可以使合金的强度、硬度、耐磨性、耐热性和矫顽力 H_c 提高，同时也可能导致合金的塑性和韧性有所下降。例如，Fe_3C 可以使钢的强度、硬度提高，钢中的 FeS 会使钢变脆。金属间化合物具有如下的特点：

（1）组成元素的量具有一定的比例；

（2）具有不同于组元的晶格；

（3）在化合物晶体中，各组元的原子各自占据严格不变的位置；

（4）由于有特殊的不同于组元的晶体结构，故在性质上与组成元素差别很大，一般是硬而脆，且有高的电阻率。

根据合金中金属间化合物相的形成规律、结构特点和性质，这类化合物可以有很多类型。这里仅介绍经常遇到的有一定规律性的几类化合物，例如，可以将其分为三类：正常价化合物、电子化合物和间隙化合物。

（1）正常价化合物：这一类化合物通常是由在化学性能上表现出强金属性的元素（如 Mg 等）与在化学性能上表现出弱金属性而与非金属性接近的元素（如 Sb、Bi、Sn、Pb 等）所形成。这类化合物也是两组元间电负性差起主要作用而形成的化合物，通常是由金属元素与周期表中第Ⅳ、Ⅴ、Ⅵ族元素所组成。这类化合物组元间的化合比例符合正常化合价的规律，成分固定，可以用化学式表示，故称为正常价化合物，如 Mg_2Si、Mg_2Sn、Mg_2Pb、MgS、Mg_3Bi、MnBi、MnS、AlN、SiC 等。其中 Mg_2Si 是铝合金中常见的强化相，MnS 是钢铁材料中常见的夹杂物，SiC 是颗粒增强铝基复合材料中常见的增强粒子。

正常价化合物的稳定性与两组元的电负性差值大小有关。电负性差值越大，稳定性越高，越接近于盐类的离子化合物。电负性差值较小的一般具有金属键特征（如 Mg_2Pb），电负性差值较大的一般具有离子键或共价键特征（如具有离子键特征的 Mg_2Si，具有共价键特征的 SiC 和 Mg_2Sn，其中 Mg_2Sn 显示半导体性质）。电负性差值更大的则具有离子键特征（如 MgS）。

正常价化合物的晶格结构与组元金属的晶格结构不同，因此性能差别很大。一般具有较高的硬度，脆性较大。例如 Mn 和 Bi 都不是铁磁性物质，而它们组成的 MnBi 化合物却成为铁磁性材料。

（2）电子化合物：是由第Ⅰ族或过渡金属元素与第Ⅱ~Ⅴ族金属元素形成的金属化合物。这类金属化合物的特征是不遵守化合价的规律，而是服从电子浓度的规律，是按照一定的电子浓度值组成的具有一定晶格类型的化合物。所谓电子浓度，是指化合物中价电子数目（e）与原子个数（a）之间的比值，一般用 e/a 来表示。电子化合物的结构取决于电子浓度，电子浓度不同，所形成的化合物的晶格类型也就不同。

晶体结构与电子浓度的对应关系是：

1）当电子浓度为 3/2（21/14）时，晶体结构为体心立方晶体，简称为 β 相。例如，CuZn、Cu_3Sn、Cu_3Al、FeAl、NiAl 等。

2）当电子浓度为 21/13 时，具有复杂立方晶格，称为 γ 相。例如，Cu_5Zn_8、Cu_9Al_4 及 $Cu_{81}Sn_{22}$。

3）当电子浓度为 7/4（21/12）时，具有密排六方晶格，称为 ε 相。例如，$CuZn_3$、Au_5Al_2 及 $CuZn_8$等。

电子化合物虽然具有一定的化学分子式，但是，它们的成分可以在一个范围内变动。这些可变成分的化合物可以被看作是以化合物为基础而又溶入一定组元金属的固溶体。当然，它们的性能与固溶体完全不同。电子化合物原子之间为金属键结合，因而具有明显的金属性质。

电子化合物也具有熔点高、硬度高，但塑性差的特点。与其他金属化合物一样，电子化合物一般不适合做合金的基本相。在有色金属中，电子化合物是重要的组成相，起强化合金的作用。但从磁性角度来讲，电子化合物与其他组元也极不相同。例如，$SmCo_5$、Sm_2Co_{17} 等有着比 Co、Sm 大得多的磁晶各向异性，$Nd_2Fe_{14}B$ 也是一样，故这一类电子化合物都已经成为当前磁性能最佳的硬磁材料。在不锈钢中也具有许多电子化合物，并会对不锈钢的性能（包括磁性能）产生很大的影响。

（3）间隙化合物：是由过渡族金属元素与氢（H）、硼（B）、碳（C）、氮（N）等原子半径较小的非金属元素形成的金属化合物，通常称为碳化物、氮化物等。根据组成元素原子半径比值及结构特征的不同，可以将间隙化合物分为间隙相和具有复杂结构的间隙化合物。

1）间隙相：当非金属原子的半径与金属原子半径的比值不大于 0.59 时，会形成具有简单结构的间隙化合物，称为简单间隙化合物（又称为间隙相）。在间隙相中，金属原子的排列总是有规则的。间隙相所形成的晶格结构，可能是面心立方或密排六方点阵，少数情况下也可以排成体心立方和简单六方点阵等简单的晶格结构，也可以是复杂的晶格结构。非金属原子则填充在间隙位置。间隙相可以用简单化学分子式表示，并且一定化学分子式对应一定晶体结构。

间隙化合物的原子间结合力很强，因此，间隙相具有极高的熔点和硬度，而且十分稳定。例如，钛（Ti）的熔点是2273℃，而TiC的熔点是3410℃，可以用来制造高温合金和硬质合金。虽然间隙相中非金属原子占的比例很高，但多数间隙相具有明显的金属特性，是高合金工具钢的重要组成相，也是硬质合金和高温金属陶瓷材料的重要组成相。

2）具有复杂结构的间隙化合物：当非金属原子的半径与金属原子半径的比值大于0.59时，会形成具有复杂结构的间隙化合物。通常过渡族金属元素铬（Cr）、锰（Mn）、铁（Fe）、钴（Co）、镍（Ni）与碳（C）元素所形成的碳化物都是具有复杂结构的间隙化合物。合金钢中常见的这类间隙化合物有M_3C型（如Fe_3C、Mn_3C）、M_7C_3型（如Cr_7C_3）、$M_{23}C_6$型（如$Cr_{23}C_6$）和M_6C型（如Fe_3W_3C、Fe_4W_2C）等，其中M可以表示一种金属元素，也可以表示有几种金属元素固溶在内。Fe_3C是钢铁材料中的一种基本组成相，称为渗碳体，具有复杂的斜方晶格，其中铁（Fe）可以被锰（Mn）、铬（Cr）、钼（Mo）、钨（W）等原子所置换，形成以复杂间隙化合物为基的固溶体，如$(FeMn)_3C$、$(FeCr)_3C$等，称为合金渗碳体。渗碳体的硬度为950~1050HV。

应该指出，间隙相与间隙固溶体是两个完全不同的概念。间隙相是一种化合物，它具有与其组元完全不同的晶格结构，而间隙固溶体却仍保持着基础组元的晶格结构。复杂间隙化合物中原子间结合键为共价键和金属键，其熔点和硬度均较高，但不如间隙相，加热时也易于分解。这类化合物是碳钢和合金钢中的重要组成相。

稀土元素和过渡族元素可以组成许多金属间化合物，其中有许多还是强磁性化合物，如第一代稀土永磁$SmCo_5$、第二代稀土永磁Sm_2Co_{17}和第三代稀土永磁$Nd_2Fe_{14}B$等就是典型的例子，分子式表明了它们的成分，即钐原子（Sm）和钴原子（Co）的数目比分别为1∶5和2∶17，而钕原子（Nd）和铁原子（Fe）的数目比为2∶14。此外，在磁性材料中，锰-铝（Mn-Al）合金和锰-铋（Mn-Bi）合金等也都是金属间化合物。现在，在寻找新型磁性材料的研究中，金属间化合物也是研究的重点之一。

2.2.4 固溶体的性能

在固溶体中，由于溶质原子的溶入，会使固溶体的强度、硬度提高，而塑性、韧性有所下降，这种现象称为固溶强化。溶质原子与溶剂原子的尺寸差别越大，所引起的晶格畸变也越大，对位错运动的阻碍作用也越强，强化效果越好。间隙溶质原子的强化效果一般要比置换溶质原子更显著，这是因为间隙原子造成的晶格畸变比置换原子要大得多。固溶体的塑性、韧性，如伸长率、断面收缩率和冲击吸收功等，虽比组成它的纯金属的平均值低，但比一般的化合物要高得多。因此，各种金属材料总是以固溶体为其基体相。

溶质原子的溶入，还会引起固溶体某些物理性能发生变化，例如，随着溶质原子的增多，固溶体的电阻率会升高，电阻温度系数会下降。工程上一些高电阻材料（如 Fe-Cr-Al 和 Cr-Ni 电阻丝等）多为固溶体合金。

往不锈钢中加入的合金元素的主要去向和作用是：合金元素作为溶质，以原子状态进入以铁（Fe）为溶剂的固态溶液中，形成不锈钢的各种基体组织（固溶体）。各种合金元素间相互作用，形成各种化合物。有的合金元素（如 Cu、Pb 等），当其含量超过它在钢中的溶解度时，还可以以较纯的金属相存在于基体中。一些比较活泼的元素和钢中的一些结合力强的元素如氧（O）、硫（S）等，还可以形成各种非金属夹杂物。不锈钢中的合金元素正是通过这些作用对不锈钢的组织和性能产生各种影响。关于这些知识，后面还会详细进行讨论。

需要说明的是，各种合金元素在钢（包括不锈钢）中的相互作用，在形成各种基体组织（固溶体）的同时，还可以产生不同程度的固溶体强化作用。这主要是由于各种合金元素（溶质）在基体组织（溶剂）中所处的位置会导致溶剂晶格发生不同程度的畸变而产生的作用。根据溶质元素在溶剂晶格中所处的位置的不同，有间隙型元素和置换型元素之分。处在溶剂（Fe）晶格结点空隙处的元素（如 C、N、B），称间隙型元素，而处在溶剂（Fe）晶格结点处的元素则称为置换型元素（如图 2-6 和图 2-7 所示）。与此相对应的，间隙型元素和置换型元素在钢中所形成的固溶体，又分别称为间隙固溶体和置换固溶体。

要了解合金成分与性能的关系，除了必须了解相的结构与性能之外，还要掌握合金结晶过程所形成的各种相的数量及其分布的规律，这就是合金状态图（相图）中包含的内容。

2.3　合金状态图

2.3.1　相图

一种合金中往往包含若干种相，相与相之间的转变称为相变。相变的温度也叫相变点或临界点。一个合金系统，如果在一定的温度下经过很长时间以后，它所包含的相没有发生任何转变，那么，就可以说该系统正处于热力学平衡状态之下。不过，这种平衡是一种动态平衡，因为在系统内部的相界处，原子之间仍在不断地进行着交换，只不过因为在同一时间内各相之间的交换速度相同，才使我们在宏观上未观察到任何变化。

金属或合金所处的状态主要依赖于其成分和外界条件（温度、压力等）的变化。相图就是用图解的形式来表示金属或合金的组织随成分、温度、压力等变化的关系。绝大多数合金不仅在液相结晶过程中会发生相变，而且在固态下也会发生相变。金属材料中可能出现的固态转变有很多种，其中就包括磁性转变。例如，在不锈钢中会出现铁素体向奥氏体的转变，或者奥氏体向马氏体的转变。纯铁（Fe）在不同的温度范围内有不同的晶格类型：随着温度的上升，纯铁（Fe）的内部组织将从 α-Fe 经 γ-Fe 向 δ-Fe 转变。此外，纯铁（Fe）的居里温度为770℃，也就是说，当温度升高时，纯铁的磁性在770℃左右会发生转变，这种转变是一种二级相变，即磁性能会发生从铁磁性向顺磁性的转变，但晶体结构未发生任何变化，这是一种磁性相变。

合金状态图又叫合金平衡图，或合金相图，相图表示的是不同温度、压力及不同成分下的合金系中各相的平衡关系的图解。相图也叫相平衡图，因此利用相图可以知道不同成分的合金，在不同温度或压力下都会有哪些相、这些相的相对含量及成分等信息，还可以知道当温度或压力改变时，可能发生的相转变，图2-8 为常见的 Fe-Fe_3C 相图。因此，知道了相图，就可以知道这些转变的基本规律及合金的组织状态，并能预测合金的性能。当然，也就可以按要求来研制新的合金。

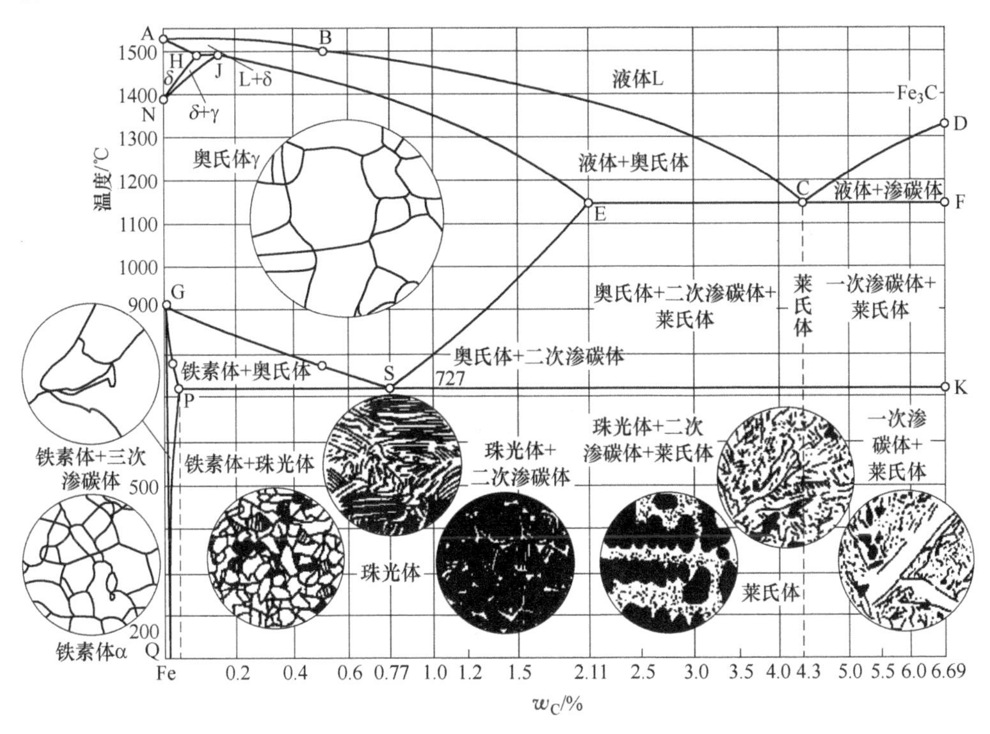

图 2-8 Fe-Fe_3C 相图

磁性材料的磁特性与它们的化学成分、制造过程和热处理过程等有密切关系。磁性材料的磁特性可以分为两类：

（1）第一类磁性参量，也叫一级磁特性或结构不灵敏磁特性，例如，自发磁化强度（M_s）、居里温度（T_c）、磁晶各向异性常数（K_1）及饱和磁滞伸缩系数（λ_s）等。这类磁特性是与材料内部的原子结构和晶体结构有关的特性，主要取决于材料的化学成分，而与制造过程和热处理过程等关系不大。

（2）第二类磁性参量，也叫次级磁特性或结构灵敏磁特性，如起始磁导率 μ_i、剩余磁感应强度 B_r、矫顽力 H_c、最大磁导率 μ_m 及磁滞损耗 P_h 等。这些磁特性与磁化过程有密切关系，与材料内部的晶粒大小、形状、分布、取向以及晶格畸变、内应力等因素有关，这些因素主要取决于制造过程和热处理等过程。同样成分的材料，经过不同的制造过程和热处理过程后，它们的磁化曲线和磁滞回线的形状可能会有很大的差别。因而，会对矫顽力 H_c、磁导率 μ_r 和磁滞损耗 P_h 等参量产生很大的影响。在实际应用中，就需要根据使用上的要求，经过反复实验来确定制造和热处理过程，以达到所要求的技术指标。这样，在实际情况下，就必须对材料在不同情况下组织结构的变化规律有所了解。

合金状态图表示合金材料在不同温度和成分下的各种状态，是综合了许多实验结果绘制而成的。利用状态图就可以查明合金在不同情况下的结构及其变化规律，根据状态图也可以预计合金磁性参量的变化趋势，从而可以确定磁性材料的最佳成分配方以及应采取的制造方法和热处理条件等。因此，合金状态图是研究材料磁性的重要依据。对不锈钢材料，可以根据相图来确定出合理的成分范围和相结构，为生产实际做出指导。

状态图一般都是在大气压力下测定和应用的，而压力变化不大时，对其影响也不大，因此，可以认为压力为一常数。当温度和成分改变时，合金的状态所发生的变化，自然会引起物理和化学性质的变化。因此，可以利用物理和化学分析法来测定状态图。一般常用于测量状态图的方法有热分析法、电分析法、磁分析法、力学性质分析法、X 射线分析法、显微组织分析法、化学分析法等。

2.3.2 二元合金状态图

凡是由两种组元组成的合金状态图，就称为二元合金状态图。一般都用横坐标表示两个组元的浓度（质量分数或原子数分数），而利用纵坐标表示温度，这样，在平面上就能表示合金的结构随成分和温度的变化规律。

绘制状态图时，都是在测定了一系列合金状态的变化温度（临界点）后，以测量数据绘出状态图中的所有线条。

恒压二元系有多种分类方法，例如，有的将二元相图分为四种类型，有的分为五种。这是因为每一种类型的状态图，各有其特征。凡是两组元在液态互溶，在固态也能以任意比例互溶的合金，就会组成无限固溶体合金的状态图。如果二组元在液态时能够相互溶解，但在固态时有限溶解，在冷却过程中发生共晶转变，就会形成有限溶解固溶体的共晶型合金状态图。有限溶解固溶体会形成包晶型合金状态图。在以上两类合金的平衡图中，固溶体的结晶都是直接由液体中析出的，但也有固溶体是一个液相和一个固相在一定温度下相互作用而形成的，这便是具有包晶转变的合金平衡图的主要特征。

金属与金属或者金属与非金属之间可以形成稳定化合物，也可以形成不稳定化合物。所谓稳定化合物，具有一定的熔点，在加热到熔点以前不发生分解，因此在状态图上可以看成一个独立的组元。不稳定化合物只在一定的温度下是稳定的，当温度升到某一定温度以后，就分解为溶液和其他的固相。

如果由三种组元组成的合金，就要用三元合金状态图来表示合金的组织结构随成分和温度变化的图形。这是一个立体图形，呈三角柱形，在三角柱形的底面上表示合金的成分，垂直于底面的纵轴表示温度。

关于不锈钢的相图及各种相的知识，我们在后面再做详细讨论。

2.4 金属的形变、回复与再结晶

金属材料（包括金属磁性材料，如不锈钢等）在冶炼浇铸后，在很多情况下，都需要进行压力加工（塑性变形），使其成为型材（如板材、带材、线材、棒材等），才能实际使用，或进一步加工成所需要的零件形状。也就是说，金属材料在加工、成型甚至使用过程中，一般都要受到外力的作用。金属材料的力学性能和物理性能都与外力作用下材料变形能力的大小有关，由此，也会影响到材料的磁性能。塑性变形会使金属材料的组织和性能发生很大的变化，经过塑性变形后的金属材料，绝大多数还要进一步进行退火处理，退火会使材料的组织和性能发生与形变相反的变化，这个过程称为回复与再结晶。塑性变形、回复与再结晶既相互影响，相互之间又有紧密的联系。因此，了解材料在外力作用下的变形规律，对材料的正确加工、成型和使用都是很重要的。

2.4.1 形变对组织的影响

2.4.1.1 形变

对金属材料进行加工的方式虽然多种多样，例如：轧、锻、拉、拔、冲压等，但就其基本过程来说，都是使金属材料在外力作用下发生了形状或尺寸的改变，称为变形或形变。外力的作用方式有很多，例如拉伸、压缩、扭转、剪切和弯曲等。

对金属变形规律的研究通常都是在拉伸试验中进行的。所谓拉伸试验，就是先把被研究的材料制成规定尺寸的试棒，然后在试样上施加一个按规定速度缓慢增大的拉伸力，观察其变形直至断裂的过程。施加在试样两端的这种拉伸力也称为载荷。在载荷的作用下，试样的变形大致经历了三个阶段：弹性变形阶段、弹性-塑性变形阶段和断裂阶段。

可以用金属丝或金属片来观察变形的特点：先轻微用力将其弯曲到一定程度，然后松开，试样就会立即由弯曲的变形状态恢复原状。但如果用力较大，弯曲较严重，则力去除后，试样就仅能部分恢复，残留下一定程度的弯曲。当将试样多次反复弯曲时，会发现试样的抗力将逐次增大，直到失掉弯曲的能力而最后发生断裂。这说明金属变形分三个阶段：第一阶段，在外力去除后立即恢复的变形，称弹性形变；第二阶段，在外力去除后只能部分恢复的形变，称弹性与塑性形变（也叫范性形变），而其残留的变形则称塑性形变（范性形变）；第三部分，金属分裂为两部分，称为断裂。形变的三个阶段如图 2-9 所示，图中 ε 代表应变（即相对形变量），σ 代表应力。OP 段为弹性形变阶段，应力与应变成直线关系，也称胡克定律，即 $\sigma = E\varepsilon$，E 为弹性模量。图中 F 为断裂点，PF 为弹性-塑性形变阶段。当应力达到与 PF 段相对应的区域内，例如 c 时，应变相当于 cf。应力去除后，应变减小了相当于 cd 的值，剩余部分应变为 df 的值，这就是塑性变形。这种性质叫金属的塑性（或范性）。

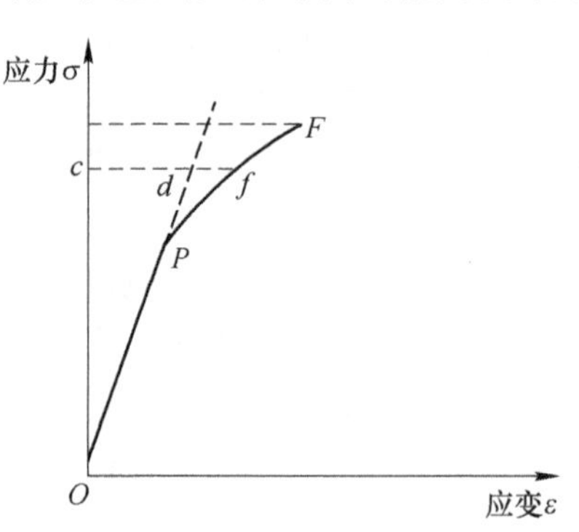

图 2-9　应力应变关系示意图

产生塑性变形时，应力与应变不再成直线关系，这时单位应力所产生的形变比弹性形变大。金属和合金的压延加工就是利用其塑性。塑性变形会使金属变硬变脆，塑性下降。金属的其他物理性能也将发生变化，如电阻率及矫顽力 H_c 增加、磁导率 μ_r 下降等。

2.4.1.2　塑性变形对组织的影响

既然塑性变形会使金属材料的性能发生变化，那么，金属的内部组织结构必然也会发生变化。通常，由高温熔炼和铸造而得到的材料中，各晶粒在不同方向上的尺寸大致相等，会形成所谓的等轴晶。材料经过塑性变形后，原来的等轴晶粒随着变形量的增大，会逐渐沿受力方向伸长或缩小。塑性变形引起的金属内部组织的变化情况如下：

（1）晶粒外形的改变。金属材料外形的改变是内部晶粒形状改变的反映。在变形前，内部晶粒呈多边形。在拉伸情况下，各晶粒顺着形变方向伸长；在压缩情况下，晶粒成为扁平状，而且，晶粒伸长或扁平的程度几乎与工件的外形或尺寸的改变成比例。当金属变形很严重时，晶粒会变为纤维状线条，成为纤维状的晶粒组织，称为纤维组织。由于金属材料内部各晶粒间会有成分、结构、形状、大小和位向等方面的差异，因此，虽然各晶粒变形的基本趋势大体上是一致的，但是，各晶粒的实际变形程度却不是均匀一致的。因此，变形后往往会形成带状组织，这些组织是变形严重的区域，称为滑移带。

（2）从微观结构来看，在塑性变形开始时，晶粒中就会产生大量位错。随着变形量的增大，位错密度会迅速提高。与之前相比，经过大变形量的冷加工后材料中的位错密度会成倍增大。此外，变形还会在材料内部造成大量空位以及其他缺陷。由于塑性变形会使材料内部的缺陷增多，常常会使材料的密度下降、电阻率升高、耐蚀性能变差，并会使矫顽力 H_c 增高，磁导率 μ_r 下降。

（3）晶粒内部形成亚晶块。变形后的晶粒内部除了会出现各种滑移带外，从其显微组织上看，在每一个晶粒内还会出现许多位向稍有不同的小区域，这些小晶块的内部晶格较为完整，但其边界的滑移带附近是点阵的严重畸变区，有很多位错产生。通常称这些小晶块为亚晶块，或称亚结构。亚结构可以提高金属材料的强度。一般认为，亚结构的出现对加工硬化起着很重要的作用。

（4）形变产生内应力。金属材料在塑性变形过程中，外力所做的功大部分将以热量的形式放出。由于形变的不均匀，形变时所消耗的能量仍有一小部分（10%~15%）会以弹性能的形式留在金属内部，并在金属内部贮存起来，表现为变形金属中的内应力。内应力按其作用范围可以划分为宏观内应力、晶粒间内应力和晶格畸变内应力。其中，以晶格畸变内应力最为重要，它所对应的晶格畸变能占总贮存能的80%~90%。金属材料在形变后会出现下述三种内应力：

第一类内应力，是由于金属在塑性变形时，宏观各部分间（例如，表层与中心部分）变形大小不同所引起的，也称为宏观内应力。它的作用遍及整个工件，并在整个体积内平衡着。例如，冷拔钢丝时，表层变形量较中心部位的小，表层就会受到中心部分的牵制而产生拉应力，而中心部分受表层牵制会产生压应力，这两种应力之间相互维持平衡。

第二类内应力，是由各晶粒及亚晶块变形的不均匀引起的，在晶粒之间及亚晶块之间平衡着，这种内应力称为晶粒间内应力。

第三类内应力：是由塑性变形产生了大量的位错，使原子偏离其平衡位置而形成晶格畸变引起的，称为晶格畸变内应力。在几百个到几千个原子范围内维持平衡。

第一类内应力一般只占整个内应力的极小部分，约占 0.1%。形变后的弹性能绝大部分是以第二、第三类内应力的形式存在。内应力使工件受力时更易引起应力集中，从而造成断裂，同时使金属的抗腐蚀能力下降。此外，内应力常会导致金属磁性材料的磁导率 μ_r 下降，矫顽力 H_c 升高。

（5）形变织构。形变量很大时，金属材料内部的晶粒会出现择优位向（即取向），这是因为在形变过程中，各晶粒的滑移系都有向作用力轴的方向转动的趋势。金属材料在塑性变形时，各晶粒将发生转动，特别是在形变量很大时，绝大部分晶粒的滑移系最终会转向与外力方向大致一致的同一方向或接近同一的方向，这就使原先位向混乱的各晶粒出现择优位向（即取向），造成了晶粒的择优取向。这种晶粒的择优取向，通常称为织构。在塑性变形过程中形成的织构，相应地称为形变织构。实际上，形变织构并不是100%的晶粒都取择优位向，而只是大部分晶粒择优取向。形变织构对金属磁性材料的制备工艺有着很重要的影响。例如，含硅量3%左右的铁-硅软磁合金，经过冷轧后所产生的形变织构是提高这种材料磁性能的重要条件，会形成所谓的晶粒取向硅钢，这种材料沿轧制方向具有优异的软磁性能，如图1-32所示。

金属塑性变形的常见方式是晶面与晶面之间产生相对位置的滑移。当外力在某些晶面的晶向上切向应力达到一定数值时，滑移就开始发生，使晶面开始滑移的最小切向应力称为临界切应力。滑移并不是在任意的晶面和晶向上进行的，而是沿着一定的晶面和晶向进行。金属晶体受力后，通常是在原子排列最密的晶面和晶向上进行相对滑移。

此外，金属材料经过冷加工变形后，硬度和强度会明显升高，塑性会明显下降，这种现象称之为加工硬化现象。加工硬化是金属材料的重要特性之一，在生产中，可以利用这一特性来提高某些不能通过热处理来强化的材料的强度，例如，不锈钢及高锰钢等。

另外，由于晶格畸变提高了变形材料的能量，使材料处于热力学的不稳定状态，因此，如果条件合适的话，这部分能量将成为向稳定状态转变的动力（例如在再结晶中的情况）。

2.4.1.3　影响塑性变形的其他主要因素

影响塑性变形的其他主要因素有：

（1）温度。温度对塑性变形有较大的影响。随着温度的升高，金属晶体原子间距增大，相互间的作用力相应减弱，晶面之间相对滑移的阻力就下降，因而临界切应力减小，金属塑性增强。

（2）固溶元素。纯金属的塑性一般都比较好，向纯金属中加入其他元素后，金属的塑性变形能力下降。这是因为，无论是置换固溶体还是间隙固溶体，溶质原子的进入都会引起溶剂晶格点阵的畸变。由于这种畸变的存在，使晶面的相对滑移变得困难，使临界切应力增大。溶质原子与溶剂原子的大小相差越大，溶入的溶质原子数越多，则临界切应力越大，固溶体的强度越高。

（3）第二相夹杂物。如果基体中存在夹杂物，例如，碳钢的铁素体基体内存在渗碳体，则这些夹杂物往往分布在基体晶粒的晶界处，阻碍铁素体晶面的相对滑移，使滑移的临界切应力提高。夹杂物对基体晶粒内晶面滑移所造成的阻力大小，除了与夹杂物的数量有关外，还与夹杂物的大小、形状和分布有关。一般地，夹杂物越细、分布越弥散，基本晶面在滑移过程中遇到夹杂物阻碍的机会就越多，因而对滑移的阻碍作用就越大，片层状和针棒状的夹杂物比球状夹杂物对滑移的阻力更大。除此之外，金属的塑性变形性能还与第二相夹杂物本身的塑性有关。夹杂物塑性差的比塑性好的夹杂物的影响要严重得多。

2.4.2 冷加工金属材料在加热时的组织变化

金属在塑性变形过程中，由于产生了大量的位错、滑移带等晶格缺陷，会发生冷作硬化现象。这种现象对冷加工工艺影响很大。为了恢复金属材料的塑性，必须将其加热到一定温度进行退火。经过退火，性能便会朝着冷加工以前的方向转化，如硬度降低、塑性提高、软磁性能变好。这种变化是和金属内部组织结构的变化有关的。塑性变形使晶格畸变程度增大，也就意味着使变形金属的自由能升高而处于热力学的不稳定状态。即经过冷塑性变形的金属材料内部，贮存有较高的能量（主要是晶格畸变能）。因此，金属恢复至组织稳定状态、消除晶格畸变的过程是自发进行的过程。但是，在常温下，由于金属中原子的扩散能力很小，这种自发转化的过程很不明显。若将冷变形金属加热到较高温度，使原子具备一定的扩散能力，就会发生一系列组织和性能的变化。

在较高的温度下，由于原子的扩散能力增大，以及内部所贮存的形变能可以提供动力，金属材料将会向稳定状态转变。随着加热温度的升高，这个变化可以经过下列三个阶段：回复—再结晶—晶粒长大（也称聚集再结晶）。利用这种转变，可以改造金属材料的内部组织，从而达到对性能进行调控的目的。

2.4.2.1 回复与再结晶

研究发现，冷加工变形的各种金属材料，在不同温度加热退火后的性能变化趋势是相同的。据此可以说明冷加工后的金属材料在加热过程中性质与组织变化的三个阶段。

A 回复阶段

在一定的热处理温度以下加热时，对材料的性能及组织几乎没有什么影响。但是，随着热处理温度的升高，会发生性能向冷加工前的性能缓慢恢复的趋势，即强度开始减弱、塑性逐渐增加、内应力也减小。这时，力学性能会恢复到冷加工前的20%~30%，内应力则大为减少。但是，此时变形的晶粒及内部的晶格畸变仍然会保留。这个力学性能发生缓慢恢复但又不引起组织变化的加热阶段，称为回复阶段。

可见，回复是指加热温度不太高时，变形金属内部的晶格畸变和缺陷逐渐消除的过程。经过回复处理后，材料内部原先存在的内应力会大大降低，但其纤维状晶粒外形以及强度、硬度等力学性能变化不大。工业上常用这种处理来消除内应力，使经过冷加工的金属工件在使用过程中避免变形或开裂，还可以改善工件的耐腐蚀性能。

我们知道，冷加工使晶粒变形，在晶粒内产生亚晶块，并大大增加了空位、间隙原子和位错等结构上的缺陷，并导致晶格畸变。随着热处理温度的升高，原子的活动能力随之增加，并可以作短距离的移动，使某些点阵缺陷消除。首先是使滑移带中的空位和间隙原子消失，部分位错也可能会消失，并将一小部分应变能以热能形式释放出来，从而使力学性能得到部分回复。第二类内应力会消除，总的内应力会大为降低。但是，变形金属中的大部分位错及应变能并不能消除，因此，力学性能的变化不大，变形的晶粒和晶格畸变会仍然保留着。

很明显，温度越高，原子的活动能力越强，回复作用就进行得越快，性能回复的程度也越大。恒温回复过程是一个与时间有关的过程。当达到某一温度时，回复立即发生。随着时间的增加，过程最初进行得较快，以后逐渐变慢，最后几近停止。也就是说，要使性能达到最大的回复，在恒温下的保温时间也不必过长。

B　再结晶阶段

当热处理温度达到一定的温度后，材料的硬度就会开始急剧降低，同时组织也开始发生变化。在变形的晶粒边界、晶粒内滑移带的边缘或亚晶块边界等畸变最严重的地区，开始出现一些新的无晶格畸变的小晶体，称为再结晶核心。这些再结晶核心会随着温度升高而增多并长大，此时材料的硬度会很快地进一步下降，塑性进一步得到改善，一直到晶格畸变区和变形晶粒全部消失而为新的细小的等轴晶粒所代替为止，这个过程称为再结晶过程。纯铁的这个过程发生在450～700℃的温度区间。变形金属中开始出现再结晶的温度叫做再结晶温度。再结晶温度也是区分热加工和冷加工的界限。

当把变形金属材料加热到某一温度以上时，由于原子扩散的能力增大，其组织和性能将完全恢复到变形前的稳定状态。这时，原先的纤维状晶粒将被新的等轴晶粒所取代，消除了加工硬化现象，塑性也得到了恢复。这一过程与金属由液态结晶为固态的过程类似，只不过是在固态下完成的又一次“结晶”，因此称为再结晶。

既然再结晶是由形变引起的，那么，点阵的畸变能（弹性能）必然是这个过程中形核及长大的主要推动力。形核和长大力图使金属由原来能量较高的畸变状态逐渐恢复到没有畸变的能量较低的状态，因此，再结晶的核心应该是没有畸变的、有一定大小的晶体。

再结晶核心形成时，有两部分能量发生变化：一个是体积自由能的降低，一个是晶核表面的出现引起的界面能的增加。很明显，只有当自由能的降低超过界面能的增加时，再结晶核心才能形成和长大。因此，再结晶核心的大小必须大于某一临界半径。畸变能较高的地方将有利于较大核心的形成。因此，在加热过程中，依赖原子的热运动能力，开始在变形晶粒的边界和晶粒内滑移带边缘等严重畸变区域形成新的晶格无畸变核心。当核心形成以后，核心区能量降低，但四周的晶格畸变区能量仍然很高。同时，由于温度较高，原子活动能力较强，于是，原子便不断地从畸变区转移到核心上来，使无畸变的核心边界向畸变区移动，并逐渐吞并周围的畸变区而长大成为新的晶粒，一直到新晶粒全部互相接触为止。这时，晶格畸变全部消失，应变能释放结束，金属便恢复到冷变形前的状态。可见，再结晶过程也是晶格畸变消除的过程，但这时组织虽然发生变化，而晶格点阵的类型不变，这是再结晶与相变重结晶的不同之处。在相变重结晶中，不但组织改变了，同时晶格也发生了变化。

再结晶过程是通过原子扩散来进行的。因此，再结晶的形核和长大与温度、畸变程度和时间有关。形核率一般与温度成指数关系增加，因为温度越高，原子活动力越强，使形核的孕育期缩短，形成的核心就越多。变形量越大，畸变严重的区域越多，则再结晶的推动力就越大，释放的畸变能就越多，形核率也就越大。

变形金属中开始出现再结晶的温度称为再结晶温度。再结晶温度与下列因素有关：

(1) 变形程度。变形程度与再结晶温度的关系如图 2-10 所示。当变形程度很小时，再结晶温度会很高；随着变形程度的增加，再结晶温度就会降低。如果变形程度已经很大（70%~80%），这时即使再增加变形程度，再结晶温度基本上也不再降低，这个温度称为最低再结晶温度，记作 $T_{再}$。

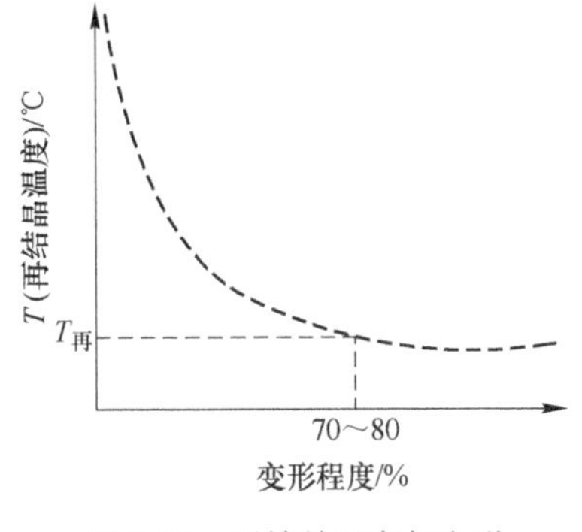

图 2-10 再结晶温度与变形程度的关系

工业纯金属的 $T_{再}$ 与熔点之间有这样的经验关系：

$$T_{再} = (0.35 \sim 0.40)\, T_{熔} \tag{2-4}$$

(2) 杂质与成分。金属中的微量杂质总是会使它的再结晶温度升高。因此，加入少量的合金元素，也能显著提高材料的再结晶温度。因为当金属材料发生冷变形时，在晶粒内的滑移带及亚晶块边界区域将会产生大量的位错、空位等晶格缺陷。杂质元素的原子将富集到这些缺陷处，并与这些缺陷相互作用，这些都会阻碍再结晶的过程。因此，再结晶必须在更高的温度下才能发生。此外，合金元素的加入还能增大金属原子间的结合能，这样就使再结晶形核和核心长大所必需的原子扩散变得困难。因此，再结晶所需要的温度就会升高。

(3) 保温时间。研究表明，在相同的变形程度下，保温时间增加，则再结晶温度可以降低。因为在较低的温度下，再结晶核心形成的孕育时间及长大时间会增长，因此，再结晶可以在较低温度下完成，也就使再结晶温度可以降低。反之亦然。因此，通常所谓的再结晶温度不是指低于这一温度时不可能发生再结晶，而是指在一定时间内（如 1h）可以完成再结晶的温度。

C　晶粒长大阶段

研究表明，当再结晶结束以后，如果再升温加热或延长保温时间，晶粒会变得越来越大，而力学性能的变化又会变得很慢，这是由于再结晶晶粒聚集长大的缘故。这个阶段称为晶粒长大阶段。晶粒长大的推动力是晶粒间的界面能。在同样的体积内，细晶粒的总晶界面积大于粗大晶粒的总晶界面积，即所具有的界面能更大。因此，细小晶粒比粗晶粒，相对地处于较不稳定的状态。为了减小界面能，细小晶粒会自发地趋于聚集长大成为粗晶粒。晶粒长大过程以晶界迁移的方式进行，而晶界的移动是由相邻两个晶粒间原子不均衡迁移所造成的。具体表现为下列两种形式：

（1）弯曲的晶界是向着其曲率中心方向移动，晶界逐渐趋于平直，面积缩小。晶界的移动越快，则晶粒长大的速度越大。

（2）如果三个晶粒的相邻晶界的交角不相等，则交角较大的晶粒将吞并夹角较小的晶粒而长大，使三个交角达到 120°。

在晶粒长大期间，如果晶粒数很多，而且分布均匀，则晶粒尺寸也就比较均匀，晶粒平均尺寸的增大也将是连续的，这种晶粒长大称为正常晶粒长大。有时，再结晶结束后继续升温时，晶粒长大的趋势很小。但是当加热到一定的高温时，会突然发生晶粒的急剧长大。这种长大是由少数几个晶粒开始的，在一次再结晶后并经过正常晶粒长大的基体中，这时会出现少数几个晶粒择优长大为特大晶粒，最后会逐渐吞并四周的大量小晶粒而长大，成为特别粗大的晶粒，这种现象称为不连续的晶粒长大或反常晶粒长大，也称为二次再结晶。

在含硅（Si）为 3%的铁-硅合金中，利用二次再结晶，可以制造出软磁性能很好的所谓晶粒取向材料。在这种合金中出现二次再结晶的关键是在合金中添加了少量诸如硫化锰、氮化铝等既能抑制正常晶粒长大，又能促进二次再结晶的夹杂物（称为抑制剂）。例如，可以添加体积分数占 0.01%，粒径为 0.05μm 的硫化锰抑制剂。在低于 850℃的温度下，正常长大的晶粒平均半径仅为 3μm。若在 930℃进行热处理，硫化锰将开始溶入基体中，于是部分晶粒将得以择优长大。若进一步将合金加热到 1100℃，则硫化锰将全部溶入基体，因而尺寸最大的那些晶粒将吞并其余小晶粒而迅速长大（二次再结晶）。

2.4.2.2　再结晶退火后的金相组织

金属经过冷加工后，或在冷加工过程中，为了获得一定的综合性能，或者单纯地为了软化，必须要加热进行退火处理。为了保证在退火后金属具备所需的性能，必须控制退火后的组织，这时可以从以下几个方面来考虑。

A 再结晶后的晶粒大小

变形金属材料经过再结晶后形成的晶粒大小和很多因素有关，例如，加热温度、加热时间、塑性变形的变形度、合金元素及杂质、原始晶粒尺寸等。

再结晶后的晶粒大小应该取决于 N/G 的值，这里 N 是指形核率，G 是指长大速度，也就是形核率/长大速度。N/G 值越大，晶粒越细。因此，凡是影响 N 及 G 的一些因素，诸如形变程度、退火温度、杂质的分布及原始晶粒大小等因素，都会影响到再结晶后的晶粒大小。

a 形变度

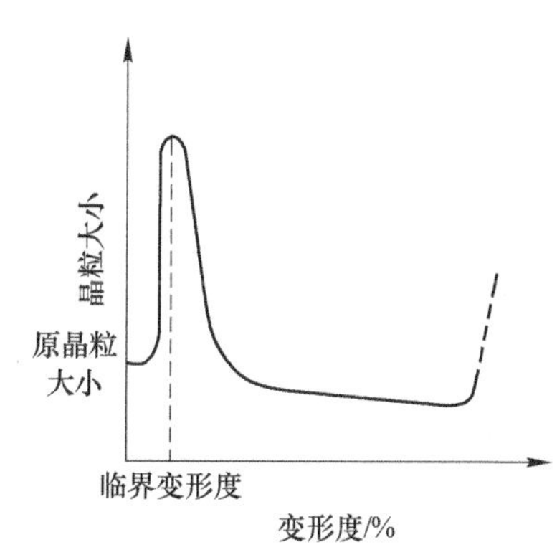

图 2-11 冷变形度对再结晶晶粒尺寸的影响

当其他条件相同时，变形量增大，N/G 值亦增大，因此，再结晶以后的晶粒也就越细。由图 2-11 可知，当金属材料在塑性变形变形量很小的情况下，不可能发生再结晶，因而晶粒尺寸保持原来的尺寸不变。当变形程度增加到一定的大小时，经再结晶后形成的晶粒将特别粗大。以后再增加变形程度，晶粒随着变形程度的增加而越来越小，并逐步趋于不变。使再结晶后晶粒最粗大的变形程度称为金属的临界变形度，金属的临界变形度一般在 2%～10%之间变动。利用这一特点可以制造单晶。但是，有些金属，如纯铁，在变形量相当大时，再结晶后的晶粒又会变得特别粗大，这和材料中形成的形变织构有关。

当变形程度很小时，金属的晶格畸变很小，几乎没有什么晶粒发生显著的变形，加热时不会发生再结晶，因此晶粒大小不改变。在临界变形时，晶格畸变产生的应变能已足够发生再结晶，但由于变形程度仍很小，再结晶核心很少，因而会长成粗大的晶粒。因此，临界变形程度也可以说是使冷加工金属开始发生再结晶的最低变形程度。当大于临界变形程度后，增加变形程度，使晶格畸变增大，这样，再结晶核心就会增加很多，再结晶后的晶粒也就越细小。

b 加热温度

最初，温度升高时，晶粒大小几乎不变化。但当升到一定温度以上时，晶粒立即随温度的继续升高而越来越大，如图 2-12 所示。这是因为

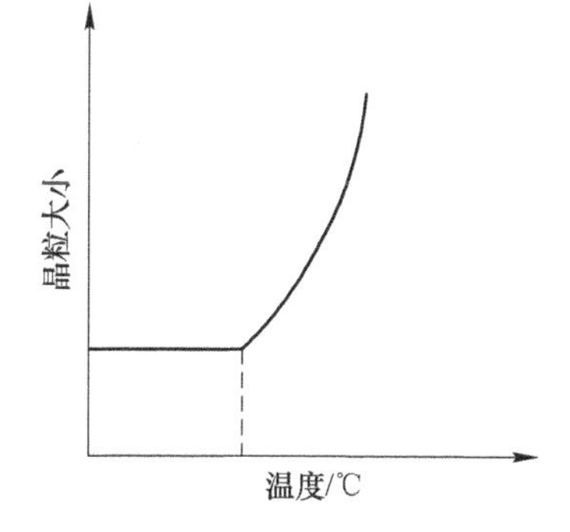

图 2-12 加热对再结晶晶粒大小的影响

再结晶过程需要一定的时间才能完成，如果保温时间不足，则必须在较高温度下方可完成再结晶。此外，即使再结晶结束，晶粒的长大过程也不会立即开始。因此，最初温度虽有升高，但晶粒大小仍无显著变化，须持续升到一定温度以上时，才会由于原子活动能力增加，使晶粒长大过程显著发展，晶粒开始变得粗大。很自然地，在各温度下保温的时间越长，则晶粒尺寸开始显著变大的一定温度将随之下降。从温度对形核率 N 和核心生长速度 G 来说，温度升高时，N 的增加大于 G 的增长，按此再结晶后晶粒应该略有减小。但实际上由于同时会发生聚集式晶粒长大，所以提高温度将使晶粒变得粗大起来。

c　杂质和合金元素

杂质通常富集在晶界处，对晶界的迁移造成阻碍。因此，会阻止晶粒长大。如果合金元素形成第二相而分布于晶界处，它们也能阻止晶界迁移和晶粒长大。杂质或第二相颗粒越细小弥散，阻止作用就越大，所得到的再结晶后的晶粒就越细小。当其他条件相同时，原始晶粒细的，再结晶后的晶粒也细。

B　再结晶织构

前面已经提到，金属材料在经过大变形量的冷塑性变形后，其晶粒通过转动可以形成择优取向，即产生形变织构。如果将具有形变织构的材料加热到再结晶温度以上进行再结晶退火后，会出现三种结果：（1）保持甚至加强了原织构；（2）原织构消失而代之以新的织构；（3）原织构消失而代之以任意位向的新晶粒。在许多情况下常常会发现，新的晶粒也具有某种择优取向，即再结晶后仍有织构存在，这种织构称为再结晶织构或退火织构。而且，这种新织构的择优取向和形变织构中的择优取向之间有着某种关系。在不同的材料中，再结晶织构可以保持甚至加强原有的形变织构，也可以完全替代原有的形变织构。

再结晶织构的形成是一个很复杂的问题，并受到许多因素的影响。例如，形变程度较大时，再结晶后会产生一些位向较分散的细晶粒，使织构显得不明显。但是当退火温度较高时，会发生二次再结晶，部分晶粒急剧长大，织构又明显地出现了。因此，常用很大的变形量，并在较高的温度下作长时间退火，来获得所需要的织构。再例如，在合金中加入适量的有利夹杂物，可以阻止再结晶晶粒长大。一次再结晶的晶粒较细小，当继续升高温度，发生二次再结晶时，夹杂物分解，少数某些有利位向的晶粒会得到急剧长大（即所谓择优生长），形成所需的织构。

2.4.2.3　磁性能的变化

综上所述，在回复和再结晶过程中，材料的显微结构会发生很大的变化，相应地，材料的力学性能，例如硬度也会发生相应的变化。这种变化反映在磁性能上，就是伴随着矫顽力 H_c 的降低和磁导率 μ_r 的升高，如图 2-13 所示。从图 2-13 可以看出，在热处理过程中，会出现新的晶粒（再结晶过程）及晶粒长大过程，同时，材料的硬度会降低，而矫顽力 H_c 也会下降。但也要注意，在热处理过程中要防止材料的氧化，为此，可以采用光亮退火工艺，如在氮气（N_2）、氢气（H_2）或真空中进行处理。

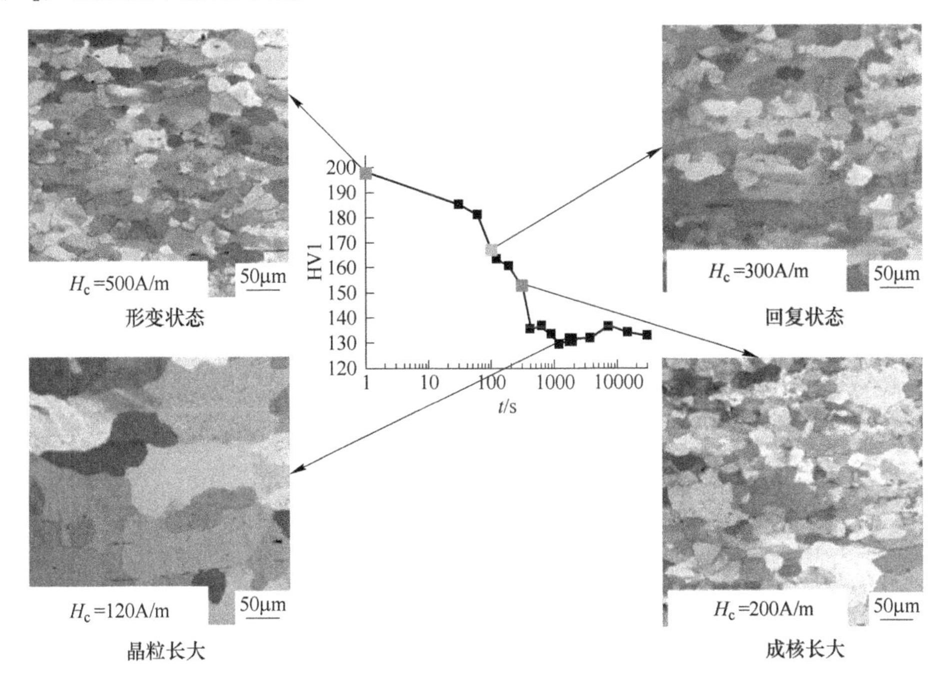

图 2-13 回复和再结晶的影响

此外，晶粒度对材料磁性能的影响非常显著。如图 2-14 所示，对于传统的软磁材料，晶粒尺寸基本上与矫顽力成反比例关系。对于纳米材料，这种影响会更加显著，如图 2-15 所示。

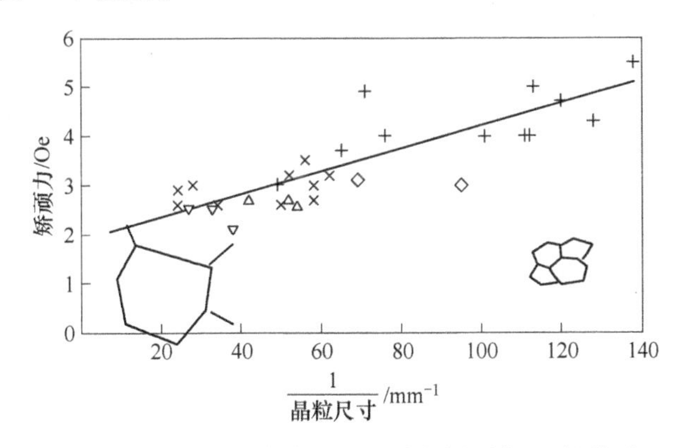

图 2-14 传统软磁材料晶粒尺寸与矫顽力 H_c 的关系

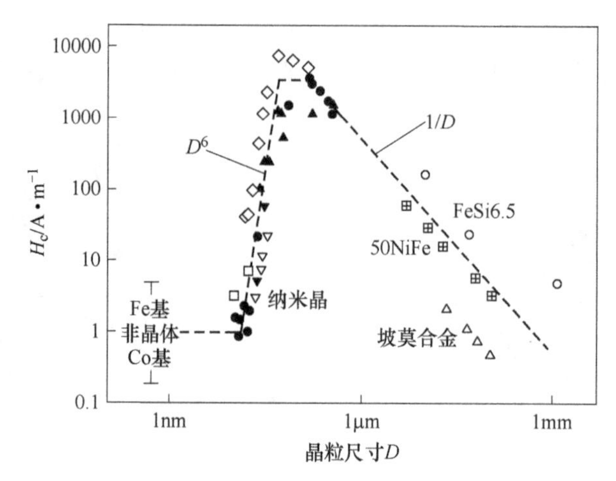

图 2-15　晶粒尺寸与矫顽力 H_c 的关系

从图 2-15 可以看出，纳米晶材料的晶粒尺寸与矫顽力呈 D^6 关系，这也是纳米材料具有非常好的软磁性能的原因。

2.4.3　金属材料的热加工

2.4.3.1　热加工与冷加工的区别

在不锈钢的制备过程中，也会涉及热加工和冷加工的问题。经验表明，当把金属材料加热到高温后，材料的塑性会很好，可以不断地进行加工，并进行大的变形。这是由于当材料处在高温时，原子的活动能力增强，滑移阻力减小，塑性得到改善的缘故。但更重要的原因是，材料的高温往往已经超过了金属材料的再结晶温度。因此，在变形的压力加工过程中，变形硬化作用会立即被它的再结晶过程所全部消除，继续进行大的变形也就不存在什么困难了。被加热材料的温度越高以及变形的速度越慢，再结晶过程可以进行得很快而且充分，因此，加工也就更容易进行。

根据上述特点，可以把金属材料的压力加工分为两大类：凡是在再结晶过程中能够立即全部消除变形硬化作用的在高温下进行的压力加工，称为热压力加工（热加工），反之，凡是形变硬化不能立即为再结晶过程自动消除的在较低温度下进行的压力加工称为冷压力加工（冷加工）。也就是说，热加工和冷加工是根据加工温度在再结晶温度以上或以下来划分的，凡是在再结晶温度以下对材料所进行的塑性变形或加工称为冷塑性变形或冷加工，而在再结晶温度以上所进行的塑性变形或冷加工就称为热塑性变形或热加工。例如，当变形量很大时，纯铁的再结晶温度是 450℃，因此，虽然加热到 400℃ 加工，仍然是冷加工。但是，如果在 700℃ 加工，就算是热加工了。金属材料在进行热加工时，虽然也会发生加工硬化，但是能很快地通过再结晶而被消除，因而加工容易进行。

由于再结晶温度与杂质含量、变形程度等因素有关，而这些因素又不易确定，因此，实际采用的热加工的最低温度（即终结温度）要比材料的再结晶温度高得多。但是，若热加工温度过高，会使金属材料的表面严重氧化，甚至会发生局部熔化，进而会造成损伤或开裂。因此，实际中采用的金属材料的热加工起始温度一般比固相线低约200℃。

2.4.3.2　热加工时组织和性能的变化

在热加工时，一方面会发生如冷加工时那样的组织和性能的变化，即晶粒被压延伸长、产生形变硬化等；另一方面，还要依赖再结晶过程产生新的等轴晶粒，并消除变形的晶粒和形变硬化。

金属材料在正确的热加工后，会比铸态有更好的力学性能，特别是塑性、韧性更好，磁性能也会更好。因为原来存在于铸锭内的缩孔、气孔等缺陷，在热加工以后会被压扁、焊合而消失。原来铸锭中的粗大树枝晶和柱状晶等也变成了较细小的晶粒，而且还减少了晶内偏析（由于原子扩散）。这样就消除了原来铸锭中的一些铸造缺陷、提高了致密度、细化和改善了组织，因此提高了金属材料的综合性能。

热加工有时也会给材料的组织和性能带来不利的影响。例如，常常发现热加工后材料表面会产生细小的裂纹（表面开裂）。有时在内部也有裂缝，这些裂缝是由孔壁已被氧化的气孔、缩孔和含杂质的气孔引起的。因为这类气孔、缩孔在热加工时虽然被压扁，但不能焊合，所以成为裂缝了。

热加工后金属材料的晶粒大小与终结温度的高低有关。如果热加工在较高的温度结束，那么，在停止加工后的缓慢冷却过程中，由于在高温停留的时间较长，再结晶后的晶粒还会聚集长大，结果冷却到室温时就会获得粗大的晶粒。如果降低热加工的结束温度，那么，在停止加工后的缓慢冷却过程中，在高温下停留的时间较短，晶粒聚集长大的程度较小，甚至来不及进行聚集长大，这时冷却到室温所得到的晶粒就细小。如果热加工的终结温度太低，加工停止时实际上已不能发生再结晶，或者再结晶进行得很不彻底，变形的晶粒就会一直被保留至室温。

除了晶粒大小外，还常会出现第二相析出等问题，也值得认真考虑。因此，热加工的终结温度必须根据具体情况来确定。

2.5　合金中的固态转变

固态转变是指金属和合金在固体状态下发生的结构转变或磁性转变。热处理的作用，就是在利用金属材料的这种固态转变，按照人们预定的方向控制材料的组织结构，提高材料的性能。

2.5.1 金属与合金的多形性转变

2.5.1.1 多形性转变的临界点

在常压下，许多固态金属在不同的温度范围内，具有不同的结晶结构。例如，钴（Co）在400℃以下具有密排六方的结晶结构，而在400℃以上则具有面心立方结晶结构。凡是在不同温度范围内，固态金属呈现不同结晶结构的这种性质，叫做金属的多形性。固态金属在不同的温度或压力下所发生的内部晶体结构的转变，如在加热或从高温冷却的过程中，金属的这种结晶结构的变化，叫做金属的多形性转变，也叫同素异晶转变，转变点叫做转变的临界点。

例如，纯铁（Fe）由液态结晶后，在它的冷却过程中将经历两次多形性转变：一次发生在1390℃，铁由体心立方结构（称为δ-Fe）转变为面心立方结构（称为γ-Fe）；另一次发生在910℃，铁又从面心立方结构转变为体心立方结构（称为α-Fe）。在常温下，如果改变压力，纯铁也会出现多形性转变，例如，当压力增大到130×10^2MPa时，体心立方的α-Fe也会转变为密排六方晶格的ε-Fe。固态金属在发生多形性转变时，它的一些物理性能会在转变点发生突变，例如，铁的磁化率在转变点就会发生突变。这里还要说明的是，由于α-Fe的居里温度T_c为765℃，因此，α-Fe在T_c时会出现磁性转变，此时，铁的磁化率也将发生突变。

2.5.1.2 由多形性转变引起的组织变化

在多形性转变进行时，伴随着晶体点阵中原子排列的改组，材料的显微组织也将发生相应的改变。

扩散型（依赖原子扩散完成的转变）的多形性转变，在临界点以上，是可以恒温地进行完全。在临界点以下的恒温下停留时，随着时间的进展，也会发生演变，这时转变是一个时间过程，新相会由无到有。经过一段时间后，新相会逐渐长大，转变是在一段时间内完成的。

从显微组织的变化来看，过程的进行也是一个成核与长大的过程，即首先在母相的某些地方形成新相的小晶体，然后，这些小晶体再逐渐长大。当这些先产生的新相晶粒随着时间的推移长大到彼此互相接触时，新相就完全代替了旧相，相变也便宣告结束。这时，多形性转变的结果，使金属的显微组织得到了改造。因此，利用多形性转变，便可以改造金属的显微组织。不锈钢的热处理正是利用了这一特性。

2.5.1.3 固溶体的多形性转变

如果固溶体的基体金属是一个具有多形性的金属，则以它为基形成的固溶体在一定的成分范围内也具有多形性，如不锈钢。固溶体的多形性转变，可以认为是基体金属的多形性转变在合金状态下的发展和继续。合金元素对铁基、钴基固溶体多形性转变的影响，是选用合金元素对这些材料进行合金化时主要应该考虑的问题之一。不同种类的合金元素，对固溶体多形性转变的影响也不同。同一元素的影响也随着其含量的不同而改变。

2.5.2 合金的有序-无序转变

有些合金在一定的温度下，会发生有序固溶体和无序固溶体之间的转变。通常，把合金从无序固溶体向有序固溶体转变的过程称为有序化过程，经过有序化过程所形成的晶格称为超晶格。在许多情况下，往往可以通过不同的热处理来人为地控制合金中形成某种有序结构的程度（有序度），最后达到改善材料性能的目的。

在有的合金中，不仅会出现从无序固溶体到有序固溶体的转变，还会出现从一种有序固溶体向另一种有序固溶体的转变。例如，对于含铝（Al）量（质量分数）分别为12%、13%和16%的铁-铝合金，就会出现FeAl和Fe_3Al两种有序结构。铁-铝软磁合金的热处理工艺，从本质上说就是为了控制合金中的有序化过程，以提高合金的磁性能而设计的。

在置换式固溶体中，如果一种原子完全无规则地占据另一种原子的位置，合金就叫做无序合金。但是，许多实验证明，当合金由较高温度降低到较低温度时，合金中的原子排列并不是完全无规则的，一种原子的最近邻通常是相异的原子。这种趋于规则排列的现象，称为合金的有序化，所形成的点阵就是超结构。

超结构的形成是一种由高能量状态到低能量状态的转变过程。当相异原子之间的吸引力大于相同原子之间的引力时，相异原子排列在彼此的近邻，将使晶体的结合能降低，状态更加稳定。因此，当温度降低时，合金将趋于有序化，以降低系统的自由能。在绝对零度时，合金完全有序，合金从有序到无序的转变是一个突变的过程，存在着转变发生的临界温度T_d，被称为有序-无序转变点。合金经过转变点T_d时，它的一切物理性质，例如，比热容、电阻率、磁性等，都将发生突变。

合金有序化的程度可以用长程有序和短程有序来表示。所谓长程有序，即从合金整体来看，原子排列都是有规则的。如果把合金任意分成若干个小区域，则每一个区域与任何另外一个区域内的原子排列情况都完全相同，但是在每一个小区域内部，每个原子的最近邻不一定都是相异的原子。短程序则是指合金的有序结构只限于若干个小区域内，但是，每个小区域内的原子排列情况彼此不一定完全相同。因此，可以更加确切地说，转变温度是长程有序完全消失时的温度，在转变温度以上，短程有序还可以在近邻原子间存在。

在有序-无序转变时，合金的磁特性也常常会发生变化。例如，Ni_3Fe合金由无序状态转变为有序状态时（503℃），它在室温下的饱和磁化强度M_s将增加约

6%，居里点 T_c 将由原来的585℃升高到710℃（由 M_s-T 曲线外推得到）。另外，对于Fe-Ni合金来说，内部形成 Ni_3Fe 的有序结构时，将会使合金的磁晶各向异性常数 K_1 减小（或负值更负），而将有序化控制在恰当程度，可使 K_1 趋近于0。因此，控制有序度对磁性材料来说是极其重要的。

由于有序化结构的形成是一个形核和长大的过程，是通过原子的扩散来实现的，因此，降温时的冷却速度对有序度有重要影响。一方面，冷却速度越快，原子扩散就越不充分，有序化转变就会来不及进行，合金的有序度也就越低。但是，另一方面，采用快速冷却的淬火工艺，往往可以将高温时的有序状态“冻结”下来。

有序化过程中，合金性质变化的一般规律是硬度、强度增高，塑性下降，电阻率降低，矫顽力 H_c 提高。

2.5.3　马氏体型转变

马氏体这一名称最初来自于Fe-C二元合金，指的是高温下的奥氏体相迅速冷却到室温时所形成的一种片状或针状产物，这种相是一种非平衡相，所以并未出现在铁-碳相图（图2-8）中。现在，这一名称的含义已经非常广泛，因为在其他许多合金体系中或纯金属中，也发现了性质类似的转变。

因为碳（C）在奥氏体和铁素体中的溶解度不同，因此，如果将高温相奥氏体从高温缓慢地冷却到室温，则原先在高温下溶入奥氏体中的大多数碳（C）在冷却过程中将以渗碳体的形式析出，从而形成由铁素体和渗碳体组成的组织。但是，如果将高温相奥氏体以较大的冷却速度冷却（淬火）到室温，则原先在高温下溶入奥氏体的碳（C）便来不及通过扩散从基体中析出，从而形成一种碳（C）在铁（Fe）中的过饱和固溶体，即马氏体。这种从高温相奥氏体转变为马氏体的过程称为马氏体转变。

马氏体转变是一种无扩散相变，而且在相变过程中必定发生切变，这一转变过程是通过原子之间相互有联系和有规则的重新组合完成的。原子之间的相对位移不超过一个原子间距，所以转变速度极快。马氏体具有体心四角结构。并且，由于碳（C）原子数目有限，马氏体的体心四角晶格将发生畸变，并在材料内部产生较强的微观内应力。加之有残余奥氏体的存在，非磁性的残余奥氏体和铁磁性的马氏体在材料内部共存，会进一步增加材料的不均匀性和内应力，从而有利于提高材料的矫顽力 H_c。

人类最早使用的永磁材料就是碳钢，以至于后来的铬钢、钨钢和钴钢等，统称为马氏体钢或淬火硬化钢，它们的矫顽力就是通过淬火形成大量的马氏体，因而产生较大的内应力而引起的。

2.5.4 过饱和固溶体的分解

在固溶体中，溶质元素在溶剂元素中的溶解度通常是有限的，而且还常常随着温度的下降而减小。如果溶质元素的含量超过了正常条件下固溶体所能溶解的极限含量，这样的固溶体就是过饱和固溶体。例如，前面提到的马氏体，就是碳（C）在铁素体基体中的过饱和固溶体。

过饱和固溶体一般都是通过将合金从高温下淬火，从而使高温相保留到室温而形成的。它处于一种非稳定状态。如果将它在适当温度下加热一段时间，则固溶体内那些比正常条件下多溶入的溶质元素就必然会以某种形式析出，这就是过饱和固溶体的分解过程，也称为脱溶或沉淀。一般可以表示为：

过饱和固溶体 ⟶ 饱和固溶体 + 新相

由于材料成分的不同，新相可以是与原来固溶体结构相同而成分不同的固溶体，也可以是结构与原来固溶体不同的固溶体或化合物。

在许多情况下，新相的脱溶是通过成核长大过程进行的。成核过程和液态金属结晶的情况类似，不同的是在固态情况下，阻碍新相成核的不仅有表面能，而且还有应变能。应变能是由于新、旧两相晶格不匹配，或者因为新相形成时体积变化受到基体约束，以至于不能自由胀缩而产生应变所引起的能量变化。研究表明，增大应变能和表面能都将增大形核功，从而使成核更加困难。不过，在固态转变时，由于晶体中存在许多晶体缺陷，如空位、晶界、位错等，它们都是成核的有利位置。因此，由于非均匀成核所需的形核功远低于理论值，使得非均匀成核成为成核的主要方式。新相成核之后，通过原子的正常扩散，便可以逐步长大。

然而，在另一些情况下，新相的脱溶也可以不通过成核长大过程，而是通过所谓的纺锤分解（也称斯皮诺答尔分解、调幅分解、亚稳相分解等）进行。由于这种分解的产物是结构相同而成分不同的两相，其中一种相为溶质原子的富集区，另一相为溶质原子的贫化区，而且在合金内部呈交替变化，使合金具有一种成分调幅的结构，因此又称为调幅分解。

过饱和固溶体的分解是重要的固态转变之一，也是时效处理的基本依据。通过适当的时效处理，即控制过饱和固溶体的分解条件，就能有目的地提高材料的硬度、强度及矫顽力 H_c。特别是调幅分解，对于提高金属永磁材料（如铝镍钴永磁合金）的性能以及研制新合金都具有重要意义。沉淀硬化型不锈钢也属于这种情况。这种分解形式不受晶体缺陷的影响，分解速度快，容易得到微细而又分布均匀的新相。此外，还可以通过外加应力和磁场来控制脱溶物的形态，增大其形状各向异性，直至最后形成只包含单一磁畴的细长颗粒，从而有利于提高材料的矫顽力 H_c。

2.6　热处理与固态转变

2.6.1　钢的热处理

对于固态金属和合金，通过加热、保温和冷却来改变它们的内部组织结构，从而改善其性能的方法称为热处理。在金属磁性材料的研制和生产过程中，热处理是提高磁性能的重要环节。热处理过程是改变材料内部的组织和结构，进而改善材料性能的重要工艺手段，而温度和时间是它的两个基本要素。因此，热处理的过程通常用温度-时间坐标曲线来表示，依次可以表示出材料在热处理过程中的加热速度、加热温度、保温时间以及冷却速度等，如图 2-16 所示。$T_{最大}$是最高加热温度，t'是保温时间，而加热和冷却曲线的斜度分别表示其快慢程度，即加热速度或冷却速度。

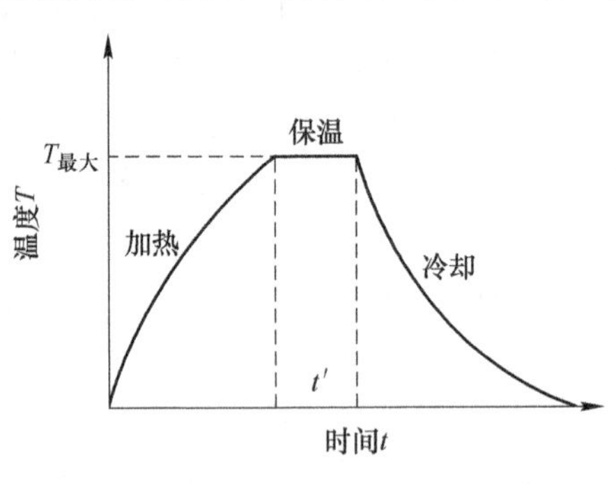

图 2-16　简单热处理规范

热处理是将固态金属或合金在一定介质中加热、保温和冷却，以改变材料整体或表面组织，从而获得所需性能的工艺。热处理可以大幅度地改善金属材料的工艺性能和使用性能。因此，热处理是一种非常重要的加工方法，绝大部分机械零件必须经过热处理才能使用，包括磁性能。

在钢的加热、保温和冷却过程（热处理过程）中，其组织结构会发生相应变化。材料中组织结构变化的规律（相图）是材料热处理的理论基础和依据。

为了在热处理后获得所需要的性能，大多数工艺（如淬火、正火、退火等）都要将钢加热到临界温度以上，获得全部或部分奥氏体组织，并使其成分均匀化，即进行奥氏体化。加热时形成的奥氏体的质量（成分均匀性及晶粒大小等）对冷却转变过程及组织、性能有极大的影响。

图 2-17 是材料在形变状态和退火状态磁滞回线的变化。从中可以明显看出，退火后，材料的矫顽力 H_c 明显下降，因此磁导率 μ_r 明显增高了。

热处理工艺中，钢在奥氏体化后，接着便进行冷却。冷却的方式通常有等温处理和连续冷却两种。

（1）等温处理：将钢迅速冷却到临界点以下的给定温度，进行保温，使其在该温度下恒温转变，如图 2-18 中曲线 1 所示。

（2）连续冷却：将钢以某种速度连续冷却，使其在临界点以下变温连续转变，如图 2-18 中曲线 2 所示。

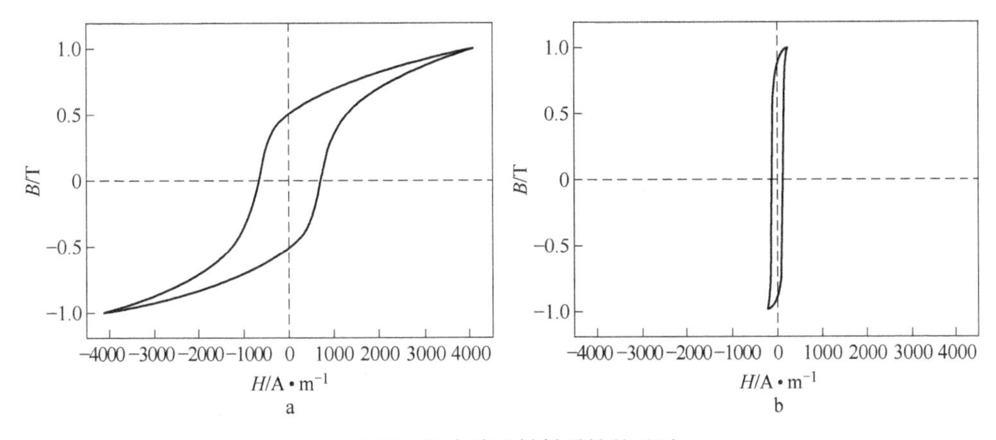

图 2-17 退火前后材料磁性的差异

a—形变状态；b—退火状态

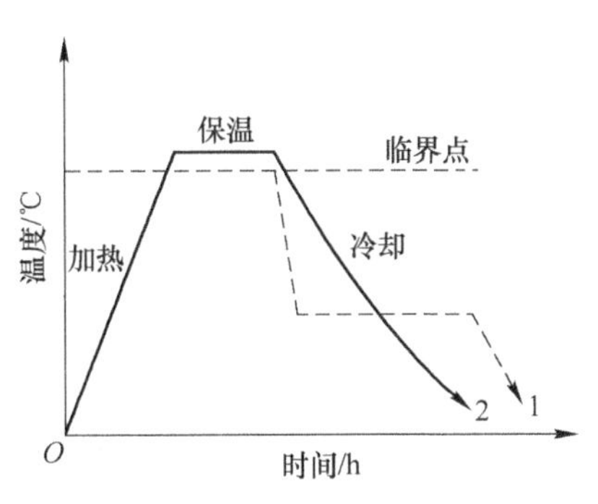

图 2-18 热处理工艺曲线示意图

1—等温处理；2—连续冷却

2.6.2 钢的热处理工艺

根据应用特点，磁性材料常用的热处理工艺可以大致分为下列几类：

(1) 普通热处理。指的是试样在常压下在空气中经历加热、保温和冷却三个阶段的热处理，大致可以分为退火、正火、淬火、回火和调质等。

(2) 表面热处理和化学热处理。表面热处理包括感应加热淬火、火焰加热淬火和电接触加热淬火等。化学热处理包括渗碳、氮化、碳氮共渗、渗硼、渗硫、渗硅、渗铝、渗铬等。

(3) 其他热处理。包括可控气氛热处理、真空热处理、形变热处理和磁场热处理等。

2.6.2.1 退火热处理

退火热处理工艺是将组织偏离平衡状态的钢以一定的升温速度加热到低于相

变的某一适当温度，在此温度下保温一定时间，然后缓慢地冷却到室温的操作过程。常用的降温方法是随炉冷却，即保温阶段结束后，切断热源，让试样随炉温下降，自然冷却到室温。这样，就可以获得接近平衡状态的组织结构。

退火热处理是在金属磁性材料的生产和使用过程中用得最多的一种热处理工艺。例如，在生产金属磁性材料的带材和棒料时，在冷轧或冷拔过程中，不能一次轧到或拉拔到要求的厚度，而需要进行中间退火。当轧到或拉到成品厚度后，为了获得好的磁特性，也需要进行最终退火（或者叫成品退火）。在不锈钢棒料的生产过程中，也涉及拉拔和退火处理。

退火的目的是，可以有效地消除加工过程中产生的晶格畸变、内应力及加工硬化等各种缺陷，从而改善材料性能；或者可以减小硬度、恢复塑性，使工件易于切削加工；或者是消除成分偏析，使材料具有均匀的成分等。中间退火的目的是消除内应力、提高伸长率，便于对材料进行后续加工。成品退火的作用也是消除内应力，可以根据需要使其组织发生变化，包括回复、再结晶和晶粒长大等几种过程，从而提高材料的磁导率 μ_r，降低材料的矫顽力 H_c 和损耗 P_C 等。

根据处理目的和要求的不同，钢的退火可分为完全退火、等温退火、球化退火、扩散退火和去应力退火等。

A　完全退火

完全退火又称为重结晶退火，是把钢加热至全奥氏体化温度（A_{c3}）（这里 A 代表临界点，下标如果为 c 代表加热，如果为 r 代表冷却）以上 20～30℃，保温一定时间后缓慢冷却（随炉冷却或埋入石灰和砂中冷却），以获得接近于平衡组织的热处理工艺。亚共析钢经完全退火后得到的组织是铁素体和珠光体（F+P）。

完全退火的目的在于，通过完全重结晶，使热加工造成的粗大、不均匀的组织均匀化和细化，以提高性能，或使中碳以上的碳钢和合金钢得到接近平衡状态的组织，以降低硬度，改善切削加工性能。由于冷却速度缓慢，还可以消除内应力。

B　等温退火

等温退火是将材料加热到高于珠光体向奥氏体转变的开始温度（A_c或 A_{c1}），保温适当时间后，较快地冷却到珠光体区的某一温度，并保持等温，使奥氏体转变为珠光体组织，然后缓慢冷却的热处理工艺。

等温退火的目的与完全退火相同，但转变易于控制，能获得均匀的预期组织。对于奥氏体较稳定的合金钢，常常可以大大缩短退火时间。

2.6.2.2　相变重结晶热处理

这种热处理也称重结晶退火，只能用于一些固体状态有相变的金属及合金中。具体方法是将材料加热到相变温度以上，则合金中各相的相互溶解度将改变，通过控制加热温度和降温速度等方法，可以使合金按照所需要求发生相变结晶，从而达到热处理的目的。这种变化在加热时会部分或全部消除原有的组织，而反过来在降温冷却时则恢复正常的物理-化学平衡状态。因此，这种过程是可逆的。合金在冷却后其组织的组成物与加热前一样，但这些组织组成物的形状分布及浓度等可能就和以前不一样了。

例如，铝镍钴（AlNiCo）合金在1300℃以上是均匀的固溶体，当温度降到900℃左右时，合金内部就会发生相变，形成α和α′两种相。这两种相在合金中的比例、浓度和形状分布等不同，则合金的磁性就不同，这是由于强磁性α相以很细的晶粒状态弥散分布在弱磁性的α′相中，即所谓脱溶硬化，这就是相变重结晶。α相晶粒具有单畴粒子的性质，矫顽力 H_c 较高。因此，合金就会成为较好的硬磁性材料。这种相变过程是可逆的，如果把已经发生相变重结晶的铝镍钴合金重新加热到1300℃以上，则合金中α和α′两种相就会消失，而恢复到均匀的固溶体结构。

不锈钢材料也是一样。材料中铁素体相、马氏体相和奥氏体相的比例不同，不锈钢的磁性能会有很大的差异。当然，在不锈钢中也存在一些中间相，也会影响到不锈钢的磁性能。这些相的比例与不锈钢的成分有关系，也与所采取的热处理工艺有关系。

2.6.2.3 淬火热处理

把合金加热到相变温度以上，保温一定时间，然后以极快的速度骤然冷却下来，使相变重结晶来不及充分进行，而把高温时的不稳定状态固定下来，这种处理就叫淬火热处理。这种变化之所以可能产生，是基于金属中所有的相变过程都不是在瞬间完成的，而是需要一段时间。这样，就可以通过控制冷却速度，使合金内部不可能按照缓慢冷却时的规律来进行相变，而是直接固定金属在较高温度时所具有的状态。为了固定高温时的状态，就必须使冷却速度大大地超过平常相变过程的速度，冷却的最后温度也必须较低，使合金内部的组织不容易回到比较稳定的状态。例如，将钢加热到相变温度以上，然后快速冷却以获得马氏体组织的热处理工艺就称为淬火。淬火也是钢的最重要的强化方法之一。因此，淬火有三个基本要素：

（1）淬火温度的选定。必须在相变温度之上。

（2）加热时间的确定。加热时间包括升温和保温两个阶段的时间。通常以装炉后炉温达到淬火温度所需的时间为升温阶段，并以此作为保温时间的开始。保温阶段是指钢件烧透并完成奥氏体化所需的时间。

（3）淬火冷却介质。常用的冷却介质是空气、水和油。所谓快速冷却，可以是在保温结束后将试样直接从炉中取出，让其在空气中冷却，也可以把样品投入淬火介质（如水、冰水、溶液、油等）中冷却，有时也可以在空气中鼓风冷却。对于具体的材料来说，冷却方式的选择有赖于材料的淬透性（淬透层的深度）、工件的尺寸和形状等因素。

制备非晶和纳米晶带材的甩带工艺，也可以认为是一种极端的淬火工艺，经过淬火后，可以把材料在液态下的组织保存到室温，从而获得非晶态的组织。非晶合金本身就是很好的软磁材料。再经过适当的回火处理，就可以制得软磁性能更好的纳米晶软磁合金。

对于一般金属材料进行淬火的目的是增加硬度和耐磨性，如果和回火处理相配合，往往可以获得良好的综合性能。调质热处理就是淬火再加上高温回火的双重热处理工艺。淬火热处理在磁性材料中应用十分广泛，在金属磁性材料的生产和研究中，通过淬火可以在室温下得到均匀的高温组织。根据成分和热处理温度的不同，这种高温组织可以是塑性较好的固溶体，有利于将材料进行进一步冷加工（如铁钴钒软磁合金），也可以是过饱和固溶体，有利于通过进一步的热处理（如回火）发展出较高的磁性能，如铝镍钴永磁合金等。此外，淬火也有利于实现马氏体型转变，例如对淬火硬化型磁钢，这种钢在高温时是均匀的固溶体（奥氏体）。在淬火过程中，材料内部的一部分奥氏体（含碳量不同的 γ-Fe）会转变成强磁性的马氏体（C 在 α-Fe 中的过饱和固溶体）。同时，由于冷却速度极快，奥氏体来不及全部转变成马氏体而要保留一部分，也叫残余奥氏体，使合金成为马氏体和奥氏体的混合物，进而使合金的内应力加强，因而增大了矫顽力 H_c。另一个例子是对软磁性材料的淬火处理，可以控制有序无序转变，从而有效地控制材料磁性能的变化。例如坡莫合金（Fe-Ni 合金）的热处理，就是用淬火处理来控制合金中原子的有序-无序排列，使材料的磁晶各向异性常数 K_1 和磁致伸缩系数 λ_S 大幅度降低，以便在确定的成分下得到很高的磁导率 μ_r。铁铝合金的淬火处理也是如此。

淬火对材料的硬度影响很大。研究发现，材料的显微硬度与矫顽力之间保持着良好的线性关系，如图 2-19 所示，线性度非常好。

影响淬火热处理的重要因素是加热温度、保温时间和冷却速度。加热温度必须控制在合金的相变温度以上，保温时间必须使材料内各部分都达到所要求的温度并且均匀，冷却速度具有决定性的意义。冷却速度取决于合金的导热性与热容量及冷却剂的温度与性质。冷却剂是空气时叫空淬，是水时叫水淬，还可以是冰水淬（水中有冰块，保持冷却剂的温度在 0℃）、油淬（用油作淬火剂）。水的淬火能力（冷却能力）随其温度的升高而减少，而油的淬火能力则是随温度的升高而增加，这是由于油的流动性随温度的升高而增大之故。

2.6.2.4 回火热处理

淬火处理后的合金通常处于不稳定的状态，有从高能状态逐渐恢复到稳定状

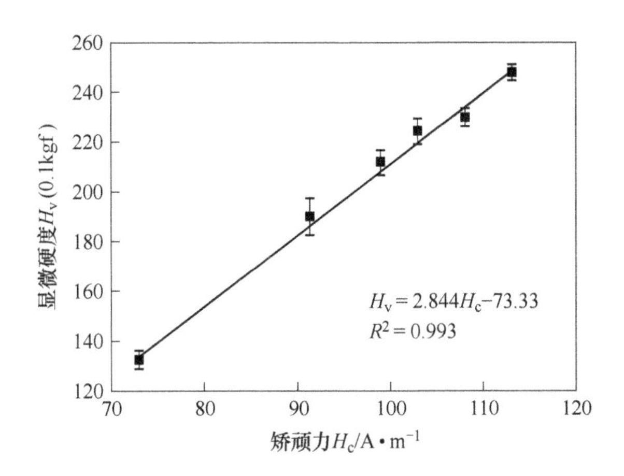

图 2-19 材料的显微硬度与矫顽力之间的关系
(1kgf=9.80665N)

态的趋势。合金的性能会随时间发生改变，这种现象叫时效。时效的结果是使材料或器件的磁性能下降。为了提高其性能的稳定性，可以采用回火处理。回火处理的方法是把淬火后的合金加热到不高的温度（必须在相变温度以下），保温一段时间，然后慢慢冷却，使金属内部组织过渡到稳定的状态。在回火过程中没有相变发生，只有部分原子恢复到能量较低的状态。

对于固溶体来说，淬火后得到的往往是不稳定的过饱和固溶体。这种固溶体在回火时会分解出高度弥散的脱溶物，脱溶出来的微粒随着回火温度的升高及保温时间的增长而逐渐地由共格脱溶向非共格脱溶过渡，然后聚集长大。低温回火在合金中造成脱溶物的高度弥散，而使强度等性能提高，这称为“强化回火”，或叫“弥散硬化”。而高温回火引起脱溶物以非共格方式进行，以致聚集与长大，使得淬火组织产生应力松弛，通称“软化回火”。

回火常常是紧跟着淬火后进行的最后一道热处理工序。回火的目的是减少或消除材料在淬火时产生的内应力，提高塑性和韧性，从而使材料具有符合使用要求的性能。回火处理在磁性材料中的应用，不仅可以用来使材料的磁性稳定化，而重要的是常常被用来改善材料的性能。在磁性材料中，特别是永磁合金中，经常采用多级回火热处理，来调整不同相的成分或相对含量，提高材料的永磁性能。例如，硬磁性材料中的铝镍钴（AlNiCo）合金就是利用固溶化处理，在淬火后再回火或经过多次回火，来控制非磁性母相中强磁性相的脱溶方式及脱溶物的大小来获得优异的硬磁性能。在稀土永磁材料的生产中，也常常会采用多次回火工艺。

2.6.2.5　正火热处理

正火与完全退火的主要差别在于冷却速度快些，目的是使钢的组织正常化。一般应用于以下几个方面：

（1）作为最终热处理。正火可以细化晶粒，使组织均匀化，减少亚共析钢中铁素体的质量分数，使珠光体质量分数增大并细化，从而提高钢的强度、硬度和韧性。对于普通材料，对力学性能要求不是很高时，正火可以作为最终热处理。

（2）作为预先热处理。截面较大的合金结构钢件，在淬火或调质处理（淬火+高温回火）前，常进行正火，以消除魏氏组织和带状组织，并获得细小而均匀的组织。对于过共析钢可以减少二次渗碳体含量，并使其不形成连续网状，为球化退火做组织准备。

（3）改善切削加工性能。低碳钢或低碳合金钢退火后硬度太低，不便于切削加工，正火可以提高其硬度，改善其切削加工性能。

2.6.2.6　化学热处理

将金属材料放在相应的介质气氛中加热至高温，使金属表面或整体（经扩散退火处理后）的成分发生改变，从而改变金属材料的组织和性能的热处理工艺叫化学热处理。化学热处理是按扩散元素的化学成分来进行分类的。在磁性材料中，常用的有气氛热处理（如氢气热处理、氩气热处理等）和真空热处理等。此外，还有渗氮（N）、渗硅（Si）等热处理。

A　气氛热处理

根据需要，磁性材料经常放在通有氢气（H_2）、氩气（Ar）、氧气（O_2）和氮气（N_2）等气体的炉内进行热处理，统称为气氛热处理。

氢气热处理是把金属材料置于氢气（H_2）气氛中进行热处理的工艺过程。由于氢气是一种很强的还原剂，在高温下极易和碳（C）、氮（N）、氧（O）、硫（S）、磷（P）等元素起化学反应，因此，材料经过氢气热处理后，可以去除或降低杂质的有害作用。材料中的这些杂质，在高温时会扩散到表面，与氢气化合生成气体，而被气流带走，从而达到去除或降低材料中这些有害元素的目的。在氢气热处理时，氢气是流通的，如在管式炉中，氢气由一端进入，而在另一端放出。用这种方法进行热处理，还可以防止材料在热处理过程中的氧化，从而改善其性能。处理效果的好坏，与气体的流量和纯度等有关。氢气流量越大，处理的效果就越好。

氢气的纯度通常用它的液化温度（又称为露点）来表示。露点越低，纯度越高。在电磁纯铁、电工钢片（带）等软磁材料的生产中，这是极为关键的工艺。

氧气热处理在铁氧体磁性材料的生产中经常被用到。例如，钇铁石榴石

（YIG）的烧结过程，就必须在氧气中进行才能保证有良好的性能；而锰锌铁氧体在烧结过程中需要氮气加氧气气氛。

B 真空热处理

将样品放到真空中进行热处理的过程称为真空热处理。真空是一个相对的概念。通常所说的真空，指的是在一给定空间中气体分子的密度大大低于常压下气体分子的密度的状态。气体越稀薄，气体的压强就越小，真空度也就越高。真空度的单位和压强单位相同，在国际单位制中为帕斯卡，简称帕，用符号 Pa 表示。

在真空热处理时，由于试样周围的气压降低，所以材料中的气体原子或易分解的夹杂物，诸如氢（H_2）、一氧化碳（CO）、二氧化碳（CO_2）等杂质气体，以及易挥发的氮化物、氧化物和硫化物等杂质，在高温下很容易从材料内部跑出来到周围空间中去，而在抽气时被排除。最难去除的杂质是与金属离子组成了化合物的气体原子，而这些原子在高温及高真空下，化合物发生分解，分离出来的气体原子就会被排除。因此，真空热处理去除杂质的效果最显著。当然，由于真空状态下氧含量大大减少，也能防止样品在热处理过程中被氧化。对于要求较高的场合，为了更有效地防止试样氧化，常常在抽到高真空后通入高纯氩气（Ar）来进行热处理，因为氩气是惰性气体，因此在热处理过程中不会与试样产生化学作用。

显然，真空度越高，热处理温度越高，去除杂质的效果就越好。但是，过高的真空度和加热温度，会导致合金元素的挥发，造成化学成分的偏离，而使材料的性能恶化。真空热处理时，真空度一般在 0.133Pa，处理温度在 950～1000℃。

C 渗氮热处理

所谓渗氮（N）热处理，就是把材料放在氮气或氨气气氛中进行热处理。氨气在 400℃以上会发生分解而放出活性氮（N），即

$$2NH_3 \xrightarrow{400℃\ 以上} 3H_2 + N_2 \tag{2-5}$$

在高温时，活性氮便与过渡元素及铝（Al）、硅（Si）等元素生成氮化物，并不断地向内部扩散，从而改变材料的组织和性能。例如，在制备取向电工钢片（硅钢片）时，把硅钢片放到分解氨气氛中进行热处理，因而生成 AlN、Mn_4N 或 Si_3N 等有利夹杂物。这类夹杂物能阻止初次再结晶晶粒的长大，使二次再结晶过程发生择优生长，从而得到戈斯（Göss）织构。氮气热处理的作用还在于也可以防止材料在加热过程中的氧化。

D 渗硅热处理

将金属材料放在四氯化硅（$SiCl_4$）和氩气的混合气体中，加热并保温，使高温下的合金元素与四氯化硅发生反应，冷却后在表面上生成一层硅化物膜，这种处理就叫渗硅热处理。

渗硅热处理是工业中改善低碳钢表面硬度常采用的方法，制备含 6.5%Si 的

电工钢时也可以利用渗硅热处理工艺，其性能与冶炼和温轧方法得到的该种硅钢片相似，并且还可以控制渗硅率，使表面层含硅量更高，内部含硅量低。因而，提高了电阻率，降低了表面涡流损耗。由于内部含硅量低，所以材料的磁感应强度 B 较高。

2.6.2.7　应力热处理和磁场热处理

应力热处理和磁场热处理是制备金属磁性材料时所采用的特殊热处理。经过这种热处理后，材料中会产生磁性结构，可以获得优异的性能，尤其是磁场热处理已被广泛采用。

A　应力热处理

使磁性材料在均匀单向应力作用下所进行的热处理，叫应力热处理，也叫做胁强热处理。经过这种热处理后，得到的材料的磁性能是各向异性的。应力的方向是易磁化方向，在此方向上最大磁导率 μ_m 增高。因为铁磁体内部的磁畴结构与它的应力状态有密切关系，在应力的作用下，畴壁将改变其位置，自发磁化也将改变其方向。例如，当磁致伸缩系数 λ_S 为正时，磁畴趋向平行于张力的方向；而当 λ_S 为负时，则趋向于平行于压力的方向。也就是说，磁畴会沿着应力的方向产生变形。在高温时，由于磁畴结构的变形所产生的应变能依靠原子的热运动而被消除。因此，在加单向应力的缓慢冷却过程中，磁畴的这种有规则的变形就会被冷冻下来，使磁畴沿应力方向排列，造成磁性结构。这种各向异性也称为应力感生各向异性。

应力热处理的效果，取决于材料的居里温度 T_c 和所加应力的情况。材料的居里点 T_c 越高，磁畴的塑性变形就越容易产生，即原子的热运动能更好地消除由磁畴的变形所产生的内应力。单向应力的大小和均匀性对处理效果也有显著的影响。如果单向应力太小，则不能使磁畴的变形达到所要求的变形量。如果单向应力太大，则晶格点阵会发生严重畸变，内应力反而增大，使磁性变坏。如果单向应力不均匀，就不能保证各磁畴普遍地和程度相近地发生形变，甚至会将某些晶粒拉裂，处理效果就会变差。因此，应力热处理的工艺是比较难于控制的。

晶粒取向硅钢片在张应力的情况下进行涂层和热处理，就是属于应力热处理性质的。由此可以获得好的磁性能。

B　磁场热处理

磁场热处理指的是，在磁场中于居里温度 T_c 附近将材料保温若干时间后冷却，或以一定的速度在磁场中冷却的热处理过程，也称热磁处理。经过磁场处理后，会在磁场方向产生很大的各向异性，从而显著地提高材料的磁性能。同时，对材料的其他物理性能和力学性能产生的影响又很小。

通过磁场热处理，常常可以使合金中的磁性离子或离子对出现方向有序，从而引起所谓的感生各向异性，使材料中原来易磁化方向各不相同的磁畴结构，变成易磁化方向大致平行于磁场取向的磁畴结构。在有些情况下，通过热磁处理，还可以控制饱和固溶体分解时所形成组织的形态和分布（如调幅分解）。

为了改善和提高材料的磁性能，在热处理过程中给材料加上一定强度的磁场，无论对于软磁材料还是永磁材料，都具有十分重要的意义。例如，一些软磁材料（如Fe-Ni合金、非晶合金、纳米晶合金等），经过磁场热处理后，可以提高磁导率μ_r，或者改善磁滞回线的矩形比（通过纵向磁场热处理，即热处理时磁场方向与试样实际使用时的磁通方向相同），或者使磁导率在一定的磁场范围内保持恒定不变，形成所谓的等导型回线（横向磁场热处理，即热处理时磁场方向与试样实际使用的磁通方向垂直）。对永磁材料（如铝镍钴永磁合金）进行磁场热处理后，可以提高剩磁B_r和矫顽力H_c。

磁场热处理分为直流磁场热处理、交流磁场热处理和交直流磁场热处理等多种方式。在现代材料的研究和生产中，磁场处理是一种很重要的方法，有时会出现许多新的物理现象。即使是一些磁性很弱的材料，经过强磁场处理后，也会发生相变。

2.7　不锈钢的热处理

不锈钢冷加工过程中的热处理与其他制品热处理的目的和方法不完全相同。对于铁素体不锈钢和奥氏体不锈钢，为改善其磁性能，热处理工艺也会有一些不同。

2.7.1　不锈钢的热处理工艺

2.7.1.1　固溶处理

奥氏体不锈钢可以通过固溶处理来软化。一般加热到950~1150℃，保温一段时间，使碳化物和各种合金元素充分均匀地溶解于奥氏体中，然后快速淬火冷却，碳（C）及其他合金元素来不及析出，就可以获得纯奥氏体组织，称为固溶处理。固溶处理的作用有三点：

（1）使奥氏体不锈钢组织和成分均匀一致。这对作为原材料使用的不锈钢材料显得尤其重要，因为热轧后各段的轧制温度和冷却速度不一样，会造成组织结构的不一致和不均匀。在高温下随着原子活动的加剧，σ相溶解，化学成分会趋于均匀，快速冷却后就可以获得均匀的单相组织。

（2）消除加工硬化，以利于继续冷加工。通过固溶处理，伸长和破碎的晶粒经过重新结晶后，畸变的晶格就会得以恢复，内应力也会得以消除。结果是，材料的抗拉强度σ_b下降，伸长率δ上升，塑性变好。

（3）恢复不锈钢固有的耐蚀性能。由于冷加工造成的碳化物析出、晶格畸变、材料中缺陷增多等原因，会使不锈钢的耐蚀性能下降。固溶处理后，材料的耐蚀性能就会恢复到最佳状态。

对于不锈钢来说，固溶处理有三个基本要素：固溶温度、保温时间和冷却速度。固溶温度主要根据材料的化学成分来确定，一般来说，合金元素种类多、含量高的牌号，固溶温度要相应地提高，特别是锰（Mn）、钼（Mo）、镍（Ni）和硅（Si）含量高的不锈钢。因为只有提高固溶温度，使合金元素充分溶解，才能达到软化的效果。但是，对于稳定化不锈钢，例如1Cr18Ni9Ti，固溶温度高时，稳定化元素的碳化物虽然能充分地溶解于奥氏体中，但是，在随后的冷却中却会以$Cr_{23}C_6$的形态在晶界析出，造成晶间腐蚀。为了使稳定化元素的碳化物（TiC和NbC）不分解、不固溶，一般采用下限固溶温度。

保温时间应根据热处理的炉型和装炉量来确定。周期炉多采用热装炉，即炉温升到预定温度后装炉，保温后快速出炉淬火。从装炉到出炉的热处理周期一般为0.5~2h。

冷却速度对不锈钢的性能有很大的影响。前面已经知道，在冷却过程中，碳（C）要从奥氏体中析出，550~800℃为σ相析出区，还有475℃脆性区，因此，固溶后的材料应采用快速冷却的方式避开上述温度区，防止碳化物析出，从而获得最佳热处理效果。一般采用风冷或水冷。例如，如果发现304(0Cr19Ni9)和316(0Cr17Ni12Mo2)不锈钢的表面为红色，就说明冷却速度不够。一般来说，固溶处理后材料的抗拉强度σ_b主要取决于固溶温度。温度升高，抗拉强度σ_b偏低。伸长率δ似乎更多地取决于冷却速度。冷却加快，伸长率偏高。

在热处理时，可以采用氨分解气体保护连续炉。选用氨分解气体（体积比为$25\%N_2+75\%H_2$）作为保护气的原因是液氨资料丰富、储运方便、制气工艺及装备简单，制出的气体纯度比较高，稍作净化就可以使用。因为不锈钢中铬（Cr）含量高，保护气体中的氧（O_2）和水分的含量必须降到相当低的水平才能实现光亮热处理。对于Cr-Ni不锈钢，保护气体露点为-45~-55℃就能得到光亮表面。对于含有稳定化元素钛（Ti）、铌（Nb）或锰（Mn）、铝（Al）量较高的不锈钢，因为这些元素与氧（O）的亲和力比铬（Cr）大，即使保护气体的露点低于-55℃，不锈钢的表面也会变成淡灰色或亮灰色。以氢气保护连续炉热处理0Cr17Ni7Al为例，氢气露点和不锈钢表面变色的关系见表2-2。不锈钢表面的蓝色氧化皮很难酸洗去除，如果还原性气氛露点达不到要求，还不如采用微氧化性（含5%游离O_2）气氛为好。

表2-2 氢气露点与0Cr17Ni7Al表面色泽的关系

露点/℃	-66	-49	-40.5	-37.6	-34
表面光泽	光亮	光亮	乳白色	微蓝	较深蓝色

不锈钢材料在保护连续炉中，对保护气体的要求，一般为含氧（O）量不大于10μL/L（即10ppm），露点低于-60℃。另外一个重要参数是气体流量，可以

根据系统的气密性和材料的粗糙度来决定。系统的气密性是指气体发生装置和传输管路的泄漏状况，尤其应注意管路的焊接点、连接点、法兰盘及阀门的泄漏。系统的泄漏不但会造成气体流失，严重降低气体纯度，造成材料变色氧化，而且还会给生产安全带来危害。经验表明，炉管两端的封堵，特别是进气端的封堵，可以有效地减少气体流量。

材料的表面粗糙度是一个容易忽视的因素，表面潮气、残留油脂和润滑剂被带入炉内之后，会恶化炉内的气氛，往往会造成材料的氧化。此时为使材料恢复光亮，必须用大量高纯气体稀释水汽，以达到改善炉内气氛的目的，还应该加大气体流量。要注意拉拔后材料表面的清洗。可以在拉丝机后配上一组清洗槽，还可以在连续热处理炉前再配置一组电解清洗装置和干燥炉，这样会使产品的质量确切地有根本性的提高。

2.7.1.2 退火处理

马氏体不锈钢采用退火处理的目的，是为了消除内应力，防止裂纹的产生，消除加工硬化，以利于继续加工。

从软化效果来看，完全退火最好，但退火温度较高时，材料表面氧化相对比较严重。因此，对作为原材料使用的不锈钢材料的中间软化处理一般采用再结晶退火工艺：原料在800℃左右退火，炉冷到650℃以下出炉，热处理周期为6~7h；半成品通常在750~800℃之间退火，保温后空冷，热处理周期为5~6h。

马氏体不锈钢冷加工的残余应力如果不及时消除，往往会导致钢的开裂。对1~4Cr13，工艺规定对拉拔后的半成品，必须在12h内装炉热处理。一些含镍（Ni）的马氏体钢，如1Cr17Ni2，由于镍（Ni）的作用，奥氏体完全分解成珠光体所需时间非常长，很难通过退火达到软化目的，通常采用高温回火的办法来实现软化。可以采用二段退火法来软化1Cr17Ni2：第一次750℃空冷，第二次650℃空冷，即使如此，还是不能软化到230HB以下。

铁素体不锈钢采用退火处理是为了消除由于热加工和冷加工引起的应变和硬化。退火后材料的抗拉强度σ_b下降，伸长率δ和耐蚀性都能得到改善。退火温度一般为750~850℃，保温后空冷。对于高铬（Cr）铁素体不锈钢，为了防止晶粒粗化，也常采用650~750℃的低温退火工艺。铁素体不锈钢热处理的关键是防止因过热而导致的晶粒过分长大，在475℃脆性区停留的时间也要尽可能地短。连续炉处理铁素体不锈钢时，因为炉内时间很短，炉温可以提高到830~850℃。

2.7.1.3 表面处理

不锈钢的变形抗力很大，拉拔时极易粘在模具上，造成表面划伤。为了保证拉拔工序的顺利进行，必须对材料表面进行适当的处理。表面处理一般包括去除表面氧化皮和在表面涂敷一层附着性良好的润滑涂层两项内容。

不锈钢的合金元素多，因此，表面氧化皮构成很复杂。这里很有必要介绍一下不锈钢中常见元素及其氧化物的性质。

（1）铬（Cr）及其氧化物：金属铬（Cr）在碱、硝酸、碳酸盐的溶液和有机酸中非常稳定，但易溶于盐酸和热浓硫酸中。

铬（Cr）能生成三种氧化物：CrO、Cr_2O_3 和 CrO_3。CrO 很不稳定，在空气中氧化能生成 Cr_2O_3。

Cr_2O_3 是一种绿色的难溶物质，几乎不溶于酸碱溶液中。CrO_3 是铬酐，能溶于硫酸和硝酸溶液中。

（2）镍（Ni）及其氧化物：金属镍（Ni）几乎不溶于硫酸和盐酸，仅溶于硝酸中。

镍（Ni）的氧化物有 NiO 和 Ni_2O_3 两种。NiO 溶于盐酸和硫酸；Ni_2O_3 坚韧致密，不溶于硫酸。

（3）锰（Mn）及其氧化物：金属锰（Mn）能溶于酸中。

锰（Mn）的氧化物有五种：MnO、Mn_2O_3、MnO_2、Mn_3O_4 和 Mn_2O_7。低价氧化物呈碱性，MnO_2 呈两性，高价氧化物是酸酐。材料表面的氧化皮是低价锰，能溶于酸中。

（4）硅（Si）及其氧化物：硅（Si）的氧化物为 SiO_2，仅能和酸中的氢氟酸作用。SiO_2 溶于热碱溶液中会生成相应的硅酸盐。

（5）钼（Mo）及其氧化物：金属钼（Mo）不与盐酸和稀硫酸起作用，只能溶于硝酸和热硫酸中。氧化物为 MoO_3，溶于酸、碱中。

（6）钛（Ti）及其氧化物：金属钛（Ti）在常温下很稳定，耐腐蚀，高温时易和氧（O）、氮（N）生成化合物（TiO_2、TiN），TiO_2 溶于硫酸和碱中。

（7）铝（Al）及其氧化物：金属铝（Al）常温下会被氧化，生成一层致密的 Al_2O_3，保护内部的铝（Al）不被继续氧化。Al_2O_3 不溶于水和酸，能与碱起作用。

不锈钢氧化皮的主要成分是 Cr_2O_3 和 NiO，以 Cr 尖晶石（$FeO \cdot Cr_2O_3$）和 Ni 尖晶石（$NiO \cdot Cr_2O_3$）的形态存在。这层氧化皮致密、坚韧，与基体结合牢固，很难酸洗去除，一般用碱浸和混合酸洗的方法去除。

A 碱浸

将材料浸泡在碱性熔盐或溶液中去除氧化皮的操作作为碱浸。碱浸可以分为熔盐碱浸和溶液碱浸两种。

熔盐一般由碱金属或碱土金属的氢氧化物或碳酸盐和氧化剂等组成。常用的氧化剂有硝酸盐、重铬酸盐、过氧化钠、高锰酸钾及硼砂等，具体配方见表 2-3。

表 2-3　碱性熔盐常用配方

编号	成分/%				使用温度/℃
	NaOH	$NaNO_3$	$Na_2B_7O_4$	NaH	
1	80~75	20~25			450~600
2	75~82	15	3~10		480~550
3	95~98			5~2	370~400

熔盐碱浸操作过程是将材料置于熔融的碱性溶液中（400~600℃），浸泡一段时间，然后迅速淬水。其作用原理分为两个方面：（1）材料氧化皮和基体金属的线膨胀系数不一样，氧化皮可塑性小，材料淬水时部分氧化皮会爆裂、脱落；（2）氧化皮中部分成分，如 SiO_2、MoO_3、TiO_2 和 Al_2O_3 等溶于碱性溶液中，Cr_2O_3 也能与熔盐作用，形成高价铬酸盐，其反应方程式为

$$Cr_2O_3 + 3NaNO_3 + 4NaOH = 2Na_2CrO_4 + 3NaNO_2 + 2H_2O \quad (2\text{-}6)$$

随着部分成分的溶解和高价铬盐的生成，氧化皮变得疏松，在随后的酸洗中会容易剥离。熔盐去除氧化皮的优点是不浸蚀基体金属，不产生酸洗氢脆。由于碱性熔盐有很强的氧化性，碱浸可以脱脂和消除材料表面的黑灰，其反应方程式如下：

$$C + 2NaNO_3 = 2NaNO_2 + CO_2\uparrow \quad (2\text{-}7)$$

$$MoS_2 + 6NaOH + 9NaNO_3 = Na_2MoO_4 + 2Na_2SO_4 + 9NaNO_2 + 3H_2O \quad (2\text{-}8)$$

反应生成的 $NaNO_2$ 能自动吸收空气中的氧，还原成 $NaNO_3$：

$$2NaNO_2 + O_2 = 2NaNO_3 \quad (2\text{-}9)$$

因此，氧化剂 $NaNO_3$ 实际上起触媒作用。碱浸时如果熔盐保持无淤渣（碱泥）状态，只要按比例补充被带走的熔盐，就足以使碱浸处理连续进行。

碱浸操作时进入碱槽的材料必须干燥，不能带水，否则将引起爆炸。材料必须全部浸入熔盐中，并在碱浸后快速淬水。淬水后应及时清洗，去除表面残碱，防止材料碱蚀。熔碱槽在使用一段时间后，底部会沉积一层碱泥。如果材料落入碱泥中，就不会受到碱盐的作用，在随后的酸洗中会产生局部氧化皮洗不掉的缺陷，因此要定期去除沉淀的碱泥。

不锈钢材料熔盐碱浸工艺见表 2-4。特别应注意的是，部分不锈钢材料，如沉淀硬化型不锈钢和高铬（Cr）铁素体不锈钢，450~600℃碱浸会降低其塑性。

表 2-4　不锈钢材料碱浸工艺

钢　种	奥氏体钢	马氏体钢	铁素体、奥氏体-铁素体、Si 含量 1.0%以上的钢
温度/℃	500~600	450~550	450~500
时间/min	30~60	20~50	5~10

因此，应严格控制温度和时间，最好不高于420℃。但氧化性熔盐熔点较高，420℃以下黏度增大，无法使用。如果采用还原性熔盐，其成分见表2-3的3号配方，使用温度为380~400℃，必要时可降至370℃，碱浸时间为1~20min。

熔盐碱浸的最大缺点是需要设专门的碱槽，碱槽升温周期长，能源消耗大，适宜连续生产。不能连续生产的厂家多选用溶液碱浸工艺。

溶液碱浸的工作原理与熔盐碱浸相同，但使用温度低于溶液沸点，碱浸时间相应地要加长。常用溶液配方见表2-5。

表2-5　碱性高锰酸钾碱浸工艺

编号	溶液浓度/g·L^{-1}			温度/℃	时间/h
	NaOH	$KMnO_4$	KOH		
1	50~100	50~100		80~100	1.5~4.0
2		60	80	80~95	1.5~4.0

在表2-5中，1号配方主要用于疏松高合金氧化皮，也可以用来去除材料表面残留的油脂和润滑剂，去除材料表面的酸洗残渣和黑灰。溶液中的高锰酸钾（$KMnO_4$）是一种强氧化剂，氢氧化钠（或氢氧化钾）的作用是促进高锰酸钾的分解，放出原子氧。随着氢氧化钠（NaOH）含量的增加，分解加快。如果高锰酸钾（$KMnO_4$）分解速度太快，原子氧不能充分地利用，会变成氧气跑掉，这样会使$KMnO_4$消耗量增大，碱浸速度并不能加快。反应方程式为

$$2KMnO_4 + 2KOH = 2K_2MnO_4 + H_2O + [O] \tag{2-10}$$

绿色的锰酸钾是中间产物，它很快会继续分解，再生成高锰酸钾和氢氧化钾：

$$3K_2MnO_4 + 2H_2O = 2KMnO_4 + MnO_2\downarrow + 4KOH \tag{2-11}$$

从反应方程式可以看出，氢氧化物消耗不大，高锰酸钾（$KMnO_4$）消耗量较大。碱性溶液疏松不锈钢氧化皮的反应方程式如下：

$$Cr_2O_3 + 2KMnO_4 + 2NaOH = K_2CrO_4 + Na_2CrO_4 + 2MnO_2\downarrow + H_2O \tag{2-12}$$

新配溶液呈紫色，使用中会生成二氧化锰（MnO_2）棕色沉淀，紫色逐渐消退。实际生产中可按每吨材料200~1000g的比例及时添加$KMnO_4$。NaOH的消耗远低于$KMnO_4$，可根据分析结果定期补加。高锰酸钾耗尽时，中间产物锰酸盐（K_2MnO_4）会使溶液变成绿色。

溶液碱浸与酸洗配合使用，可以明显缩短时间。不锈钢材料去除氧化皮一般采用酸洗→水冲洗→溶液碱浸→水冲洗→酸洗的工艺流程。

B　酸洗

由于不锈钢氧化皮成分复杂，用单一酸很难将其彻底去除，因此，不锈钢材

料多采用混合酸洗。表 2-6 是几种常用酸液的配方。

表 2-6 酸洗工艺

编号	酸溶液浓度/g·L^{-1}						温度/℃	时间/min
	H_2SO_4	HCl	HNO_3	HF	$NaNO_3$	NaCl		
1	165~250				20~50	20~40	60~80	5~30
2		125~220			110~165		30~50	3~10
3	200~240					30~50	50~65	20~90
4			100~160	20~50			≤50	10~60

1 号酸液可以用来洗经熔盐碱浸的不锈钢材料。硫酸中加入硝酸钠和食盐后，酸液中的氢离子（H^+）能与盐水解生成的氯离子（Cl^-）和硝酸根离子（NO_3^-）组成相应的酸，实际起到硫酸、硝酸和盐酸三酸溶液的作用。酸液中的硝酸钠是强氧化剂，对材料表面起钝化作用。酸洗后的材料表面呈银白色。这种酸液对基体的腐蚀作用较强，酸洗温度和时间控制不当，材料表面很容易形成麻点。此外，酸洗时产生橙色的二氧化氮（NO_2）气体对人体毒害作用大，要注意排除废气。

2 号酸液能比较好地溶解不锈钢氧化皮，适用于洗不宜进行熔盐碱浸的高铬（Cr）铁素体钢和沉淀硬化型不锈钢。这种酸液成本高、酸性强，对金属基体腐蚀更强烈，使用时更应注意控制好材料的表面质量。

3 号酸洗液可以与高锰酸钾溶液配合使用，进行材料的预酸洗，也可以用来洗熔盐碱浸后的铬（Cr）不锈钢材料。酸液中的食盐在一定程度上起缓蚀作用，以减少硫酸对基体的腐蚀，并会减轻材料酸洗后的氢脆。

4 号酸液清洗不锈钢氧化皮最有效。因为氢氟酸（HF）对金属基体作用很弱，所以更能避免酸洗缺陷，容易得到更纯净的光亮表面。这种酸液浓度应保持一定的比例，即 HNO_3∶HF = 5∶1。特别应注意的是氢氟酸液体和蒸汽都有毒，能给人造成难以愈合的创伤，使用时必须配有特殊的预防措施。为了防止挥发，酸液温度一般控制在 50℃以下。

酸洗后的材料应立即用压力为 0.8~1.2MPa 的高压水，将表面残酸及残渣冲洗干净，然后进行涂层处理。

C 涂层

涂层的目的是在材料表面形成一层粗糙、多孔、能吸附和携带润滑剂的载体。如果要进行拉拔，就可以借助这层润滑载体将材料带入模具中。不锈钢常用涂层分盐石灰、草酸盐和氯（氟）系树脂 3 种类型。

盐石灰涂层成本低，原料购置方便，是国内应用最广泛的涂层。盐石灰涂层液常用配方见表 2-7。

表 2-7 盐石灰涂层液配方

编号	乳液浓度/%						温度 /℃	涂层方法
	消石灰 $Ca(OH)_2$	食盐 NaCl	元明粉 Na_2SO_4	氯化石蜡	磷酸三钠 Na_3PO_4	二硫化钼 MoS_2		
1	20~30	8~10					>70	涂 2~3 次
2	20~30	8~10	10~20	2.0~2.5			>80	涂 2~3 次
3	15		10	0.5	1.5	0.2	>90	涂 2~3 次
4	10		13		6.5	3	>90	涂 2~3 次

盐石灰涂层质量的好坏主要取决于它们在材料表面的黏附强度，而不是它的厚度。黏附强度又取决于石灰颗粒的细度。因此，配制消石灰时，必须挑选焙烧完全、洁白纯净的石灰块，放入 8~10 倍的水中，等其消化后搅拌均匀，用 80 目筛网过滤，去除砂石和未消化的碎块。将经过过滤的石灰乳放置在沉淀槽内，继续消化一周后，石灰乳材料将呈雪花膏状，即可使用。沉淀槽内石灰应保持湿润状态，槽上要盖好盖板。

消石灰中加入食盐可以提高石灰对材料的黏附性能，在随后的拉拔过程中食盐作为极压添加剂能提高拉丝粉的软化点，改善润滑质量。食盐-石灰涂层的最大缺点是潮湿天气极易返潮，造成涂层脱落。为此，可以配制多种盐石灰涂层，减少其吸湿性能。其中，元明粉是黏附添加剂，氯化石蜡和磷酸三钠是极压添加剂，二硫化钼可以直接改善润滑性能。

涂层后的不锈钢应在 150~200℃ 下充分干燥。一方面，干燥可以促使材料表面形成载体粗膜，另一方面也有去除酸洗氢脆的作用，这点对含碳（C）高的铬（Cr）不锈钢材料（如 9Cr18 和 4Cr13）尤其重要。

草酸盐涂层也是不锈钢材料的一种有效涂层。这种涂层配方见表 2-8。

表 2-8 草酸盐涂层配方

编号	溶液浓度/$g \cdot L^{-1}$								温度 /℃	时间 /min
	草酸 $H_2C_2O_4$	食盐 NaCl	大苏打 $Na_2S_2O_3$	亚硫酸钠 Na_2SO_3	钼酸铵 $(NH_4)MoO_4$	氟化钠 NaF	硫酸铁 $Fe_2(SO_4)_3$	柠檬酸 $C_3H_4OH(COOH)_3$		
1	40~60	10~30	0.5~1.0						80~90	10~20
2	50	25		3	30	10			60~70	5~10
3	37.5			1.2			8.7		50~70	30
4	120	30	3.0					160	50~70	5~15

以前多用氯（氟）系树脂涂层，使用效果要比硼砂、盐石灰及草酸盐等涂层好。由于树脂涂层带来的环境污染及对人体健康的危害，不锈钢涂层又回到了水溶性涂层的老路上。

现在的新型涂层剂多以粉状结晶体供货，直接溶于水即可使用，使用维护方便。与老涂层方法相比，新涂层吸湿性少，不像硼砂和盐石灰那样易返潮，不像草酸盐那样着色，不像石灰皂那样易脱落而引起粉尘，不像树脂那样影响环境和危害健康，拉拔后的残余涂层去除方便。新涂层多以硼砂和元明粉（$Na_2SO_4\cdot10H_2O$）为基础，添加适量防潮剂、硫系或氯系极压剂配制而成。表 2-9 是国内外不锈钢生产企业常用涂层液配比及工艺。

表 2-9 不锈钢涂层液配比及工艺

品种	外观	涂层工艺				适用范围
		浓度/g·L^{-1}	pH 值	浸涂时间/min	温度/℃	
法 CONDAT4020	白色	180~250	9.0~10	8	90~95	一般不锈钢
法 CONDAT408	灰色	180~200	9.0	10	90~95	不锈弹簧钢
法 CONDAT915	浅灰褐色	150~250	9.2	10~15	90~95	铁素体不锈钢
日本荣社 SP-3	白-淡紫色	100~200	9.2	>10	>90	一般不锈钢
日本荣社 SP-100	白-淡黄色	50~150	7.8	>10	90~95	不锈弹簧钢

注：涂层后材料自然风干或 120~130℃烘烤 10min。

D 去涂层及中和

因为涂层中含有氯离子，拉拔后材料如果直接热处理，氯离子会造成材料表面点腐蚀，所以热处理前要去除材料表面的残留润滑膜（即去涂层）。残留润滑膜呈碱性，只要将材料置于酸液中漂洗一下，然后用高压水冲洗就可以去除。

去涂层后的材料需要用消石灰（$Ca(OH)_2$）的饱和溶液中和处理，中和液通常保持沸腾状态，材料出槽后利用自身热量即可烘干。

2.7.2 铁素体不锈钢的热处理工艺

铁素体不锈钢进行热处理的目的是为了减少或消除钢中由于脆性及晶间腐蚀倾向所带来的不利影响，并降低加工过程中产生的应力、应变，从而使其保持稳定的外观和组织，并具有良好的抗腐蚀性及韧性。铁素体不锈钢常用的热处理工艺包括退火和去应力退火，以便有目的地改善材料的塑性、韧性，保证耐腐蚀性能，消除应力，或者为了提高软磁性能。在材料标准中出现的铁素体不锈钢牌号中，从化学成分控制上可能有两种情况，即普通铁素体不锈钢和超纯铁素体不锈钢。超纯铁素体不锈钢比普通铁素体不锈钢含碳（C）量更低，并对氮（N）含量进行了严格控制，对硅（Si）、锰（Mn）、磷（P）、硫（S）等杂质元素的含量控制得更加严格。因此，它们在退火工艺上也会略有不同。

2.7.2.1 普通铁素体不锈钢的热处理

我们知道，铁素体不锈钢在应用中应避免 σ 相脆性、475℃脆性、高温脆性及晶间腐蚀敏感倾向的存在，以保证有较好的塑性、韧性、磁性、耐腐蚀性和较小的应力。因此，热处理工艺的选择应以此为目标。

A 退火

普通铁素体不锈钢的退火温度一般在700~800℃。以0Cr13Al为例，该不锈钢是在含13%Cr左右的基础上加入0.10%~0.30%Al。铝（Al）是很强的α相生成元素，不锈钢中加入这个含量的铝（Al）会使铁素体组织更加稳定。按标准规定，0Cr13Al退火温度为780~830℃，保温后空冷或缓冷。这个温度加热可以较充分地消除应力，使不锈钢得到软化，改善塑性和韧性，还能保证晶粒不被粗化。同时，铬（Cr）的碳化物、氮化物不会析出，因而会提高不锈钢的耐腐蚀性。

其他牌号的普通铁素体不锈钢的退火加热温度基本上也在这个温度范围，但有时为了控制晶粒长大倾向，温度可以略低些。含有硒（Se）、硫（S）的易切削铁素体不锈钢，为了提高切削性能，从机械加工方面考虑，控制不锈钢不被过度软化，其退火温度也要偏低一些。有时为保证合金元素的充分固溶，使不锈钢的组织更加均匀，可以适当提高一些加热温度，铸造铁素体不锈钢的退火加热温度也应偏高一些。

为了提高铁素体不锈钢的软磁性能，可以有针对性地采用特殊的热处理工艺。

铁素体不锈钢的退火加热保温时间一般按30min + $\delta \times$ 1min/mm计算，δ为有效厚度（单位为mm）。

B 去应力退火

铁素体不锈钢在焊接和冷加工后，应进行消除应力处理，以消除应力和改善塑性。依据具体情况，可以采用较低温度（230~370℃）。也可以采用较高温度，在700~760℃保温后，以不大于50℃/h的速度缓冷至600℃后空气冷却，这时，消除应力会更加彻底一些，但要有σ相少量析出的危险。消除应力处理的保温时间可为1.5~2h或更长。

不锈钢冷轧时会发生加工硬化，冷轧量越大，加工硬化的程度也越大。将加工硬化的材料加热到200~600℃，可以消除变形应力；加热至600℃以上，冷轧变形组织可发生再结晶，材料显著软化。冷轧带钢的退火包括中间退火和最终退火，其目的都是为了使加工硬化的组织发生再结晶而软化带钢，降低其强度，提高其塑性和韧性，得到所要求的成品性能。铁素体不锈钢一般在700℃以上发生再结晶，其冷轧退火温度通常在800~1000℃。

2.7.2.2 超纯铁素体不锈钢的热处理

超纯铁素体不锈钢是指含碳（C）量通常不大于0.01%，特殊要求控制氮（N）含量不大于0.015%，而且对硅（Si）、锰（Mn）、磷（P）、硫（S）等杂质元素的含量控制也低于普通铁素体不锈钢的钢种。超纯铁素体不锈钢的成分特点使碳（C）、氮（N）及杂质元素给不锈钢带来的不利作用得到改善和减弱，特别是其高温脆性倾向减小，耐腐蚀性能提高，晶间腐蚀的敏感性降低。因此，其退火温度可以比传统铁素体不锈钢高，通常采用的加热保温温度为900~1050℃，保温后快速冷却。

超纯铁素体不锈钢的焊后和冷加工后的去应力退火工艺可以与普通铁素体不锈钢相同。可以在低温（230~370℃）或高温（700~760℃）下保温1.5~2h，然后缓慢冷却到600℃，再空冷，这时消除应力会更彻底一些。

这里要注意的是，材料标准中有的注明水冷、油冷或空冷，有的则标示快冷或缓冷。但要注意，比如空气冷却，对于一些小截面的零件或高合金马氏体不锈钢，冷却效果已经可以达到快冷的效果，而对于较大截面的零件或碳钢、普通合金钢，却只能达到缓冷的效果。因此，应该根据具体材料的成分、尺寸大小、形状复杂程度、热处理目的、欲达到的热处理效果和可能出现的热处理缺陷等因素来综合确定实际的冷却方法。例如，缓冷可以采用埋灰（砂）冷、坑冷、炉冷或限速冷却等，快冷可以采用空冷、风冷、油冷、水冷或其他介质冷却等。

2.7.3 铁素体不锈钢热处理时可能产生的缺陷和预防措施

尽管铁素体不锈钢热处理方法比较简单易行，但操作不当也可能产生热处理缺陷，进而给产品质量带来影响。特别是要求软磁性能好的铁素体不锈钢材料，其热处理工艺更应谨慎选择。因此，退火时应严格控制加热温度，不能过高或在脆性区温度停留，尽量在较低温度进行，防止晶间腐蚀的敏化倾向、脆性发生及过热致晶粒长大而影响钢的塑性。

2.7.3.1 晶间腐蚀的敏化倾向

含碳（C）量大于0.01%的普通铁素体不锈钢，退火温度超过850℃以上时，由于晶界析出物的产生，会增加晶间腐蚀的敏感性。在实际生产中，有时为了提高退火生产进度或者考虑到设备利用率，与其他材料进行混装热处理时，可能会忽略铁素体不锈钢的特殊性，提高了退火温度，结果会降低不锈钢的热处理效果。因此，对于铁素体不锈钢的退火，应严格执行工艺制度，控制加热温度和保温时间。

2.7.3.2 脆性

铁素体不锈钢在较高温度下加热，会产生高温脆性；在600~400℃保温或缓冷，会有产生σ相脆性和475℃脆性的可能性。因此，应该注意控制加热温度不能过高，又要避免在脆性区温度停留。在600℃以下应该以空冷为好。

2.7.3.3 晶粒长大

铁素体不锈钢的晶粒度也有随加热温度的升高而长大的倾向，对不锈钢的塑性和韧性不利。从这一角度考虑，铁素体不锈钢热处理时也应尽量采用较低温度，并防止产生过热。但是，对软磁性能有特殊要求的铁素体不锈钢，其晶粒度应该控制在适当的范围内。

2.7.3.4　表面贫铬

在氧化性气氛中，铁素体不锈钢在高温短时加热时，会使不锈钢表面的铬（Cr）优先氧化而贫铬。研究表明，含18%Cr的铁素体不锈钢，在788℃加热并保持5min，不锈钢表面形成的氧化膜中的含铬（Cr）量可以达到21.5%，说明了铬（Cr）的优先氧化现象。这必然会使不锈钢表面的含铬（Cr）量降低，并会降低耐腐蚀性。如果长时间加热，氧化膜增厚到一定程度，会阻止氧（O）的进一步侵入，使基体中的铬（Cr）有机会向贫铬层扩散，贫铬层就会被消除。

因此，对于没有加工余量的工件，工艺条件又可能产生钢件表面贫铬时，可以采用光亮退火或真空退火的工艺方法，避免产生铁素体不锈钢的表面贫铬现象。

2.8　材料的性能

材料性能包括物理性能、化学性能、力学性能、工艺性能等。材料的物理性能又包括密度、熔点、导热性、导电性、磁性等；材料的化学性能有耐腐蚀性、抗氧化性、化学稳定性等；材料的力学性能包括强度、弹性、塑性、韧性、硬度、疲劳等。材料的工艺性能是指材料的加工性能，金属材料的工艺性能包括铸造性、锻压性、焊接性、切削加工性、热处理工艺性等。

对于材料的磁性能，我们在第1章已经做了简单讨论，下面介绍材料的力学性能。

2.8.1　力学性能基础知识

材料受到外界的作用时，在其内部就会产生抗力，此抗力一般用应力来表示。所谓应力，是指材料在单位截面面积上的内力。在没有造成试件或构件断裂的情况下，应力无法直接测量，只能通过测量构件或零部件的变形再经过计算得到。这是因为材料由于应力的作用必然会发生变形，通过测量变形就可以计算出应力。一般材料的变形量是很小的，无法用肉眼看出，必须用仪器测量。

变形可以分为弹性变形和塑性变形两部分。弹性变形是指外部载荷去除后，能恢复到原始形状和尺寸的变形；而塑性变形是指不能恢复到原始形状和尺寸的变形。当材料变形很大，即应力很大或局部区域应力很大时，材料会发生断裂。材料的力学性能就是指材料在一定环境下，受到力或能量的作用时，所反映出来的一系列力学特性，例如弹性、塑性、韧性、强度、硬度等。

材料由于外力作用而产生的变形可以分为三个阶段：弹性变形、塑性变形和断裂，如图 2-9 所示。金属材料的三个变形阶段表现很明显，因此，可以从分析金属材料的变形过程来阐明材料的一系列力学性能。将材料制成一定规则的试样，放到材料试验机上进行试验时，在外力逐渐增大的过程中，材料的变形也经由弹性变形、塑性变形直至最后断裂。相应于变形的不同阶段，会引出一系列的力学特性参量。在弹性变形过程中的抗力指标有弹性模量、比例极限、弹性极限等，在塑性变形过程中的抗力指标有硬度、屈服点等，在断裂时的抗力指标有强度极限及断裂强度等。伸长率和断面收缩率是材料的塑性指标。冲击韧性、断裂韧性是强度和变形的综合参量。

力学性能试验可以分为静力试验和动力试验两大类，包括拉伸试验、压缩试验、剪切试验、扭转试验、弯曲试验、硬度试验、冲击试验、疲劳试验、工艺试验、磨损试验、蠕变试验、持久试验、松弛试验及断裂力学试验等。随着科学技术的进步，新的试验手段不断涌现，并更接近实际的工作情况。例如，腐蚀疲劳试验、随机疲劳试验、多次冲击试验、冲击耐磨试验、复合应力试验等。

2.8.1.1　钢的强度

强度是材料抵抗变形与断裂的能力。作为晶体物质，金属材料的强度取决于构成晶体的原子、离子等之间的结合力。这种结合力随原子性质和结合键的性质而有差异。

2.8.1.2　钢的韧性

韧性是材料断裂过程中吸收能量的能力。以材料单向拉伸为例，其应力-应变曲线所覆盖的面积即为材料从变形到断裂过程中吸收的能量。它代表了钢的韧性，并可定义为：材料从变形到断裂全过程所吸收的能量的总和。

为了便于大家对本书的内容有一个基本的了解，下面只介绍最简单的情况。

2.8.2　材料在静拉伸载荷作用下的一般力学行为

拉伸试验是力学性能试验中最基本的标准试验方法，反映材料在单向静态应力作用下的强度和塑性行为。下面以金属材料的拉伸试验为例，说明材料在静拉伸载荷作用下的一般力学行为，即弹性变形、塑性变形和断裂。

2.8.2.1　拉伸图

图 2-20 为低碳钢的拉伸曲线。如果变换坐标，即成为条件应力-应变曲线，如图 2-21 所示。由图 2-21 可以看出，整个曲线可以分为弹性变形、屈服、均匀塑性变形、局部塑性变形及断裂等几个阶段。

（1）弹性及弹性变形：金属在外力作用下产生变形，当外力去除后能恢复原状的能力，称为弹性。通常把外力去除而消失的变形称为弹性变形。弹性变形的物理特性符合胡克定律，即应力与应变成正比例。

弹性极限是材料由弹性变形过渡到弹塑性变形的应力，即超过此值，便开始

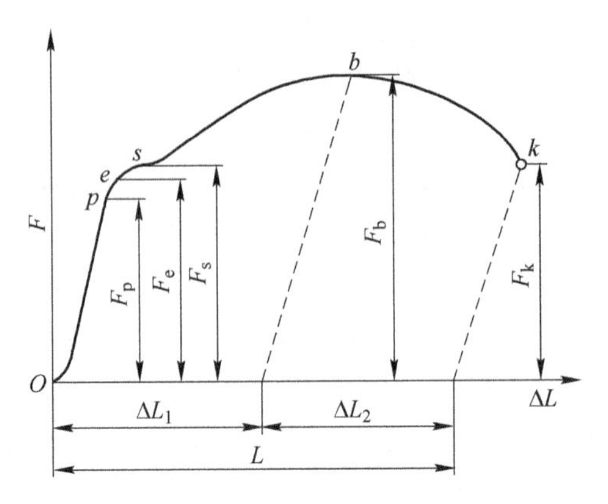

图 2-20　低碳钢的拉伸曲线

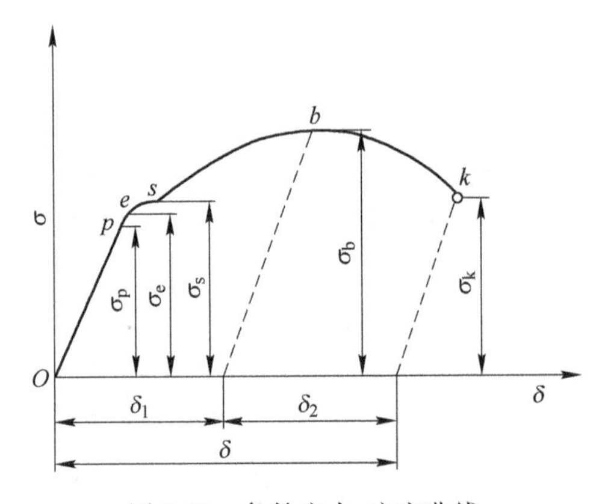

图 2-21　条件应力-应变曲线

产生塑性变形。

（2）塑性及塑性变形：当应力超过弹性极限时产生塑性变形。

受力物质（试样）在外力去除后，其变形不能全部恢复，这种保留下来的永久变形称为塑性变形。

塑性变形会引起金属材料性能的改变，即会使材料发生形变硬化。金属材料塑性变形过程中最突出的特点之一，就是在变形过程中，随着塑性变形量的增大，力学性能会发生变化，即材料的变形抗力提高，塑性变差。这种现象称为形变强化（或硬化），在工程上称为冷作硬化。

由图 2-21 分析可知，试样在整个塑性变形阶段，即从 e 点到断裂点 k 点，可以分为两部分：一部分是从 e 点进入塑性变形到 b 点为均匀变形阶段，另一部分是从 b 点开始到断裂点 k 为局部变形阶段。均匀变形的特点是，随着载荷的增加，试样在整个标距长度内均匀一致地变细，这完全是形变强化所致。当达到 b

点，σ_b为最大（此时拉力达到最大值 F_b），均匀变形结束，试样开始局部变形，承载能力下降，直至断裂。

从拉伸试验中可以确定材料的强度性能和塑性性能，包括抗拉强度、屈服强度、伸长率和断面收缩率等人们常见的基本指标。

2.8.2.2 材料的主要力学性能指标

拉伸图基本上可以分为三个类型，如图 2-22 所示。在开始阶段，三种曲线的形状可以说完全相同，即随着拉力的增加，曲线斜度增高直至恒定不变，呈一条直线。但当拉力继续升高达到一定值时，三条曲线的形状就产生了显著的差异。对于曲线 *A*，当拉力达到一定值时，试样急剧伸长，导致拉力松弛而突然下降至较低值，并在此较低的拉力值不变的情况下继续伸长，形成所说的屈服平台（或锯齿状），而后过渡到弯曲部分，在拉力最高值后又逐渐下降，直至试样断裂；曲线 B 则只出现所谓的屈服平台；曲线 C 则直接缓慢地过渡到弯曲部分，没有屈服现象出现。

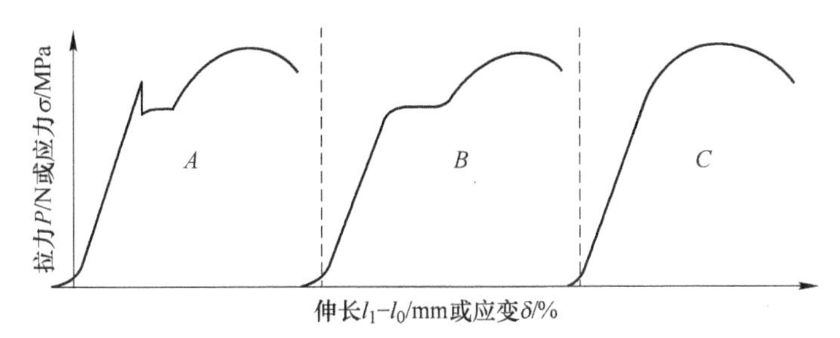

图 2-22 三种不同类型的拉力-伸长及应力-应变曲线示意图

图 2-22 之所以有三种不同的类型，主要是由于它们的化学成分和金相组织以及强度等有所不同。一般来说，低碳低合金铁素体钢呈 A 型，珠光体钢及中等强度的钢多呈 B 型，而淬火回火、强度较高的钢和奥氏体钢则多呈 C 型。

塑性变形阶段的主要力学性能指标有：

（1）强度指标。强度指标主要有屈服点和抗拉强度。

1）屈服点。屈服点有物理屈服点和条件屈服点之分。低碳钢及某些有色金属在拉伸曲线上会出现明显的载荷平台现象，如图 2-22 中的曲线 *A* 和 *B* 所示，此时载荷不增加或上下波动，而变形迅速增加，这个平台载荷下的应力记作 σ_s。此时，称为物理屈服点。铁素体不锈钢一般都具有明显的屈服点，而奥氏体不锈钢和马氏体不锈钢有时没有明显的物理屈服点。

如图 2-22 中的曲线 *A* 所示，当拉应力增加至一定值时，试样急剧伸长，以致出现应力松弛现象，应力将下降至一较低的恒定值。在试样开始急剧伸长时的应力叫做上屈服点，以符号 σ_{SU}表示。随着试样的急剧伸长而出现应力松弛，会使应力下降至较低的恒定应力，叫做下屈服点，以符号 σ_{SL}表示。至于图 2-22 中

的曲线 B，出现平台时的恒定应力即为屈服点，以 σ_S表示。在图 2-22 中的曲线 C 上，则无明显的屈服点。对于没有明显屈服平台的材料，为了便于比较，一般采用规定残余变形量的抗力指标，称作条件屈服点。通常取残余变形为试样原标距长的 0.2%所对应的应力作为条件屈服点，记作 $\sigma_{0.2}$，单位是 MPa。

2）抗拉强度。抗拉强度也叫强度极限 σ_b，是试样拉断前的最大载荷 F_b 与原始截面积 S_0 之比，表示材料所能承受的最大变形抗力。$\sigma_b = F_b / S_0$，单位是 MPa。

（2）塑性指标。通常把试样断后的伸长率 δ 和断面收缩率 ψ 作为材料的塑性指标。

伸长率 δ 是试样断裂后在标距长度内的相对伸长值。伸长率以试样拉断后之标距 L_1 与原始标距 L_0 之差 ΔL 除以 L_0 的百分数来表示：

$$\delta = \frac{L_1 - L_0}{L_0} \times 100\% = \frac{\Delta L}{L_0} \times 100\% \tag{2-13}$$

式中　L_0——原标距长度，mm；

L_1——断裂后的标距长度，mm。

式中 L_1 包括试样标距长度的均匀伸长和局部变形部分的伸长两部分。相应的有均匀伸长率和局部伸长率，而断后伸长率即是此两部分伸长率之和。

另一个塑性指标是断面收缩率，是试样断裂后截面的相对收缩值。即

$$\psi = \frac{S_0 - S_1}{S_0} \times 100\% \tag{2-14}$$

式中　S_0——试样标距段内原始截面积，mm^2；

S_1——试样拉断后断裂（颈缩）处的截面积，mm^2。

需要说明的是，在制作拉伸试样时，对试样的取样在国家标准中有严格的规定，因此，取样时，对于截取的部位、切取的方法和试样加工等都应该严格按照有关标准的规定进行。

2.8.2.3　硬度

硬度是指材料抵抗外物压入其表面的能力，表示材料的坚硬程度，也反映了材料抵抗塑性变形（或刻划）的一种能力。硬度是材料的一个重要指标，硬度是模具钢最重要的性能指标，模具的热处理质量和使用性能通常是以硬度作为判断的依据。

硬度是固体所具有的性能，金属的硬度通常是用硬度测试仪测量的，它的表现会由于测量方法和测量条件的不同而不同，也表现出固体有抵抗弹性变形、塑性变形或破裂的能力，或者有抗拒其中两种或三种情况同时发生的能力。所谓金属硬度低，也就是硬度测试仪的压头容易压入金属，换句话说，就是金属容易发生塑性变形。硬度与原始组织状态、加热温度、保温时间、加热速度等有关。同

一钢种，晶粒越大，硬度越低。

硬度试验通常是按施加试验力的速度进行分类，有静力硬度试验（如布氏硬度试验、洛氏硬度试验、维氏硬度试验等）和动力硬度试验（如肖氏硬度试验、布氏硬度的动力近似试验等）两类。

A 布氏硬度

布氏硬度试验方法按 GB 231 标准进行。如图 2-23 所示，试验的基本原理是用一定大小的载荷 P，把一定直径（D）的圆钢球或硬质合金球，以相应的试验力（F）压入试样表面，并经规定的保持时间后，去除载荷，测量圆球在试样面上所压出的圆形凹陷压痕的直径 d。根据 d 就可以求出压痕单位面积所承受的平均压力，作为试样的硬度值，称为布氏硬度，用符号 HB 或 HBW 表示。

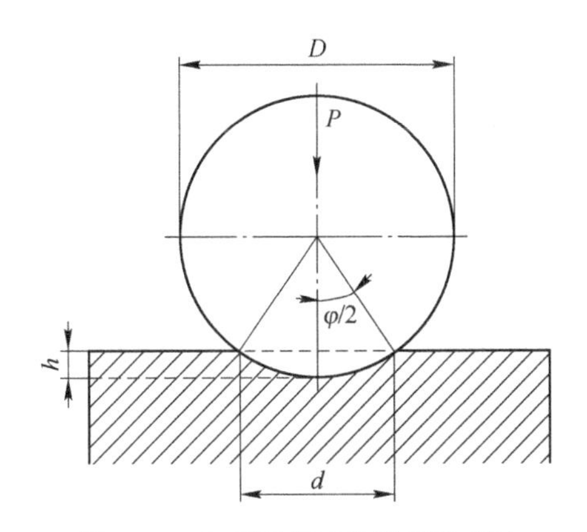

图 2-23 布氏硬度试验原理示意图

B 洛氏硬度

由于布氏硬度在测量上无法满足成批零件硬度检验的需求，而且不能测量高硬度范围的硬度，而洛氏硬度采用的是直接测量压痕深度作为洛氏硬度值，并能适应高硬度范围的测试需求，因此，洛氏硬度已成为现场检验的主要测试手段。例如，对模具钢力学性能的检测，最常用的是洛氏硬度试验。洛氏硬度也是一种压入硬度试验法，以测量压痕深度作为被测材料的硬度值。

洛氏硬度的试验原理由图 2-24 说明，即采用 120°的金刚石圆锥或直径 1.588mm 的钢球，载荷分两次施加，先预加载荷 P_1，后加主载荷 P_2，总载荷为 P。

金属越硬，压痕深度 h 越小。材料的硬度与压痕浓度 h 成反比。

洛氏硬度用 HR 表示，标尺符号加在其后，如用 C 标尺则为 HRC，如用 A 标尺则为 HRA 等。为了测量各种硬度，常采用不同压头的三种硬度 HRA、HRB 和 HRC。

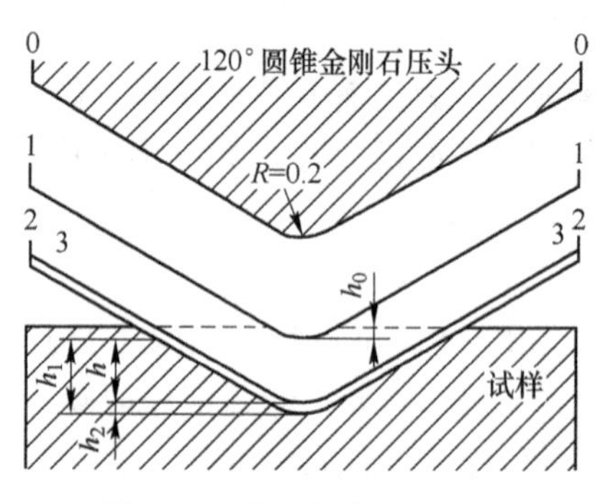

图 2-24　洛氏硬度试验原理

C　维氏硬度和高温硬度试验

维氏硬度试验采用与布氏硬度类似的试验原理，只是将圆形压头换成了一个相对面夹角为 136°的正四棱锥体金刚石压头，压头形状如图 2-25 所示。试验时，在载荷 P(N) 的作用下，将压头以选定的试验压力压入试样表面，经规定的保持时间后，卸除试验力，就会在试样表面压出一个四方锥形压痕，测量压痕两对角线的长度，取压痕两对角线长度的平均值 d(mm) 来计算压痕面积 S(mm^2)，以 P/S 的数值来表示被测试样的硬度值。

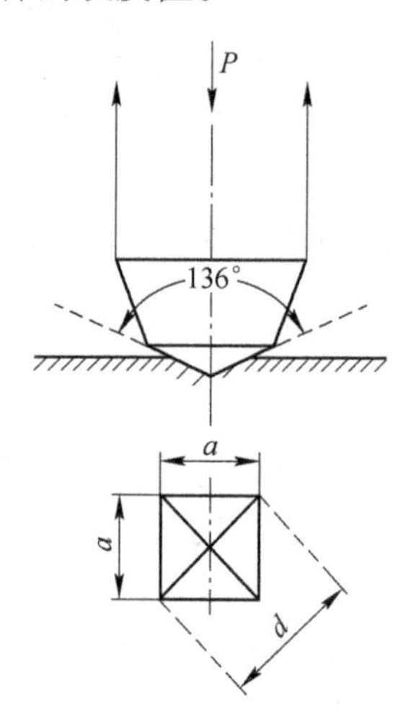

图 2-25　维氏硬度压头示意图

D　肖氏硬度试验

肖氏硬度是一种动力硬度试验法，这种硬度又称回跳硬度。该试验是利用带有一定质量的钢球（或金刚石圆头），使之从一定高度落到试样表面上，根据钢球回跳的高度来衡量被测材料的硬度值，该硬度值称为肖氏硬度，用 HS 表示。

3 不锈钢简介

所谓不锈钢是指能抵抗大气及弱腐蚀性介质腐蚀的高合金钢种，有时也用在强腐蚀性介质中。一般来说，不锈钢是不锈钢和耐酸钢的简称或统称。不锈钢是指在大气和淡水等弱腐蚀性介质中不生锈的钢；而耐酸钢是指在酸、碱、盐和海水等苛刻腐蚀性介质中耐腐蚀的钢。

由于不锈钢具有优异的耐蚀性、成型性、环境相容性以及在很宽温度范围内的高强度、高韧性等系列特点，所以无论在军工业、重工业、轻工业、电工行业、航空航天、船舶等行业，还是在生活用品行业以及建筑装饰等行业中都获得了广泛的应用。据统计，2005 年全世界钢的总产量超过了 10^9t，但不锈钢总量只占到钢铁产量的大约 2%，即使如此，不锈钢在现代社会中仍然占有重要的地位。由此可见，不锈钢具有很大的发展空间。

3.1 不锈钢的耐蚀机理

一般认为不锈钢在 1900~1915 年间发明于德国的埃森，像碳钢一样，当暴露在空气中时不锈钢也会生锈。唯一不同的是，不锈钢中的铬（Cr）元素会与空气中的氧结合，在材料表面形成一个具有一定厚度的不可见的 Cr_2O_3 和/或 $FeCr_2O_4$ 尖晶石保护膜[1]，这种过程也被称为钝化，这种薄膜叫做钝化膜。现在知道，钝化是使金属表面转化为不易被氧化的状态，从而延缓金属腐蚀速度的一种方法。通过钝化可使一些活性金属或合金的化学活性大大降低。金属的钝化可以是一种自发过程（如在金属的表面生成一层难溶解的化合物，即氧化物膜），在工业上也可以用钝化剂（主要是氧化剂）对金属进行钝化处理，形成一层保护膜。这层钝化膜通常是金属的氧化物，并以独立相的形式存在，起着把金属与腐蚀介质完全隔离的作用。通过防止金属与腐蚀性介质接触，从而使金属基本停止进一步氧化腐蚀，达到防腐蚀的作用。

铬（Cr）原子与其氧化物的大小类似，因此铬（Cr）的氧化物会紧密地堆积在金属表面，形成一层只有几个原子层厚、化学性质稳定的薄膜，这种保护性氧化物层可以阻止或延迟氧化物铁锈的进一步发展，从而阻止进一步的氧化腐蚀。这种现象也存在于其他金属中，如铝（Al）和钛（Ti）等。与此形成强烈对比的是，因为铁（Fe）原子的大小比它的氧化物小很多，因此形成的氧化物不是紧密堆积的薄膜，而是相当疏松的薄膜，很快就剥落了，所以铁（Fe）腐蚀得非常快。除了铁（Fe）、碳（C）和铬（Cr）以外，现代不锈钢中也含有如镍（Ni）、铌（Nb）、钼（Mo）和钛（Ti）等其他元素。镍（Ni）、钼（Mo）、铌（Nb）和铬（Cr）都能增强不锈钢的耐蚀能力。

如果切割不锈钢，对不锈钢表面进行机加工，或者不锈钢因意外被划伤、损坏，钝化膜就会受到破坏，在存在空气或水的情况下不锈钢很快会形成新的钝化层，重新覆盖裸露的表面，这也就是不锈钢“不锈蚀”的原因。铬（Cr）氧化物保护层非常薄，人们甚至感觉不到它的存在，因此金属仍会保持其迷人的光泽。研究发现，要使钢获得抗锈能力，或者比普通钢更不容易生锈，在钢中最少需要添加10.5%（质量分数）的铬（Cr）来形成具有可靠保护性的、自修复的氧化铬表面层。铬（Cr）含量越高，钝化层的耐蚀能力就越强。更进一步地，稀土元素的添加可以增强不锈钢材料的抗高温氧化能力。另外，钝化膜和金属基底的热膨胀特性是不同的，由此可以影响到膜的稳定性，特别是服务在频繁进行热循环的条件下。膜的线膨胀系数很低，此时如果金属基底的线膨胀系数很高，就会产生很大的膨胀，当金属冷却并收缩时，膜就会剥落或开裂。得益于铁素体低的线膨胀系数，对于需要频繁进行高低温循环的场合，铁素体等级钢种的钝化膜比奥氏体合金的膜更不容易剥落或开裂，也就没有新的氧化发生。在加热系统、燃烧器或排气系统，包括歧管等应用中，铁素体不锈钢特别具有优势。钝化膜需要氧来自我修复，因此在低氧和空气流通比较差的环境中不锈钢的耐蚀性会变差。在海水这种低氧环境中，氯化物侵袭和破坏钝化层的速度要比其自我修复的速度更快，因此腐蚀就比较明显。

铬（Cr）是提高不锈钢抗高温氧化能力的主要元素，工件使用温度愈高，相应地应增加钢中的铬（Cr）含量。随着钢中铬（Cr）含量的增加，氧化铬膜的稳定性会提高，膜的厚度与致密性也会增大。有试验表明，工件工作温度600～659℃需含5%Cr；工作温度800℃，需含12%Cr；工作温度950℃，需含20%Cr；工作温度1100℃，需含28%Cr。为了进一步提高材料的抗氧化性能，也可以在材料中添加一定数量的镍（Ni）、氮（N）并采用稀土进行处理，以提高铬（Cr）原子的扩散能力和扩大奥氏体组织所占的体积分数（面积），进而提高合金钢的耐热性和热强性。

3.2　不锈钢的特点

不锈钢从化学成分上大致可以分为Fe-Cr系和Fe-Cr-Ni系。也可以按不锈钢中主要化学成分（特征元素）来进行分类：最常见的是按不锈钢中特征元素分为铬系不锈钢和铬-镍系不锈钢两大类。

Cr系：系指除铁外，不锈钢中的主要合金元素是铬（Cr），即铬系不锈钢，相当于400系列。

Cr-Ni 系：系指除铁外，不锈钢中的主要合金元素是铬（Cr）和镍（Ni），即铬镍系不锈钢，相当于300系列。

习惯上，不锈钢通常是按金相组织来进行分类的。现在广泛使用的不锈钢主要分为铁素体型不锈钢（F）、奥氏体型不锈钢（A）、马氏体型不锈钢（M）、双相不锈钢、沉淀硬化不锈钢（硬化奥氏体型不锈钢）和 Mn-N 置换奥氏体不锈钢[2]。双相不锈钢又分为（双相）铁素体/马氏体不锈钢、（双相）马氏体/碳化物不锈钢、（双相）奥氏体/铁素体型不锈钢（A-F）、（双相）奥氏体/马氏体型不锈钢（A-M）等。不同种类的不锈钢具有不同的性能。如，完全奥氏体化的不锈钢是顺磁性的，而同类型的马氏体和铁素体钢种却为铁磁性的。各类不锈钢的化学成分可参见《GB/T 20878 不锈钢和耐热钢牌号及化学成分》。如果按主要化学组成又可分为铬不锈钢（俗称400系列）、铬镍不锈钢、铬镍钼不锈钢（俗称300系列）、铬锰氮不锈钢（俗称200系列）。200系列不锈钢是以锰（Mn）代镍（Ni）的奥氏体不锈钢，主要作为300系列的代用品。如果按钢的功能特点分类，又可分为低温不锈钢、无磁不锈钢、易切削不锈钢、超塑性不锈钢等。

与碳钢相比，不锈钢具有特别耐用、维护少、寿命周期成本低等优点，并且100%可回收，据统计超过60%的新不锈钢是通过熔化废料制成的。不锈钢的主要优点可总结如下：（1）耐腐蚀；（2）美观；（3）耐热性；（4）生命周期成本低；（5）完全可回收性；（6）生物相容性（满足 EU RoHS 要求）；（7）易于制备。

不锈钢不需要进行额外的喷涂或镀锌就可以使用，而且不锈钢的耐蚀性意味着更长的寿命、更少的维护、更高的转售价格、更美的外观等。绝大多数不锈钢在使用时都是免维护的，但这并不意味着可以不做任何保养和维护，在有些情况下，还是需要进行少量的维护（如去除沉积物），以确保或延长无腐蚀服务的寿命。要保持一种特别廉价的铁素体等级不锈钢在产品的整个寿命周期保持完美、无腐蚀，一个合理的维护方法是有必要定期把产品表面清洗干净。如果保养不当，所有钢材都会生锈。

关于不锈钢的耐腐蚀能力能否通过钝化过程进一步增强尚存在一些争论。从本质上讲，钝化其实就是从钢的表面清除掉自由态的铁（Fe），这样表面就不会因存在铁（Fe）而氧化，也就不会出现腐蚀。这可以通过把不锈钢浸在一种氧化剂中来实现，如氮酸或柠檬酸溶液中。钝化并不会影响不锈钢表面钝化层的厚度或者有效性，钝化只会去除最上层自由态的铁，也会减小材料表面的污染。更进一步讲，钝化非常有用的作用是会为材料的下一步处理形成一个洁净的表面，如进行热处理、电镀或油漆等。另外，如果钢表面有未被完全清除的氧化剂等，如有时会发生在部件的紧密联接处或者转角处，就会导致缝隙腐蚀。许多研究表明减小表面颗粒的腐蚀并不能降低材料对于点蚀的敏感性。

3.3　不锈钢的制备工艺

不锈钢的主要制备工艺可以简单概括为：废钢和铁合金在电弧炉里经过熔化，再进入 AOD、VOD 炉进行二次精炼[3]。精炼后的钢水通过连铸机铸造成钢坯之后，钢坯还要经过锻打工艺，再轧成钢带、钢棒等形状。最后，成型之后的材料还要进行特殊热处理和电解酸洗，并磨光表面，棒材还要进行矫直，板材需经过平整。AOD 和 VOD 两种冶炼工艺都是当前精炼低碳钢种，特别是不锈钢的主要方法。AOD 精炼法是氩氧脱碳法（argon oxygen decarburization）的简称，可以在不太高的冶炼温度下，在大气中将高铬不锈钢中的碳（C）含量降到极低水平，同时还可以抑制钢中铬的氧化，且铬（Cr）没有明显烧损。这种方法对于原材料的要求较低，精炼铬回收率高，适合生产低碳和超低碳不锈钢。VOD 精炼法是真空吹氧脱碳脱气法（vacuum oxygen decarburization）的简称，是低碳不锈钢冶炼的核心工序。用这种方法在真空条件下可以很容易地将钢液中的碳（C）和气体含量降到很低水平，碳可降到 0.02%～0.08%范围内，而钢水中的铬（Cr）不会被氧化（即不烧损 Cr），同时能获得良好的去除有害气体、去除夹杂物的效果，因此更适宜生产碳（C）、氮（N）、氧（O）含量极低的抗点腐蚀及应力腐蚀的超纯不锈钢和合金，能炼出 $W(C)+W(N)<0.02\%$的超纯不锈钢。

不锈钢冶炼后的制备工艺有锻造和铸造之分。铸造就是将熔炼好的熔融金属液体浇铸在模腔里，冷却凝固成铸锭后进行清整处理，得到一定形状、尺寸和性能的铸件（零件或毛坯）的工艺过程，毛坯可以进行后续处理，如用铸锭再制成直条钢棒等。锻造是利用锻压机械对获得的金属坯料（铸锭）施加压力，反复锻打，使其产生变形以获得具有一定力学性能、一定形状和尺寸锻件的加工方法。与铸件相比，金属铸造组织经过锻造方法热加工变形后，可以把原来的粗大枝晶和柱状晶粒变为较细、大小均匀的等轴再结晶晶粒组织，并会把钢锭内原有的偏析、疏松、气孔、夹渣等压实和焊合，从而使组织变得更加紧密，其组织结构、力学性能和物理性能等都能得到显著改善。如果还不能完全确定“锻造”具体所指，简单地说，“锻造”仅仅意味着材料在制备过程中要经过拔、锻、挤、拉、辗轧等，也就是说金属材料的晶粒形貌是通过机械方式改变的，而不像铸件那样是等轴晶或均匀的晶粒结构。

3.4　不锈钢的命名方法及牌号特性

常见的不锈钢命名方法有两种，一种是用化学元素符号及本国的符号（我国用汉语拼音）表示化学成分及钢的特性，用数字表示成分含量，如中国和俄罗斯等；第二种是用固定位数数字表示钢类系列，如美国和日本等。国内熟知的不锈钢分类方法都是按照美国标准进行的。AISI 和 ASTM 是美国的两种行业标准，其推行机构不同，但是指向材料的含义是一样的，其中 ASTM 为美国材料与试验协会标准。美国钢铁学会 AISI 标准规定，不锈钢采用三位阿拉伯数字表示：第一位数字表示类别，第二、三位数字表示顺序号。其中，奥氏体不锈钢用 200 和 300 系列的数字标示，而铁素体和马氏体型不锈钢用 400 系列的数字标示。例如，某些较普通的奥氏体不锈钢是以 201、301、304、316 以及 310 来标记，铁素体不锈钢是以 430 和 446 为标记，马氏体不锈钢是以 410、420 以及 440C 为标记。双相（奥氏体-铁素体）不锈钢、沉淀硬化型不锈钢以及含铁量低于 50%的高合金钢通常是采用专利名称或商标命名，如表 3-1 所示。

表 3-1 不锈钢的分类及磁性

第一位数字	合金元素	钢 种	金相组成	磁 性
1	Cr-Ni-Mn	100 系列	奥氏体	顺磁性
2	Cr-Ni-Mn	200 系列	奥氏体	顺磁性
3	Cr-Ni	300 系列	奥氏体	顺磁性
4	Cr	400 系列	铁素体和马氏体	铁磁性
5	<12%Cr	500 系列	马氏体	铁磁性
6	沉淀硬化系	600 系列	马氏体	铁磁性

表 3-1 中第 4 类主要是高铬马氏体钢或低碳高铬铁素体钢，第 5 类主要是低铬马氏体钢（主要是耐热钢），第 6 类主要是耐热钢和耐热镍基合金，其中 63 × 为沉淀硬化不锈钢。钢号末尾有的加有英文字母或化学元素符号，以区别与同号钢在成分上的一些差异。

德国钢号的表示方法有 DIN 17006 和 DIN 17007 两个体系。

（1）DIN 17006 体系不锈钢的编号方法：钢号前以 X 表示（对所有合金总含量在 5%以上者都是如此），接着以数字表示碳（C）的含量（以 C 含量的百分数 ×100 标注），然后以化学元素符号表示主要合金元素，按合金元素含量由高到低依次连续排列，最后以数字表示主要合金元素的含量（以含量的百分数值标注），含量少的合金元素只标注元素符号，不标注含量，并排在主要合金元素的后面。

强调热处理状态时，以字母表示在钢号后面。

（2）DIN 17007 体系不锈钢编号方法：这个编号体系是以七位数字表示钢号，第一位数字表示钢的类别，如：1 表示钢和铸铁，2 表示重金属。第二、第三位数字表示钢种组别，如 40 ~ 45 表示不锈钢组，50 ~ 85 表示合金结构钢组。第四、第五位数字用来区分碳含量或合金含量，第六位数字表示钢的冶炼、浇铸工艺方法，第七位数字表示热处理状态。第六位或第七位数字有时不标注。

其他国家对不锈钢牌号的命名方法多是参考美国标准进行的，在此不再赘述。

不锈钢牌号繁多，有超过150多种不锈钢甚至更多，我国常用不锈钢牌号就有50多个，但最常用的只有15种左右。常用不锈钢的牌号及特性如表3-2所示。

表3-2 常用的不锈钢牌号及特性

钢 种	牌 号	特性与用途
100系列	101	家具用可冷加工硬化奥氏体不锈钢
	102	家具用通用奥氏体不锈钢
200系列	201	可冷加工硬化奥氏体不锈钢
	202	通用奥氏体不锈钢
300系列	301	高的延展性，用于需成型的产品。在形变时会呈现出明显的加工硬化现象，在机械加工过程中可迅速硬化。焊接性好。耐磨性和疲劳强度优于304。用于要求较高强度的各种部件
	302	实质上就是含C量更高的304不锈钢变种，耐腐蚀性同304，由于额外增加C含量而强度略好一些。通过冷轧可使其获得较高的强度。302B是一种含Si量较高的钢种，具有较高的抗高温氧化能力
	303	添加S、P的易切削型304钢种，GB牌号为Y12Cr18Ni9，ISO 3506中也称A1。303和303Se分别是含有S和Se的易切削不锈钢，主要用于要求易切削和表面光洁度高的场合。如果需要热镦，也可采用303Se，因为该钢种具有良好的可热加工性
	304	最常用的传统18/8不锈钢，GB牌号为06Cr19Ni10，ISO 3506中也称A2。304L与304类似，是C含量较低的304不锈钢变种，为增加可焊性减少了C含量，较低的C含量可降低靠近焊缝的热影响区的碳化物析出，从而降低晶间腐蚀（焊接侵蚀）的可能性，强度也比304略弱。304LN与304L类似，但增添了N以获得比304L更高的屈服强度和抗拉强度。304N是一种含N的不锈钢，加N可以提高钢的强度。通用性强的304钢种被广泛用于制作要求良好综合性能（耐腐蚀和成型性）的部件
	305	305和384不锈钢含有较高的Ni，因此加工硬化率低，适于冷成型
	308	主要用于制作焊条，焊接304时用做填充金属
	309	309较之304有更好的耐温性，当焊接不同钢种时有时也与铬镍铁合金一起用作填充金属。309、310、314及330的Ni、Cr含量都较高，因此这些钢种在高温下的抗氧化性能和蠕变强度提高了。而309S和310S分别是309和310不锈钢低C含量的变种，因此焊缝附近碳化物析出少。330不锈钢有特别高的抗渗C能量和抗热震性（thermal shock）

续表 3-2

钢 种	牌 号	特性与用途
300 系列	316	316 是 304 的改进型，也是继 304 之后第二个得到最广泛应用的钢种，为食品和医用钢种。添加了钼（Mo）元素，Ni 含量更高，使其耐蚀能力和高温强度都有较大的提高，耐高温可达到 1200~1300℃。可防止点蚀、缝隙腐蚀、氯离子环境、海水等特殊形式的腐蚀，因此可在苛刻的条件下使用。由于较 304 具有更强的抗氯离子腐蚀能力，因而也被称为“海事用钢”。SS316 则通常用于核燃料回收装置，18/10 级不锈钢通常也符合这个应用级别。316 常被用于建造核燃料后处理厂。316L 是 316 型不锈钢的超低 C 钢变种，一般用于不锈钢手表和海洋中；由于具有高的抗蚀能力，也专用于制造沸水反应堆的反应堆压力容器；焊接时也可减小热影响区的影响。ISO 3506 中也称 A4。316Ti 含 Ti 以提高耐热性，因此可用于柔韧的烟囱内衬。含 N 的高强度变种是 316N，含 S 较高的易切削变种是 316F。316 和 317 型不锈钢含有 Mo，从而使其抗点蚀能力优于 304 不锈钢
	321	321 与 304 类似，加入 Ti 降低了焊缝锈蚀的风险。为焊接抗敏化，347 加入 Nb。 321、347 及 348 分别是以 Ti、Nb+Ta、Nb 稳定化的不锈钢，适于制作在高温下使用的焊接构件。348 是核工业用不锈钢，对 Ta 和 Co 含量有一定的限制
400 系列	405	用于焊接的铁素体不锈钢
	408	11%Cr-8%Ni，耐热性好，弱抗腐蚀性
	409	只含 Fe/Cr 的铁素体不锈钢，价格最低，可用作汽车排气管
	410	一种典型的含 12%Cr 的马氏体不锈钢。高强度，耐磨性好，但抗腐蚀性较差
	414	414 和 431 含有 Ni，具有稍高的韧性和耐腐蚀性能，用于制作航空器的装配件、泵及阀门
	416	添加了 S 的易切削不锈钢种
	420	含 C 量中等，是最早的刀具钢，也是餐具级马氏体不锈钢，也被人们熟知为外科手术刀具钢，与布雷尔利最初发明的不锈钢相似。有极好的抛光性，可以做得非常光亮。S 或 Se 含量有所不同的 420F 是一种易切削级不锈钢
	422	含有 Ni、Mo、W 及 V 的马氏体不锈钢，用于制作汽轮机部件和紧固件。添加这些合金元素有利于提高较厚机件在整个截面上力学性能的均匀性。此外，还有许多成分与 422 类似的马氏体不锈钢
	430	迄今为止最为普遍的铁素体不锈钢，也是用途广泛的铁素体不锈钢，基本上含 17%Cr。成型性好，但耐温性和抗腐蚀性稍差。可做装饰，如用做汽车内饰品。430 不锈钢含有较低的 Si，430F 和 430Se 是通过这种钢改进的易切削不锈钢

续表 3-2

钢　种	牌　号	特性与用途
400 系列	439	铁素体不锈钢，409 的更高级不锈钢种，可用于催化转化器的排气段。增加了 Cr 含量以改进抗高温腐蚀/氧化能力
	440	更高级别的餐具用不锈钢，含 C 更高，经适当热处理刀刃更不易钝，如最常见的“剃须刀片”。洛氏硬度 HRC 可以达到 58 左右，属于最硬的不锈钢之一。由于高韧性和相对较低的成本，常用于制作展示用剑或刀的复制品。可供应四种牌号：440A、440B、440C 及杰出的 440F（易加工型）。高 Cr、高 C 的 440A、440B 及 440C 不锈钢应用于要求高硬度和高耐磨性的场合。440A 含有最少的 C，最耐污；440C 含 C 量最高，强度最高，如果不是用于潜水或其他盐水中，常被认为比 440A 更适于制作刀具。440F 是一种高 C 的易切不锈钢
	446	高温用不锈钢，446Se 是一种含硒（Se）的易切削不锈钢
500 系列		低 Cr 系耐热 Cr 合金不锈钢
600 系列	601-604	马氏体低合金不锈钢
	610-613	马氏体二次硬化不锈钢
	614-619	马氏体 Cr 不锈钢
	630-635	半奥氏体和马氏体沉淀硬化不锈钢（PH 钢），630 更为人们熟知为 17-4：17%Cr-4%Ni，是最常用的 PH 不锈钢
	650-653	热/冷作强化奥氏体不锈钢
	660-665	奥氏体高温合金不锈钢。除 661 外都可通过第二相析出强化

表 3-2 中列出的只是各不锈钢种最基本的一些特性。随着材料科学的进步和炼钢水平的不断提高，以此为基的各种衍生不锈钢种还在不断出现，各钢种的性能也在逐步地提高，这都在一定程度上弥补了各钢种的不足。不锈钢可以各种尺寸和形状交货，合金可以被轧成的形状有盘条、板、片、棒、丝等供用户选择。另外，不锈钢也可以制造出各种饰面和纹理，并着色成为各种各样的颜色。

我国也有自己的不锈钢标准。前面提到的 GB/T 20878—2007 对不锈钢的牌号和成分做了详细规定，并列出了与国外同类牌号的对照表。该标准替代原有标准 GB/T 4229—1984《不锈钢板重量计算方法》，并于 2007 年 10 月 1 日开始实施。另外，还有 GB/T 1220—2007《不锈钢棒》GB 4237—2007《不锈钢热轧钢板和钢带》和 GB/T 3280—2007《不锈钢冷轧钢板和钢带》等标准。我国不锈钢的发展速度非常快，进步也非常大，与国外的差距正在逐步缩小。但从整体上讲，现阶段生产水平与国外发达国家相比仍有不小差距，表现在不锈钢的冶炼水平与发达国家相比仍有差距、相分布仍不是特别均匀等。发达国家批量生产的不锈钢中碳氮总含量已经可以稳定在 200μg/g 以下水平，最好的可以达到 100μg/g 以下。国内不锈钢企业普遍都受到设备和工艺水平等的限制，国家大型特种钢厂在大规模生产条件下碳氮总含量通常只能控制在200～300μg/g的水平，且普遍存在生产效率低、金属收得率不高、耐材消耗大、质量不稳定等一系列问题，其他钢厂的问题就更多。另外，特殊用途的不锈钢发展缓慢，如具有特殊性能的软磁不锈钢材料、高温合金等，所以国内企业还有很多机会，这一点在后面有详细论述。

不锈钢品种繁多，对于特定的应用，选择材料时应该综合考虑以下六个主要因素。（1）耐腐蚀性：是制备不锈钢材料的最初动机，因此，候选材料首先必须能够在服务环境中抵抗腐蚀。（2）力学性能：与耐蚀能力一样，力学性能也常常标志着能使用的特殊合金类型。与机械强度一起考虑的还有硬度、疲劳、冲击和应力破裂等性能。（3）制造工艺选择：材料的加工过程和加工方法常常影响合金的选择，如焊接性能、加工性能（尤其是冷加工性能）等，有些合金牌号更加适合于加工、冷作头、焊接或热处理。（4）物理性能：如材料的磁性、电性、导热性能等也是选择材料时必须要考虑的。（5）价值/成本：材料的总价值/成本分析涉及材料成本、过程成本、额外的产品价值和最终产品的有效寿命等各种因素。综合这些因素在评估成本/价值时起着很重要的作用，特别是在性价比高的设计中更应该加以考虑。（6）产品可供性：在选择可使用材料时，材料的可供应性和最小采购需求也是一个重要因素。

3.5 铁素体不锈钢的优势

人们最熟悉的不锈钢大概是304，有时叫做T304。304医用不锈钢是奥氏体钢，含有18%～20% Cr和8%～10% Ni。300系列不锈钢占全部不锈钢产量的70%以上。作为一种战略物资的镍（Ni）是广泛使用的“奥氏体”等级不锈钢的组元。长期以来贵重金属镍（Ni）作为众多品种不锈钢的主要原料，获得了广泛的应用，这种不锈钢大多是奥氏体不锈钢。奥氏体不锈钢是在20世纪初发明的，目前已经占到全世界不锈钢总产量的2/3以上。近年来，铝（Al）、铜（Cu）、锌（Zn）、镍（Ni）等原材料的价格呈爆炸式增长，镍（Ni）资源日趋紧张，其供应也就显得非常紧缺。分析认为镍（Ni）高而易变的价格是促使不锈钢价格上涨的主要因素，并给不锈钢的制造商和用户带来了很大的影响。近年来期货市场上金属镍（Ni）的市场价格波动非常大，其现货市场价格也一直在持续上涨，吨镍价格一度攀升至5万美金。奥氏体不锈钢的高价格使许多潜在用户放弃选择，即使这些用户相信不锈钢拥有他们需要的品质。这些都迫使制造商寻找比奥氏体不锈钢价格更便宜的材料，当然前提是这种新材料在替代奥氏体不锈钢时要能为产品或应用提供足够的性能和应用特性。

另外，铁素体（400系列）等级不锈钢却一直在等待机会。铁素体等级不锈钢材料基本上只由铁（Fe）和铬（Cr）（最少10.5%）组成，不含镍（Ni），或只含有很少的镍（Ni），特定等级的铁素体不锈钢含有其他合金元素，如钼（Mo）来增强特定的性能。与奥氏体不锈钢形成强烈对比的是，长期以来，使“不锈”钢特别耐腐蚀的铬（Cr）成分的价格一直相对比较稳定。铁素体不锈钢的价格低而且稳定，也拥有许多非凡的技术特性。长期以来人们对铁素体不锈钢一直存在误解，习惯上人们一直把铁素体不锈钢称为“铁不锈”或“不锈铁”。其实对许多原来以为仅能使用奥氏体的应用来说，铁素体等级不锈钢材料仍是一个极好的选择。与价格更高的同类奥氏体不锈钢相比，铁素体不锈钢的力学性能和耐蚀性能与奥氏体不锈钢差不多，在某些方面的性能甚至比奥氏体不锈钢还要好。研究认为，从不锈钢的发展趋势来看，不锈钢的发展方向应该有两个：一是200 系不锈钢市场份额增加，300 系低镍产品增多；二是大量高性能 400 系不锈钢的推广和应用。说到底，其目的一方面都是为了代替因含镍（Ni）而贵且价格不稳的 304 钢。另一方面，400 系列不锈钢大多都具有磁性，可以作为特殊用途不锈钢使用。

为了降低成本，世界上许多不锈钢厂家都在寻求市场和用户都能接受的质优价廉的新产品，其中提高铁素体不锈钢的生产和使用份额也就成为行业生存和发展的一个新思路。当然，人们也在想尽办法寻找另外一种解决方案，如使用铜材、铝材、镁合金、钛合金或仍选用奥氏体不锈钢。但人们逐渐发现，一个完全从不锈钢的独特品质获益的价格合适而且在技术上理想的解决方案常常是选择铁素体不锈钢。业内专家指出，调整不锈钢的产品结构，用现代铁素体不锈钢替代奥氏体不锈钢是缓解镍资源短缺的最佳途径。铁素体不锈钢对镍资源的依赖性很小，并具有良好的抗腐蚀和抗高温氧化性能。传统的铁素体不锈钢，由于在深冲性能和焊接性能上达不到要求，人们不得已而采用含镍的奥氏体不锈钢。随着炼钢技术的发展和研究的深入，现代铁素体不锈钢在各方面的性能都已经得到了大幅度提升，甚至在很多领域都可以与奥氏体不锈钢互换使用，除非对钢的物理性能如磁性能有特殊要求。据统计，目前在我国不锈钢市场消费结构中，奥氏体不锈钢所占的比例偏高，达到了 90%，铁素体不锈钢只占了 10%。在国际上，铁素体不锈钢所占的比例为 23%~25%，其中，美国和日本铁素体不锈钢所占比例为40%，因此铁素体不锈钢在我国具有相当大的发展空间。历史上，由于 304 等级奥氏体不锈钢的适用范围非常广泛，所以该钢种一直是开发最充分、应用最广泛并且现货供应最充分的钢种。现在，特定的铁素体等级不锈钢种常常可以代替304 钢，并达到良好的使用效果。因此，铁素体不锈钢的品牌研发和生产工艺研究也越来越受到生产和消费行业的重视。鉴于现在铁素体不锈钢通过添加额外的合金元素能获得的品质、价格优势及附加性能，铁素体不锈钢面临着非常大的发展机遇。

3.6 铁素体不锈钢的性能特点

与碳钢相比，铁素体不锈钢具有强耐腐蚀能力、更低的寿命周期成本、长寿命等优势。而且，与同类的奥氏体等级不锈钢相比，铁素体不锈钢的优势不仅仅体现在成本上。如果对铁素体不锈钢的性能特点缺乏足够的认识和理解，在选择材料时人们关注的焦点往往只是铁素体等级不锈钢更低的投资成本。实际上，在以下一些特性上铁素体不锈钢比奥氏体不锈钢更优越：（1）奥氏体不锈钢具有顺磁性，属弱磁材料，而铁素体不锈钢具有铁磁性，可以表现出优异的软磁性能，因此可以作为耐蚀软磁材料用在如电磁阀等中。（2）铁素体不锈钢基本不含镍，或个别牌号仅含少量镍，对镍资源的依赖很小，并且具有良好的抗腐蚀能力和高的耐晶间腐蚀性能，所以大量用于汽车的排气系统。（3）铁素体不锈钢有极佳的高温抗氧化能力，而且与奥氏体不锈钢相比更不易热胀冷缩。（4）铁素体不锈钢的导热系数高，约为铬镍奥氏体不锈钢的130%~150%，所以比奥氏体不锈钢导热更均匀，非常适用于有热交换用途的场合。（5）铁素体不锈钢的线膨胀系数小，仅为铬镍奥氏体不锈钢的60%~70%，非常适用于热胀、冷缩、有热循环的使用条件。（6）用铌（Nb）稳定的铁素体不锈钢有更佳的抗蠕变能力，在长期应力作用下变形更小。（7）铁素体不锈钢的生产成本与价格均比奥氏体不锈钢要低，因而，铁素体不锈钢制品发展很快，例如，铁素体不锈钢的用途之一是制作汽车尾气排放控制系统，在各类电磁阀中也获得了广泛的应用，如空调中的三通阀、截止阀等。（8）铁素体不锈钢比奥氏体不锈钢更易于切割和加工。奥氏体不锈钢需要专用工具进行加工，加工时所需机器的功率要更大，并会产生更大的工具磨损。（9）铁素体不锈钢屈服强度σ_s较奥氏体不锈钢高，且屈服强度σ_s与普通碳钢相似，伸长率δ稍低，但加工硬化倾向小，易于旋压、冷镦，也易于切削，加工成本低。（10）与奥氏体不锈钢相比，在冷成型中铁素体不锈钢明显地更加不容易回弹。（11）对应力腐蚀不敏感（免疫）。不像奥氏体不锈钢，铁素体不锈钢不易于应力腐蚀开裂，很少见到破坏的实例。（12）在许多腐蚀环境中，耐蚀性还与相同铬（Cr）量的铬镍（Cr-Ni）奥氏体不锈钢相当。

4　现代不锈钢的微结构及分类

4.1　不锈钢的组成及显微结构

通常将钢与铁合称为钢铁。我们知道，钢的主要成分是铁与碳，含碳量多少是区别钢铁材料的主要标准。一般碳元素和铁元素形成的化合物叫铁碳合金。含碳量多少对钢铁的性质影响极大，含碳量增加到一定程度后就会引起质的变化。由铁原子构成的物质叫纯铁，纯铁杂质很少。铸铁俗称生铁，是指含碳量大于2%的铁碳合金，工业生铁含碳量一般在2.5%~4%，并含有碳（C）、硅（Si）、锰（Mn）、硫（S）、磷（P）等元素。

根据我国钢的分类标准，GB/T 13304.1—2008《钢分类　第1部分　按化学成分分类》中规定，钢是以铁为主要元素，含碳量一般在2%以下，并含有其他元素的材料。但特别注明，在铬钢中含碳量可能大于2%，但2%通常是钢和铸铁的分界线。其他国际标准如ISO 4948或EN 10020中对钢的定义也与此类似。钢的化学成分可以有很大变化，不含其他合金元素而只含碳元素的钢称为碳素钢（碳钢）或普通钢；在实际生产中，钢往往根据用途的不同含有不同的合金元素，比如锰（Mn）、镍（Ni）、钒（V）等。

GB/T 13304.2—2008《钢分类　第2部分　按主要质量等级和主要性能或使用特性的分类》中，将不锈钢、耐蚀钢、抗氧化钢和耐热钢归属为一类，统称“不锈、耐蚀和耐热钢”。但是，严格来说，它们是有区别的。不锈钢应指在空气中或接近中性的介质中不产生锈蚀的钢；耐蚀钢应指在一些含有化学腐蚀性介质，如酸、碱、盐及其溶液、海水和一些腐蚀性气体中能够不产生或少产生腐蚀的钢；耐热钢应指在较高温度环境中能够抗氧化、抗蠕变的钢。当然，一般的耐蚀钢和耐热钢都具有不锈的特性。习惯上，又常把不锈钢和耐蚀钢简称为不锈钢。

习惯上，一般把碳（C）含量低于0.08%的钢铁称为纯铁，而碳（C）含量大于2.0%的称为铸铁或生铁，碳（C）含量在0.08%~2.0%的称为钢。将能够在含有腐蚀介质的液体或气体中具有抵抗腐蚀能力的铁基合金称为不锈钢。

严格地说，钢是对含碳质量在0.0218%~2.06%之间的铁碳合金的统称。为了保证其韧性和塑性，含碳量一般不超过1.7%。钢的主要元素除铁（Fe）、碳（C）外，还有硅（Si）、锰（Mn）、硫（S）、磷（P）等。其他成分是为了使钢材性能有所区别，含铬（Cr）量超过一定比例的Fe-Cr系合金就是不锈钢。

铁（Fe）可以与许多元素形成固溶体，与金属元素形成置换固溶体，与碳（C）、氮（N）、氢（H）等元素形成间隙固溶体。碳（C）在钢中可以三种形式存在：间隙固溶体、与铁（Fe）形成稳定的化合物及结晶为游离态的石墨。习惯上把一定成分的合金称为合金系，组成合金系的金属或非金属统称为组元。在合金系中凡成分和性质均匀一致的叫相，相和相之间有明显的界限，它们一般是能够分离开来的。合金系在一定的条件下（一般是指定的温度和成分下）存在着一定的相。当温度和成分这些条件非常缓慢地变化时，相之间也随之非常缓慢地变化着。处于平衡条件之下时，合金系中所存在的相称为平衡相。相图就是平衡图或状态图，也是热处理的基础。

不锈钢的基本组织可用 Fe-Cr 系列状态图表示，如图 4-1 所示。如果把不同牌号的不锈钢加热到高温（900～1100℃），然后在空气中冷却，就会得到各种不相同的金相组织。图 4-1 为典型的 Fe-Cr 合金相图，从图 4-1 中可以看出在 Fe-Cr 合金中可能出现的典型的相及相变的特征温度，甚至能看到 Fe-Cr 的磁性随温度和成分的变化情况。在 800～1200℃之间，在所谓的 γ 环形圈内，以奥氏体相（γ）存在。γ 相急剧冷却时，则变态为马氏体相。在 γ 环形圈外侧，从高温到常温以稳定的铁素体相（α）存在。马氏体系列不锈钢、铁素体系列不锈钢就是含有这些金相组织的不锈钢。

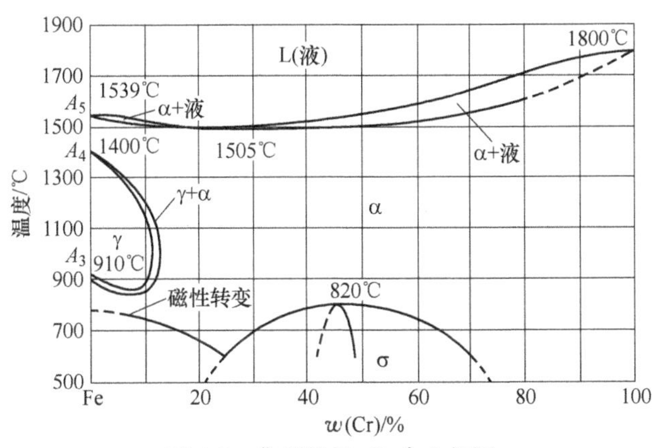

图 4-1 典型的 Fe-Cr 合金相图

相图中经常见到的不锈钢中的几种主要金相组织及其特征如表 4-1 所示。

表 4-1 不锈钢中的主要显微组织

金相组织	符号	特 征
铁素体	F 或 α	C 溶入 α-Fe 晶格的间隙中形成的间隙固溶体，也可能含有其他元素。强度、硬度低，耐蚀性好。铁素体仍保持 α-Fe 的体心立方结构，在显微镜下观察时为均匀明亮的多边形晶粒。α-Fe 中可溶解微量的 C 原子，且随温度升高溶解量增加，室温为 0.006%，到 910℃时为 0.021%

续表 4-1

金相组织	符号	特　征
马氏体	M	马氏体是 C 溶入 α-Fe 中的过饱和固溶体，具有体心四方晶体结构，三维组织形态通常有片状或者板条状，但是在金相观察中（二维）通常表现为针状，马氏体在 Fe-C 相图中没有出现，因为它不是一种平衡组织
奥氏体	A 或 γ	C 溶入 γ-Fe 晶格的间隙中形成的间隙固溶体，也可能含有其他元素。强度较低，韧性和塑性好。奥氏体仍保持面心立方结构。γ-Fe 溶解 C 的能力较大，在 1146℃时达到最大溶碳量 2.04%，723℃时为 0.8%。在光学显微镜下呈规则多边形
渗碳体	Fe_3C 或 Cm	Fe 与 C 形成的稳定化合物 Fe_3C，硬而脆。含碳量为 6.69%，熔点约 1227℃，在熔化前不发生结构上的变化。可呈片状、粒状、块状或网状等，它们的形态、大小以及分布情况对钢的性能有很大影响，在显微镜下观察时呈白色发亮
珠光体	P	铁素体与渗碳体的机械混合物组织，其特征是铁素体相与渗碳体相相间的层片状组织。铁素体相与渗碳体相是按一定质量比例混合而成的，其中渗碳体相的质量分数为 12%，铁素体相的质量分数为 88%。在显微镜下观察时表面闪闪发光，形如珠光，由此得名
莱氏体	Ld	奥氏体与渗碳体的混合物组织
σ 相	σ	一种硬而脆的四方晶系结构金属化合物（HV 硬度 800～1000），由 52%Cr-48%Fe 组成，也可能含有其他元素

表中其他一些相的性能在下面会进行详细介绍，这里要特别提一下 σ 相，还要提一下两种脆性：475℃脆性和 σ 脆性。含铬（Cr）量在 12%以上的铁素体不锈钢种，在 370～540℃温度下长期加热后，通常就会出现常温硬度升高、韧性大幅度降低的现象。因为这种现象在 475℃左右尤为强烈，达到最高硬度，所以常称为 475℃脆性，铝（Al）、硅（Si）、钼（Mo）、铌（Nb）、钛（Ti）、锰（Mn）、钒（V）等元素的存在会强化这种脆性，耐蚀性也会由于这种脆性而降低。这种脆性可通过 600℃以上热处理来消除。

含铬（Cr）量在 15%～70%范围内的合金通过 700～800℃加热就会产生 σ 脆性，并且在 540～815℃加热产生 σ 脆性的速度最快。一般地，高铬（Cr）钢这种脆性主要由 σ 相引起，含铬（Cr）量越高，σ 脆性越大。σ 相主要成分是铁（Fe）和铬（Cr），硬而脆，如果不锈钢中含有钼（Mo）或其他元素，则 σ 相也可能含有其他成分。σ 相析出缓慢，析出所需时间较长。高的含铬（Cr）量及添加钼（Mo）、硅（Si）、镍（Ni）、锰（Mn）等元素可以加速 σ 相的形成，碳（C）、氮（N）能抑制其生成。由于 σ 相的影响，含铬（Cr）量高达（17%）的

18-8不锈钢对脆性的敏感性就大。长时间在高温运行时，即使含铬（Cr）量较低（约14%）的不锈钢对这些脆性也是敏感的。

表4-2是不锈钢中三种主要的金相组织和纯铁组织结构的对比。

表4-2 铁（Fe）和不锈钢中铁素体、奥氏体和马氏体三种组织结构的对比

<table>
<tr><td rowspan="3">铁（低碳钢）
成分：Fe（Fe-C）</td><td colspan="2">温度</td><td><911℃</td><td>911~1392℃</td><td>1392~1536℃</td></tr>
<tr><td colspan="2">晶体结构</td><td>体心立方</td><td>面心立方</td><td>体心立方</td></tr>
<tr><td colspan="2">组织</td><td>α-Fe（铁素体）</td><td>γ-Fe（奥氏体）</td><td>δ-Fe（δ铁素体）</td></tr>
<tr><td rowspan="12">不锈钢</td><td colspan="2" rowspan="3">铁素体不锈钢
成分：Fe-Cr</td><td>温度</td><td colspan="2">从高温到室温</td></tr>
<tr><td>晶体结构</td><td colspan="2">体心立方</td></tr>
<tr><td>组织</td><td colspan="2">铁素体（合金元素在α-Fe和δ-Fe中形成的固溶体）</td></tr>
<tr><td colspan="2" rowspan="3">奥氏体不锈钢
成分：Fe-Cr-Ni</td><td>温度</td><td colspan="2">从高温到室温</td></tr>
<tr><td>晶体结构</td><td colspan="2">面心立方</td></tr>
<tr><td>组织</td><td colspan="2">奥氏体（合金元素在γ-Fe中形成的固溶体）</td></tr>
<tr><td rowspan="6">马氏体
不锈钢</td><td rowspan="3">成分：Fe-Cr-C</td><td>温度</td><td>高温下</td><td>室温下</td></tr>
<tr><td>晶体结构</td><td>面心立方</td><td>体心四方（有长方度的体心立方）</td></tr>
<tr><td>组织</td><td>奥氏体</td><td>马氏体（系由奥氏体转变而来）</td></tr>
<tr><td rowspan="3">成分：Fe-Cr-Ni</td><td>温度</td><td>高温下</td><td>室温下</td></tr>
<tr><td>晶体结构</td><td>面心立方</td><td>体心立方</td></tr>
<tr><td>组织</td><td>奥氏体</td><td>马氏体</td></tr>
</table>

其中，马氏体是一种非平衡组织，并不出现在Fe-C平衡相图及Fe-Cr平衡相图中。马氏体系自奥氏体转变而来的相变产物，在高温下为奥氏体，室温和低温下组织可能就是马氏体。Fe-Cr-C马氏体不锈钢的晶体结构为体心四方（具有长方度的体心立方），而低碳（C），特别是超低碳Fe-Cr-Ni马氏体不锈钢的晶体结构则为体心立方。

4.2 不锈钢中的非金属夹杂物

由于碳（C）、氮（N）等间隙元素在铁素体中的固溶度很低，因此，铁素体不锈钢主要是置换固溶体。由于包括碳（C）、氮（N）在内的几乎所有合金元素在奥氏体中均有相当的固溶度（甚至可无限固溶），因此，奥氏体不锈钢常常是间隙元素固溶和置换元素固溶共存的固溶体。

4.2.1 不锈钢中的非金属夹杂物的种类

不锈钢中非金属夹杂物主要有碳化物、硫化物、氧化物、硅酸盐和氮化物等。

（1）碳化物。主要有铁（Fe）的碳化物（如 Fe_3C）、铬（Cr）的碳化物（$Cr_{23}C_6$）及 TiC 和 NbC 等。

（2）硫化物。由于硫（S）与镍（Ni）、锰（Mn）、钛（Ti）、锆（Zr）等元素的亲和力远大于铁（Fe），故不锈钢中常见 MnS、NiS（高镍钢）、TiS（含钛钢）等硫化物。

（3）氧化物。不锈钢中氧（O）与铝（Al）、硅（Si）、铬（Cr）、锰（Mn）、铁（Fe）等元素反应，可形成 Al_2O_3、SiO_2、Cr_2O_3、MnO、Fe_2O_3、FeO 等氧化物和 $FeO \cdot Cr_2O_3$等复杂氧化物夹杂。

（4）硅酸盐。不锈钢中的 SiO_2与 FeO、Al_2O_3等相遇，就能和这些氧化物形成硅酸盐：

$$n\mathrm{FeO} + m\mathrm{SiO_2} \longrightarrow n\mathrm{FeO} \cdot m\mathrm{SiO_2}$$

或

$$n\mathrm{Al_2O_3} + m\mathrm{SiO_2} \longrightarrow n\mathrm{Al_2O_3} \cdot m\mathrm{SiO_2}$$

（5）氮化物。在含钛（Ti）、铌（Nb）的不锈钢中常见的氮化物有 TiN、Ti(C,N)、TiC、TiN、NbN、AlN 夹杂和高铬不锈钢中的 CrN、Cr_2N 等氮化物。

4.2.2 不锈钢中非金属夹杂物的来源

内生夹杂是不锈钢在冶炼和浇铸以及钢液凝固过程中，由于物理及化学反应而形成的夹杂。如脱氧可形成氧化物和硅酸盐，浇铸过程中钢液二次氧化的夹杂，钢液凝固过程中某些元素溶解度降低而形成的夹杂等。

外来夹杂是在冶炼和浇铸过程中，由于钢渣、耐火材料等混入不锈钢中而形成的夹杂。

内生夹杂和外来夹杂在不锈钢中常常混杂在一起。

4.2.3 不锈钢中的主要非金属夹杂物

在一定的温度条件下，不锈钢中的合金元素不仅决定不锈钢的基体组织，而且在冷/热加工、热处理、焊接以及在使用过程中，各元素间的相互作用还会在不锈钢基体上析出碳化物、氮化物和各种金属间化合物，如表 4-3 所示。它们的存在对不锈钢的性能也有重要影响。

4.2.3.1 碳化物

铬碳化物：常见的是 $Cr_{23}C_6$（或 $M_{23}C_6$，M 为 Fe、Cr、Mo 等元素）。几乎存

表 4-3 不锈钢的各种化合物及合金元素的作用

	少量相和化合物	存在钢类	有促进作用的合金元素	化学式或成分特点	特 性	在钢中的分布
金属间化合物	α′相	F，A+F	Cr（C，N）	Fe-Cr，富 Cr	硬、脆、富 Cr	晶内
	σ 相	F，A，A+F	Mo，Si，Cr，Ti，Nb，Mn	富 Cr（Mo），Fe-Cr（Fe，Ni）X（Cr，Mo）Y	硬、脆、富 Cr	晶内 晶界
	χ 相	F，A，A+F，PH	Cr，Mo	$Fe_{36}Cr_{12}Mo_{10}$	硬，脆，富 Cr、Mo	晶界，晶内
	η（Laves）相	F，A，A+F，PH	Nb、Ti、Mo	Fe_2Ti，Fe，Nb，Fe_2Mo	硬	晶内
	ε 相	PH，A	Cu	富 Cu 相	硬	晶内
	γ′相	PH，A	Ti，Al，Nb	NiAl，Ni_3Ti，Ni_3Nb	硬	晶内
	β 相	PH	Ti，Al	NiAl，Ni_2TiAl	硬	晶内
碳氮化物	$M_{23}C_6$	M，A，A+F，PH	C、Ni，Mn，N	$M_{23}C_6$，富 Cr	富 Cr	晶界，晶内
	TiC，NbC	F，A，A+F，PH	Nb，Ti，C	TiC，NbC		
	CrN	A，A+F	N	CrN		
	Cr_2N	A，A+F	N	Cr_2N，富 Cr	富 Cr	

在于所有的各类不锈钢中。随含碳（C）量的增加或降低，不锈钢中铬碳化物析出会增多或减少。铬碳化物中富铬（Cr）且多分布在晶界上，因而，铬碳化物的析出常常会导致其周围铬（Cr）贫化而引起不锈钢的晶间腐蚀。

钛和铌的碳化物：常见的是 TiC 和 NbC。钢中加入钛（Ti）、铌（Nb）与钢中碳（C）作用，便可形成 TiC 和 NbC。由于它们与碳（C）的亲和力远远大于铬（Cr），因此，TiC 和 NbC 的优先形成可防止形成 $Cr_{23}C_6$ 所引起的晶间腐蚀。TiC 和 NbC 还可以提高不锈钢的室温和高温强度，但对铁素体不锈钢的韧性不利。

4.2.3.2 氮化物

主要出现在含氮（N）的奥氏体不锈钢和双相不锈钢中。常见的有 Cr_2N 和 CrN，Cr_2N 仅当不锈钢中含氮（N）量较高时才会出现。Cr_2N 沿晶界析出也会引起铬（Cr）贫化而提高含氮（N）不锈钢的晶间腐蚀敏感性。在双相不锈钢中，Cr_2N 和 CrN 在铁素体基体上和晶界形成，还可引起脆性。

表 4-4 中列出了不锈钢中会出现的主要的中间相、碳化物、氮化物、硼化物和硫化物的信息。在不锈钢的微结构中会出现许多相，主要是碳化物和中间相。

经常出现的碳化物是$M_{23}C_6$和 MC 类，MC 类一般出现在稳定化的钢中。经常出现的中间相是σ 相、Laves 相和χ相等。

表 4-4　不锈钢中存在的相的成分和晶体结构

相	单胞	晶胞原子数	点阵常数 /nm	成　分	形成温度 /℃	结构
σ	bct	30	a=0.87~0.92，c=0.4554~0.48	$(Fe,Ni)_x(Cr,Mo)_y$	550~1050	金属间化合物
χ	bcc	58	a=0.881~0.895	$Fe_{36}Cr_{12}Mo_{10}$；$(Fe,Ni)_{36}Cr_{18}Mo_4$	600~900	
Laves（η）	hex	12	a=0.473~0.483，c=0.772~0.786	Fe_2Mo；Fe_2Nb；Fe_2Ta；Fe_2Ti；Fe_2W	500~900	
G	fcc	116	a=1.115~1.120	$Ni_{16}Nb_6Si_7$；$Ni_{16}Ti_6Si_7$；$(Ni,Fe,Cr)_{16}(Nb,Ti)_6Si_7$		
R	hex	53（159）	a=1.090，c=1.934	$Fe_{22}Mo_{18}Cr_{13}$；$(Fe,Ni)_{10}Cr_5Mo_3Si_2$		
μ	菱形	13	a=0.4762，c=2.5015	$(Fe,Co)_7(Mo,W)_6$；$(Cr,Fe)_7(Mo)_2$ $(Cr,Fe,Mo)_4$		
γ′	fcc	4	a=0.3565~0.3601	$(Ni,Co,Fe,Cr)_3(Al,Ti)$		
γ″	bct	8	a=0.3624，c=0.7406	Ni_3Nb		
η	hex	8	a=0.5109，c=0.8299	Ni_3Ti		
δ	斜方	8	a=0.5116，b=0.4259，c=0.4565	Ni_3Nb		
β	ord bct	2	a=0.2865~0.2887	NiAl		
$M_{23}C_6$	fcc	116	a=1.057~1.068	$(Cr,Fe,Mo)_{23}C_6$；$(Cr_{16}Fe_5Mo_2)C_6$	600~950	碳化物
MC	ord fcc	8	a=0.4131~0.4698	(Ti,Nb,V)C	450~720	
M_6C	fcc	112	a=1.085~1.128	$(Fe,Mo,Nb,Cr,Si)_6C$	700~950	
M_7C_3	赝六角	40	a=1.398，c=0.4523	$(Cr,Fe)_7C_3$		
MN	ord fcc	8	a=0.4097~0.4577	ZrN；TiN；NbN；VN		氮化物
M_2N	六角	9	a=0.478~0.480，c=0.444~0.447	$(Cr,Fe)_2N$	650~950	
Z-phase	四方	6	a=0.3037，c=0.7391	CrNNb		

续表 4-4

相	单胞	晶胞原子数	点阵常数/nm	成 分	形成温度/℃	结构
N_2B	斜方	48	$a=1.4585$，$b=0.7331$，$c=0.4223$	$Cr_{1.04}Fe_{0.96}B$		硼化物
M_3B_2	四方	10	$a=0.5807$，$c=0.3142$	$FeMo_2B_2$		
$M_4C_2S_2$	六角	8	$a=0.320\sim3.39$，$c=1.118\sim1.210$	$Ti_4C_2S_2$；$Zr_4C_2S_2$		硫化物

4.2.3.3 金属间化合物

α′：富铬（Cr）的 Fe-Cr 金属间化合物，属于立方晶系（$a=0.2877$nm），其含铬（Cr）量可高达 61%～83%，而含铁（Fe）量仅 37.0%～17.5%。在铁素体不锈钢中含铬（Cr）量大于 15%便可产生 α′，形成温度在 350～550℃。由于它既硬又脆且富铬（Cr），因此既引起不锈钢塑性、韧性显著下降，而且耐蚀性也恶化。α′主要存在于铁素体和 F+A 双相不锈钢中。

σ：富铬（Cr）的 Fe-Cr（Mo）金属间化合物。不锈钢中铬（钼）量对 σ 相的形成起主要作用。σ 相也是既硬又脆且富铬（Cr）的金属间化合物，其周围常常是贫铬（Cr）区。因此，σ 相在使不锈钢塑性、韧性下降产生严重脆化的同时，也会导致不锈钢的耐蚀性下降。

χ：既富铬（Cr）又富钼（Mo）的 FeCrMo 金属间化合物，它的化学式为 $Fe_{36}Cr_{12}Mo_{10}$和（FeNi）$_{36}Cr_{18}Mo_4$。此化合物常出现在富铬（Cr）、钼（Mo）的铁素体、奥氏体和 F+A（α+γ）双相不锈钢中，它对不锈钢性能的影响基本与 σ 相相同。

γ′：主要存在于含有铝（Al）、钛（Ti）、铌（Nb）的沉淀硬化不锈钢和一些要求耐热高强度的奥氏体不锈钢中，它们的化学式有 Ni_3Al、Ni_3Ti、Ni_3Nb 等。γ′较硬，主要在晶内弥散析出，从而可以提高不锈钢的室温和中温强度，但并没有 σ（χ）相等的破坏性脆化。

β：主要存在于含有钛（Ti）、铝（Al）的沉淀硬化不锈钢中，在晶内弥散析出，提高不锈钢的室温和高温强度。

η（Laves）：存在于含有钛（Ti）、铌（Nb）、钼（Mo）的不锈钢中，它们的化学式为 Fe_2Ti、Fe_2Nb 和 Fe_2Mo 等，在晶内析出。由于它硬而脆，因而对不锈钢的塑性、韧性有害。

ε：是一种富铜（Cu）金属间相，它可存在于含有较高 Cu 量的所有类型不锈钢中。它在沉淀硬化不锈钢中晶内弥散析出后，可以提高不锈钢的室温和中温强度，而在马氏体、铁素体和奥氏体等不锈钢中，富铜（Cu）的ε相还可使不锈钢的表面具有抗菌性。

4.3　化学成分与不锈钢相组成的关系——Schaeffler 图

在不锈钢中，碳和合金成分的含量、种类与不锈钢的相组织构成之间有着密切的关系。判定某一具体成分的不锈钢会具有何种组织结构，一种较为简单的方法是借助于熔着不锈钢组织图（亦称 Schaeffler 组织图、舍夫勒组织图），即 $Cr_{当量}$-$Ni_{当量}$与组织关系图。这个图比较近似地表示出了不锈钢化学成分与具有的金相组织之间的关系，如图 4-2 所示。

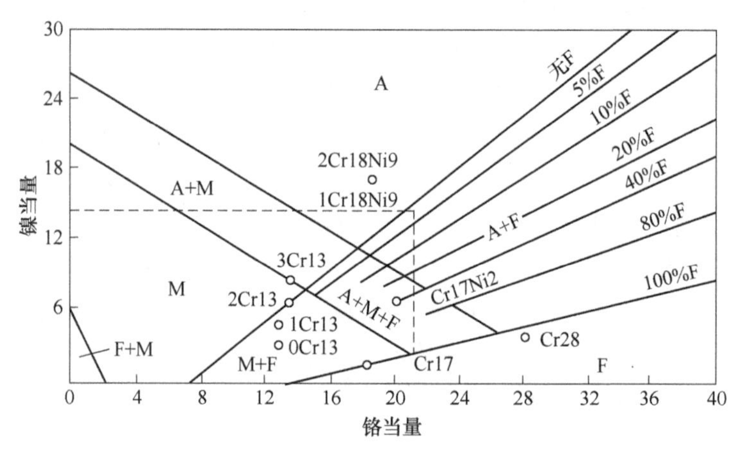

图 4-2　熔着不锈钢组织图（Schaeffler 组织图）
A—奥氏体；F—铁素体；M—马氏体

建立这个图时，通常把存在于不锈钢中的稳定奥氏体的元素和稳定铁素体的元素的相应作用程度按质量百分比表示出来。本书后面将会讲到，根据各元素对组织成分的影响，可以将不锈钢中的合金元素分为两大类：一类是扩大奥氏体区，稳定奥氏体组织的元素；另一类是缩小奥氏体区，形成铁素体组织的元素。这两类元素共存于不锈钢中时，不锈钢的组织取决于各元素相互影响的结果。如果稳定奥氏体元素起主要作用，不锈钢组织就以奥氏体相为主，铁素体相很少以至于没有。如果它们的作用程度还不能使不锈钢的奥氏体相组织保持到室温，则在冷却过程中，奥氏体相组织同时发生马氏体转变，不锈钢的组织为马氏体。如果形成铁素体元素起主要作用，不锈钢的组织就以铁素体相为主。

不锈钢的金相组织与其化学成分之间的关系可以通过组织图进行预测，如图 4-2 所示。其横坐标表示铬（Cr）当量（[Cr]），纵坐标表示镍（Ni）当量（[Ni]）。这个图是从 1050℃高温迅速冷却至室温所获得的组织结构，它并不是平衡图。当初，建立这个图的目的是为了估算奥氏体不锈钢焊缝中铁素体相的含量。在建立这个图时，通常把存在于不锈钢中的合金元素分为奥氏体稳定化元素或铁素体稳定化元素，每一种元素的相对"能力"都可以用按照质量分数表示的镍（Ni）当量（奥氏体稳定化元素）或铬（Cr）当量（铁素体稳定化元素）方便地表示出来。在折合成铬当量和镍当量的形式时，这种当量可以用公式计算出来。镍（Ni）当量和铬（Cr）当量构成 Schaeffler 图的两条轴线，其数值可按下式计算：

$$[Cr] = w(Cr) + 1.5 \times w(Mo) + 1.5 \times w(Si + Ti) + 0.5 \times w(Nb) + 3 \times w(Al) + 5 \times w(V) + 1.75 \times w(Nb) + 0.75 \times w(W)$$

$$[Ni] = w(Ni) + w(Co) + 30 \times w(C + N) + 0.5 \times w(Mn) + 0.33 \times w(Cu)$$

当量是指各种合金元素形成铁素体组织或形成奥氏体组织能力的总和。公式中各元素前的数字为该元素形成铁素体（或奥氏体）的能力相当于铬（或镍）形成铁素体（或奥氏体）能力的倍数。这种图出现后，又被不断修改完善，如图 4-3 和图 4-4 所示，包含了更丰富的内容，并各有其优点和用途。

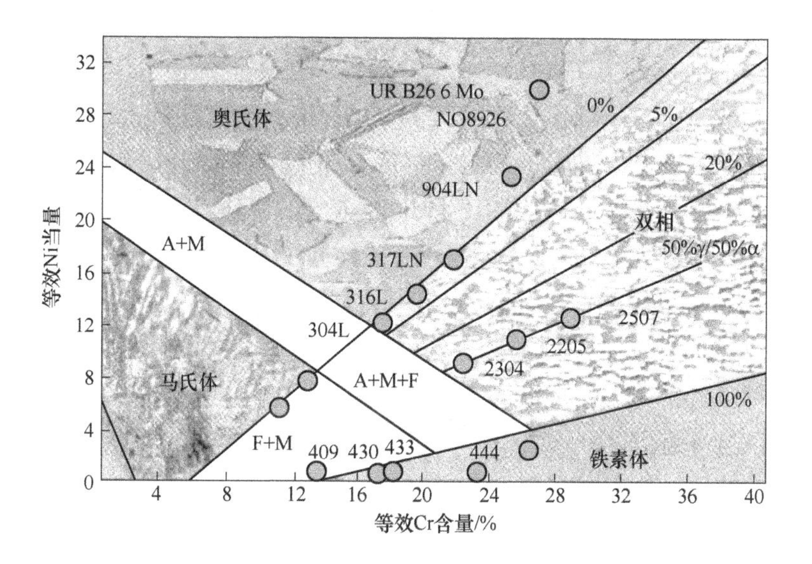

图 4-3 等效 Cr 含量对不锈钢显微组织的影响规律（Schaeffler 图）

图 4-4 指出了自高温冷却后，铬（Cr）当量与镍（Ni）当量对不锈钢基体组织的影响。从图 4-4 中可以根据不锈钢化学成分中的铬当量与镍当量大体确定不锈钢的基体组织类型和组成。不锈钢的 Fe-Cr-Ni 马氏体不锈钢和沉淀硬化不锈钢系处于图 4-4 中 Ⅰ 区和 Ⅱ 区的范围内，而 α+γ 双相不锈钢则处于 A+F 区范围内。

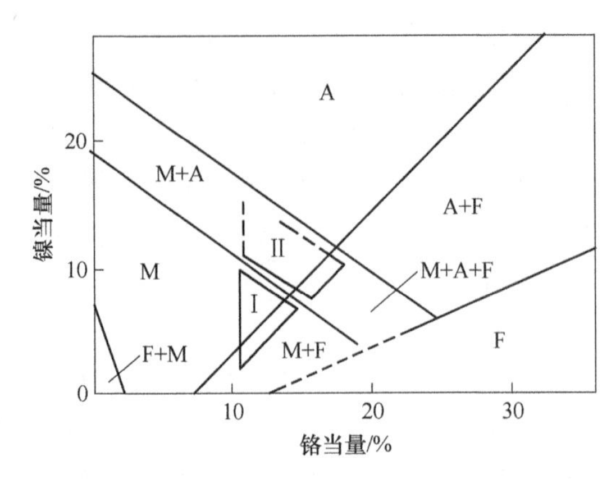

图 4-4　不锈钢的铬当量与镍当量与室温下基体组织的关系（舍夫勒不锈钢组织图）

4.4　现代不锈钢的分类

前面提到，根据显微结构（金相组织类型）的不同，不锈钢主要分为六种，都是通过它们的微观结构或主要晶相来确定的。

4.4.1　奥氏体不锈钢

奥氏体不锈钢在常温下的主相是奥氏体相，具有面心立方（fcc）晶体结构，顺磁性。合金含有铬（Cr）和镍（Ni）（有时还有 Mn 和 N），形成相成分为 Fe-18%Cr-8%Ni 的 302 钢的结构。奥氏体不锈钢不能通过热处理硬化。要使合金在从低温区到熔点的所有温度范围内都维持奥氏体相结构，最少需要 16%的铬（Cr）及足够的镍（Ni）和/或锰（Mn）。典型成分是含有 18%Cr 和 10%Ni 的常被称作 18-10 的不锈钢，这种钢常用在餐具中。奥氏体不锈钢的性能可以通过添加如钼（Mo）、钛（Ti）或铜（Cu）等合金元素来改进，并使其更适用于高温、高耐蚀环境中。该钢种也适用于低温环境，因为镍（Ni）的作用，奥氏体不锈钢种不会在低温下发生冷脆，以区别于其他钢种。

美国钢铁学会把 Ni-Mn-N 类奥氏体不锈钢统称为 200 系列，如 201 和 202。除了镍（Ni），奥氏体稳定化元素碳（C）、氮（N）、锰（Mn）、铜（Cu）和钴（Co）中，没有一种能作为单独的添加元素应用于奥氏体不锈钢，从而能得到令人满意的效果。为形成单一奥氏体组织所必需添加的含碳（C）量对钢的塑性和耐腐蚀性能是有害的，氮（N）不能添加太多，而当合金中的含铬（Cr）量超过 15%以后，锰（Mn）即使添加至 25%以上也不能形成单一的奥氏体组织，铜（Cu）对钢的热塑性有不利的影响，而钴（Co）是一种昂贵的合金添加剂。

因此，虽然出现过不含镍（Ni）的奥氏体不锈钢，但后来还是调整了成分，加入了镍（Ni）。同样，在201和202两种钢中，也仅有大约4%的镍（Ni）是用7%的锰（Mn）和0.25%的氮（N）取代的。201和202不锈钢的屈服强度比与之相应的300系列不锈钢要高，但一般认为，它们的综合耐蚀性能却比300系列不锈钢差。

300系列不锈钢是从经典的18-8（18%Cr-8%Ni）不锈钢的成分基础上演变而来的改型合金，包括一些特殊用途的钢种，是一种广泛应用的耐腐蚀材料。为了改善耐腐蚀性能，发展出来的成分改型有：（1）为了改善钢的抗点蚀和缝隙腐蚀能力，添加了钼（Mo）；（2）为了减小焊接材料的晶间腐蚀，降低了碳（C）含量，或者以钛（Ti）或Nb+Ta稳定化；（3）为了改善材料的抗高温氧化能力，添加了镍（Ni）和铬（Cr）；（4）为了改善材料的抗应力腐蚀性能，添加了镍（Ni）。

奥氏体不锈钢常用牌号有1Cr18Ni9、1Cr18Ni9Ti、0Cr18Ni9Cu3、0Cr17Ni12Mo2和0Cr25Ni20等。1Cr18Ni9因冷加工强度效应显著，主要用作不锈钢弹簧和制绳材料；1Cr18Ni9Ti具有良好的抗晶间腐蚀性能；0Cr18Ni9Cu3冷加工性能优良，磁性较弱，用于制造螺栓等；0Cr17Ni12Mo2（316）在海水和其他含氯离子和硫化氢的介质中具有很好的耐点腐蚀性能，用于制作化工、石油、食品用设备的零部件等；0Cr25Ni20（310）兼有较高的耐蚀和耐热性能，作为耐蚀钢，用于制作食品工业中与浓醋酸和柠檬酸接触的部件，作为耐热钢用于制作各种连续炉和周期炉的传送带、炉管和辐射管等。

奥氏体不锈钢的缺点是线膨胀系数较大，同铁素体不锈钢一样，不能通过热处理进行强化，并对晶间腐蚀性能比较敏感。奥氏体不锈钢含有最大0.15%的碳（C）。当然，奥氏体不锈钢也有低碳牌号，如316L或304L，主要用于避免因焊接时引起的腐蚀问题。“L”的意思是不锈钢的碳（C）含量低于0.03%，因此会降低增敏作用，这种作用是由焊接操作中产生高温，在晶界处析出有害的铬的碳化物引起的。关于增敏作用在书中有详细介绍。实际生产中，常用降低碳（C）含量、添加易形成碳化物的元素和采用稳定化处理的方法来消除这种敏感性。

奥氏体不锈钢具有高的耐蚀性能、良好的焊接性能，在常温和低温下有很高的塑性和韧性，加工性能远优于其他类型的不锈钢。奥氏体不锈钢无磁性或具有弱的磁性。

4.4.2 铁素体不锈钢

铁素体不锈钢在常温下以铁素体相组织为主相，具有体心立方（bcc）晶格结构。一般来说，铁素体系不锈钢含有铁（Fe）和铬（Cr），铬（Cr）含量一般在10.5%~30%，现在也在生产和使用含铬（Cr）量在6%~8%的铁素体不锈钢。当钢中的含铬（Cr）量超过12%，特别是还存在其他铁素体稳定化元素时，其组织结构将主要是铁素体。因此，在405型不锈钢中，添加了大约0.2%Al（铁素体稳定化元素），同时又将碳（C）（奥氏体稳定化元素）维持在相当低的水平（大约0.05%），保证了钢的组织主要是铁素体。一般当铬（Cr）的质量分数超过15%后，基体就完全形成铁素体，如430含有17%的铬（Cr）。铁素体不锈钢早期被称为“不锈铁”，在使用状态下组织结构为以铁素体相为主的Fe-Cr或Fe-Cr-Mo合金，铁磁性。

铁素体系不锈钢一般不含镍（Ni），或只含有微量的镍（Ni），有时含有少量的钼（Mo）、钛（Ti）和铌（Nb）。以前某些钢种含有铅（Pb），但随着欧盟管制有害物质的限制指令（RoHS）的执行，要求钢中的铅（Pb）含量要小于3500μg/g，含铅（Pb）的不锈钢钢种现在已基本淘汰。许多成分都含有钼（Mo），某些还含有铝（Al）和/或钛（Ti）。

铁素体不锈钢具有比奥氏体不锈钢好得多的耐氯化物、苛性碱等应力腐蚀性能，还具有很好的抗海水局部腐蚀性能（抗点蚀、抗缝隙腐蚀和应力腐蚀开裂）和抗高温氧化性能。常见的铁素体不锈钢包括430系列及高温合金18Cr-2Mo、26Cr-1Mo、29Cr-4Mo和29Cr-4Mo-2Ni等，434和444改进了耐蚀性能和加工性能。铁素体不锈钢的韧性没有奥氏体不锈钢好，并且铁素体不锈钢不能通过热处理硬化，耐久性也不如奥氏体不锈钢，但铁素体不锈钢有高的耐蚀能力。

430是一种多用途的铁素体不锈钢，其铬（Cr）含量为14%~18%。若将钢中的铬（Cr）含量规定为其下限，则可改进钢的可焊性、抗冲击性能、强度以及硬度，但耐腐蚀性能会有一定程度的降低。当铬（Cr）含量偏于上限时，钢的耐腐蚀性能提高（特别是在硝酸中），但力学性能特别是冲击性能会降低。现在，这种钢的成分已将铬（Cr）限制在16%~18%之间。

409和439是用Ti稳定化的铁素体不锈钢，目的是为了改善焊缝在轻度腐蚀性环境中的耐腐蚀性能。在铁素体型的400系列不锈钢中，含铬（Cr）量最高的牌号是446合金，因而成为该系列中抗腐蚀性和抗氧化性最好的合金。为了防止晶粒长大，可以在该系列钢中加入氮（N）、铌（Nb）、铝（Al）以及钛（Ti）等。

铁素体不锈钢的耐腐蚀性能优于马氏体钢，具有导热系数大、线膨胀系数小、抗氧化性能好和抗应力腐蚀性能优异等特点。0Cr13常用作汽车排气处理装置、锅炉燃烧室喷嘴等。0Cr17（Mo）常用作家用电器部件、食品用具、清洗材料及建筑装饰材料等。0Cr28常用于制作浓硝酸、磷酸和次氯酸钠等化工设备零件和管道等。

4.4.3　马氏体不锈钢

马氏体为体心正方或立方。四方晶系的马氏体相典型结构是由德国显微专家

Adolf Martens 在 1890 年左右首先观察到的。马氏体相是一种硬而脆的组织，钢中马氏体相力学性能的显著特点是具有高硬度和高强度，因而马氏体相给予钢极高的硬度，同时也使钢的韧性降低并使之变脆，所以只有极少的钢种会被完全硬化。马氏体不锈钢是低碳钢，也是基于添加铬（Cr）为主要合金元素制成的，但含碳（C）量更高，一般情况下含铬（Cr）量比铁素体不锈钢更低。其主要合金元素是铁（Fe）、铬（Cr）和碳（C），传统上是基于 410 成分 Fe-12%Cr-0.12%C 制造的。马氏体不锈钢含有 12%~14%Cr、0.2%~1%Mo、0~2%Ni 和 0.1~1%C（C 使钢更硬，也使材料有点脆），可以淬火、回火和硬化，铁磁性。根据化学成分，马氏体钢不锈钢可以分为 Cr 不锈马氏体钢和 Cr-Ni 不锈马氏体钢。马氏体钢的常用牌号有 1Cr13、2Cr13、3Cr13（Mo）、4Cr13、1Cr17Ni2、2Cr13Ni2、Y1Cr13 和 9Cr18（Mo）。

马氏体不锈钢含有 11.5%以上的铬（Cr），在高温下具有奥氏体组织，当以适当的速度冷却至室温时，奥氏体组织能够转变成马氏体（即被淬硬）。因此，马氏体不锈钢的最高铬（Cr）含量被限制在 Fe-Cr 平衡图中的高温奥氏体稳定区域内或者 γ 环形区域内，参看图 4-1。碳（C）会扩大 γ 环形区，当含碳（C）量为 0.6%时，γ 环形区的含铬（Cr）量可以达到大约 18%。因此，马氏体不锈钢的含铬（Cr）量在 11.5%~18%之间，其下限取决于耐腐蚀性能，上限视合金在加热时完全转变成奥氏体的需要而定。为了获得适合的力学性能，通过马氏体相变而硬化的不锈钢必须进行回火。马氏体不锈钢回火后的力学性能强烈地依赖于回火温度。

马氏体相和奥氏体相的不同之处在于，马氏体相是体心正方结构，奥氏体相是面心立方结构。马氏体相由奥氏体相急速冷却（淬火）形成，也就是由面心立方 γ 母相变为体心正方。奥氏体相向马氏体相的转变仅需很少的能量，原因是这种转变是无扩散位移型的，仅仅出现了迅速和微小的原子重排，在这种情况下奥氏体相中固溶的碳原子没有时间扩散出晶胞。马氏体相变是一种无扩散相变，相变时原子规则地发生位移，因而新的马氏体相会承袭母相的化学成分、原子序态和晶体缺陷，并与母相之间始终保持一定的位向关系。马氏体相变时原子有规则地保持其相邻原子间的相对关系进行位移，结果不但使母相点阵结构改变，而且产生宏观的形状改变。马氏体相的密度低于奥氏体相，所以转变后体积会膨胀。

马氏体不锈钢没有铁素体和奥氏体两个系列不锈钢的耐蚀能力强，但极其坚硬，也很容易切削加工，并可实现热处理硬化。马氏体不锈钢的各种性能可以通过热处理（淬火、回火）在很大的范围内进行调整，也能在退火、硬化与回火的状态下进行焊接。马氏体不锈钢是一类可硬化的不锈钢，钢的硬度主要取决于马氏体相的含碳量，马氏体不锈钢的硬度随含碳（C）量的增加而升高。另外，有多方面的原因使马氏体不锈钢具有高硬度和高强度，主要包括固溶强化、相变强化、时效强化以及晶界强化等。

马氏体不锈钢除了要求适当的耐腐蚀性能外，还要求某些特殊的综合力学性能（如兼有高强度、耐蚀性和耐磨性，经特殊热处理后具有良好的抗疲劳性能及贯穿大截面的可淬透性等）。马氏体钢有良好的淬透性，可以通过淬火、回火改变其强度和韧性。该钢种在常温下具有良好的耐腐蚀性能和耐磨性能，耐高温性能优良，直至500℃强度也不降低，在高达700℃大气中仍能抗氧化。因此，马氏体不锈钢被广泛应用于汽轮机部件、阀门部件、刀具、紧固件以及机械零件等。1Cr13、2Cr13、3Cr13（Mo）常用于制作刀具、弹簧、阀门和手术器材等。1Cr17Ni2 常用作具有较高强度的耐硝酸及耐有机酸腐蚀的零件、轴、活塞杆、螺栓等。2Cr13Ni2 和 Y1Cr13 属于易切削不锈钢，用于制作表面光洁又能承受较大应力的耐蚀零件，如仪表轴、齿轮等。9Cr18(Mo）是不锈钢中硬度最高的一种钢，多用作要求高硬度及耐磨的零件，如切削工具、轴承、弹簧及医疗器械等。

高碳（C）马氏体钢通常不能用作要求焊接、高韧性以及高成型性的场合，也不宜于在400~600℃温度范围内使用，因为会产生回火脆性。在要求耐腐蚀的用途中，马氏体不锈钢被用于制作煤装卸设备和采矿设备，在这种场合，其优点是具有高的耐磨性，同时兼有适中的耐腐蚀性能。

前面提到，借助马氏体相变而实用化的不锈钢必须经过回火才能得到实用的工程性能。用马氏体不锈钢制造的结构件和刀具需进行淬火-回火处理。其耐蚀性能在淬火状态最好，淬回火状态次之，退火状态下最差。回火温度对马氏体不锈钢非常重要。由于在450~600℃之间进行回火时，材料的抗冲击性能和抗腐蚀性能都将变坏，因此，回火温度应当选择高于600℃或低于450℃，这样可以分别获得软的或硬的组织结构。耐腐蚀性能的降低归因于回火时碳化物的沉淀析出，这种现象也与后面要提到的与析出的碳化物毗邻区域的贫铬理论有关，类似于奥氏体和铁素体不锈钢中发生敏化的机理。

用强碳化物形成元素，如钼（Mo）、钒（V）及铌（Nb）对马氏体不锈钢进行合金化，将使析出的细小弥散分布的碳化物更稳定，从而降低材料由于在高温下回火而产生的软化程度。

马氏体不锈钢可以通过退火进行软化，因为具有自硬性，退火后的冷却速度至关重要。退火方式有完全退火、再结晶退火和消除应力退火等三种。

马氏体不锈钢属于易裂钢，热加工和热处理时的热应力、冷加工时的残余应力都能导致钢的开裂。所以热加工时应严格控制升温、降温速度，热加工后应及时退火。冷加工后应及时进行消除应力退火处理。

4.4.4 其他类型的不锈钢

4.4.4.1 双相不锈钢

从舍夫勒组织图（Schaeffler 图）图 4-2 可以看到，大约含有 28%Cr 和 6%Ni 的钢，其组织结构为奥氏体和铁素体，故称之为双相不锈钢。由于加入其他奥氏体和铁素体稳定化元素，每一种相的确切含量可能会有所差异。

双相的组织结构使应力腐蚀裂纹更难于扩展。因此，在退火状态下，双相不锈钢被认为要比某些合金含量较低的奥氏体不锈钢更抗应力腐蚀。另外，双相的组织结构也有更好的抗敏化性能，但其抗缝隙腐蚀和点腐蚀的性能较差。此外，在热加工方面也有困难。

双相不锈钢其微观结构是两相的机械混合，因此综合了两种相的优点。如对于奥氏体相和铁素体相的混合结构，目标是 50/50 的混合，虽然在商品化的合金中，可能是 40/60 的混合结构。与奥氏体不锈钢相比其特征是高铬（Cr）（19%～28%）、高钼（Mo）（高达 5%）和更低的镍（Ni）含量。双相不锈钢比奥氏体不锈钢的强度有所提高，耐局部腐蚀的能力也有所提高，特别是耐点蚀、缝隙腐蚀（也称间隙腐蚀）和应力腐蚀裂纹的能力。最常用的双相不锈钢是 2205（22%Cr-3.0%Mo-4.5%Ni-0.16%N）和 2507（25%Cr-7%Ni-4%Mo-0.27%N），由于更高的耐蚀性能，2507 更被公认为超级双相不锈钢。

奥氏体-铁素体双相不锈钢具有耐应力腐蚀和点腐蚀性能好的特点，可用于含氯离子的环境中，主要用在化工、石油、造纸等工业中的热交换器和冷凝器上。常见牌号有 00Cr22Ni6Mo3N 等。

奥氏体-铁素体双相不锈钢中的铁素体含量随化学成分和加热温度的不同而有较大的变化。与奥氏体不锈钢相比，这类不锈钢具有屈服强度较高、抗晶间腐蚀和应力腐蚀能力较强、焊接时产生热裂纹倾向小、铸造流动性好等优点。缺点是热加工性能稍差，易产生 σ 相脆性。

4.4.4.2 沉淀硬化型不锈钢

沉淀硬化不锈钢编号为 600 系列。

沉淀硬化不锈钢可以分为：马氏体、半奥氏体及奥氏体三种类型。其中，各种马氏体型沉淀硬化不锈钢通常是以马氏体状态供货，成品只要通过简单的时效处理便可达到沉淀硬化的效果。半奥氏体型沉淀硬化不锈钢是以奥氏体状态供货，这类材料必须在沉淀硬化处理之前，通过特殊的热处理，使奥氏体转变为马氏体。而奥氏体型的沉淀硬化不锈钢是以奥氏体状态供货，可直接进行沉淀硬化处理。

沉淀硬化过程被认为是与微细的金属间化合物（如 Laves 相、$Ni_3(Al,Ti)$、碳化物及磷化物）的形成有关。这些金属间化合物在材料经受变形时，阻碍位错的运动，从而使材料的强度提高。延长时效时间，将使这些金属间化合物粗化。这样，在变形时，就使位错能迂回通过金属间化合物而向前运动，使材料的强度开始降低，这种情况被称为过时效。通常，时效处理的目的是使材料获得最佳的强度，同时又具有令人满意的塑性和韧性。当然，沉淀硬化处理通常会使材料的耐腐蚀性能稍有降低，并使材料对氢脆的敏感性增大。

沉淀硬化型不锈钢具有良好的耐蚀性能和较高的强度。常用牌号有0Cr17Ni7Al和0Cr17Ni4Cu4Nb等。0Cr17Ni7Al多用做飞机外壳、结构件、喷气发动机零件、弹簧、天线、紧固件、仪表零件等。0Cr17Ni4Cu4Nb多用于有一定耐蚀要求的高强度容器、高强度螺栓和喷气发动机零件等。

沉淀硬化马氏体不锈钢的耐蚀性能可以与奥氏体不锈钢种相媲美，但经过沉淀硬化后其强度甚至比马氏体等级不锈钢更高，最常见的17-4PH约含有17%Cr和4%Ni。该钢种的优点是可以固溶处理交货，在这种情况下易于加工。完成加工后，可以通过在相当低的温度下进行时效处理来强化，因为温度低，所以加工好的零件不会发生变形。

4.4.4.3 高合金钢

从腐蚀观点，某些含铁（Fe）量低于50%且合金化程度较高的奥氏体材料可以分为两类：Ni-Cr-Fe合金和Ni-Cr-Fe(Mo、Cu、Nb）合金。

Ni-Cr-Fe合金可以看作是提高了合金含量的扩展型304不锈钢。

Ni-Cr-Fe(Mo、Cu、Nb）合金主要用于要求抗还原性酸腐蚀、点腐蚀及缝隙腐蚀的各种场合。这些材料被看作是合金含量更高的扩展型317不锈钢。

根据Schaeffler图（舍夫勒组织图）图4-3，这些高合金都处于稳定的奥氏体区域内，从而保证了合金中不含δ-铁素体和应变诱发的马氏体。然而，如同奥氏体不锈钢一样，在高温下，这些合金可能沿晶界析出碳化物，而且对于Ni-Cr-Fe(Mo、Cu、Nb）合金，还可能析出成分更复杂的金属间化合物。因此，有必要对成分进行控制，以使其在焊接过程中或在高温下使用时，析出相最少。

4.5 几种不锈钢的比较优势

人们普遍认为，奥氏体不锈钢的耐蚀性是优异的，是在相当苛刻的环境中能够耐腐蚀的材料。在腐蚀性较为和缓的环境中，铁素体不锈钢具有足够的耐蚀性能。在轻度腐蚀性的环境中，若要求材料具有高强度或高硬度，则马氏体不锈钢和沉淀硬化型不锈钢是可以适用的。概括来说，应该认识到，对于某些会引起局部腐蚀（如点腐蚀和缝隙腐蚀）的非常苛刻的环境，即使是合金含量较高的奥氏体不锈钢也可能是不耐蚀的。

奥氏体不锈钢加工性能好，但强度低，不能通过热处理进行强化。马氏体不锈钢淬火-回火能获得高强度，但加工性能不太好。沉淀硬化型不锈钢兼有两者的优点，退火（固溶）状态较软，容易加工成型，通过热处理可以获得高的强度，并且具有与奥氏体不锈钢相当的耐蚀性能。此外，这类不锈钢通过适当的时效处理，会析出沉淀相，使强度进一步提高。

现在一般认为，奥氏体不锈钢用于确保无磁性部件的环境，铁素体不锈钢用于软磁耐蚀环境，马氏体不锈钢用于大机械载荷情况，双相不锈钢用于高耐蚀环境。其他等级的不锈钢，如 Mn-N 置换奥氏体不锈钢、铸造不锈钢等，可根据主相成分组成对其性能作出相应的判断和推测。

一般情况下，在大多数工业用途中，不锈钢都能提供令人满意的耐蚀性能。在寻求耐腐蚀材料时，对于苛刻环境，可以在奥氏体型的 Ni-Cr-Fe-（Mo、Cu、Nb）合金系列中进行选择。同样，对于在高温水、苛性碱或气态氯环境下使用的材料，也可以考虑选用 Ni-Cr-Fe 合金。但是，如果在腐蚀性环境中要实现某些电磁功能，就可以选择铁素体和马氏体不锈钢。因此，对于腐蚀性和不锈钢的耐腐蚀知识有一些了解，还是有所裨益的。

4.6　现代不锈钢成分体系的发展

不锈钢钢种从成分上被分为 Fe-Cr 系和 Fe-Cr-Ni 系，并根据合金成分按钢种性质归属于不同的系统。

Fe-Cr 系是以低铬（Cr）的 410 钢（13Cr）为纲，大致以铬（Cr）含量为 13%和大于 13%来分开。马氏体不锈钢大多为 13%Cr，并添加 0.5%以下的其他元素以改善其形成性、耐蚀性、切削性、硬度等。13Cr 钢因为硬度高，因而改良的切削钢种被大量开发。将含铬（Cr）量增加至 16%～17%的钢种是以大量添加碳（C）来提高硬度、耐磨性的钢种为主体，为提高韧性而添加镍（Ni）的 431 钢（16Cr-2Ni）。更进一步加以改善的钢种有沉淀硬化型不锈钢 630（16Cr-4Ni-4Cu-Nb）。

另外，对铁素体不锈钢系列的马氏体不锈钢，如 13Cr，其焊接性、耐蚀性、加工性的改善，可以通过添加铝（Al）或降低含碳（C）量使铁素体组织的焊接性和加工性得以提高。对于 17Cr 钢，在 430（17Cr-0.06C）的基础上根据目的不同开发了许多钢种，特别是通过降低碳（C）、氧（N）含量大量开发了提高加工性、焊接性以及通过添加钼（Mo）来提高耐腐蚀性的钢种，使铁素体不锈钢的用途得以扩大。作为大幅度提高耐腐蚀性的钢种有含 22%～30%Cr、1%～4% Mo 的钢种。

Fe-Cr-Ni 系不锈钢大部分是由奥氏体不锈钢组成的。本来奥氏体系列的基本钢种是 302 钢（18Cr-8Ni-0.1C），但是大多数的钢种都是将含 C 量降低到 0.08%以下的 304 钢发展来的。奥氏体系列钢种的开发初期是通过降低含碳（C）量、添加钛（Ti）、铌（Nb）来达到改善耐晶间腐蚀的目的。为了进一步提高对非氧化性酸的耐腐蚀性，在上述钢中添加了钼（Mo）或钼（Mo）和铜（Cu）的复合。后来，为了提高成型性，加入了铜（Cu）。为了进一步提高强度，添加0.1%以上氮（N）的钢种被开发。此外，为了提高耐腐蚀性，人们对奥氏体系列中的钢种进行了大量的改良工作，研发了通过添加硅（Si）和铜（Cu）使耐应力腐蚀性提高的许多钢种。

开发了通过添加钼（Mo）和氮（N）使耐点蚀性提高的许多钢种。另外，通过大量添加钼（Mo）、增大含 Cr 量、添加氮（N）开发了耐腐蚀性接近镍（Ni）基合金（Ni-Cr-Mo）的钢种。除此之外，还开发了一些改善加工硬化、耐氧化性、切削性的钢种，其中有从 301 钢（17Cr-7Ni）发展过来的 631 钢（17Cr-7Ni-1Al）等沉淀硬化型不锈钢。

另外，双相不锈钢在成分上与奥氏体钢相比 Cr/Ni 比较大，作为奥氏体相和铁素体相的两相组织的不锈钢，除了耐晶间腐蚀外，高强度、出色的耐应力腐蚀性是其一大特点。

5　不锈钢的腐蚀

材料在使用过程中的腐蚀问题，是选用不锈钢材料的重要原因之一。但是，如果使用不当，不锈钢材料也会发生锈蚀。因为不锈钢的腐蚀，每年都会造成很大的损失，如果考虑到管道腐蚀和不锈钢设备腐蚀造成的损失，以及因此在化学工业中造成的事故，这种损失会更大。统计发现，不锈钢的一种严重的腐蚀形式是局部腐蚀（亦即应力腐蚀开裂、点腐蚀、晶间腐蚀、腐蚀疲劳以及缝隙腐蚀等），而并不是全面腐蚀。这些局部腐蚀会占到全部腐蚀案例的50%以上。进一步分析发现，应力（应力腐蚀开裂、腐蚀疲劳）在某些局部腐蚀中显得非常重要。尽管如此，在研究不锈钢的腐蚀时，识别和考虑除应力腐蚀开裂外的其他腐蚀形式，如点腐蚀、缝隙腐蚀、晶间腐蚀、全面腐蚀、腐蚀疲劳以及高温燃气腐蚀也是十分重要的。因为，很多失效事故可以通过合理地选择材料而避免。

为了防止不锈钢发生腐蚀，就有必要对不锈钢的特性及不锈钢腐蚀的机理有一个全面的、深刻的了解和认识，包括不锈钢常见的各种腐蚀形式及其特点和规律等，特别是局部腐蚀形式发生的规律性。这些规律包括腐蚀发生的条件、腐蚀的机理、影响腐蚀的因素及防止措施等。当然，还包括合金元素、杂质以及热处理等冶金因素对不锈钢耐腐蚀性能的影响等。只有对这些规律有了深入的认识和理解，才能更好地使用不锈钢，并避免事故的发生。

5.1　腐蚀、生锈和耐腐蚀

5.1.1　腐蚀

材料制品在使用过程中都有一个可使用的设计寿命，在此过程中，金属将受到速度不同的直接和间接损坏。通常将金属常见的损坏形式归纳为腐蚀、断裂和磨损等。金属与合金在外界介质（大气、水，含有酸、碱、盐类的溶液等）的作用下引起的破坏，称为腐蚀。

腐蚀的定义有各种说法。

（1）因材料与环境反应而引起的材料的破坏和变质：这种定义法将腐蚀的定义扩大到所有材料。随着非金属材料的迅速发展和使用，所引起的非金属材料的破坏现象也日益增多和严重。因此，此定义将金属腐蚀与非金属腐蚀统一在了一个定义之下。该定义也可以使用于塑料、混凝土、橡胶、木材和涂料等的老化和损坏。

（2）除了单纯机械破坏以外的材料的一切破坏：这种定义的用意在于区别单纯的机械破坏。如机械断裂与应力腐蚀破裂、磨损和腐蚀等，前者属于机械破坏，后者属于腐蚀破坏。

（3）冶金的逆过程：这个定义是指在自然界中金属通常以矿石形式存在，如在多数铁矿石中都含有铁的氧化物。冶金过程是将矿石中的氧化物还原为金属，并将金属冶炼或合金化成为金属材料。当钢铁腐蚀时，生成铁锈，其主要成分是水和氧化铁。可见，钢铁的腐蚀过程就是将金属氧化物化为矿石或化合物，是冶炼的逆过程，即回到它的自然存在状态。

通常，把金属的腐蚀定义为：金属与周围环境介质之间发生化学和电化学作用而引起的变质和破坏。碳钢在大气中的生锈、海水中钢质船壳的锈蚀、土壤中钢管的穿孔、锅炉的损坏、轧钢过程中的氧化皮、金属机械和装置在强腐蚀性介质中（酸、碱、盐）的损坏等都是最常见的腐蚀现象。金属的腐蚀需要外部环境，在金属表面或界面上发生化学或电化学多相反应，使金属转化为氧化（离子）状态。

不锈钢的锈蚀分为来自外部因素造成的锈蚀和因不锈钢本身造成的锈蚀。来自外部因素造成的锈蚀，是环境中液体内的铁粉直接附着后造成锈蚀和飞散的铁粉附着后造成锈蚀。在机械加工工厂等使用普通钢和不锈钢时，如果对保管场所不注意时，会发生来自外部因素造成的锈蚀。

不锈钢本身造成的锈蚀，主要是由于 Cl^- 离子作用而发生的。在临海地域的环境中，因为海盐粒子飞散附着在不锈钢表面造成锈蚀，锈蚀的部位也可同时成为点腐蚀。还有，家庭内厨房周围的调味品中的盐分和氯系列洗涤剂，如果附着其上，也会造成锈蚀。

5.1.2　生锈

众所周知，在自然界存在的金属中，除了金（Au）、银（Ag）和铂（Pt）等贵金属可以以金属状态存在之外，其他金属，例如铁（Fe）等，大都是以氧化物的形式存在的。通过冶金方法制得的钢铁材料一般都会生锈，也就是说，钢铁材料都会与大气中的氧发生作用，在材料表面形成含有 Fe^{2+}、Fe^{3+} 等极易剥落的疏松的富铁氧化物组织。

以铁（Fe）为例，可以说明腐蚀是阳极反应和阴极反应互相组合进行的。铁（Fe）与附着在表面上的水（H_2O）和氧（O_2）进行反应，则生成铁锈。以反应式（5-1）和反应式（5-2）表示：

$$Fe + H_2O + \frac{1}{2}O_2 \longrightarrow Fe(OH)_2 \tag{5-1}$$

$$2Fe(OH)_2 + H_2O + \frac{1}{2}O_2 \longrightarrow 2Fe(OH)_3 \tag{5-2}$$

氢氧化亚铁 $Fe(OH)_2$溶解在水中至饱和以后，便沉淀在铁的表面。当水中存在氧时，它们进一步反应转变成为氢氧化铁 $Fe(OH)_3$，这就是常见的红色的铁锈，这一过程就是生锈。氢氧化铁在一定条件下也可以沉淀在铁的表面，形成一层保护层，从而起到防护的作用，使下层的铁不再受到化学作用。

铁（Fe）从金属原子结晶晶格中脱离而成为铁离子（Fe^{2+}），在溶液中进行移动反应（阳极氧化反应）。同时，在溶液中溶解的氧接受了游离的电子（e），成为氢氧化物的离子进行反应（阴极还原反应），这些反应可以用反应式（5-3）和反应式（5-4）表示：

$$Fe \longrightarrow Fe^{2+} + 2e \tag{5-3}$$

$$\frac{1}{2}O_2 + H_2O + 2e \longrightarrow 2OH^- \tag{5-4}$$

在酸性溶液中，氢离子（H^+）因为浓度高（pH 值低），接受游离的电子（e），反应生成氢（H_2），可用反应式（5-5）表示：

$$2H^+ + 2e \longrightarrow H_2 \tag{5-5}$$

这种阳极反应和阴极反应相组合进行的腐蚀机理如图 5-1 所示。

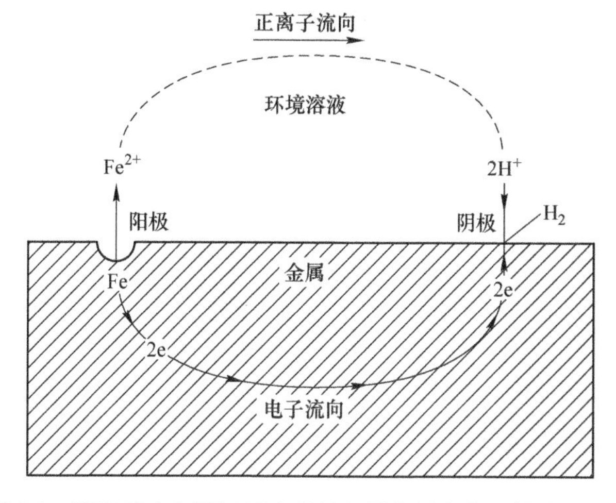

图 5-1 阳极反应和阴极反应进行电偶作用生成“锈蚀”反应

钢铁的生锈是一种典型的腐蚀现象。为了防止钢铁生锈（腐蚀），可以人为地阻止大气与钢直接接触（例如涂防锈漆等）。但漆层一旦受到破坏，钢铁还会继续生锈。

5.1.3 耐腐蚀

不锈钢是含铬（Cr）量不低于 11%的铁合金，这一含铬（Cr）量可以防止合金在无污染的大气中生成铁锈。正是由于这一特点，这类合金才获得了“不锈”这一通用的名称。不锈钢的耐腐蚀性能是由一层很薄的能在各种不同的环境中自行愈合的表面膜所赋予的。

研究发现，随着钢中铬（Cr）含量的增加，钢的耐腐蚀性能会提高。当钢中的含铬（Cr）量大于12%以后，在大气中的耐蚀性就会发生突变，钢会从不耐腐蚀变到耐腐蚀，也就是不生锈，如图5-2所示。人们把钢从不耐腐蚀到耐腐蚀、从生锈变为不生锈，这种变化称为从活化过渡到钝化，从活化态变成了钝化态。通俗地讲，钝化态实际上就是不锈钢与周围腐蚀性介质之间的反应变慢，即不敏感的状态。

研究表明，当钢中的含铬（Cr）量大于12%以后，就会在钢的表面自动形成一种厚度非常薄（2~5nm）的无色、透明且非常光滑的一层富铬（Cr）的氧化物薄膜，这层膜的形成防止了钢的生锈。这层膜叫钝化膜。

进一步研究还发现，在氧化性酸介质中，例如在硝酸中，随着钢中含铬（Cr）量的增加，钢的腐蚀速度也会下降。当含铬（Cr）量达到较高含量时，这种钢便具有了耐蚀性，如图5-3所示。在氧化性介质中，不锈钢耐腐蚀的原因也是由于表面钝化膜的形成。同理，钢在酸介质中从不耐腐蚀到耐腐蚀，也称之为从活化过渡到钝化，从活化态变为钝化态。

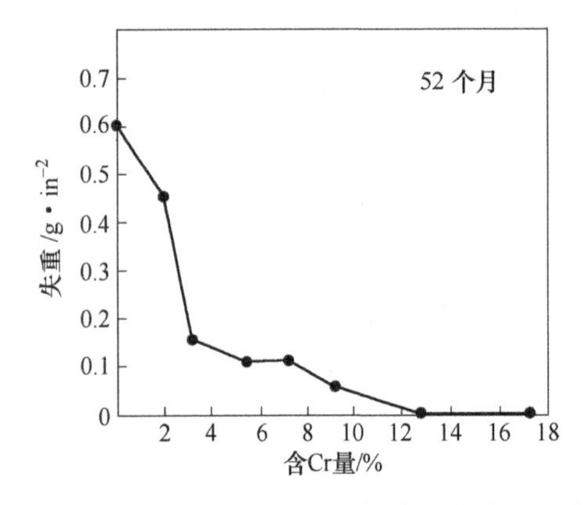

图5-2　含铬量对低碳钢抗大气腐蚀性能的影响（$1g/in^2 = 1.55mg/mm^2$）

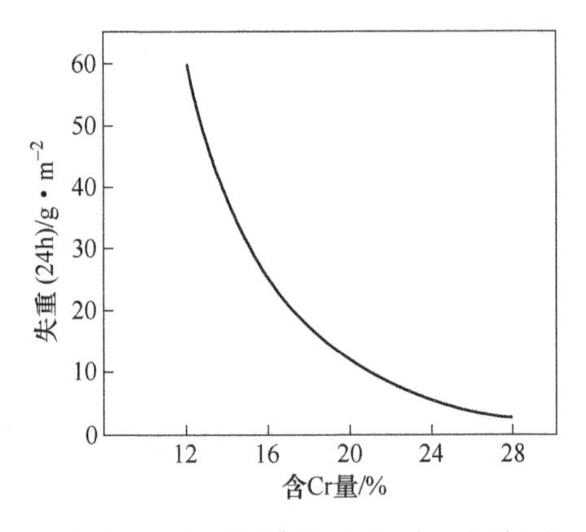

图5-3　在65%沸腾HNO_3中，钢中铬量对其腐蚀速度的影响

5.2　钝化膜的性质

研究表明，钝化膜不仅薄、可以自然形成，而且非常稳定。钝化膜的性质是连续的、无孔的、不易溶解、附着性好、难以剥落，即使受到破坏还可自行修复。

钝化膜的成分比较复杂，而且，钝化膜的成分、结构和性质还会随着不锈钢的化学成分、处理方法（包括冷热加工、热处理、抛光、酸洗和表面加工等）的不同以及使用环境的差异而有所不同。对 18-8 型（304）Cr-Ni 不锈钢，钝化膜一般为 $4M_3O_4 \cdot SiO_2 \cdot nH_2O$，其中 M 为铬（Cr）、镍（Ni）、铁（Fe）等元素。

研究还表明，随着钢中含铬（Cr）量的增加，钢中钝化膜的结构会从晶态变为非晶态，如表 5-1 所示。由于非晶态薄膜缺陷少、结构均匀，铬（Cr）元素更易富集，因此，与晶态薄膜相比，非晶态薄膜具有更高的强度和耐蚀性。

表 5-1 Fe-Cr 合金钝化膜的晶态变化（在 0.5mol/L H_2SO_4中，钝化电位区测得）

含 Cr 量/%	钝化膜的晶态
0	良好的晶态
5	良好的晶态
12	晶态不完整
19	大部分呈非晶态
20	完全为非晶态

研究发现，不锈钢的耐蚀性是由钢中的铬（Cr）含量决定的，与这种钢有没有磁性没有任何关系。铬（Cr）是使钢钝化，并使钢具有耐蚀性的唯一元素。不含铬（Cr）元素的不锈钢是不存在的。

不锈钢的唯一特征是不生锈（即具有不锈性、耐腐蚀性），因此，要与虽然耐腐蚀但却生锈的钢种区别开来。

5.3 不锈钢的腐蚀机理

金属腐蚀可以分为化学腐蚀和电化学腐蚀两种。在高温下金属直接与空气中的氧反应，生成氧化物，是一种化学腐蚀。在常温下这种腐蚀进行得很缓慢，金属的腐蚀主要是电化学腐蚀。

金属材料与电解质溶液相互接触时，在界面上将发生有自由电子参加的广义氧化和还原反应，导致接触面处的金属变为离子、配离子而溶解，或者生成氢氧化物、氧化物等稳定化合物，从而破坏了金属材料的特性，这个过程称为电化学腐蚀。

电化学腐蚀的本质是金属在介质中离子化。以铁（Fe）为例，电化学腐蚀过程可以表示为

$$Fe - 2e = Fe^{2+} \quad (5\text{-}6)$$

金属腐蚀是由在离子化倾向的水溶液中，成为离子的难易度所决定的。所谓金属成为离子，就是在其表面进行电化学反应。金属的离子化倾向是以标准电极电位来表示的。

电极电位亦称溶解电位。金属的电极电位是用相对比较的方法测得的。假设氢的电极电位等于 0，将其作为一个电极，被测金属也作为一个电极，这样在每

升水中溶解有1g被测金属离子的溶液中，用电压表测出两极之间的电位差，用这种方法测得的电极电位叫做标准电极电位。表5-2是常见金属的标准电极电位。

表5-2　常见金属的标准电极电位（25℃）

金属	Mg	Al	Ti	Mn	Zn	Cr	Fe	Co	Ni	Sn	Pb	H	Cu	Ag	Au
电位/V	-2.375	-1.66	-1.63	-1.10	-0.762	-0.51	-0.439	-0.277	-0.23	-0.136	-0.127	0	+0.334	+0.7996	+1.50

位于氢（H）前面的金属为负电位，位于氢（H）后面的金属为正电位。金属的电极电位负值越大，该金属越容易转变为离子状态，亦即电化学稳定性越小。

研究表明，一种金属耐电化学腐蚀的能力，取决于本身的电极电位。以氢离子（H^+）为基准，离子化倾向大而容易溶出的金属，其标准电极电位取为负值，称为“贱金属”。而离子化倾向小不容易溶出的金属，其标准电极电位取为正值，称为“贵金属”。电极电位越负，越容易失去电子，发生离子化。电极电位越正，越不容易失去电子，不易离子化。

表5-3从高到低排出了具有代表性的金属及合金在海水中的腐蚀电位，表5-2和表5-3这两个表可以作为判断材料被腐蚀难易程度的基准。当不锈钢处于活性状态时，显示出了接近于铁（Fe）的电位；但当其处于稳定状态时，却显示出了接近于金（Au）的电位。也就是说，把铁（Fe）和铬（Cr）熔炼成合金后，就可以得到耐蚀性接近于金（Au）的物质。

表5-3　各种金属、合金在海水中的腐蚀电位序列

电　位	金属、合金的名称
高 ↑ ↓ 低	铂（Pt）、金（Au）、石墨（C）
	银（Ag）
	18Cr-8Ni不锈钢（钝化状态）
	镍（Ni）（钝化状态）
	铜-镍合金（Cu-Ni）
	铜（Cu）、70-30黄铜
	镍（Ni）（不含钝化膜）
	海军黄铜、60-40黄铜
	铅（Pb）、锡（Sn）、焊锡
	18Cr-8Ni不锈钢（不含钝化膜）
	铁、钢、铸铁
	铝（Al）
	锌（Zn）
	镁（Mg）

金属的电极电位虽然不能说明所有的腐蚀现象，但是在相对比较不同金属的电化学稳定性、估计两种金属接触时引起腐蚀的可能性，以及解释不锈钢的合金化原理方面，仍有重要意义。

将铬（Cr）熔于铁（Fe）中合金化后，若铬（Cr）的含量达到11%～12%，在空气中就难以生锈。铬（Cr）能提高耐腐蚀性能的第一个原因是铬（Cr）使Fe-Cr合金钢的电极电位提高。当铬（Cr）含量达到1/8、2/8、3/8、…原子比时，Fe-Cr合金钢的电极电位呈跳跃式提高，这种变化规律叫 $n/8$ 定律，如图5-4所示。

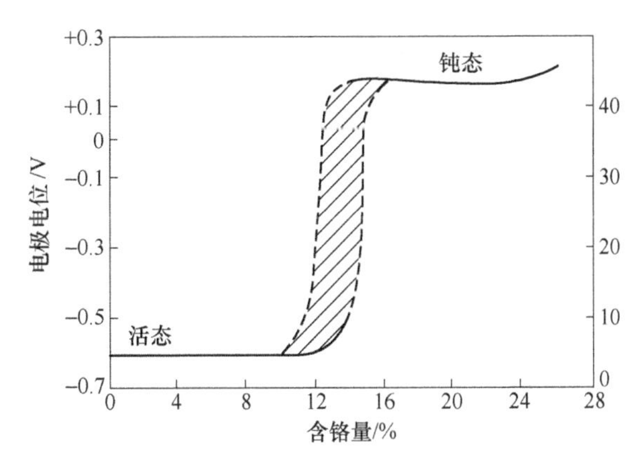

图5-4 Fe-Cr合金的电极电位变化规律

从图5-4可以看出，当Fe-Cr固溶体中铬（Cr）的原子含量达到12.5%（1/8）第一个突变值时，基体在 $FeSO_4$ 溶液中的电极电位将由-0.56V跳增至+0.2V，因此，通常把12.5%的原子数分数作为不锈钢的最低含铬（Cr）量，换算成质量分数，即12.5%×（Cr原子量/Fe原子量）= 12.5%×52/55.8 = 11.65%。因此，含铬（Cr）量低于11.65%的钢，一般不叫不锈钢。

铬（Cr）提高钢的耐蚀性能的第二个原因是Fe-Cr合金钢在氧化性介质中极易形成一层由铬（Cr）以及铁（Fe）的氧化物及氢氧化物构成的厚度为1～2nm的致密的钝化膜（$FeO \cdot Cr_2O_3$），这层钝化膜稳定、完整，与基体金属结合牢固，将基体与介质完全隔开，从而有效地防止了不锈钢的进一步氧化或腐蚀。但在还原性介质中，这层膜有破裂倾向。

在Fe-Cr固溶体中，产生耐蚀现象的原因也可以用电子排列理论来解释：过渡族金属元素的电子排布都有一个共同的特点，就是它们的原子结构内层不紧密，d层没有布满电子。作为价电子，过渡族金属元素外层电子的排布形式为 $3d^{1\sim10}4s^{1\sim2}$。因为吸附的氧或氧化物能够吸收电子，使过渡族金属更缺乏电子而钝化。对于铁（Fe），其电子排布为 $3d^64s^2$，而铬（Cr）的电子排布为 $3d^54s^1$。

活态的铁在溶解时为 Fe^{2+}（电子排布为 $3d^64s^0$），钝态的铁在溶解时为 Fe^{3+}

（电子排布为 $3d^5 4s^0$），不同的是后者内层所含电子比前者少了一个，即是说要使铁钝化最低限度要使铁的每个原子失去一个电子。当铁（Fe）与铬（Cr）构成不锈钢时，由于铬（Cr）原子的3d层仅有5个电子（$3d^5$），距离布满状态还需要5个电子，因而铬（Cr）力求吸收电子。这样，一个铬（Cr）应向每一个铁（Fe）原子的3d层共吸收5个电子（铁是 $3d^6$），即有5个铁（Fe）原子可因此失去一个电子而钝化。这一比例表明，铁铬合金中有1/6的原子是铬（Cr）时就可以达到钝化，换算为质量比，相当于含15.5%Cr，与不锈钢的最低限度含铬（Cr）量基本相符。

一般说来，不锈钢的耐蚀性能和抗氧化性能是随含铬（Cr）量的增加而增加的。从表5-4可以看出，Fe-Cr合金钢在海洋大气中的腐蚀随含铬（Cr）量的增加而减少。图5-5显示出Fe-Cr合金钢在1000℃时，氧化失重与含铬（Cr）量的关系。

表5-4　Fe-Cr合金钢在海洋大气中腐蚀率与含Cr量的关系

含Cr量/%	1	2	3	5	7	9	12	18.5
失重（24h）/mg·dm^{-2}	6.79	5.50	4.44	3.0	2.78	2.49	0.20	0.04

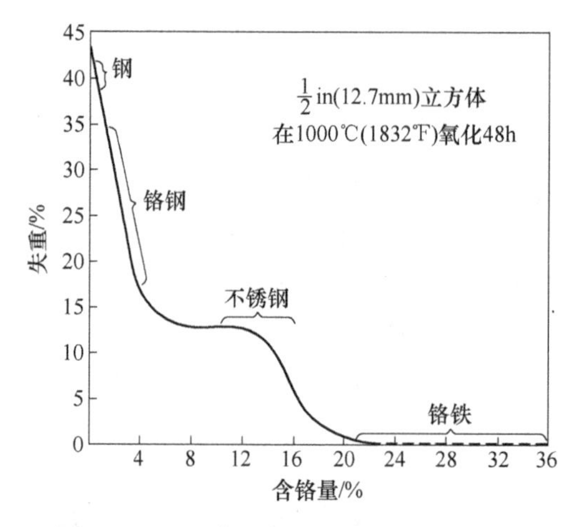

图5-5　Fe-Cr合金在1000℃时的氧化失重

（1in＝25.4mm）

因此，以提高耐腐蚀性为目的的含有铬（Cr）或含有铬镍（Cr-Ni）的合金钢称为不锈钢。一般来说，铬（Cr）的含量大约超过11%的钢就被称作不锈钢。不锈钢品种繁多，除了铬（Cr）外，为了使不锈钢具有某些特殊性能或为了便于加工制造，还添加了很多其他元素。例如，为了改善耐腐蚀性能，添加镍（Ni）和钼（Mo）；为了提高强度而添加碳（C）、钼（Mo）、钛（Ti）以及铜（Cu）；为了改善切削性能而添加硫（S）和硒（Se）；为了改善成型性和提高韧性而添加镍（Ni）等。

5.4 影响奥氏体不锈钢性能的因素

5.4.1 δ-铁素体

δ-铁素体是一种铬（Cr）和其他铁素体稳定化元素富集、镍（Ni）和奥氏体稳定化元素贫乏的相。熔融钢在凝固时所生成的δ铁素体（δ-Fe），在加工过程中，由于加热、轧制、热处理等，大部分会变为奥氏体，在一部分钢种中在常温下残留下来。在凝固状态下存在的δ-铁素体的数量，取决于合金的成分。

通过计算铬（Cr）当量和镍（Ni）当量，可以使形成δ-铁素体的可能性减至最小。δ-铁素体对奥氏体系列不锈钢的特性有下列影响。

（1）使热加工性能劣化：δ-铁素体会给热加工带来困难，也会降低材料的抗点蚀性能。

（2）提高耐应力腐蚀裂纹的能力：当足够量的铁素体以孤岛状铁素体晶粒形式存在时（如双相不锈钢），它将明显改善钢的抗敏化性能和抗应力腐蚀开裂性能。然而，如果铁素体呈连续的晶界网络状时，则会降低钢的抗敏化能力。

（3）防止焊接时熔着钢的高温裂纹：δ-铁素体的存在可以降低材料的热裂倾向。

（4）促进σ相析出：δ-铁素体在高温下长期停留可能导致δ→σ相的转变。σ相是一种硬而脆的金属间相，它会降低钢的塑性和韧性。

（5）提高强度，略微降低韧性。

因此，在奥氏体不锈钢中一般不希望出现δ相。现代300系列奥氏体不锈钢的成分中，通常都含有足够的镍（Ni）或其当量数，以避免出现大量的铁素体相。然而，在焊缝金属和铸钢中，要有意保持一些δ-铁素体。对特意保持有一定量δ-铁素体的专用双相不锈钢（如329），通过适当的热处理使之转变为硬的σ相，可以改善钢的耐磨性。

5.4.2 敏化

在300系列不锈钢的发展中，一直致力于发展抗敏化的不锈钢。敏化现象与碳化物在奥氏体晶界的沉淀析出有关。为了对敏化有所认识，可以从组织结构角度，分析18-8合金中相的平衡关系以及碳（C）的溶解度。

如图5-6所示，含碳（C）量在0.03%~0.7%之间的合金，其室温下的平衡组织应含有奥氏体、α铁素体以及碳化物（$M_{23}C_6$）。在含有各种奥氏体稳定化元素的合金中，当以实际冷却速度从高温冷却时，$\gamma+M_{23}C_6 \rightarrow \gamma+\alpha+M_{23}C_6$反应的发生（在SK线附近）是很缓慢的。对含碳（C）量低于0.03%时这种反应同样适用：$\gamma \rightarrow \alpha+M_{23}C_6$。分析认为，含碳（C）量低于0.03%左右的奥氏体是稳定的。

对含碳（C）量超过 0.03%的奥氏体，当其冷却至溶解度界线以下时，应该析出 $M_{23}C_6$。不过，当冷却速度非常快时，这一沉淀析出反应将部分地被抑制。例如，当含碳（C）量超过 0.03%的 18-8 钢在 1050℃进行热处理时，为了消除冷、热加工效应，应以相当快的速度冷却至室温。这时，尽管有部分的碳化物可能在冷却过程中析出，但室温下的奥氏体基本上含碳（C）量是过饱和的。

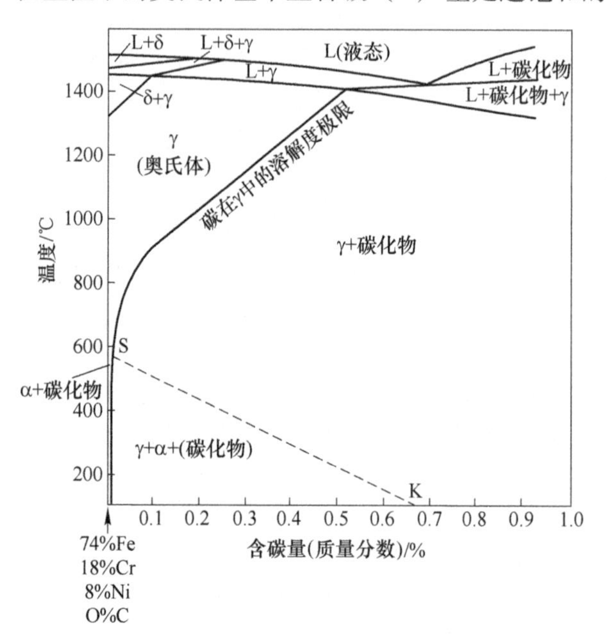

图 5-6　不同含碳量的 Fe-18%Cr-8%Ni 合金的伪二元相图

如果将这种过饱和的奥氏体重新加热到 $\gamma+M_{23}C_6$ 的高温相区域内，则富铬（Cr）的 $M_{23}C_6$ 相将进一步地沿奥氏体晶界沉淀析出。在时间-温度的某些组合条件下，虽然足以使这些富铬（Cr）的碳化物沉淀析出，但却不能使铬（Cr）重新扩散回到碳化物附近的奥氏体中去。这样，在碳化物的周围将会形成一些贫铬（Cr）的奥氏体“壳层”。在某些环境条件下，这些壳层将不耐腐蚀。由于碳化物沿晶界析出，会导致晶间腐蚀。如果这种腐蚀是由焊接引起的，曾被称为“焊衰”。后来的习惯是，不管这种贫铬（Cr）现象是由缓慢冷却、热处理或高温下使用所致，还是由焊接所引起，都统一用“敏化”这一术语来描述。对敏化现象的解释，也普遍采用贫铬（Cr）理论来解释。

为此，为了降低不锈钢的敏化倾向，一般都会采取如下措施：（1）采用各种牌号的低碳（含 C 量≤0.03%）不锈钢（如 304L、316L 等）；（2）焊后热处理，使析出的铬（Cr）经过扩散重新回到已经贫铬（Cr）的奥氏体中去；（3）采用加钛（Ti）（如 321）或 Nb+Ta（347）的方法，在高温时就会析出钛（Ti）或铌（Nb）、钽 Ta 的碳化物。这样，钢在冷却过程中，碳（C）就几乎不会以富铬（Cr）碳化物的形式沿晶界析出。对 321 和 347 这两种不锈钢，有时需要在 900～925℃进行稳定化处理，以保证碳（C）最大程度地以钛（Ti）或铌（Nb）的碳化物形式析出。

这些方法各有利弊。例如，各种牌号的低碳（C）不锈钢强度较低，焊后热处理的方法对于大型构件不可行，而经稳定化处理的各种不锈钢可能会出现另一种形式的腐蚀——刀状腐蚀等。

5.4.3 低温脆性

在低温环境中，伸长率 δ 和断面收缩率 ψ 降低的现象称为低温脆性。

一般所说的低温，定义很广，通常指冷藏和冷冻。不锈钢材料使用在从 0℃开始到-100℃左右的范围或超低温的范围，其特性大不相同。工业用氮（N_2）或氧（O_2）是从空气中在超低温下冷却分离出来制得的液态氮（液化温度为-196℃）和液态氧（-183℃）。天然气在超低温工况下，可以冷却成为液化天然气（LNG，液化温度为-162℃）。这时，都需要用到能在低温环境下使用性能良好的材料。在低温环境中，变形能量小。不锈钢在低温下，电阻、线膨胀系数、热导率、质量热容和磁性等都会发生很大变化。电阻、线膨胀系数在低温时变小；热导率、质量热容在低温时急剧减小；杨氏模量（纵弹性模量）在温度下降的同时增大。

低温脆性现象多发生在铁素体系列的体心立方组织上。铁素体不锈钢因为是体心立方（bcc）结构，当材料性能呈现出变弱时，尖锐的裂纹会迅速地扩展而造成脆性破坏。奥氏体系列不锈钢因为是面心立方（fcc）结构而不会产生脆性破坏。

普通钢（铁素体钢）是一种高强度材料，但在低温中，因其强度和韧性都减弱，使得在使用上受到限制。为此，在添加镍（Ni）成为特殊钢后，可以按规定的用途使用。马氏体系列、铁素体系列和奥氏体系列不锈钢，分别在常温以及高温环境中具备各自的优越特性，但在低温状态下，马氏体系列不锈钢和铁素体系列不锈钢存在像普通碳素钢那样的低温脆性，低温性能不佳；而奥氏体系列不锈钢或镍（Ni）基合金不显示低温脆性，因而具备优良的低温特性，被大量使用。为了改善铁素体系列不锈钢的冲击韧性，可以进行高纯化工艺，借助于控制碳（C）、氮（N）等级水平，使脆化温度在-50～-100℃的温度范围内得到改善，进而有可能将其用于与冷冻相关的工程中。

奥氏体系列不锈钢具有优异的低温特性，是因为奥氏体系列不锈钢在低温时可以生成马氏体，从而使奥氏体系列不锈钢的代表钢种 304(18Cr-8Ni) 在常温下是非磁性的，而在低温环境中变为有磁性的。大多数 300 系列不锈钢在进行冷加工时，特别是在低于室温条件下冷加工时，可能会发生马氏体相变，即 $\gamma \rightarrow \varepsilon$ 和 $\gamma \rightarrow \alpha'$的转变。$\varepsilon$ 相属于密集六方晶格，而 α'型马氏体是体心立方晶格。含 8%～

10%Ni 的不锈钢，在塑性变形时的硬化现象不仅是由应变硬化所引起，还由这种应变诱发的相变所致。合金含量较高的 310 不锈钢，其硬化速率随轧制温度的变化差异很小，说明 310 不锈钢中的奥氏体是趋于稳定的。奥氏体系列不锈钢 304（18Cr-8Ni）和 316（18Cr-2Ni-Mo）等显示出在低温状态下仍具有优越的冲击特性。但是，要注意析出铁素体或引起马氏体的析出，还有因敏化引起碳化物或 σ 相等异相析出而引起脆化的倾向。

5.4.4 硫化物夹杂

硫（S）作为一种杂质（0.03%）而存在于奥氏体不锈钢中，或者是为了改善材料的切削性而特意加入（例如 303 不锈钢），其添加量通常为 0.35%。由于在室温下硫（S）在不锈钢中的溶解度小于 0.01%，因此，它通常是以金属硫化物的形式存在于材料中。这些硫化物主要是硫化锰，但也含有铬（Cr）和其他元素。这些硫化物起到点蚀源的作用，对所有不锈钢的抗点蚀性能都是有害的。

现在，通过 AOD 精炼法可以生产出 0.006%~0.01%S 的不锈钢。因为含硫（S）量太低不利于机加工和切削性能，往往会在钢中补加一些硫（S），以保证材料有足够的切削性能。

5.5 影响铁素体不锈钢性能的因素

不锈钢中的铁素体组织会导致许多属于冶金学性质的复杂问题，如：韧性-脆性转变、475℃脆性、σ 相的形成、高温脆化、焊态的低韧性以及敏化等。这些问题都有可能影响到不锈钢的腐蚀性能。

一般来说，铁素体不锈钢的工艺性能较差，脆性倾向比较大。铁素体不锈钢的脆性与下列几个因素有关。

5.5.1 韧性-脆性转变

韧性-脆性转变温度是指用冲击试验方法测定出的金属材料随着温度下降而发生塑性明显下降、脆性明显上升的温度，这个温度是金属材料从韧性状态过渡到脆性状态的温度，也称延性-脆性转变温度或塑性-脆性转变温度，或简称脆性转变温度。通过在各种试验温度下测量材料的冲击性能，就可以得出一个称之为韧性-脆性转变温度（DBTT）参数。低于这个转变温度，所给定的材料具有低的冲击强度。已经证实，铁素体合金的 DBTT 随其含铬（Cr）量的增加而升高。

材料的 DBTT 取决于该材料的厚度、晶粒尺寸以及某些合金元素的存在及其含量等这几个因素。对于 409、439，厚度是影响 DBTT 的一个特别重要的因素。材料的 DBTT 取决于其厚度，可能与较厚的材料中所存在的阻止厚度方向变形的一些约束因素有关。

晶粒尺寸也是决定材料 DBTT 的一个重要因素，而且，晶粒尺寸较小的材料其 DBTT 倾向于较低。因为纯铁素体不锈钢的晶粒尺寸只能通过冷轧和适当的温度下的再结晶而细化，因此，尺寸规格较薄的材料，由于其在成型操作中承受了较大的冷变形量，故通常也就具有较小的晶粒和较低的 DBTT。在合金元素中，使材料的 DBTT 升高的元素有钛（Ti）、碳（C）及氮（N）。

使材料的 DBTT 降低的另一个因素是增加冷却速度，这种效果随钢中含铬（Cr）量的增加而增强。这可能与钢在冷却过程中缩短了引起 475℃ 脆性温度下的滞留时间有关。

5.5.2　晶粒粗化

铁素体型钢不能用热处理调节其晶粒度，而且由加热引起的晶粒粗化比奥氏体型钢既快且粗化程度又大。

铁素体不锈钢的晶粒极易粗化。加热时其晶粒长大速度和粗化程度远远大于奥氏体不锈钢。晶粒的长大与材料热处理前的冷加工变形量有关，当冷加工变形量约为 5%时，加热后会产生非常粗大的晶粒。含铬（Cr）量越高，晶粒长得越粗大。因此，对于冷加工变形量、退火温度及保温时间都必须加以考虑。对于经过深冲之类加工的工件，由于形状不同而局部变形量各异。因此，中间退火应尽可能在低温下进行。

铁素体不锈钢的这种晶粒粗化是不可逆转的。在热加工和热处理过程中，如果工艺控制不当，晶粒很容易长大。晶粒粗大化，材料就会变脆。经过深冲、弯曲等冷加工后，容易产生粗糙表面和裂纹，晶间腐蚀也严重。

为了防止晶粒粗化，铁素体不锈钢往往采用较低的始锻（轧）温度（1040~1120℃）和终锻（轧）温度（700~800℃）。在冷加工过程中，一般采用 750~850℃ 短时间保温和快速冷却的退火工艺，以达到去应力退火，使其软化的目的。

5.5.3　475℃脆性

含铬（Cr）量在 12%以上的铁素体型钢，在 370~540℃ 温度下长期停留和长期加热后，会出现脆性。具体表现为：会出现材料的强度、硬度升高，塑性、韧性大幅度降低的现象，耐蚀性也降低了。因为这种现象在温度为 475℃ 左右时最为严重，因此称之为 475℃ 脆性。在约 475℃ 附近停留的时间起着重要的作用，停留时间越长，危害越大。因此，应防止材料在 475℃ 附近长期停留和使用。

若将含铬（Cr）量超过 12%的铁素体不锈钢加热到 340℃ 以上时，钢的缺口韧性会明显降低，而且材料变脆。通常，合金的含铬（Cr）量越高，则产生这种脆性所需要的时间就越短。27Cr 钢经 475℃×100h 加热后，其常温的抗拉强度 σ_b 增加 50%，屈服强度 σ_s 增加 150%，而伸长率 δ 则变为零。

475℃ 脆性在含 13.7% Cr 以上的铁素体不锈钢中就有可能出现，在含铬

(Cr) 量较高的马氏体-铁素体不锈钢、18-8 型奥氏体不锈钢及沉淀硬化型不锈钢中也会发生，但远不及高铬 (Cr) 铁素体不锈钢中明显。

研究表明，产生 475℃脆性的原因是由于富铬 (Cr) 的 α 初生相 (α′) 的沉淀析出之故。而这种相的沉淀析出，又是由 α 相的 Fe-Cr 固溶体在较低温度下不稳定而发生分解所致，这也可以从 Fe-Cr 平衡图 5-7 看出：在低于 516℃的温度下，在含铬 (Cr) 量很宽的范围内，都有可能出现 475℃脆性。出现脆性的下限温度，通常被认为是 340℃左右，这一温度是由 α′相成核和长大的动力学确定的。如果在高于 516℃ (例如 538℃) 下长期 (例如 100h) 停留，则会导致另一种形式的脆性，这种脆性不是由 α′相的沉淀析出引起，而是碳-氮化物的沉淀析出所致。

铁素体形成元素铬 (Cr)、钼 (Mo)、铌 (Nb)、钛 (Ti)、铝 (Al)、硅 (Si) 等会使出现 475℃脆性的倾向增大，因此是有害的；奥氏体形成元素镍 (Ni)、锰 (Mn) 却会使出现 475℃脆性的倾向减小，是有利的，而氮 (C)、氮 (N) 也是有害的。铁素体不锈钢的 475℃脆性，随含铬 (Cr) 量的增加，脆性转变温度提高，转变所需的加热时间缩短。Cr13 钢的转变温度为 400℃，Cr17 钢的转变温度为 500℃。Cr17 钢加热 14 天后，冲击韧性值降低不大，Cr28 钢经过短期加热，就可能变脆。因此，建议含 17%Cr 左右的材料，长期使用温度不高于 350℃；含 25%Cr 左右的材料，长期使用温度不高于 300℃。

研究表明，475℃脆性是由铬 (Cr) 原子在钢中的不均匀偏聚，引起点阵畸变和内应力增加造成的。已经产生了 475℃的不锈钢，可以通过将材料重新加热到 516℃以上的温度 (例如 600℃)，然后快速冷却至室温而消除 (α′相的析出是可逆的)。然而，应当避免 α+σ 的温度区间 (Fe-Cr 相图如图 5-7 所示) 长期加热，因为这可能要形成 σ 相。

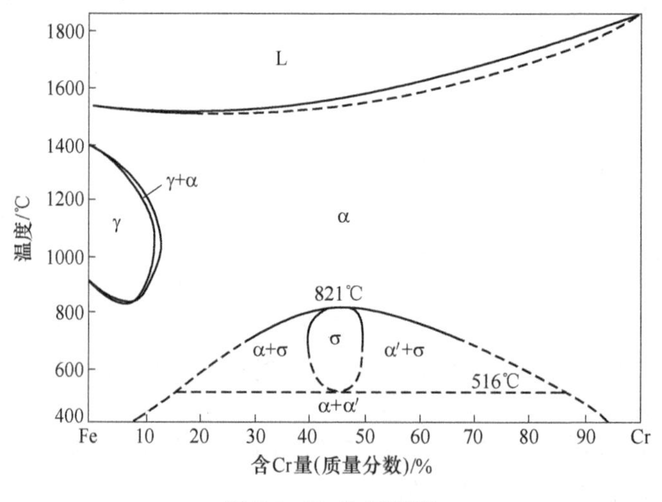

图 5-7　Fe-Cr 平衡图

5.5.4 中温脆性和 σ 相析出

含 Cr 量在 15%～70%的铁素体不锈钢在 540～815℃下长期加热或停留，冷却后会出现脆性，这种脆性叫中温脆性。此时材料的强度、硬度增加，塑性、韧性下降，这是由富铬（Cr）的金属间 σ 相析出所致。在 700～800℃加热产生这种 σ 脆性的速度最快。这时会析出一种铁（Fe）与铬（Cr）的金属间化合物（σ 相），其成分与 FeCr 相似。σ 相是一种硬而脆的金属间相，沿晶界呈网状分布。σ 相的出现使铁素体不锈钢的性质变脆，并且会降低铁素体不锈钢的耐蚀性和抗氧化性能。由于 σ 相中富铬（Cr），导致 σ 相周围铬（Cr）贫化，从而使钢的耐蚀性也降低。在 Fe-Cr 相图 5-7 中显示出的温度和成分区间内，σ 相是一种平衡相。σ 相的形成速度是很缓慢的，它首先产生于晶粒边缘。

一般认为，含 Cr 低于 20%的铁素体不锈钢不易产生 σ 相。随着含铬（Cr）量的增加，产生 σ 相的倾向增大。向铁素体不锈钢中添加形成铁素体元素（如 Cr、Si、Al、Nb、Ti 和 Mo 等）以及施以冷加工，将有利于 σ 相的形成；但添加奥氏体形成元素中的铜（Cu）、锰（Mn）和镍（Ni）等稳定奥氏体作用的元素，产生 σ 相的倾向减小，并会使 σ 相析出向低温方向移动。

σ 相的存在使材料的硬度增加，但却降低了不锈钢的塑性、缺口韧性以及耐腐蚀性能。但是，由于 σ 相的形成速度很缓慢，因此，σ 相通常是材料在高温下长期暴露使用的条件下才会产生。在中温长期停留，即使仅含 12%～16%Cr 的铁素体不锈钢，同样会出现中温 σ 相脆性。因此，与防止 475℃脆性相同，例如，材料不要在 500～800℃长期使用。铁素体不锈钢中已经形成的 σ 相，若将材料加热到 900℃左右或 900℃以上的温度（例如，经过 850℃、保温 0.5h 的退火后），σ 相可以重新被溶解。之后，为避免 475℃脆性，必须随后快速冷却，以恢复铁素体不锈钢的韧性和耐蚀性能等。

但是，如果将含有相当量间隙元素的高 Cr 铁素体不锈钢加热到 1000℃及 1000℃以上，有可能会使钢在室温下的韧性和塑性大大降低，这就是所谓的高温脆性，这由碳氮化物的沉淀析出所致。

还应该注意到，对于含铬（Cr）量高于 16%、含 Ni 量低于 32%的奥氏体不锈钢，在 565～925℃间的温度范围内也可能会形成 σ 相。

5.5.5 高温脆性

普通高铬（Cr）铁素体不锈钢在高于 950℃加热后急速冷却到室温，材料的塑性、韧性会显著降低并呈现脆性，称为高温脆性。这种高温脆性十分有害，在进行焊接、950℃以上等温热处理或铸造过程中，均可能出现这种脆性；同时耐蚀性也会显著降低。这主要是不锈钢中碳（C）、氮（N）等铬（Cr）的化合物的沉淀所致，晶粒粗化也有影响。含 0.2%C 的 25Cr 钢，经 1000℃×100h 加热时，在常温下的弯曲角度即变为零。可见，不锈钢中碳（C）、氮（N）等间隙元素含量和晶粒度对高温脆性有很大的影响。因此，高铬（Cr）钢在热处理时一定要防止过热，而且，应降低不锈钢中碳（C）、氮（N）的含量并细化晶粒。

间隙元素（C、N 等）含量中等以上的铁素体不锈钢（C+N>0.04%），加热到 1000℃以上，快速冷却到室温，其韧性和塑性比较低。研究表明，高温脆性和晶间腐蚀一样，是由富铬（Cr）碳化物、氮化物在晶间和位错上析出引起的。高温脆性转变温度随钢中间隙元素含量和含铬（Cr）量的增加、冷却速度的加快，向高温区移动。含 25%Cr 的铁素体不锈钢，当碳（C）和氮（N）的总量从 0.035%提高到 0.045%时，脆性转变温度从室温以下提高到室温以上。伴随着脆化，铁素体不锈钢的耐蚀性能也急剧下降。出现高温脆性时可通过适宜热处理来消除。已经脆化的铁素体不锈钢，重新加热到 750~850℃，可以恢复其塑性和耐蚀性能。

5.5.6　焊缝韧性

铁素体不锈钢在焊接时遇到的主要问题是焊接区的韧性不足。造成焊接区韧性不足的原因主要有四个方面：晶粒粗化、475℃脆性、碳氮化物引起的高温脆性以及 σ 相的形成（可能性比较小）等。提高铁素体不锈钢中铬（Cr）的含量，能加强这四个方面的因素。因此，随着铁素体不锈钢含铬（Cr）量的变化，在焊缝韧性与耐腐蚀性能之间存在着一种成相反变化的关系，如图 5-8 所示。因此，降低铁素体不锈钢中铬（Cr）的含量，会更易于焊接，但较低的含铬（Cr）量会降低其耐腐蚀性能。对于 430 系列不锈钢，可以采用一种相匹配的焊条进行焊接，并应在焊接前后进行热处理。含铬（Cr）量最高的 442 和 446 纯铁素体不锈钢对高温脆性以及对焊缝和热影响区铁素体晶粒的长大特别敏感。因此，它们的韧性很低。正如相图 5-7 所示，铁素体不锈钢的成分位于 γ 环形区之外，所以它们的晶粒不能通过高温相变来细化。

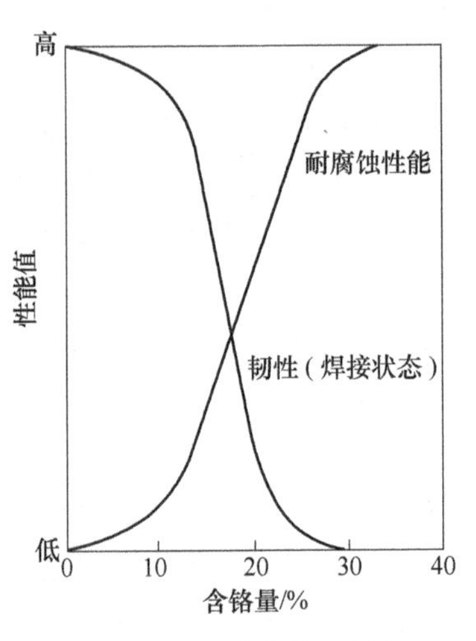

图 5-8　铬对铁素体不锈钢性能的影响

在某些情况下，430 和 446 不锈钢可以采用奥氏体钢焊条（308、309 以及 310）进行焊接。如果铁素体不锈钢的温度高于 16℃，则采用奥氏体钢焊条进行焊接时，无须对其进行焊前预热。不过，虽然由奥氏体钢焊条进行焊接的焊缝，其塑性和韧性会较高，但异种金属的存在可能会损害材料的抗应力腐蚀性能和其他腐蚀性能，或者由于线膨胀系数的差异而导致其他问题。

5.5.7 敏化

与奥氏体不锈钢一样，铁素体不锈钢在经过某种热处理后也可能呈现出对晶间腐蚀的敏感性。

以前，对铁素体不锈钢晶间腐蚀敏感性的研究大多都是针对430系列不锈钢进行的。研究表明，碳（C）在α铁素体中的溶解度不大，因此，如果在高温下的固溶体中溶有大量碳（C）的话，在冷却时碳（C）将以碳化物形式沉淀析出。通常认为，要使430不锈钢敏化，则必须将它加热到奥氏体形成的温度。如果把材料加热到这个温度区间内，不论是经过水冷还是空冷至室温，其对晶间腐蚀都是十分敏感的。也就是说，曾被加热到高于奥氏体形成温度的焊缝和热影响区，对晶间腐蚀都是敏感的。对于奥氏体不锈钢，把含碳（C）量降低至不大于0.03%以及添加稳定化元素（尽管后者可将敏化的程度减至最低程度），都无法解决敏化问题。最好的方法是将已敏化的材料加热到大约800℃的温度，重新进行退火处理。

可见，奥氏体不锈钢和铁素体不锈钢的敏化及消除敏化的温度范围大不相同，通常统一确定为650~700℃。但研究证实，对这两种不锈钢，产生晶间腐蚀的机理都是来自于同样的基本现象：晶界贫铬，即与晶界上析出的碳化物和氮化物相毗邻的基体的贫铬（Cr）有关。由于650℃温度下铬（Cr）在铁素体不锈钢中的快速扩散，即使有铬（Cr）的碳化物析出，也会通过铬（Cr）的快速扩散消除贫铬区，故形成贫铬区而致晶间腐蚀的倾向很小。

如果将铁素体不锈钢加热到奥氏体转变温度（927℃以上），碳（C）、氮（N）在钢中扩散速度加快、固溶度降低，将使部分碳化物和氮化物溶解到铁素体和奥氏体中去，于是，铁素体被碳（C）和氮（N）所饱和。当冷却时，碳（C）和氮（N）的溶解度将大大降低。因此，易形成高铬的碳化物、氮化物并非常迅速地从钢基体沉淀析出，形成贫铬区致晶间腐蚀。在较低的温度（400~700℃）所形成的碳化物和氮化物会造成其毗邻区域贫铬（Cr）。如果在较高的温度（例如800℃左右）下保温，铬（Cr）将重新扩散至贫铬（Cr）区。因此，奥氏体和铁素体不锈钢在敏化温度范围上的差别可以解释为碳（C）和氮（N）在铁素体中的溶解度比在奥氏体中的溶解度要小得多，从而，碳化物和氮化物从铁素体中析出的速度也要快得多。

5.5.8 室温韧性低、脆性转变温度高和对缺口敏感

在铁素体不锈钢中还发现以下现象：（1）韧性低；（2）塑-脆性转变温度（以下简称脆性转变温度）高；（3）对缺口敏感。研究发现，这主要是由材料中

间隙元素碳（C）、氮（N）、氧（O）等的析出，以及铬（Cr）的碳化物、氮化物形成所致。进一步研究发现，钢的截面尺寸、冷却速度和晶粒尺寸的大小也有影响：截面尺寸越厚，冷却速度越慢，韧性就越低；1Cr17(430）钢在室温下为含有少量马氏体（M）的 α+M 双相结构，随着材料晶粒的细化，其脆性转变温度将下移。

研究证明，降低铁素体不锈钢中碳（C）、氮（N）和氧（O）等间隙元素的含量和细化晶粒能防止这种现象的发生。另外，还要对不锈钢中铬（Cr）等铁素体形成元素的含量进行控制。

5.5.9　较高的晶间腐蚀倾向

当温度超过 900~950℃以上而后快冷时，铁素体不锈钢具有十分敏感的晶间腐蚀倾向。与含碳（C）、铬（Cr）量相当的 Cr-Ni 奥氏体不锈钢相比，铁素体不锈钢对晶间腐蚀更敏感。经高温（≥900~950℃）加热后，即使快冷，不含稳定化元素的铁素体不锈钢同样会产生晶间腐蚀倾向；而且，铁素体不锈钢的晶间腐蚀，既可能出现在强腐蚀环境中，也可能出现在弱腐蚀介质中（例如在自来水中）。进一步研究证实，仅仅把含碳（C）量降至不高于 0.03%的水平，并不能防止铁素体不锈钢的晶间腐蚀的敏感性。

研究发现，与 Cr-Ni 奥氏体不锈钢相同，这种现象同样为富铬碳化物沿材料的晶界沉淀而导致铬（Cr）的贫化引起的。因此，要严格控制材料中的碳、氮含量及材料中铬（Cr）的含量，并防止热的影响（焊接和敏化）。降低不锈钢中碳（C）、氮（N）的总含量、加入稳定化元素钛（Ti）和铌（Nb），并在焊后进行适宜的热处理，都可以防止这种现象的发生。

5.5.10　铁素体不锈钢的解决方法

有关铁素体不锈钢中出现的一些现象，在表 5-5 中进行了总结。

表 5-5　铁素体不锈钢的缺点、成因及防止措施

缺　点	成　因	预防措施
475℃脆性	α′相的沉淀	不在 α′相形成温度长期加热使用
中温脆性①	σ（χ）相的沉淀	不在 σ（χ）相形成温度长期加热或使用
高温脆性	碳、氮化物析出，晶粒粗大	降低材料中含 C、N 量，细化晶粒
室温韧性低、脆性转变温度高，对缺口敏感	C、N、O 等的化合物析出，晶粒粗大等	降低材料中间隙元素 C、N、O 的含量，细化晶粒等
较高的晶间腐蚀倾向	富 Cr 的碳化物形成	降低材料的含 C 量，加入 Nb、Ti 等稳定化元素

①奥氏体不锈钢中也存在。

从表5-5可以看出，传统（普通）铁素体不锈钢在性能上的不足，大都是由碳（C）和氮（N）的存在引起的。碳（C）和氮（N）的有害作用主要是由以下原因引起的：

（1）碳（C）和氮（N）等在铁素体相中的溶解度低，当钢中含26%Cr时：在1093℃，碳（C）的溶解度为0.04%；在927℃，碳（C）的溶解度为0.004%；温度降低，碳（C）的溶解度更低。对于氮（N）：温度≥927℃时，氮的溶解度为0.023%；在593℃时，氮（N）的溶解度仅为0.006%；与碳（C）一样，温度降低，氮（N）的溶解度也更低。

（2）碳（C）、氮（N）等在铁素体相中的扩散速度快，约为在奥氏体中的600倍。

（3）不锈钢中铬（Cr）的碳化物和氮化物的析出，导致了不锈钢的几种脆化倾向和对晶间腐蚀的敏感性。

可见，铁素体不锈钢中出现的问题大都是由不锈钢过高的碳（C）和氮（N）含量引起的。现在已经开发出了超纯铁素体不锈钢，有望从根本上改变这种现象。

5.6 不锈钢腐蚀的电化学理论

电化学腐蚀的过程比化学腐蚀要复杂得多，也是危害比较大的一种腐蚀。金属与合金的腐蚀破坏也多数属于电化学腐蚀的结果。

电化学腐蚀与金属的电极电位有关，电极电位的高低，决定着金属转入溶液的能力。

5.6.1 混合电位理论

从技术的观点来看，采用电化学技术来研究不锈钢的腐蚀行为，目的是想发展出一种能够通过短期的实验室试验来预测不锈钢在工业和自然环境中发生腐蚀行为的技术。为此，已经发展出恒电位仪以及其他一些测量腐蚀速度的电化学仪器。

电化学腐蚀试验的理论基础是混合电位理论。这个理论把腐蚀过程大体上分为氧化和还原两个反应，并且假定在腐蚀表面，全部氧化反应的总速度恒等于全部还原反应的总速度。

氧化反应，由于它们发生于腐蚀金属表面的阳极处或电化学电池的阳极，故称之为阳极反应。阳极反应可以用一个总的反应式（5-7）来描述：

$$M \longrightarrow M^{n+} + ne \tag{5-7}$$

这是一个金属原子通过氧化失去电子而成为金属离子的广义的腐蚀反应式。在这个反应中，所产生的电子数等于所产生金属离子的化合价数。混合电位理论提出，阳极反应所产生的全部电子，均被相应的还原反应所消耗。

还原反应由于发生于腐蚀金属表面的阴极处或电化学电池的阴极位置而被称为阴极反应。在水溶液的腐蚀中，通常所遇到的阴极反应（消耗电子）分为如下几种：

（1）氢离子的还原反应：$2H^+ + 2e \longrightarrow H_2$；

（2）氧的还原反应（酸性溶液）：$O_2 + 4H^+ + 4e \longrightarrow 2H_2O$；

（3）氧的还原反应（碱性或中性溶液）：$O_2 + 2H_2O + 4e \longrightarrow 4OH^-$；

（4）金属离子的还原反应：$M^{n+} + e \longrightarrow M^{(n-1)+}$；

（5）金属沉淀（电镀）：$M^{n+} + ne \longrightarrow M$。

在腐蚀过程中，可能发生几个阳极反应和阴极反应。不锈钢在含铁离子的盐酸溶液中所发生的腐蚀便是如此：根据阳极反应，即 $M \rightarrow M^{n+} + ne$，合金中的所有组成元素（即 Fe、Cr 等）将分别以其离子的形式进入溶液中。这些阳极反应所产生的电子，将被上述的阴极反应（1）和（4）所消耗，在这一事例中，反应（4）可以写成：$Fe^{3+} + e \rightarrow Fe^{2+}$。如果能消除其中的任何一个阴极反应（例如，通过消除铁离子而避免反应（4），都可以降低合金的腐蚀速度。因此，不锈钢在含铁离子的盐酸中所遭受的腐蚀比在纯盐酸中要更严重这一现象，用腐蚀的混合电位理论便可以很容易地得到解释。

混合电位通常被称为腐蚀电位，用符号 E_{corr} 表示，它是在全部阳极反应的总速度与全部阴极反应的总速度恒等的情况下的电位。在腐蚀电位 E_{corr} 下的电流密度称为腐蚀电流密度（i_{corr}），它是腐蚀速度的一种量度，腐蚀电流密度可以换算成腐蚀速度。

腐蚀电流密度 i_{corr} 不能直接测量，因为它包含着流动于腐蚀金属表面上的一系列微阳极和微阴极之间的电流。然而，在某些情况下（包括在非氧化性酸中易遭受腐蚀的不锈钢的情况），借助于辅助电极（通常是白金）和电子仪器，可以测量出这种电流密度。现在较常用的方法是采用参比电极配合恒电位仪进行测量。实际上，恒电位仪是一种将电流加于试样上使之可以按人们所需要的方法控制电位的仪器。线路中的参比电极提供了一个已知的标准电位，从而使得各次试验所得的结果之间可以进行比较。

5.6.2　腐蚀电池

电化学腐蚀是以金属为阳极的腐蚀原电池过程。

5.6.2.1　金属腐蚀的电化学现象

金属在电解质溶液中的腐蚀是一种电化学腐蚀过程，因此，必然会表现出某些电化学现象。例如，它必定是一个有电子得失的氧化还原反应。工业用金属一般都是含有杂质的，当其浸在电解质溶液中时，发生电化学腐蚀的实质就是在金属表面上形成了许多以金属为阳极、以杂质为阴极的腐蚀电池。在绝大多数情况下，这种电池是短路的原电池。这样的电池称为腐蚀原电池或腐蚀电池，它的工作特点是只能导致金属材料的破坏而不能对外做有用的电功。

由于工业用金属中杂质的电位一般都比其金属的电位高，因此，当这种金属浸在某种电解质溶液中时，其表面将会形成许多微小的短路原电池或腐蚀微电池。除了杂质外，金属表面加工程度、金相组织或受力情况的差异以及晶界、位错缺陷的存在，甚至金属原子的不同能量状态等都有可能产生电化学的不均匀性，即产生微阳极区和微阴极区而构成腐蚀微电池。

5.6.2.2 腐蚀电池的工作原理

以铁（Fe）和铜（Cu）在氯化钠溶液中的表现为例，可以来较详细地说明腐蚀电池的工作原理以及电化学腐蚀的过程。图 5-9 为 Fe-Cu 腐蚀电池。在 25℃时，由于铁（Fe）和铜（Cu）的电极电位不同，它们在中性的 3%（质量分数）氯化钠溶液中就组成了电池。铁（Fe）和铜（Cu）电极的电位分别为 -0.5V 和 +0.05V，此时氧的平衡电极电位为 +0.815V，所以就形成了如下的电池电位：在氯化钠溶液中 Cu 是阴极，Fe 为阳极。在这两个电极上的反应如下。

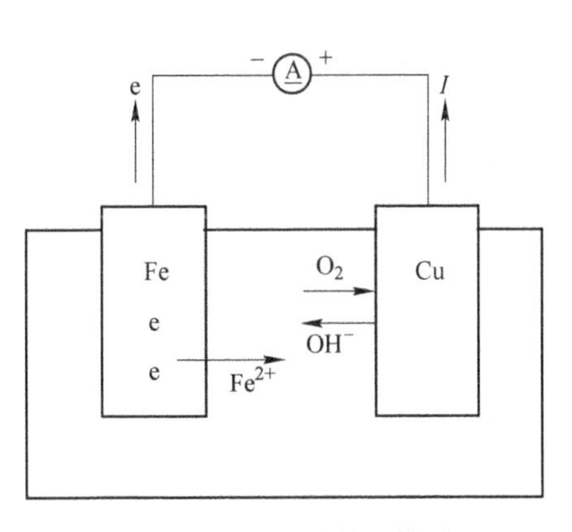

图 5-9 Fe-Cu 电池的工作原理

铁为阳极，发生氧化反应：

$$Fe^{2+} + 2Cl^- \longrightarrow FeCl_2 \tag{5-8}$$

这个阳极反应也可以写成

$$Fe \longrightarrow Fe^{2+} + 2e^- \tag{5-9}$$

铜为阴极，氧在其上发生还原反应：

$$Na^+ + HOH \longrightarrow NaOH + H^+ \tag{5-10}$$

这个阴极反应也可以写成

$$\frac{1}{2}O_2 + H_2O + 2e^- \longrightarrow 2OH^- \tag{5-11}$$

总的电池反应为

$$Fe + \frac{1}{2}O_2 + H_2O \longrightarrow Fe^{2+} + 2OH^- \tag{5-12}$$

只要溶液中的氧不断地到达阴极并进行还原，铁（Fe）的溶解就可以一直进行下去。

由此可见，一个腐蚀电池必须包括阳极、阴极、电解质溶液和外电路四个部分，缺一不可。由这四个组成部分构成腐蚀电池时有三个必需的环节：

（1）阳极过程。金属进行阳极溶解，以金属离子或水化离子形式转入溶液，同时将等量电子留在金属上。

（2）阴极过程。从阳极通过外电路流过来的电子被来自电解质溶液且吸附于阴极表面能够接受电子的物质，即氧化性物质所吸收。在金属腐蚀中将溶液中的电子接受体称为阴极去极化剂。

（3）电流的流动。电流的流动在金属中是依靠电子从阳极经导线流向阴极，在电解质溶液中则是依靠离子的迁移。

腐蚀电池的三个环节既相互独立又彼此联系和相互依存，只要其中一个环节受阻而停止工作，则整个腐蚀过程也将停止。

此外，在阳极过程和阴极过程中的产物，还会因扩散作用使其在相遇处有可能导致腐蚀次生反应的发生，形成难溶性产物。如图 5-9 中的腐蚀电池，两极上反应的产物氯化亚铁（$FeCl_2$）和氢氧化钠（NaOH）在电解液中相遇，就会产生氢氧化亚铁的沉淀物：

$$FeCl_2 + 2NaOH \longrightarrow 2NaCl + Fe(OH)_2 \tag{5-13}$$

即

$$Fe^{2+} + 2OH^- \longrightarrow Fe(OH)_2 \quad (\text{当 } pH > 5.5 \text{ 时}) \tag{5-14}$$

一般情况下，腐蚀产物是在从阳极区扩散来的金属离子和从阴极区迁移来的氢氧根离子相遇的地方形成。当电解液中存在氧时，氢氧化亚铁则转变为氢氧化铁 $Fe(OH)_3$。但是，这里形成的铁锈与在化学腐蚀过程中形成的铁锈不同，它们不覆盖在阳极（铁）金属表面，而是在距离阳极金属一定距离处，即在电解液中形成的，因此不起防护作用，阳极金属的溶解（腐蚀）则不断地进行着。即使这种腐蚀二次产物的沉淀膜在一定程度上可以阻止腐蚀过程的进行，它的保护性因其疏松性也要比金属与氧直接发生化学作用所生成的氧化膜差得多。腐蚀产物不起防护作用，是电化学腐蚀的另一个重要特点。

5.6.2.3　腐蚀电池的类型

根据组成腐蚀电池电极的大小，和促使形成腐蚀电池的主要影响因素以及金属腐蚀的表现形式，可以将腐蚀电池分为两大类，即宏观腐蚀电池和微观腐蚀电池。

A　宏观腐蚀电池

这种腐蚀电池通常是指由肉眼可见的电极构成，一般会引起金属或金属构件的局部宏观浸蚀破坏。宏观腐蚀电池有如下几种构成方式：

（1）异种金属接触电池。当两种成分不同的材料相互接触（或用导线连接起来）并处于某种电解质溶液中时，由于其电极电位不同，电极电位较负的金属（阳极）将不断遭受腐蚀而溶解，而电极电位较正的金属（阴极）却得到了保护，这种腐蚀称为接触腐蚀或电偶腐蚀，这种由于材料电极电位不同而构成的电池称为宏量电池或大电池。例如，铁（Fe）与铜（Cu）在氯化钠溶液中铁（Fe）被腐蚀、海水中不锈钢与铜合金接触及不锈钢与石墨接触等，均可造成不锈钢猛烈的腐蚀，因为在它们构成的电池中，不锈钢的电极电位较铜合金或石墨低而为阳极。两种金属的电极电位相差越大，电偶腐蚀就越严重。例如，在作钢材的低倍组织热蚀试验时，如果将不锈钢与普通钢置于同一个容器中进行试验，也会发现不锈钢不受腐蚀而普通钢受腐蚀，并且普通钢受腐蚀的程度要比其单独试验时严重得多。另外，电池中阴、阳极的面积比和电解质的电导率等因素也对电偶腐蚀有一定的影响。在设计时，要尽可能地不使电极电位相差很大的材料相接触。

（2）浓差电池。浓差电池的形成是由同一种金属的不同部位所接触的介质的浓度不同引起的。最常见的浓差电池有两种：

一种是溶液浓差电池：例如，一根长铜棒的一端与稀的硫酸铜溶液接触，另一端与浓的硫酸铜溶液接触，即构成溶液浓差电池。这种浓差电池的电池反应是Cu^{2+}的浓差迁移过程，并且，处在稀溶液中的金属是阳极，将被腐蚀溶解。

另一种是氧浓差电池，可以由金属与含氧量不同的溶液接触而形成，也称为充气不匀电池。例如，铁桩插入土壤中，下部容易腐蚀。这是因为土壤上部含氧量高，下部含氧量低，形成了一个氧浓差电池。含氧量高的上部电极电位高，是阴极；含氧量低的下部电极电位低，是阳极，此处金属遭受腐蚀。又如，铁生锈形成的缝隙，以及由于某种结构而造成的金属缝隙也往往会形成氧浓差电池，使金属遭受腐蚀破坏。

腐蚀电池不仅仅在液体介质中形成，也不限于在两种成分不同的材料接触时形成。当两块相同的材料部分地交错叠在一起，在空气中也可能构成腐蚀电池，因为叠合的部分通气不好，氧浓度低而成为阴极，未叠合部分因通气好氧浓度高而成为阳极，从而使分界面处发生电化学腐蚀，这种情况甚至可在同一个零件的两部分之间发生。这种因通气不均匀而构成的氧浓度差形成的腐蚀电池，也叫做氧差电池。这一类腐蚀还有埋在地下的管道的不均匀腐蚀，以及桥梁的桥桩的腐蚀多见于刚露出水面的那一部分最为严重等。

（3）温差电池。温差电池是由于金属处于电解质溶液中的温度不同形成的。高温区是阳极，低温区是阴极。温差电池腐蚀常发生在换热器、浸式加热器以及其他类似的设备中。

对于温差形成的腐蚀电池，其两个电极的电位属于非平衡电位。

上述的宏观腐蚀电池在实际中并不如此单一，金属的腐蚀往往是几种（包括微观电池）类型的腐蚀电池共同作用的结果。应该说明的是，实际腐蚀的过程都是很复杂的，影响金属电极电位的因素也是多方面的。电解液的种类、金属的状态都是直接起作用的因素，因此，金属在不同的电解液（腐蚀介质）中的电极电位最好以实验方法求得。此外，由于腐蚀过程中腐蚀产物的影响、阳极金属的溶解速度与扩散速度的关系、反应过程中阴极上的放氢与吸氧引起的极化现象等，腐蚀过程中金属的电极电位并不是恒定的，而是在变化着的。

B　微观腐蚀电池（微电池）

处在电解质溶液中的金属表面上由于存在许多极微小的电极而形成的腐蚀电池习惯上称为微观电池，简称微电池，微电池可以加速腐蚀。微电池是由金属表面的电化学不均匀性所引起的。不均匀性的原因是多方面的，较重要的有如下几种：

（1）金属化学成分的不均匀性。众所周知，绝对纯的金属是没有的，尤其是工业上使用的金属，常会含有许多杂质，金属与合金内部也会出现成分的偏析。因此，当金属与电解质溶液接触时，这些杂质或偏析则以微电极的形式与基体金属构成众多的短路微电池体系。倘若杂质或偏析作为微阴极存在，它将加速基体的腐蚀；反之则基体金属会受到某种程度的保护而减缓其腐蚀。工业设备中常见的碳钢和铸铁，由于它们都含有渗碳体（Fe_3C）和石墨、硫等杂质，在与电解质溶液接触时，这些杂质的电位比铁（Fe）的正，成为无数个微阴极，从而加速了基体金属的腐蚀。

（2）组织结构的不均匀性。在这里，组织结构是对组成合金的粒子种类、含量和它们的排列方式的统称。在同一种金属或合金内部一般都存在不同结构的区域，因而有不同的电极电位值。例如，金属中的晶界是原子排列较为疏松而紊乱的区域，在这个区域容易富集杂质原子，产生晶界吸附和晶界沉淀。这种化学不均匀性，一般会导致晶界比晶粒内更为活泼，具有更负的电极电位值。实验表明，工业纯铝其晶粒内的电位为+0.585V，晶界的电位为+0.494V。因此，晶界成为微电池的阳极，腐蚀首先从晶界开始。

（3）物理状态的不均匀性。在机械加工过程中常常会造成金属某些部位的变形量不同和应力状态的不均匀性。一般情况下是变形较大和应力集中的部位成为阳极，腐蚀即首先从这些部位开始。如机械弯曲的弯管处易发生腐蚀破坏即属于这种原因。

（4）金属表面膜的不完整性。这里说的表面膜是初生膜。如果这种膜不完整，即不致密，有孔隙或破损，则孔隙下或破损处的金属相对于完整表面来说，具有较负的电极电位，会成为微电池的阳极而遭受腐蚀。

微电池引起的腐蚀在工业应用的材料中更为普遍，以钢为例：复相钢中的不同组织（如奥氏体与铁素体）之间、基体组织与碳化物或金属间化合物之间、基体与夹杂物之间、同一种组织的不同组成物（如珠光体中的铁素体与渗碳体）之间等均可因电极电位不同而构成腐蚀电池。即使是单一的组织（如奥氏体或铁素体），在晶粒内部与晶界之间也可构成腐蚀电池。金相分析利用化学试剂显示金属及合金的显微组织，也就是基于各种组织电极电位不同，而产生电化学腐蚀的原理进行的。

在生产实践中，要想使整个金属的表面及金属组织的各个部位的物理和化学性质等都完全相同、使金属表面各点电位完全相等是不可能的。这种由于各种因素使金属表面的物理和化学性质存在的差异统称为电化学不均匀性，是形成腐蚀电池的基本原因。

综上所述，腐蚀电池的工作原理与一般原电池并无本质的区别。但腐蚀电池又有自己的特征，即一般情况下它是一种短路了的电池。因此，虽然当它工作时也产生电流，但其电能不能被利用，而是以热的形式散失掉了。

5.6.2.4 电极和电极电位

在腐蚀电池中离不开电极。所谓电极，因场合的不同有两种不同的含义：第一种含义一般是指电子导体（金属）和离子导体（电解质溶液或熔融盐）组成的体系，称为电极（并且是可逆的），以金属/溶液表示，例如，$Cu/CuSO_4$称为铜电极。第二种含义是仅指电子导体而言，因此，铜电极仅指金属铜；此外，如铂电极、石墨电极等也都是这种含义。对于腐蚀，电极一般指的是第一种含义，并且可能又有下列三种情况：

（1）当金属与电解质溶液接触后，在金属表面上的正离子由于极性水分子的作用将发生水化。如果水化的力量能克服金属晶格中金属正离子与电子之间的引力，则金属表面的一些金属正离子就会脱离金属，进入溶液而成为水化离子。由于金属正离子进入溶液，金属表面积累了过剩的电子，使金属表面带负电。与此同时，已被水化的金属离子由于静电吸附或热运动等作用，也有解脱水化而重新沉积到金属晶格中的趋势。当金属离子的溶解与溶液中的离子沉积到金属上这两种过程达到动态平衡时，结果就形成了金属表面带负电，紧靠金属表面的液层带正电的双电层，如图 5-10a 所示。很多负电性的金属，如锌（Zn）、镁（Mg）、铁（Fe）等在酸、碱及盐类溶液中会形成这种类型的双电层。

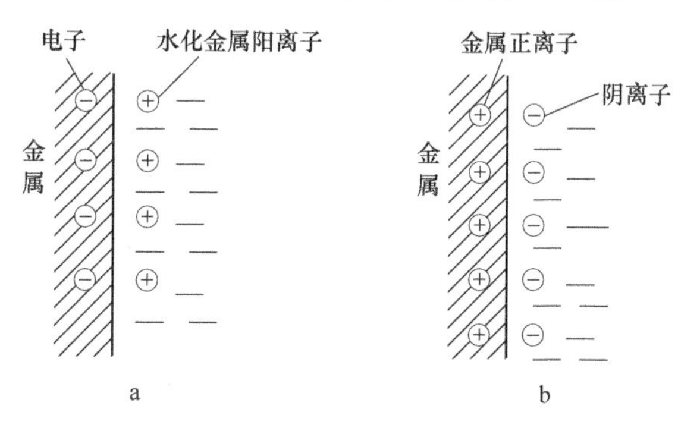

图 5-10 电极-双电层示意图

（2）当金属与电解质溶液接触后，如果水化的力量不能克服金属晶格中金属正离子和电子之间的引力时，溶液中的一部分已水化的金属离子将解脱水化作用向金属表面沉积，使金属表面带正电。与此同时，由于水化等作用，已沉积到金属表面的金属离子亦可重新脱离金属表面返回到溶液中去。当上述两种过程达到动态平衡时，结果就形成金属表面带正电，紧靠金属表面的液层带负电的双电层，如图 5-10b 所示。很多正电性的金属在含有正电性金属离子的溶液中常会形成这种类型的双电层，如铜（Cu）在铜盐溶液中、汞（Hg）在汞盐溶液中、铂（Pt）在金、银或铂盐溶液中等。

（3）某些正电性金属（如铂 Pt）或导电的非金属（如石墨）在电解质溶液中，它们不能被水化而进入溶液，若溶液中也没有金属离子沉积上去，这时将出现又一种类型的双电层，双电层符号与图 5-10b 中的一样。这时，正电性的金属铂上能吸附一层氧分子，氧化性的氧分子在铂（Pt）上夺取电子并和水作用生成氢氧离子。其电化学反应为

$$O_2 + 2H_2O + 4e \longrightarrow 4OH^- \tag{5-15}$$

这种电极称为氧电极，类似地还有氢电极。两者也常统称为气体电极。气体电极的特点是作为电极的固体金属或非金属材料本身并不参与电极反应，只起导电的作用。

金属浸在电解质溶液中会建立起双电层，使金属与溶液之间产生电位差。这种电位差称为该金属/溶液体系的绝对电极电位。因为绝对电极电位无法测量，按照国际惯例，一般采用相对电极电位。所用的参考电极为某温度下的标准氢电极，并视其电位为零，由此而测得的各种电极电位称为氢标电位（SHE），如表 5-2 所示。当然，也有选用甘汞电极、银-氯化银电极、铜-硫酸铜电极等作为参考电极的。参考电极本身必须是可逆的。

5.6.2.5　平衡电极电位与非平衡电极电位

A　平衡电极电位

当电极上发生的电极反应处于热力学平衡状态时，电极所具有的电位称为平衡电极电位。例如，金属失去电子进入溶液的阳极过程和溶液中的水化金属离子从金属获得电子的阴极过程速度相等，且这两个过程都是可逆的，则产生一个平衡电极电位，以 E_e 表示。很多金属在自身离子的溶液中，能产生平衡电极电位，如锌（Zn）、铜（Cu）、汞（Hg）、银（Ag）等，但铁（Fe）、铝（Al）、镁（Mg）等则不能。

金属的平衡电极电位与溶液中金属离子的活度、温度等有关系。溶液的温度高或金属离子的活度大，则金属的平衡电极电位就高。

B　非平衡电极电位

如果改变处于平衡状态下的电极反应的阳极过程或阴极过程的速度，使两者

不相等，则此时电极所具有的电位为非平衡电极电位。非平衡电极电位还有另外一种情况，此时，在电极上失去电子的阳极过程是某一电极过程，而得到电子的阴极过程是另一电极过程，两者是化学反应不可逆的，达到动力学稳态后建立起的电极电位称非平衡电极电位。

在这种情况下，即使阴、阳过程反应速度相等，达到电荷的平衡，但由于这两个过程不是化学反应可逆的，所以建立起来的电极电位是非平衡电极电位。非平衡电极电位可以是稳定的，也可以是不稳定的。稳定的非平衡电极电位常以 E_s 表示。

实际上，与金属接触的溶液大部分不是金属本身离子的溶液，从而使得其具有的电位大都是非平衡电极电位。非平衡电极电位在研究腐蚀问题时具有重要意义。

5.6.3 钝化与活化-钝化转变

一般来讲，环境的氧化性高时容易引起金属腐蚀。可是，某种金属在氧化性的环境达到某种强度时，反而不会引起腐蚀。钝化的概念最初来自于对活泼金属铁（Fe）在硝酸溶液中行为的观察。例如，在稀硝酸溶液中，铁的腐蚀速度随着硝酸含量的增加而增大。当硝酸浓度增加到30%~40%时，腐蚀速度会达到最大。但是，若继续增加硝酸的含量，如当硝酸浓度达到65%时，反而不腐蚀了，可以观察到铁的腐蚀速度会突然下降，直至腐蚀反应接近停止。此时，铁（Fe）变得很稳定，即使再放回到稀硝酸溶液中，也能保持一段时间不发生腐蚀溶解，这一异常现象称为钝化。这是因为此时作为强氧化剂的硝酸，在铁表面形成惰性薄膜的缘故，我们把这层膜叫钝化膜，能使金属钝化的物质称为钝化剂。金属由活化态转入钝化态，腐蚀速度将减少 $10^4 \sim 10^6$ 数量级。

容易形成钝化的性质，是金属原本所具有的。实际当中能否形成钝化则依环境情况而定。易于形成钝化的金属除铁（Fe）、镍（Ni）、铬（Cr）及其合金之外，还有钼（Mo）、钛（Ti）、锆（Zr）等。因为不锈钢是铁（Fe）和铬（Cr）或是铁（Fe）、铬（Cr）和镍（Ni）的合金，其钝化薄膜是更为稳定而坚固的物质，因而具有优越的耐腐蚀性。

钝化是由阳极反应被阻止，而引起的金属与合金腐蚀性能提高的现象。浸入浓硝酸以后的铁（Fe），不再与稀酸起反应，即是钝化的结果。钝化的实质就是金属与合金的电极电位改变，使其在电化学上趋于更稳定。

金属由原来的活性状态转变为钝化状态后，金属表面的双电层结构也将改变，从而使电极的电位发生相应的变化。结果是，纯化能使金属的电位朝正方向移动0.5~2.0V。例如，铁（Fe）钝化后电位由原来的-0.5~+2.0V 正移至+0.5~+1.0V，铬（Cr）钝化后电位由原来的-0.6~+0.4V 正移至+0.8~+1.0V。金属钝化后的电极电位正移很多，这是金属转变为钝态时出现的一个普遍现象，钝化金属的电位会接近贵金属的电位。因此，有人对钝化的定义是：当活泼金属的电位变得接近于惰性的贵金属（如铂、金）的电位时，活泼的金属就钝化了。

在中性的水溶液环境或硝酸中，不锈钢的钝化薄膜非常稳定。即使是由于划伤或碰破等使一部分薄膜被损坏了，它还具有立即再生的功能。金属钝化发生在界面处，它并没有改变金属本体的性能，只是使金属表面在介质中的稳定性发生了变化。

在腐蚀环境中选择使用不锈钢通常是为了经济性，以保证该设备在给定的环境中有足够的使用寿命。在能够对不锈钢的腐蚀速度进行定量的测量之后，就可以定义活化和钝化。材料处于腐蚀状态时称为活化状态，使材料从活化状态变为腐蚀速度很低的状态，称为活化-钝化转变。

不锈钢呈现很低的腐蚀速度的状态，称之为钝性。在定义为钝性的区域（亦即其界限内），不锈钢的腐蚀速度通常是很低的。混合电位理论的成果之一是发展了一种控制腐蚀的技术，即阳极保护。而阴极保护并不是应用混合电位理论的产物，阴极保护的出现要更早一些。

导致金属钝化的因素较为复杂，因此，解释钝化现象的理论也有很多，主要有三个方面：

（1）薄膜理论。这是应用最早和最广泛的理论，法拉第认为，钝化是由在金属表面形成一层起保护作用的亚微观厚度的氧化膜引起的。金属表面形成的钝化膜的厚度一般为1~10nm，随金属和钝化条件而异。经同样浓度的浓硝酸处理的碳钢、铁和不锈钢表面上的钝化膜，厚度分别为10nm、3nm和1nm。不锈钢的钝化膜虽然最薄，但却最致密，保护作用最佳。例如，18-8铬镍不锈钢和氧化介质作用，可形成厚约10nm的氧化膜，对这层氧化膜的成分分析表明，其Cr：Fe在0.7~0.9之间，而不锈钢中的平均Cr：Fe仅0.24，说明氧化膜中富集了大量的铬（Cr）。不锈钢的耐腐蚀即与这层氧化膜有关，破坏这层氧化膜可以加速不锈钢的腐蚀。

（2）吸附理论。这一理论有化学的与电化学的两种说法。化学说法是由于吸附氧使金属表面钝化，这实质上是薄膜理论的继续与发展；电化学说法认为是由于吸附的氧原子被金属的电子作用形成电池偶，正极与金属相接，负极位于电解液中，从而使金属的电极电位提高，阻碍阳极金属的离子化，降低腐蚀的速度。电位的增加与吸附氧原子的数量成正比。有资料表明，当铂（Pt）的表面仅6%吸附氧原子时，在盐酸溶液中的电位即朝正向增加0.12V，溶解速度则降低10倍。研究也表明，不仅是氧原子的吸附，当金属表面吸附其他原子或分子（如H_2O或CO）时，也可导致金属的钝化。

因此，向合金中添加能影响氧（O）或其他原子或分子在合金表面吸附的元素，可以影响合金的钝化性能。

（3）电子排列理论。由于过渡金属元素电子排布的特点，使其缺乏电子而纯化，这一理论在前面已做过描述，如图 5-4 所示。

5.7 腐蚀的分类

5.7.1 腐蚀的分类

由于金属腐蚀范围广、机理复杂，其分类方法也多种多样。常见的金属腐蚀分类有按照腐蚀过程的历程分类、按照腐蚀的形式分类和按照腐蚀的环境分类等。

5.7.1.1 按照腐蚀过程的历程分类

根据腐蚀过程的特点，可以将金属腐蚀分为化学腐蚀、电化学腐蚀和物理腐蚀三类，这是性质不同的几种腐蚀。

（1）化学腐蚀。化学腐蚀是指金属表面与非电解质发生纯化学反应而引起的损坏，是直接化学作用的结果。通常在一些干燥气体及非电解质溶液中进行。其反应历程的特点是金属表面的原子与非电解质中的氧化剂直接发生氧化还原反应而形成腐蚀产物。在腐蚀过程中，电子的传递是在金属与氧化剂之间直接进行，故腐蚀时不产生电流。纯铁在水中的腐蚀是化学腐蚀的典型例子。钢铁在加热时形成的氧化铁皮，也是比较常见的化学腐蚀的一种表现。

腐蚀产物能够覆盖在金属表面并起防护作用，是化学腐蚀的重要特点。

金属在高温下的氧化，实质上也是一种化学腐蚀。当形成的氧化物能致密地覆盖在金属的表面，并能阻碍氧原子向金属内部扩散时，这种氧化物也能起到防止金属继续氧化的作用。

（2）电化学腐蚀。电化学腐蚀是指金属表面与电解质溶液发生电化学反应而产生的破坏，反应过程中有电流产生。这是由于金属的电极电位不同，在电解液中阳极金属发生溶解的结果。这种腐蚀的特点之一，是在腐蚀过程中有电子的移动。通常按电化学机理进行的腐蚀反应至少有一个阳极反应和阴极反应，并以流过金属内部的电子流和介质中的离子流构成回路。阳极反应是氧化过程，即金属失去电子而成为离子状态进入溶液；阴极反应是还原过程，即金属内的剩余电子在金属表面/溶液界面上被氧化剂吸收。电化学腐蚀是最普遍、最常见的腐蚀形式。金属在大气、海水、土壤及酸、碱、盐等介质中所发生的腐蚀皆属于此类。

电化学作用也可以和机械、力学、生物作用共同导致金属的破坏。当金属同时受到电化学和拉应力作用时，将发生应力腐蚀破裂。当电化学和交变应力共同作用时，金属会发生腐蚀疲劳。若金属同时受到电化学和机械磨损的作用，则可发生磨损腐蚀。微生物的新陈代谢能为电化学腐蚀创造必要的条件，促进金属的腐蚀，称为微生物腐蚀。

(3) 物理腐蚀。物理腐蚀是指金属由于单纯的物理溶解作用所引起的损坏。液态金属中可发生物理腐蚀。这种腐蚀不是由化学或电化学反应所致，而是由物理溶解所致，如用来盛放熔融锌的钢容器，会由于铁被液态金属锌所溶解而损坏。

5.7.1.2　按照腐蚀的形式分类

根据腐蚀的形式，可以将腐蚀分为全面腐蚀和局部腐蚀两大类，如图 5-11 中的破坏类型 a、b 属于全面腐蚀，c~i 属于局部腐蚀。

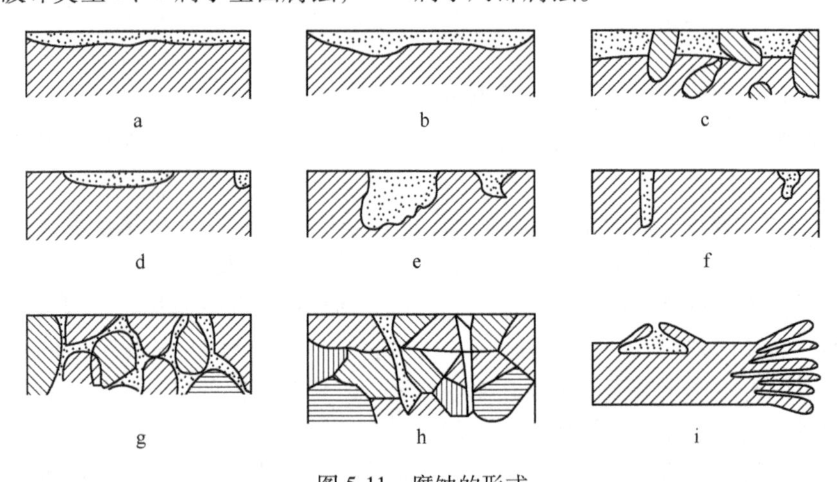

图 5-11　腐蚀的形式

a—均匀腐蚀；b—不均匀腐蚀；c—选择性腐蚀；d—斑状腐蚀；e—溃疡腐蚀；f—小孔腐蚀；g—晶间腐蚀；h—穿晶腐蚀；i—表层下腐蚀

(1) 全面腐蚀。腐蚀分布在整个金属表面上，它可以是均匀的，也可以是不均匀的。碳钢在强酸、强碱中发生的腐蚀属于均匀腐蚀。

均匀腐蚀是最常见的腐蚀形式，化学或电化学反应在全部暴露的表面或大部分表面上均匀地进行，金属逐渐变薄，最终失效。例如，铁皮做的烟筒，经过一段时间后，表面表现出基本上同一程度的锈蚀，使其强度降低。

(2) 局部腐蚀。主要发生在金属表面某一区域，而表面的其他部分则几乎未被破坏。

局部腐蚀又分为锈蚀、点蚀、缝隙腐蚀、晶间腐蚀、应力腐蚀、气蚀、磨损腐蚀、浓差腐蚀和电腐蚀等。

5.7.1.3　按照腐蚀的环境分类

按照腐蚀的环境，可以将腐蚀分为干腐蚀和湿腐蚀两类，如图 5-12 所示。干腐蚀是指金属在干的环境中的腐蚀，例如金属在干燥气体中的腐蚀、氧化和高温气体腐蚀等。湿腐蚀是指金属在湿的环境中的腐蚀。湿腐蚀又可以分为：

（1）自然环境下的腐蚀。大气腐蚀、土壤腐蚀、海水腐蚀、微生物腐蚀等。
（2）工业环境下的腐蚀。酸、碱、盐介质的腐蚀，工业水中的腐蚀等。

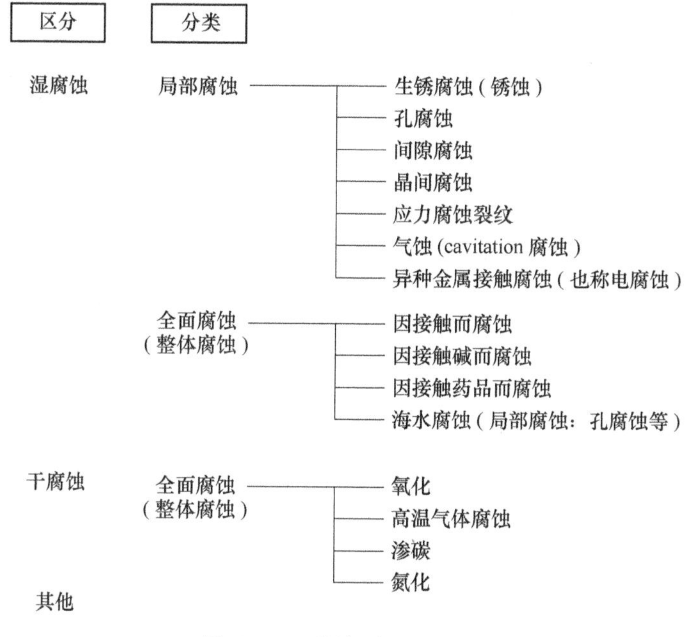

图 5-12 不锈钢腐蚀的分类

5.7.2 点腐蚀

点腐蚀，顾名思义，是一种导致蚀坑的局部腐蚀形式。若金属的大部分表面不发生腐蚀（或腐蚀是很轻的），而只在局部地方出现腐蚀并向金属内部纵深发展，这种现象称为小孔腐蚀，简称为孔蚀或点蚀。不锈钢的耐腐蚀性是以表面钝态薄膜为主的，如果这个“膜”的破坏是集中在某个特定部位产生腐蚀孔而其他部分还保存钝态状况的腐蚀被称作点腐蚀。点蚀也是在不锈钢的钝态薄膜被破坏后，只集中在特定的场所而产生的孔状的腐蚀。不锈钢点蚀主要出现在含有卤素离子，如 Cl^-、Br^-、F^-等的水溶液介质环境中，点蚀是由这些活性离子破坏了钝化膜而引起的。而不锈钢表面钝化膜的薄弱部位，如表面有铁粒子、灰尘和污物等附着物以及 MnS 等夹杂和一些金属间化合物处，也易产生点蚀。

点蚀时，这种破坏主要集中在某些活性点上，虽然失重不大，但由于阳极面积很小，因而腐蚀速度很快。在工程应用中，倘若点蚀致使设备穿孔，就会变为一种毁灭性的腐蚀形式，可以使设备穿孔，造成油、水、气等的泄漏，有时甚至造成火灾、爆炸等严重情况。不锈钢和铝合金在含有氯离子的溶液中常呈现这种破坏形式。但是，从经济性的角度考虑，对于不发生穿孔的轻度点腐蚀，常常是容许的和可以被接受的。

点腐蚀一旦萌生，就可能以自持的机理进行扩展。因此，人们一直在研究点腐蚀发生的原因，以便能对点腐蚀进行有效控制。要从理论上解释在理想的金属表面（即没有物理缺陷，如夹杂物、成分的不均匀性等的表面）上蚀点萌生的现象，理论认为，蚀点的萌生是由于环境中的游离物质（例如氯化物离子）与钝化的金属表面之间发生某些交互作用的结果。这里既有动力学理论，也有热力学理论。动力学理论根据氯离子和氧之间的竞争性吸附作用来解释钝化膜的击穿现象，而热力学理论则把点蚀电位看作是氯离子与氧化物处于平衡状态时的电位。而点蚀坑的扩展包括金属的溶解以及蚀坑底部通过已经溶解的金属离子的水解而维持高的酸度这两个过程。

元素铬（Cr）和镍（Ni）能提高不锈钢的抗点蚀性能。不锈钢的抗点蚀性能随铬（Cr）、镍（Ni）及钼（Mo）含量的增加而提高。金相组织可能在决定合金抗点蚀性能方面起着重要的作用。各种相，诸如硫化物、δ 铁素体、σ 相、α′相、沉淀硬化不锈钢中的强化析出相、敏化的晶界以及焊缝等都可能对不锈钢的抗点蚀性能产生影响。

σ 相对不锈钢的抗点蚀性能是有害的，至少在氯化铁环境中是这样。导致铁素体不锈钢 475℃脆性的 α′相对不锈钢的抗点蚀性能也是不利的。研究表明，当晶界被敏化时，敏化的晶界就会成为点蚀优先萌生的位置。对马氏体不锈钢来说，在某一温度下回火时，析出碳化物周围的贫铬（Cr）区也将成为被优先腐蚀的地方。

从实际情况来看，由于点蚀而导致失效的大部分设备，都是由氯化物和含离子的氯气引起的，特别是次氯酸盐（存在于漂白剂中）的腐蚀性更强。提高溶液中氯化物的浓度，将显著地增加合金的点腐蚀倾向。升高溶液的温度会使点腐蚀电位变负，也意味着点腐蚀倾向的增大。温度对点腐蚀电位的影响还取决于合金的成分。含钼（Mo）的 316 不锈钢，当温度高于 70℃时，点腐蚀电位将基本上与温度无关。此外，不锈钢的点腐蚀通常与溶液的停滞状态有关。因此，提高溶液的流速可能是有益的。

对于一个给定的合金/环境体系，决定合金点腐蚀电位的因素乃是材料的表面粗糙度。因此，对具有不同表面粗糙度的合金进行点蚀倾向的比较是毫无意义的。在同样的材料/环境体系中，若表面粗糙度不同，其点腐蚀电位的差别可能达到 0.4V 以上。

“钝化”处理是指在硝酸中浸泡，以使材料表面光洁。在改善合金抗点蚀性能的表面化学处理方法中，典型的方法就是“钝化”，亦即将不锈钢浸泡于 20% HNO_3溶液中。这种处理的主要作用是溶解不锈钢表面的夹杂物和沾染物（例如，在加工过程中嵌入不锈钢表面的钢铁碎粒）并使之洁净，还可以去掉表面的硫化锰夹杂（这种夹杂可能成为点腐蚀的萌生源），钝化也可以用来改善高硫（S）易切削不锈钢的抗点蚀性能。由于硫化锰夹杂的溶解要形成空洞，为了中和渗入其中的残存酸，不锈钢在钝化处理后可以用氢氧化钠溶液清洗。

防止点蚀的方法是：不锈钢表面要定期清洗和维护、提高不锈钢的纯净度、降低 MnS 等非金属夹杂物含量、选用耐点蚀当量值高的不锈钢，即高铬-钼和高铬-钼-氮不锈钢。还应选用耐缝隙腐蚀的高铬（Cr）、钼（Mo）、氮（N）不锈钢。

5.7.3 缝隙腐蚀

缝隙腐蚀是局部腐蚀的一种形式，是由于缝隙内存在电解质溶液而产生的腐蚀现象，它可能发生于溶液停滞的缝隙之中或屏蔽的表面内。在腐蚀介质作用下，会在缝隙处优先产生点状和溃疡状损伤，这就是缝隙腐蚀。不锈钢由于设备、构件结构上的原因存在缝隙，这样的缝隙可以在金属与金属或金属与非金属的接合处形成，例如，在与铆接、螺栓、垫片、阀座、松动的表面沉积物（表面落有灰尘、砂粒、垢层、浮着沉积物等固体物质时）、焊缝以及与海生物相接触之处形成，也可以在表面上存在金属或非金属沉积物的地方形成（在沉积物与不锈钢表面间形成缝隙）。缝隙腐蚀是在不锈钢表面附着物的下面或结构上的间隙部位的一种有选择性的腐蚀状态。缝隙腐蚀在各类电解质中都会发生。钝化金属，如不锈钢、铝合金、钛等对缝隙腐蚀的敏感性最大。由于缝隙腐蚀可能会破坏工程结构件中机械连接的整体性，因此，缝隙腐蚀是一种必须加以避免的局部腐蚀。

作为一条能成为腐蚀场所的缝隙，其宽窄程度必须足以使腐蚀介质进入并滞留其中。由于缝隙内的介质处于滞流状态，从而加剧了缝隙内金属的腐蚀。因此，缝隙腐蚀通常是发生在几微米宽的间隙中，而在那些宽的沟槽或宽的缝隙处，一般未发现缝隙腐蚀，因为腐蚀介质能在其中畅流。但是，关于缝隙腐蚀的缝隙尺寸，并无严格的规定。

5.7.3.1 缝隙腐蚀的特性

金属产生缝隙腐蚀的特征可以归纳如下：

（1）不论是同种金属或异种金属结构的连接，还是金属同非金属之间的连接都会引起缝隙腐蚀，尤其是对依赖钝性而耐蚀的金属材料。

（2）几乎所有的腐蚀介质（包括淡水）都能引起金属缝隙腐蚀，介质可以是任何侵蚀性溶液，酸性或中性，而含有氯离子的溶液最易引起缝隙腐蚀。

（3）与小孔腐蚀相比，对同一种合金而言，缝隙腐蚀更易发生。在一定的电位范围内（$E_b \sim E_p$），对小孔腐蚀而言，原有的蚀孔可以发展，但不产生新的蚀坑；而缝隙腐蚀在该电位区间，既发生又发展。通常，缝隙腐蚀的电位比小孔腐蚀电位负。

由此可见，它是一种比小孔腐蚀更为普遍的局部腐蚀。遭受缝隙腐蚀的金属表面往往呈现不同的蚀坑或深孔，而且缝口常为腐蚀产物覆盖，即形成闭塞电池。

5.7.3.2　缝隙腐蚀与点蚀的区别与联系

缝隙腐蚀与点蚀有很多相似的地方，尤其是在发展阶段上更为相似，但两者有根本的区别：

从腐蚀发生的条件来看，点蚀起源于金属表面的点蚀核，缝隙腐蚀起源于金属表面的极小缝隙。前者必须在含有活性阴离子的介质中才会发生，后者即使在不含活性阴离子的介质中也能发生。

从腐蚀过程来看，点蚀是通过腐蚀逐渐形成闭塞电池，然后才加速腐蚀的。而缝隙腐蚀由于事先已有缝隙，腐蚀一开始就很快形成闭塞电池而加速腐蚀。前者闭塞程度较大，而后者闭塞程度较小。

从发生腐蚀的电位来看，缝隙腐蚀的电位低于点蚀电位 E_b，缝隙腐蚀较点蚀容易发生。

5.7.3.3　缝隙腐蚀的机理

缝隙腐蚀可以在中性及酸性介质中发生，易发生在含有 Cl^- 离子的环境中，在充气的含活性阴离子的中性介质中最易发生。

关于缝隙腐蚀的机理，过去认为是由缝隙内外氧的浓度差所引起的。随着电化学测试技术的发展，特别是通过人工模拟缝隙的实验发现，随着腐蚀的进行，缝隙内介质性质发生了很大的变化，形成了闭塞电池。由于缝隙内介质溶液的酸化（Cl^-浓度增加，pH 值下降）、缺氧而引起了钝化膜的局部破坏。

如图 5-13 所示，假定，起初不锈钢处于钝化状态，并在整个金属表面上（包括缝隙内部的表面在内）均匀地发生一定的腐蚀。此时，按照混合电位理论，阳极反应（即 $M \rightarrow M^+ + e$）由阴极反应（即 $O_2 + 2H_2O + 4e \rightarrow 4OH^-$）来平衡。可是，由于缝隙内的溶液处于停滞状态，阴极反应耗尽的氧不能得到及时补充，从而使缝隙内的阴极反应中止。然而，缝隙内的阳极反应却仍然在继续进行，以

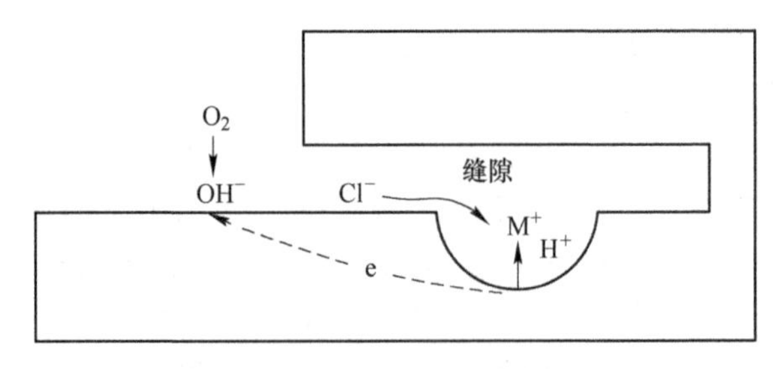

图 5-13　缝隙腐蚀机理的示意图

至于在缝隙内形成了充有高浓度的带正电荷金属离子溶液。为了平衡这种电荷，带负电荷的阴离子，特别是 Cl^-，就会移入缝隙之内，而所形成的金属氯化物（即 M^+Cl^-）又被水解成氢氧化物和游离酸：

$$M^+Cl^- + H_2O \longrightarrow MOH + H^+Cl^- \qquad (5\text{-}16)$$

这种酸度增大的结果，导致了钝化膜的破裂，因而形成与自催化点腐蚀相类似的腐蚀侵蚀。如同点腐蚀一样，水解反应所产生的酸，使缝隙内溶液的 pH 值降至 2 以下，而缝隙外部溶液的 pH 值仍然保持中性。

理论认为：缝隙内部溶液的酸化很可能是由铬离子的水解所控制，即

$$Cr^{3+} + 3H_2O \longrightarrow Cr(OH)_3 + 3H^+ \qquad (5\text{-}17)$$

在组成不锈钢的所有合金元素中，钼（Mo）无疑对改善不锈钢的抗缝隙腐蚀性能起着最重要的作用。如同镍（Ni）和铬（Cr）一样，钼（Mo）也能使合金的点腐蚀电位向正方向升高。因此，钼（Mo）的这种有利作用可以解释为很可能增加了钝化膜破裂的困难程度。并且，当含钼（Mo）量比较高时，很可能还有另外一种作用，就是抑制缝隙腐蚀的扩展而不是抑制缝隙腐蚀的萌生，即形成一层钼酸盐膜。

除了镍（Ni）、铬（Cr）及钼（Mo）之外，其他元素，如硅（Si）、氮（N）以及铜（Cu）等对含有钼（Mo）的奥氏体不锈钢在海水中的缝隙腐蚀性能也具有有利的作用。但是，如果这些不锈钢中不含钼（Mo），这些元素的有效性尚需进一步进行研究。但铌（Nb）和钛（Ti）对不锈钢的抗缝隙腐蚀性能没有影响。

总之，不锈钢的主要合金元素镍（Ni）、铬（Cr）以及钼（Mo），既有利于抗点蚀，也有利于抗缝隙腐蚀。主要合金元素的这种类似影响说明，如果在点腐蚀和缝隙腐蚀之间有一定的关联的话，则夹杂物和第二相，如 δ-铁素体、α′相、σ 相、硫化物以及时效析出物等对缝隙腐蚀性能就可能会有某种影响。

综上所述，氧浓差电池的形成，对腐蚀的开始起促进作用，但蚀坑的加深和扩展是从闭塞电池开始的。酸化自催化是造成腐蚀加速进行的根本原因。换言之，只有氧浓差而没有自催化，不至于构成严重的缝隙腐蚀。

众所周知，对于不锈钢在海水中的缝隙腐蚀而言，减小缝隙的面积或增大缝隙外部材料的面积都要导致缝隙腐蚀的加剧。此外，不锈钢在海水中的缝隙腐蚀可以通过阴极保护来加以抑制。

升高温度对缝隙腐蚀的影响很难预测，因为它可能以不同的方式和相反的方式影响着各种相关的因素。虽然升高温度会促使迁移过程和反应动力学，但却会降低氧（O）的溶解度。

5.7.3.4 点腐蚀和缝隙腐蚀的抑制措施

点腐蚀和缝隙腐蚀都会在含有 Cl^-离子的环境中发生。为了防止点腐蚀或缝隙腐蚀，如果将金属的电位设定在比点腐蚀发生电位“卑”的电位上，理论上

讲是可能的。但因附着物和在构造上间隙存在的场合下，实际控制是很难的，因此，要考虑实际环境和构造的具体情况，如表 5-6 所示。

表 5-6　点腐蚀及缝隙腐蚀预防策略

区　分	内　　容
环境	用定期清洗方法去掉附着物，降低 Cl^- 离子浓度，降低温度，尽量地控制溶存的氧或氧化剂，并在海水等环境中保持流速不低于 1.5m/s，防止污物（包括海生物）在钢的表面堆积
材料选择	增加含 Cr 量或添加 Mo，提高耐孔腐蚀性和耐间隙腐蚀性
形状	最根本的是消除缝隙，从结构设计上尽量地避免有缝隙和间隙结构的设计，将缝隙和间隙部分尽量地改换成开放式形状，或至少要使缝隙尽可能地保持敞开
表面性状	适当地提高磨削表面的粗糙度
焊接部	去除氧化皮屑、残渣，补修焊接咬边等焊接缺陷

为了将缝隙腐蚀减轻到最小程度，还可以采用如下措施：

（1）在缝隙腐蚀敏感的区域覆盖一层抗缝隙腐蚀性能更好的合金。

（2）在阴极表面的周围涂以油漆。

（3）采用抑制剂。

（4）避免采用金属/非金属的连接，因为这种连接往往比金属/金属的连接更紧贴。对换热设备管与管板连接处的缝隙，对法兰、垫圈、螺栓、铆钉等的间隙，要采取适宜措施加以防止。

5.7.4　晶间腐蚀

晶界是结晶学取向不同的晶粒间紊乱错合的界域，因而，它们是材料中各种溶质元素偏析或金属间化合物（如碳化物和 δ 相等）沉淀析出的有利区域。因此，在某些腐蚀介质中，晶界可能优先被腐蚀。这种沿晶粒界面所产生的局部腐蚀类型被称为晶间腐蚀，大多数的金属和合金在特定的腐蚀性介质中都可能呈现晶间腐蚀。腐蚀在内部进行时会使结晶颗粒纷纷脱落。

晶间腐蚀首先在晶粒边界上发生，并沿着晶界向纵深处发展，这时，虽然从金属外观上看不出有明显的变化，但其力学性能却已明显降低了。通常晶间腐蚀出现于奥氏体、铁素体不锈钢和铝合金的构件中。

对于不锈钢来说，固溶态晶间腐蚀是由某些溶质元素如硅（Si）、磷（P）、硫（S）等偏析于晶界引起的。这种晶间腐蚀只有在含高价阳离子，如六价铬离子（Cr^{6+}）的强氧化性腐蚀介质中才能发生，如铬镍奥氏体不锈钢在含 Cr^{6+} 的 HNO_3 中会出现晶间腐蚀，在高温、高压尿素生产装置上易出现此种腐蚀形态。而且，这种晶间腐蚀通常被认为是一种特别的晶间腐蚀，因为通常所遇到的晶间腐蚀是由敏化所致。

不锈钢的基体是铁（Fe）中含有铬（Cr）的合金，而碳（C）和铬（Cr）具有易结合的性质。在高温加热或焊接时，在热影响区会引起沿不锈钢晶界析出富铬的碳化铬（$Cr_{23}C_6$）（敏化），使析出这个碳化铬的周围毗邻处变成“贫铬”状态。根据环境情况，在“贫铬”的部位，有选择性地被腐蚀，谓之晶间腐蚀。敏化态晶间腐蚀主要是由不锈钢经450~850℃敏化温度（焊后热影响区）引起的。即使是含0.03%C的超低碳不锈钢，若在敏化温度长期停留也会引起铬贫化，这种现象与合金元素碳（C）的影响是一致的。

虽然铁素体型不锈钢也产生晶间腐蚀，但其行为同奥氏体型不锈钢完全相反。铁素体型不锈钢是从860℃以上的高温快冷时，被敏化后，才会产生晶间腐蚀。而奥氏体型不锈钢在快冷时并不发生敏化，可是缓慢冷却以后却会产生晶间腐蚀。相反地，铁素体型不锈钢若进行缓慢冷却，就不会产生晶间腐蚀。敏化了的铁素体型不锈钢，在650~850℃经短时间加热即可恢复，这也是同奥氏体型不锈钢的不同之处。

然而，即使一种给定的不锈钢是处于敏化状态，它也并非是在所有的工作环境中都会呈现晶间腐蚀。这些腐蚀可以用不锈钢的活化-钝化状态来解释：显然，在发生晶间腐蚀的环境中，被敏化的晶界会呈现活化状态，而晶粒呈现钝化状态。反之，在不发生晶间腐蚀的环境中，无论是被敏化的晶界还是晶粒都将呈现钝化状态。

若往430（18Cr）钢中加入3%以上的镍（Ni），其敏化行为就与奥氏体型不锈钢相同。为了避免敏化，必须自热处理温度快冷。

前面已经知道，当合金中的含铬（Cr）量降到低于12%时，其钝化电位区的范围将明显缩小。因此，倘若敏化使晶界处的含铬（Cr）量降至12%以下，而晶粒中的含铬（Cr）量仍然保持为大约18%，则将存在着一个显著的电位区。在此电位区间，晶界将呈现活化腐蚀而晶粒仍然保持钝态。也将存在着这样一个电位区，在此电位区间，无论是高铬（Cr）的晶粒还是低铬（Cr）的晶界，都呈现钝态。因此，至少在理论上可以认为，通过钝化电位区间差别，可以确定敏化不锈钢/环境组合系统是否会因贫铬（Cr）而发生晶间腐蚀。

晶间腐蚀主要由阳极所控制（亦即腐蚀是由晶界上的阳极区域的有效性所决定）。晶间腐蚀主要由以下原因引起，并具有下面描述的几种形态，如焊接引起的敏化、刀状腐蚀等。

5.7.4.1 焊接引起的敏化

因为焊接是用以连接耐腐蚀设备用不锈钢的常用方法，因此，测定焊接所能引起的敏化及由此而产生的晶间腐蚀倾向的程度十分重要。这不仅对合金之间的比较、对焊接过程，而且对质量控制及发展新合金都十分有用。前面已经知道，晶界贫铬（Cr）区的形成需要各种特定的温度，并且，还需要和此温度下的保温时间以及成分相结合的综合条件下才能产生。在与焊缝相毗邻的母材中（亦即在热影响区中)，这样的特定组合条件是否可能出现，取决于一系列的因素，如表5-7所示。

表5-7　可能影响焊接件腐蚀的因素

序号	因　素
1	母材和焊缝金属的成分与组织
2	母材金属焊接前的冶金状态（预热和机加工情况）
3	焊接方法——钨极惰性气体保护焊、金属焊条惰性气体保护焊、有保护的电弧焊以及埋弧焊等
4	焊接工艺规程——手工焊或自动焊、焊道数目、焊接速度、电流以及电压等
5	保护气体——成分和流动速度等
6	被焊材料的尺寸（亦即板的厚度）以及焊缝熔敷金属的尺寸和几何形状等

对奥氏体不锈钢而言，采用低碳（C）和稳定化的不锈钢，或者进行焊后热处理，都可以最大限度地减少焊缝晶间腐蚀的可能性。

5.7.4.2　刀状腐蚀

众所周知，从冶金学角度，防止奥氏体不锈钢敏化的措施之一是用强碳化物形成元素，如钛（Ti）和铌（Nb）对之进行合金化。其中，用钛（Ti）合金化的不锈钢有321，而用铌（Nb）（同时加钽Ta）合金化的不锈钢有347。这些牌号的不锈钢通常被称为“稳定化”不锈钢。所谓稳定化，是指由于在较高温度下已析出了钛（Ti）或铌（Nb）的碳化物，这样，保留于固溶体中作为碳化铬形式而析出的碳（C）就减少了。钛（Ti）和铌（Nb）的碳化物的形成温度是870~1150℃，而铬（Cr）的碳化物形成温度是480~760℃。因此，供货状态的321和347不锈钢，由于已经在大约1065℃进行了“轧制余热退火”，并快速冷却至室温，所以钢中的碳（C）大部分均以碳化钛或碳化铌的形式沉淀析出。当对这种经过轧制余热退火的321和347不锈钢进行焊接时，在与焊缝相贴近的一个很窄的区带内的温度会大大超过1150℃，使碳化钛或碳化铌重新分解，从而使碳（C）又会返回“狭窄区带”内的固溶体中。在随后冷却时，如果缓慢地通过480~760℃的温度区间，或者若是将焊缝重新加热到碳化铬析出的温度区间，其在一定的环境中对晶间腐蚀可能是敏感的。因为遭受敏化的区域很窄，因此，倘若发生腐蚀，则看上去好似一条沿着焊缝与基体金属相熔合处的细线，故称之为“刀状腐蚀”。刀状腐蚀可以通过将焊接部件重新加热到大约1065℃的高温，使碳化铬重新溶解，并重新析出碳化钛或碳化铌而消除。

晶界处碳化物析出的形态对于刀状腐蚀是否发生十分重要。而且，刀状腐蚀的发生并不仅限于碳化铬附近的贫铬（Cr）区。刀状腐蚀大多发生于氧化性环境（如硝酸）。因此，除了贫铬区（Cr）之外，碳化物本身和一些σ相也可能被腐蚀，因为硝酸会对这些相产生腐蚀。此外，在具有一定氧化性的尿素环境中，也会发生刀状腐蚀。在稳定化不锈钢产生刀状腐蚀的环境中，采用低碳不锈钢（如304L），可以获得优异的效能。

5.7.4.3 连多硫酸开裂

在前面的讨论中，晶间腐蚀时都不需要有外加应力的存在。但在石油工业中，发生的大多是有应力存在时的晶间腐蚀。研究表明，当在石油裂化炉中的冷凝液里含有连多硫酸（$H_2S_xO_6$，此处 $x=3$，4 或5）时，将发生这种形式的腐蚀。后来，这种腐蚀形式就被称为连多硫酸开裂。因此，连多硫酸开裂并不意味着连多硫酸的存在是必不可少的。因为，在以 SO_2饱和的水溶液中也能发生类似的腐蚀现象。但习惯还是采用连多硫酸开裂这一术语。

研究表明，连多硫酸开裂是存在外加应力时所发生的一种晶间腐蚀形式。因此，要减轻这种腐蚀的种种措施之中，就包括使晶间腐蚀减至最小所采用的冶金措施。

在石油工业部门中所遇到的工艺技术问题的实质是：不锈钢构件的工作温度可能高到足以使材料发生敏化的温度，而且，当精炼装置处于停机状态时，含硫（S）的混合物、水分以及低温空气可能会发生相互作用而生成连多硫酸，从而腐蚀贫铬（Cr）的晶界。因此，为减少停机期间发生连多硫酸开裂的可能性，应从操作方式和冶金学两个方面同时采取措施。

在冶金学方面，可以采用低碳（C）不锈钢（例如3044），采用稳定化不锈钢（例如321或347）。由于稳定化不锈钢和低碳（C）不锈钢在一定的时间-温度组合下，可能被敏化，因此，低碳（C）不锈钢被推荐用于操作温度低于400℃的工作环境，而稳定化不锈钢则建议在使用之前要在900~925℃下预先进行稳定化处理，以保证使用前碳（C）以碳化钛或碳化铌形式最充分地析出。在需要焊接的情况下，可以采用热稳定化（920℃）的321不锈钢以及在920℃下对焊缝进行局部退火。如果对801合金在955℃进行了热稳定化处理，随后的热处理将不会达到连多硫酸开裂所需要的敏化程度。

5.7.4.4 不锈钢成分和显微组织的影响

A 奥氏体不锈钢

检验奥氏体不锈钢晶间腐蚀敏感性的硝酸试验，也被称为Huey试验，就是用65%硝酸进行腐蚀；而检测奥氏体不锈钢晶间腐蚀敏感性的铜-硫酸铜-16%硫酸试验，也被称作Strauss试验。用这两种方法都可以定量地检验晶间腐蚀的敏感性，并都有相应的国际和国家标准可供参考。试验结果如图5-14和图5-15所示。

众所周知，对敏化起重要作用的关键性元素是碳（C）。其他元素对敏化的作用主要是与它们对碳化物的溶解度和析出情况的影响有关。图5-14描述了碳

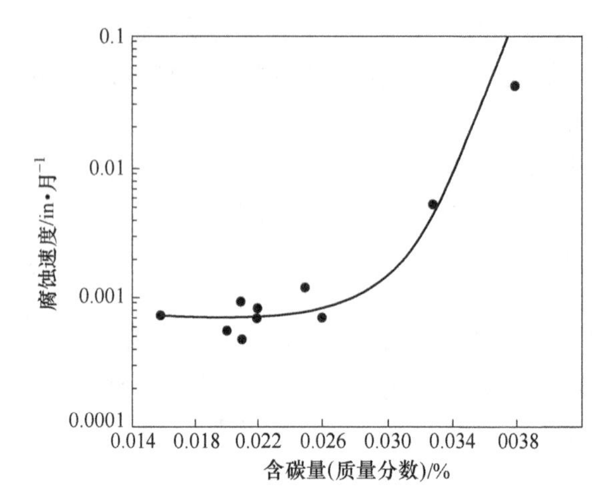

图 5-14　含碳量对 304 不锈钢（经 650℃敏化 2h）在 Huey 试验中腐蚀速度的影响
（1in = 25.4mm）

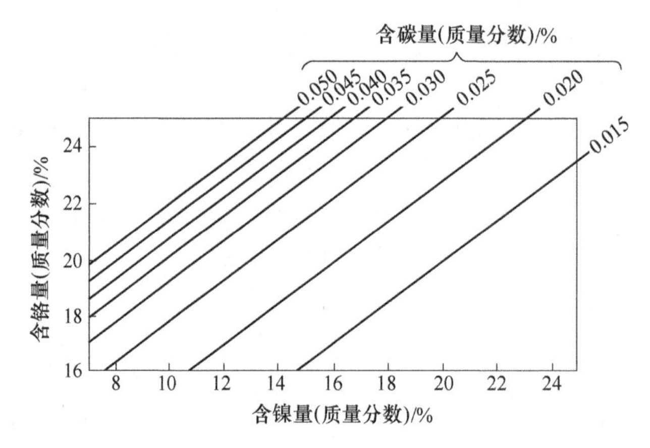

图 5-15　铬和镍的含量对不锈钢（经 650℃敏化 1h）在 Strauss 试验中为避免晶间腐蚀所要求的含碳量的影响

（C）在不锈钢晶间腐蚀中的重要作用，这个图也说明了对低碳级（L）不锈钢的含碳（C）量，为什么要选择为 C≤0.03%的原因。从图 5-14 中可以看出，当含碳（C）量高于 0.03%时，不锈钢的腐蚀速度将急剧增加。

奥氏体系列不锈钢的代表钢种 304（18Cr-8Ni）的敏化温度区域在 550～800℃，在这个温度区间保持时间过长或从高温慢慢地冷下来，也会发生敏化。碳化铬析出后，在其近旁的晶界上的含铬（Cr）量“被减少”，在碳化物近旁其含铬（Cr）量有可能“贫”到临界含铬量以下。由于晶粒内部铬（Cr）的扩散，使“贫铬”部位得到铬（Cr）的补充。只是在碳化物近旁，因含铬（Cr）量减少到不能保持耐腐蚀性，就会发生晶间腐蚀。

为了避免敏化材料出现晶间腐蚀，不锈钢中的铬（Cr）、镍（Ni）以及碳（C）所必须保持的配比关系如图 5-15 所示。实质上，铬（Cr）会增加碳（C）在奥氏体中的溶解度，而镍（Ni）则会降低碳（C）在奥氏体中的溶解度，因此，成分的调整必须使这三种元素的含量取得平衡。图 5-15 不能直接推广到含镍（Ni）量更高的合金中。现在采用 AOD 熔炼很容易达到 0.02%C 的水平，因此，就不容易被敏化而出现晶间腐蚀。

σ 相，当作为一种相存在于晶界上时，会被腐蚀。因此，在硝酸环境中使用的不锈钢，应避免出现 σ 相。

在以钛（Ti）稳定化的 321 不锈钢中所存在的碳化钛，在某些强氧化性酸，如硝酸中，也可能被腐蚀。如果碳化钛沿晶界析出，则在氧化性环境中将导致晶间腐蚀。这就是为什么有时采用以铌（Nb）稳定化的不锈钢（347）的原因之一。铌（Nb）可以在炉内添加，也便于炉前分析和成分调整，而钛（Ti）是活性较高的元素，必须在炼钢时加在钢水包中。

含锰（Mn）量高的不锈钢（如 200 系列不锈钢），与 304 不锈钢相比，其高含量的锰（Mn）对不锈钢的抗晶间腐蚀性能会发生轻微的有害作用。而且，在敏化状态下，含锰（Mn）量较高的 202 不锈钢，其耐腐蚀性能似乎要比含锰（Mn）量较低的 201 不锈钢更低。

已经证明，硅（Si）有降低不锈钢抗晶间腐蚀的能力，特别是对含钼（Mo）的不锈钢，硅（Si）的有害作用更加显著。然而，高含量的硅（Si）可以使非敏化状态的不锈钢免遭含有六价铬离子的硝酸溶液的腐蚀。

硼（B）对不锈钢抗晶间腐蚀性能的影响有利也有害，要具体情况具体分析研究。

氮（N）对不锈钢敏化的影响更加复杂，取决于氮（N）在合金中的含量以及镍（Ni）的含量。有研究表明，当含氮（N）量在 0.04%~0.06%时，晶界腐蚀的深度最大。

通常认为，冷加工会降低不锈钢对敏化的倾向，这是因为冷加工给形变晶粒内部提供了碳化物形成的核心，从而使不锈钢在敏化处理时沿晶界所析出的碳化物减至最少。但是，冷加工可能会导致与马氏体相（这种相将优先被腐蚀）的形成有关的复杂的腐蚀现象，促进含钼（Mo）不锈钢在晶界上形成 σ 相以及加剧端晶腐蚀。因此，如果要采用冷加工方法来减轻材料对晶间腐蚀的敏感性时，需要慎重考虑。

有研究表明，增大晶粒尺寸会增加材料对晶间腐蚀的敏感性，这是因为：由于小晶粒的材料具有较大的晶粒表面积，因而，沿晶界形成连续网状碳化物的概率就小。

B 铁素体不锈钢

400 系列铁素体不锈钢的敏化，也被认为是由在晶界上析出碳化铬和氮化铬的毗邻处贫铬（Cr）所致。但是，正加图 5-16 所示，铁素体不锈钢产生敏化的温度范围及其动力学过程与奥氏体不锈钢是有很大差别的。正如前面提到的，在铁素体不锈钢中，敏化发生得更加迅速。铁素体系列不锈钢和奥氏体系列不锈钢的不同之处在于，从 850℃以上开始冷却时，容易造成晶间腐蚀。这是因为碳化铬及氮化物析出非常迅速的缘故。所以，如果在碳化铬析出温度区域上短时间保持，或者是从高温慢慢地冷却下来，在“贫铬”部位上，铬（Cr）能很快得到补充，使用时就不会产生晶界腐蚀。

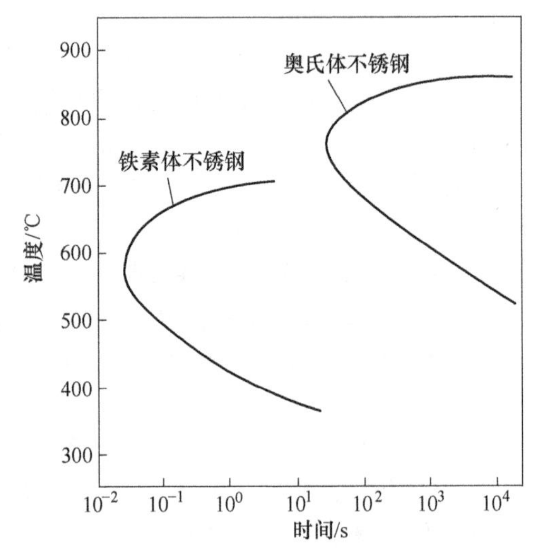

图 5-16　奥氏体和铁素体不锈钢（两者含铬量相同）的时间-温度-敏化曲线的位置差别

430、434 以及 446 不锈钢可以通过加热到某一温度（在这一温度下，C 在铁素体中的溶解度明显增加）而被敏化。对于 430 不锈钢来说，这一温度高于 925℃（即高于图 5-6 不同含碳量的 Fe-18%Cr 合金的伪二元相图中的液相线的温度）。铁素体中，铬（Cr）的扩散比奥氏体中铬（Cr）的扩散要快。因此，由于敏化的动力学过程发展得非常迅速，所以，无论是水淬还是空冷，都会敏化。

为了防止晶界腐蚀，通常采取下述三项措施：

（1）固溶化热处理时急剧冷却，以抑制碳化铬的析出。将这些材料在 800℃左右进行退火，或者以极其缓慢的冷却速度通过 700～900℃的温度区间。在这些温度下，铬（Cr）要重新扩散返回至贫铬（Cr）区。

（2）降低含碳量（选取不锈钢种的 C≤0.030%）：如同奥氏体不锈钢的情形一样，将铁素体不锈钢的含碳（C）量降至 0.03%时也不能防止晶间腐蚀。为了降低铁素体不锈钢对晶间腐蚀的敏感性，需要大大地降低材料中 C+N 的含量。通过将钢中碳（C）和氮（N）的含量降至极低水平的方法（例如，C+N=

0.01%），有可能会使铁素体不锈钢的抗晶间腐蚀性能以及韧性得到改善，这也是多年来新型高铬（Cr）、低间隙铁素体不锈钢及超纯铁素体不锈钢得以发展的因素之一。

（3）添加稳定化元素（例如Ti稳定化的439），可使材料在腐蚀性不太强的环境中的晶间腐蚀减至最小。添加钛（Ti）或铌（Nb）后，由于钛（Ti）或铌（Nb）和碳（C）的结合力比铬（Cr）和碳（C）的结合力强，易在颗粒内部均匀析出碳化钛或碳化铌，由此抑制碳化铬在晶界上的析出。

高铬（Cr）、低间隙铁素体不锈钢及超纯铁素体不锈钢就是为了改善铁素体不锈钢的韧性及焊接性能而发展起来的极低C+N含量的不锈钢，也叫现代铁素体不锈钢。决定铁素体敏化的关键性元素是碳（C）和氮（N），此外，含铬（Cr）量以及冷却速度也是重要的因素。

为了防止高纯Fe-17%Cr合金敏化，钢中碳（C）和氮（N）的含量必须为0.01%左右。对于高Cr合金，如26-1、29-4等，其C+N的总量也必须保持在很低的水平，以防止敏化。研究表明，26-1和29-4铁素体不锈钢的C+N含量的总和分别不能超过0.01%和0.025%。

然而，对于含铬（Cr）量较低的材料，即使它们的C+N含量较低，也只有当材料由退火温度经过水淬处理，或者在大约788℃左右的温度下重新退火并水淬，才能获得抗敏化的能力。空冷可能使这些材料发生敏化，而炉冷的效果则取决于合金中钼（Mo）的含量。采用炉冷的含钼（Mo）合金高的腐蚀速度可能与钼（Mo）对氮（N）的扩散速度有关。显然，高的含铬（Cr）量对于降低材料的敏化程度是有利的。

无论是铌（Nb）还是钛（Ti）都能有效地防止材料发生晶间腐蚀。从实际角度，若要保持高纯铁素体不锈钢的抗晶间腐蚀能力，则在加工过程中和焊接过程中，必须防止氮（N）和碳（C）溶入钢中。

C 双相不锈钢

既含有奥氏体又含有δ-铁素体的双相不锈钢，会呈现出高的抗晶间腐蚀能力。存在于组织中的铁素体会对钢的抗晶间腐蚀性能起良好作用的原因是，铁素体晶粒的存在使得碳化铬沿奥氏体晶界形成连续网络状的可能性减至最小。围绕着孤岛状的铁素体晶粒所析出的碳化物可能引起贫铬（Cr），但腐蚀将局限于这些孤岛状的铁素体晶粒而不会蔓延。在600~800℃下观察到的晶界移动，可能会有助于防止在碳化物周围形成连续的贫铬（Cr）通道。

双相不锈钢之所以具有良好的抗敏化性能，主要是由于铬（Cr）在铁素体相中的扩散速度较快，使贫铬（Cr）区能够迅速得到铬（Cr）的补充。

5.7.4.5 退火（非敏化态）不锈钢的晶间腐蚀

退火状态的奥氏体不锈钢几乎在所有环境中都能抗晶间腐蚀。然而，在某种含有高价金属离子的强氧化性硝酸溶液中，退火不锈钢可能遭受晶间腐蚀，而这种腐蚀与敏化无关。这种形式的晶间腐蚀发生于过钝化电位区，而在不锈钢经常使用的钝化电位区内不会发生。

当退火温度过高，在空冷时，铁素体不锈钢就被敏化了，在随后的酸洗中，就会出现晶间腐蚀。若缓慢冷却，即使温度有所提高，也不会产生晶间腐蚀。

研究表明，钢中残存元素的存在对决定退火不锈钢抗晶间腐蚀性能非常重要。硅（Si）和磷（P）对不锈钢的抗晶间腐蚀是有害的。随着含磷（P）量的增加，不锈钢的晶间腐蚀逐渐加剧。硅（Si）的影响较为复杂，含硅（Si）量低（<0.1%）或含硅（Si）量高（>2%）时，都不发生晶间腐蚀，但当含 Si 量大约为 0.7%时，不锈钢呈现最大的晶间腐蚀速率。

5.7.5　应力腐蚀开裂

应力腐蚀开裂（SCC）是指在腐蚀性环境中，承受应力的合金由于裂纹的扩展而发生失效的一种通用术语，是在拉应力与腐蚀介质两种因素共同作用下引起的金属材料发生的腐蚀性破裂，属于一种局部破坏。一般情况下是在含有 Cl^- 离子的环境中，处于拉伸应力状态下发生的断裂状腐蚀。应力腐蚀开裂具有脆性断口形貌，但它也可能发生于韧性高的材料中。根据腐蚀介质性质和应力状态的不同，显微裂纹呈穿晶、沿晶和/或两者的混合形式。应力腐蚀破裂是局部腐蚀中危害最大腐蚀之一，因为这种腐蚀在发生后用肉眼在金属表面不易察觉，一般也没有预兆，具有突然破坏的性质。

奥氏体系列不锈钢虽然具有优越的耐腐蚀性，但是，在焊接部分等的残余应力和特定的腐蚀条件下，易发生应力腐蚀裂纹（SCC）。

不锈钢产生应力腐蚀必须同时满足三个条件：材料因素（敏感的合金）、环境因素（特定的介质）和力学因素（静的拉伸应力）等三个要素。

（1）敏感的合金（材料因素）。系指具有一定化学成分和组织结构的不锈钢，在一些介质中对应力腐蚀敏感。但并不是任何一种不锈钢、在任何条件下均产生应力腐蚀断裂。

（2）特定的腐蚀介质（环境因素）。对某一敏感合金而言，必须有一种或一些特定的腐蚀介质与它相匹配，才能产生应力腐蚀。目前，既没有对任何介质都敏感的不锈钢，也没有能引起任何不锈钢均产生应力腐蚀的介质。对于 18-8 型 Cr-Ni 奥氏体不锈钢而言，能引起应力腐蚀的常见特定介质有氯化物、氢氧化物和连多硫酸（$H_2S_xO_6$）等。作为环境来讲，几乎全都是由 Cl^- 离子引发。其他如高浓度的碱等也会引起应力腐蚀裂纹。此外，温度对应力腐蚀裂纹的影响很大。温度越高，应力腐蚀裂纹越容易发生。在实际环境中，在 70℃以下发生应力腐蚀裂纹的报告几乎没有。

(3) 静的拉伸应力(力学因素)。这里所说的应力,包括操作时的动作应力、热应力、装置的约束应力、冷加工以及焊接时的残余应力等。如果不存在静的拉伸应力(无论是残余应力还是外加应力,或者两者兼而有之),即使有敏感的合金与特定的介质的配合,应力腐蚀同样不会发生。裂纹的形成和扩展大致与拉应力方向垂直。断裂是在与应力垂直的方向上发生的,一般是一边产生一边发展。这个导致应力腐蚀开裂的应力值,要比没有腐蚀介质存在时材料断裂所需要的应力值小得多。

在微观上,穿过晶粒的裂纹称为穿晶裂纹,而沿晶界扩展的裂纹称为沿晶裂纹。当应力腐蚀开裂扩展至某一深度时(此处,承受载荷的材料断面上的应力达到它在空气中的断裂应力),则材料就按正常的过载断裂(在韧性材料中,通常是通过显微缺陷的聚合)而断开。因此,由于应力腐蚀开裂而失效的零件的断面,将包含有应力腐蚀开裂的特征区域以及与显微缺陷的聚合相联系的“韧窝”区域。

应力腐蚀开裂的机理可以根据造成应力腐蚀裂纹扩展原因的单元过程进行分类。基本上有两种不同的单元过程:(1)裂纹尖端处材料的挪移;(2)裂纹尖端处材料的离析。这些单元过程为表5-8所列的应力腐蚀开裂机理的分类提供了依据。所谓的马氏体机理,取决于应变时在裂纹尖端的毗邻处马氏体的形成,这种机理既可以适用于阳极溶解类型,也可以适用于氢脆类型的应力腐蚀开裂。应变所诱发的马氏体不能解释高温下发生的应力腐蚀开裂现象,然而,对于301不锈钢来说,当其与腐蚀的锌或镁阳极构成电偶时,则应变所诱发的马氏体可能导致材料在室温下发生氢脆。

表5-8 应力腐蚀开裂机理的类别

<table>
<tr><td rowspan="2">溶解机理</td><td>钝化膜破裂理论</td><td>由于塑性变形,使裂纹尖端处的钝化受到抑制,裂纹通过其尖端处金属的局部溶解而扩展</td></tr>
<tr><td>应力促进的溶解理论</td><td>裂纹通过局部的阳极溶解而扩展,塑性变形的主要作用仍是加速溶解过程</td></tr>
<tr><td rowspan="2">机械机理</td><td>氢脆理论</td><td>在裂纹尖端部位的金属内部,氢发生聚集,由于空穴的形成或者结合强度的降低,而导致局部金属的强度下降。裂纹通过强度低的薄弱区域的机械断裂而扩展</td></tr>
<tr><td>吸附理论</td><td>表面活性物质的吸附,并与裂纹尖端处应变金属的原子结合力相互作用,使原子键的结合力降低,从而导致裂纹的扩展</td></tr>
<tr><td rowspan="2">混合机理</td><td>脆性膜理论</td><td>裂纹通过其尖端处金属生长的脆性膜的反复形成和破裂的交替而扩展</td></tr>
<tr><td>隧道模型理论</td><td>借助于金属的溶解而形成深坑或隧道,并随之由于塑性破裂使这些深坑或隧道相连接而使裂纹扩展</td></tr>
</table>

不锈钢的表面状态分为活性态、钝态及过钝态三种。应力腐蚀裂纹发生在活

性态及钝态两种情况下，尤其是在中性（介质）附近的钝态中，引起的比较多。在活性态中的应力腐蚀裂纹是在不锈钢表面腐蚀。在应力造成的局部破坏部位上，阳极溶解快速进行成为裂纹状，当有 Cl^-离子存在时，会促进阳极溶解。

中性附近的钝态中，在不锈钢表面钝态薄膜发生严重破坏时，应力腐蚀裂纹反而不会发生，只有在 Cl^-离子存在的钝态薄膜被破坏，进行局部的阳极溶解，由于应力使之发生并传播时，就会产生应力腐蚀裂纹。

由于机理的多样性，如表 5-8 所描述的，导致出现了一种根据产生应力腐蚀开裂的环境来描述应力腐蚀开裂的过于简单化的术语，例如，常常用氯化物开裂、碱裂及氧裂等术语来描述不锈钢在含氯化物、苛性碱及氧的高温水环境中的应力腐蚀开裂。氢脆的术语是指在由于氢渗入金属而促进其开裂过程的环境中所发生的开裂。在硫化物环境中，由于硫化物离子起着一个促进氢渗入金属的氢离子复合的作用，所以，硫化物开裂通常就是指氢脆。至于这些术语的准确度有多高，看法各不相同。

应力腐蚀的预防措施：设法去除应力腐蚀三个必要条件中的一个因素，便可防止不锈钢应力腐蚀的出现。减少和防止应力腐蚀裂纹的对策如表 5-9 所示。

表 5-9 应力腐蚀断裂防止对策

区 分	内 容
环境	（1）降低介质中的 Cl^-离子浓度。 （2）降低介质温度。 （3）控制溶存氧或氧化剂，防止 Cl^-蒸发浓缩和在不锈钢表面富集的条件。 （4）Cr-Ni 不锈钢制的锅炉和容器等需进行水压试验的设备，建议使用去离子水；不锈钢制设备和构件在放置或运输过程中，特别是在海洋大气和高 Cl^-浓度的湿态环境中，要妥善加以防护
材料选择	（1）选择耐应力腐蚀材料，如含 Ni 高的材料和含有 Mo 的钢种，提高耐腐蚀性能，防止裂纹。 （2）在含 Cl^-的大气和水介质中，为了耐应力腐蚀，在实际应用中，可优先使用铁素体不锈钢，例如，00Cr18Mo2（444）、00Cr26Mo1 和 00Cr30Mo2 以及各种双相不锈钢。 （3）选取具有相同耐腐蚀性能的铁素体系列不锈钢。 （4）在 304 系列不锈钢中选择耐应力腐蚀断裂用特殊钢种
形状	避免引起应力集中的形状或间隙
加工	（1）在不锈钢的生产、设备加工和使用过程中，降低和消除不锈钢的残余应力或造成压应力。但要注意避免碳化铬析出、生成氧化鳞皮以及 σ 相生成的处理温度。 （2）在不锈钢表面进行喷丸处理（使表面受压缩应力），效果明显。但此种处理不适用于易产生点腐蚀的条件。因为穿过压应力层的点蚀底部则处于高拉应力区，反而会使应力腐蚀过程加速
焊接	（1）消除焊接接头的应力。 （2）改善焊缝的形状，防止裂纹（对焊缝进行酸洗）

5.7.5.1 氯化物开裂

承受应力的不锈钢在高温氯化物溶液中可能会发生应力腐蚀开裂。应力腐蚀开裂对奥氏体不锈钢、铁素体不锈钢和双相不锈钢都会发生。体心立方的铁素体晶格对氯化物开裂的敏感性取决于不锈钢的成分和组织。

不锈钢在氯化物溶液中发生的其他局部腐蚀形式与组织的不均匀性有关（例如，点腐蚀常常萌生于硫化锰夹杂处，晶间腐蚀产生于贫 Cr 的晶界等），而氯化物开裂通常是呈穿晶的形式，裂纹的某些部分沿着奥氏体晶格的滑移面扩展。因此，人们试图根据金属的变形特性，特别是根据滑移贯穿裂纹尖端处遇到金属表面时很可能发生的过程来描述氯化物开裂。这种滑移产生滑移台阶，可能使表面钝化膜破裂，从而使“新鲜”的金属表面裸露于腐蚀环境中，这就是“钝化膜破裂理论”描述的情形。

继这种钝化膜破裂理论之后，一种新的观点认为，膜的破裂过程实质上是材料通过保护膜的形成而达到钝化的倾向与由于使膜破裂的滑移台阶的形成而使保护膜的发展遭到阻碍这两种趋势之间的竞争。这种模型可能产生一个穿晶开裂的通道。因此，即使是初始的裂纹源产生于晶界，而由于滑移台阶的形成导致膜的破裂，也有可能使裂纹扩展的通道变成穿晶的。当晶界比晶粒更不容易钝化的情况下，也可能出现沿晶开裂。因此，在萌生于晶界上的裂纹扩展时，远离晶界的膜破裂处就将比近于晶界的膜破裂处更容易钝化，其最终结果将使裂纹接近甚至沿着晶界扩展。这样，就解释了经过严重敏化的不锈钢所观察到的氯化物开裂现象，在这种不锈钢中，贫铬（Cr）的晶界比晶粒更难钝化，从而，裂纹的扩展常常是沿晶的。

这种模型也说明，增加应力值将增加材料对开裂的敏感性，增加可以提高材料钝性的合金元素（诸如 Ni、Cr 及 Mo）的含量，将提高材料的抗开裂能力或不敏感性。在酸性环境中，为了使裂纹尖端处机械破裂的钝化膜得以迅速愈合，该材料的钝化倾向必须十分强烈，这样，上述合金元素的含量就必须相当高。

实验表明，镍（Ni）、铬（Cr）以及钼（Mo）元素总含量高的合金是抗氯化物开裂的，但其中镍（Ni）对合金抗氯化物开裂性能的有利影响远远大于其对合金点蚀电位的影响。但是，很多合金元素对材料的抗氯化物开裂性能都是有害的，但也有一些元素可以归入“不定影响类”。有利的元素有镍（Ni）、镉（Cd）、锌（Zn）、硅（Si）、铍（Be）以及铜（Cu）。需要强调的是，镍（Ni）的有利影响是针对奥氏体不锈钢而言的。对铁素体不锈钢，当镍（Ni）的含量很低时，镍（Ni）反而对钢的抗氯化物开裂性能起着有害的作用。

敏化对材料的抗氯化物开裂性能是有害的。

5.7.5.2 碱裂

对于一定的合金，其在碱中的抗全面腐蚀能力几乎与合金中的含镍（Ni）量成正比。因此，含镍（Ni）的奥氏体不锈钢被全面用于制作碱的设备，包括中等温度、浓度为50%或更低浓度的碱。在一定浓度的碱和温度的组合下，不锈钢可能呈现碱裂。合金抗开裂性能的等级可能发生的变化主要取决于碱液中是否存在氧。

导致材料敏化和475℃脆性的热处理，对高铬（Cr）铁素体不锈钢的抗碱裂性能是有害的。低铬（Cr）的铁素体不锈钢（405）会呈现出严重的全面腐蚀。导致475℃脆性的热处理对双相不锈钢的抗碱裂性能也是有害的。马氏体不锈钢（410）在482℃温度下回火后其硬度为HRC50，在碱液中会发生开裂。通过添加磷酸盐可以减轻合金的碱裂。

5.7.5.3　氧裂

研究发现，敏化的304不锈钢在含有微量氯化物的高温-高氧溶液中可能会出现开裂。因为氯化物在缝隙和凹坑处可能浓缩，所以，似乎可以把这种腐蚀直接解释为氯化物开裂的一种形式，它可以由敏化而加速。但是，应该认为高温-高氧溶液中的开裂与氯化物开裂（或碱裂）有着本质的区别。事实上，进一步的研究表明，似乎正是由于局部缺氧而导致开裂，因为这种开裂现象在含氧的溶液中，在有缝隙存在的情况下最容易观察到。正如前面所提到的，在缝隙里可能易于发生贫氧。

人们提出一种不同于氯化物开裂的机理的主要原因是基于这样的观察结果：能够抗氯化物开裂的合金，当其处在氧+缝隙的环境条件下，会迅速地发生开裂。

5.7.5.4　氢脆

氢脆是在某些介质中，因腐蚀或其他原因而产生的氢原子可渗入金属内部，使金属变脆，并在应力的作用下发生脆裂。例如，含硫化氢的油、气输送管线或煤油厂设备常发生这种腐蚀。

氢脆主要是一个与高强度不锈钢有关的问题，但也注意到，马氏体型或沉淀硬化型高强度不锈钢也有氢脆问题。

硫化物环境对于石油工业有特殊意义。大量研究表明，硫化物环境中的开裂（称为硫化物开裂）是一种氢脆形式的开裂。硫化物是一种能促进氢渗入金属的氢离子复合毒剂。

对于高强度不锈钢，无论是在阴极状态还是阳极状态下，氢脆乃是裂纹扩展的机制。不过，阳极溶解可能使裂纹源按类似点腐蚀的方式萌生。研究也表明，氯离子的存在并不是高强度不锈钢发生开裂的必要条件。

5.7.5.5　其他环境中的开裂

除前面提到的连多硫酸开裂（这显然是一种由敏化所引起、由应力促进的晶间腐蚀情况）之外，在某些环境中，还有其他一些开裂的事例。

不锈钢在清洁的大气中，保持着钝态薄膜，几乎是不腐蚀的。但是，在通常的大气中，因为多少都会有些污染，而且因地区不同，其污染程度的变化很大，因而在大气中也会发生腐蚀。其行为是，大气中的腐蚀性物质（H_2SO_4，NaCl等）或者是附着油分的灰尘积累，再加上气候干湿反复地变化，带来的浓缩等各种各样的腐蚀环境变化所造成的。

大气一般区分为田野、都市、工业地带、沿海地带，按使用的不锈钢钢种的不同而异。工业地带、沿海地带的腐蚀性较大，而在大气清洁的田野，几乎不会引起腐蚀。在工业地带有亚硫酸气体或堆积的灰尘，在沿海地带有从海上飞来的海盐粒子，附着在不锈钢上，都会造成腐蚀。在都市或工业地带由于燃烧重油或汽油引起的硫酸、碳氢化合物和金属氧化物等灰尘的附着、堆积，都会造成腐蚀。

5.7.6 疲劳腐蚀、电偶腐蚀、磨耗腐蚀、气蚀以及选择性腐蚀

5.7.6.1 疲劳腐蚀和蠕变

A 疲劳

疲劳是用以描述金属在交变的周期性应力作用下发生开裂现象的术语。通常，金属在受到多次、周期性应力作用后，在低于其屈服强度的应力下，疲劳裂纹即萌生和扩展。如同应力腐蚀开裂的情形一样，疲劳裂纹的扩展也是直至材料承受载荷处的断面缩减到应力超过其抗拉强度极限的程度。此时，材料将由于过载破坏而断开。

疲劳又分为高温疲劳和热疲劳。在高温下，由于比较快速变化的反复应力致使材料损伤的现象称之为高温疲劳。它可以对喷气式发动机或汽轮机（透平机）的叶片等造成破坏。所测定出来的数据称为S-N曲线，是结构设计的基础。不锈钢的化学成分或热处理，在蠕变时同样会影响到高温疲劳强度。

伴随着加热和冷却，用于部件的支撑元件因热膨胀、热收缩受到约束时，由于妨碍材料变形而产生应力。这种随着温度反复地变化应力也反复地变化致使材料损伤的现象称为热疲劳。

在实验室，疲劳试验是对材料施以各种不同振幅的周期性应力，并测定其破断时间。疲劳试验中所采用的术语如图5-17所示。

B 蠕变

蠕变是在高温下，长时间承受载荷的同时，金属间会产生缓慢的变形。即使在屈服强度以下和极小的应力状态下，随着时间的延续也会产生微量变形。

当材料处在高温环境下，就要考虑它的蠕变和疲劳。对于使用在锅炉或压力容器等中的材料，当使用温度超过500~550℃时，设计时是以材料的蠕变强度和蠕变破断强度分别代替材料的屈服强度和抗拉强度的基准值来计算它的许可应力的。在高温下，承受载荷的钢材，即使看上去受到的是在屈服点以下很小的应

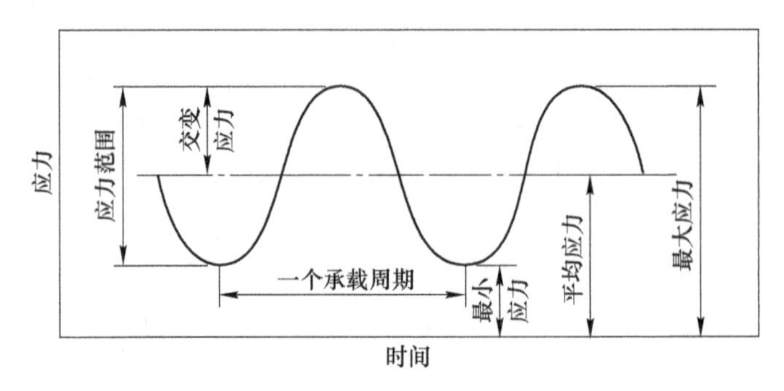

图 5-17　疲劳试验中所采用的术语

力，但是，随着时间的推移，也会发生延伸（这种变形量是时间的函数）的现象，称为蠕变。

蠕变，从承受载荷开始到产生破坏为止，其全过程分为转移蠕变、正常蠕变和加速蠕变三个阶段。在变形速度几乎一定的规定期间内产生最小蠕变速度的应力值称为蠕动强度。在蠕动破坏试验中，所取得的破断时间和应力的关系上，在某种温度和时间上的破坏应力值称为那个温度、时间下的蠕变破断强度。

C　腐蚀疲劳

腐蚀疲劳是用于描述材料在液态或气态环境中的疲劳断裂现象的术语，是在交变（动）应力和腐蚀介质共同作用下引起的不锈钢的一种腐蚀，属于局部腐蚀。这些环境对于不受应力的材料可能有侵蚀性，也可能没有明显的侵蚀性。不锈钢的腐蚀疲劳在任何介质中均可产生，并没有如应力腐蚀时所需的特定介质。

在力学（动应力）和电化学（腐蚀性介质）共同作用下引起的破坏腐蚀疲劳的原因，说法很多。有人试图用钝化膜破裂机理来解释不锈钢的腐蚀疲劳，该机理原来是为解释应力腐蚀开裂而提出来的，后来修改为包括钝化膜的周期性破裂和修复。但是在交变应力作用下，在介质和交变应力共同作用下钝化膜的破裂、滑移台阶的溶解以及再钝化等的反复作用则是影响不锈钢腐蚀疲劳过程的关键因素。

在合金的评价工作中，通常的做法是依据各种合金在试验 10^7或 10^8循环周次后，不发生断裂的应力来比较它们的抗腐蚀疲劳能力，而不是试图通过长期的且常常是昂贵的持续试验去确定材料的腐蚀疲劳极限。这个应力通常被称为额定周次下的腐蚀疲劳强度（CFS），例如 10^8循环周次时的腐蚀疲劳强度。不能把腐蚀疲劳强度与腐蚀疲劳极限等同或视为同一，因为在某些合金/环境系统中，合金是否存在腐蚀疲劳极限是不能确定的。

不锈钢的开裂也可能是沿晶的。抗拉强度、抗点腐蚀能力以及晶粒度是影响材料腐蚀疲劳强度的三个因素。通常，提高材料的抗拉强度和抗点腐蚀能力（亦即增加合金中 Ni、Cr 及 Mo 的含量）以及减小晶粒度，都有利于提高合金在海水中的抗腐蚀疲劳能力。

防止和降低不锈钢设备和构件所承受的交变应力（包括消除结构上的应力集中），消除不锈钢表面的缺陷，选用疲劳强度高、耐蚀性能优良且细晶的不锈钢等均可以提高抗腐蚀疲劳的能力，双相不锈钢则是可供优先选用的材料。

对于不锈钢而言，最重要的因素则是抗拉强度。当然，也要认识到，如果强度高的材料在海水中并不耐腐蚀，则也不会有高的腐蚀疲劳强度。还有事实表明，通过阴极保护也能提高奥氏体钢和高强度马氏体时效钢在海水中的腐蚀疲劳强度。通过沉淀硬化处理可以提高不锈钢的抗拉强度，也将提高其腐蚀疲劳强度。通过在显微组织中引入δ-铁素体而产生的强化（如双相不锈钢的情况），也会提高不锈钢的腐蚀疲劳强度。冷加工强化可以使钢的10^8循环周次的腐蚀疲劳强度显著升高。

众所周知，细化晶粒将提高不锈钢在空气中的疲劳极限，因此，可以预料，它对腐蚀疲劳也将产生类似的效果。

敏化处理无论对奥氏体不锈钢还是对马氏体不锈钢的腐蚀疲劳强度都是有害的。

如果疲劳试验所采用的试样带有缺口，该缺口起应力集中源的作用，则材料在空气中的疲劳极限就会降低。

5.7.6.2 电偶腐蚀

凡具有不同电极电位的金属相互接触，并在一定的介质中所发生的电化学腐蚀即属电偶腐蚀。例如，热交换器中的不锈钢管和碳钢连接处，碳钢在水中作为阳极会被加速腐蚀。

当把两种不同的金属浸于一种腐蚀溶液中时，则每种金属都将建立起自身的腐蚀电位，即E_{corr}。此时，阳极反应的速度将恒等于阴极反应的速度。如果两种金属的腐蚀电位值相差很大，而它们又是彼此接触或以电相通，则腐蚀电位更正的金属将明显地成为阴极，而腐蚀电位更负的金属将明显地成为阳极。从而，因为电池作用，在阳极和阴极之间将有一种可测量的电流流动，阳极的腐蚀速度将增加，而阴极的腐蚀速度将减小或者完全停止。这种由于与阴极材料相耦合而使阳极材料腐蚀加剧的现象，称之为电偶腐蚀，也称双金属腐蚀、两元金属腐蚀或异种金属接触腐蚀。采用牺牲阳极对金属进行阴极保护就是利用这种效应。

评定两种不同金属在一定的腐蚀介质中是否可能发生电偶腐蚀的简便而实用的方法，是测量和比较两种金属在该腐蚀介质中的腐蚀电位值（E_{corr}）。如果两种金属的腐蚀电位相差数百毫伏（mV），则实际上发生电偶腐蚀的可能性是确定无疑的。如果两种金属的腐蚀电位只相差大约数十毫伏（mV），则电偶腐蚀就不大可能发生。然而，焊接两种腐蚀电位相差微小的合金，可能要加剧电位更负的合金的腐蚀。这种采用比较腐蚀电位大小来判断电偶腐蚀发生可能性的方法也有缺陷，因为它忽略了极化效应，这些误差往往导致保守的结论。

当腐蚀电位正的材料与腐蚀电位负的材料构成电偶对时，就可能使腐蚀电位负的材料发生电偶腐蚀。这也说明了镁（Mg）、锌（Zn）及铝（Al）何以能在钢的阴极保护中作为有效的牺牲阳极的原因。

在流动海水中，镁（Mg）、锌（Zn）及铝（Al）这三种金属的腐蚀电位在所有材料中几乎是最低的，镁（Mg）最低，其次是锌（Zn），最后是铝（Al），而不锈钢的腐蚀电位比这三种金属都高。当把不锈钢浸泡于高速流动的充气海水中时，它们的腐蚀电位是相当高的。然而，在不流动的海水中，沉积物可能要构成缝隙，在不锈钢与偶接材料之间也可能形成缝隙。在存有缝隙的情况下，由于缝隙内贫氧，不锈钢可能呈现不太高的腐蚀电位（E_{corr}）。在这些条件下，在考虑不锈钢发生电偶腐蚀的可能性时，应采用腐蚀电位不太高的材料。

当异种金属接触时，电位更负的金属将发生腐蚀。但是影响其腐蚀程度的不仅仅是电位差，决定电偶腐蚀侵蚀程度的一个很重要的因素是阴、阳极材料的面积比。相对于更负的金属（阳极）而言，电位偏正金属（阴极）的表面积越大，其腐蚀程度就越激烈。因此，由一个大的阴极和一个小的阳极所组成的面积比是不合适的。因为在原电池中，对于一个给定的电流值而言，则小电极上的电流密度要比大电极上的电流密度大，也就是说，小阳极将具有较大的电流密度，从而，小阳极的腐蚀速度比大阳极的腐蚀速度要快。例如，低碳钢闭销（小阳极）就不能用以组装不锈钢板（大阴极）。

5.7.6.3　磨耗腐蚀

磨耗腐蚀的定义为，由高速流动的腐蚀介质（可能含有能够产生磨损或磨耗作用的固体粒子）所引起的腐蚀加速的现象。在轻度腐蚀性的环境中，即使存有固体粒子（例如含有砂粒的海水），一般也几乎不会使不锈钢发生磨耗腐蚀。然而，在强腐蚀性环境中，如硫酸中，仅流速的作用就可能显著地加速腐蚀。

因为磨耗腐蚀是腐蚀效应和机械磨损作用相叠加的结果，因此，材料的抗磨耗腐蚀性能是通过权衡提高材料的耐腐蚀性能（如用 Ni、Cr 及 Mo 合金化）和提高材料的耐磨耗性能（如提高合金的硬度）来解决的。

加速磨耗腐蚀的因素有紊流（紊流引起的磨耗腐蚀要比层流大）以及易导致液流冲撞的设计（如管道系统中的急弯头，此处，液流将被迫改变其流动方向）。显然，消除磨耗腐蚀的方法可以包括：采用耐腐蚀性能更高的合金、改变设计方案、改变环境介质条件、采用阴极保护、消除悬浮的固体粒子以及降低温度等。如果采用别的方法都不能达到满意的效果，可以在工件表面堆焊一层耐腐蚀的硬质合金材料。

5.7.6.4　气蚀

气蚀是在液体与固体材料之间相对速度很高的情况下发生的一种侵蚀形式。

在金属表面上接触高速流体的部位，由于压力突然变化而产生空洞。在这个空洞内，流体的蒸气沸腾并充满，在下一个压力高的瞬间，迅速发生压缩崩坏现象。这种由于蒸气泡的崩坏导致材料损坏称为气蚀。虽然基本上是机械性的破坏，但由于在流体中含有酸、海水等腐蚀性物质，促进了腐蚀，所以称为气体腐蚀。

在工程技术中，这种侵蚀现象在泵、船舶的螺旋桨以及水轮机中经常遇到。要理解气蚀现象，需要有一些流体力学方面的知识。大体上，当液体在流动过程中遇到分支、旋转或者振动时，就要形成导致空穴或气泡产生的低压区，由于这些空穴的形成和破灭极其迅速，所以会产生强烈的冲击波。

由于玻璃和塑料也会发生气蚀，因此，气蚀不仅仅是一个腐蚀过程。在腐蚀性环境中，腐蚀能够促进金属和合金的气蚀，有时，在低气穴的情况下，由于只是金属和合金的表面保护膜受到破坏，所以只发生腐蚀。

金属和合金的抗气蚀性能与其弹-塑性应变能（亦即在拉伸试验时所获得的应力-应变曲线下的面积）之间存在着一种良好的相关性。耐气体腐蚀的特性值中，有硬度、抗拉强度、疲劳强度、结晶粒度、表面性状和弹性等，其中硬度是最重要的因素，也有人认为材料的抗气蚀性能为硬度的函数。作为防止气体腐蚀的对策，许多场合多采用堆焊硬质材料的措施。

不锈钢不但具有优越的强度和耐腐蚀性，而且还具有耐气体腐蚀性。因此，在水力发电机的叶轮、汽轮机、泵和热交换器等中都要使用不锈钢。在气穴严重的情况下，为了改善液体的流动特性，需要对机件进行重新设计。因为，如果采用级别更高的耐腐蚀材料可能是有限制的。

5.7.6.5 选择性腐蚀

选择性腐蚀是合金中的某一组分由于优先地溶解到电解质溶液中去，从而造成另一组分富集于金属表面上。例如，黄铜的脱锌现象即属于这类腐蚀。

5.7.7 全面腐蚀

全面腐蚀是用来描述在整个合金表面上以比较均匀的方式所发生的腐蚀现象的术语，也叫整体腐蚀。当发生全面腐蚀时，材料由于腐蚀而逐渐变薄，直至材料腐蚀失效。不锈钢在强酸和强碱中可能呈现全面腐蚀。并且，许多资料中都列出了常用不锈钢在各种化学环境中全面腐蚀的数据。但是，在一些局部腐蚀占主导地位的环境中，提供的腐蚀速度所反映的是局部腐蚀而不是全面腐蚀。

通过混合电位理论测量电化学参数，为确定给定的不锈钢在已知环境中是否会发生全面腐蚀提供了有效的判据。

不锈钢的全面腐蚀可以通过失重法或电化学法来预测。不锈钢的腐蚀速度非常低，一般可以认为是处于钝态。即使不锈钢不是处在钝态的条件下，全面腐蚀的速度也是很低的。因此，不锈钢设备由于全面腐蚀而导致的损坏，在很多情况下是一种可以预测的腐蚀现象。对于抗全面腐蚀不锈钢材料的选择，主要是从经济角度考虑，例如，以便宜的材料来满足已知设备的设计寿命。一般情况下，局部腐蚀损坏的概率大大超过了全面腐蚀。

不锈钢的全面腐蚀是在得不到钝态化环境中（即全面活性的环境中）引起的腐蚀。例如，常见的在盐酸、硫酸、磷酸以及有机酸等这些氧化力较弱的酸（非氧化性酸）的环境中所发生的腐蚀。这些腐蚀可以分为如下几种。

（1）对硫酸的耐腐蚀性：不锈钢不能完全防止硫酸的腐蚀。

（2）对硝酸的耐腐蚀性：不锈钢是耐硝酸腐蚀的良好材料。在有硝酸的设备中几乎全部使用了奥氏体不锈钢。不仅如此，为了强化不锈钢的钝态薄膜，即对不锈钢进行酸洗钝化处理，就是将不锈钢浸渍在硝酸溶液中进行的。

（3）对盐酸的耐腐蚀性：因为盐酸是弱氧化性酸，它不能够保持不锈钢的钝态薄膜，即会造成对不锈钢的全面腐蚀。虽然对稀硫酸还有使用 316(18Cr-2Ni-2Mo)、317(18Cr-2Ni-3Mo）以及双相不锈钢 329J3L(22Cr-5Ni-3Mo-LC）的，但是对盐酸而言，多数是使用哈斯特洛依耐蚀镍基合金（Hastelloy）。

（4）对磷酸的耐腐蚀性：不锈钢不但不能完全防止磷酸的腐蚀，而且由于磷酸中所含杂质的多少，会引起不锈钢的耐腐蚀性发生很大的变化。加剧腐蚀的不纯物有氟化物、氟硅化物以及氯化物等。

（5）对碱的耐腐蚀性：碱性的代表是苛性钠（氢氧化钠）。不锈钢对苛性钠的耐腐蚀性尚可。

不锈钢的钝态薄膜是铬（Cr）形成的，但在苛性钠溶液中，钝化态以后，进而由于电位的提高和作为 CrO_4^{2-} 离子有选择性的溶出，就耐碱性而言，铬（Cr）并不是令人满意的元素。在苛性钠溶液中，铁素体系列（Cr 系列）不锈钢还不如普通钢的耐腐蚀性。奥氏体系列不锈钢含镍（Ni）量多时，相应地可以提高对碱的耐腐蚀性。预防苛性钠溶液的腐蚀，镍（Ni）是重要的元素。

（6）对各种药品的耐腐蚀性：不锈钢对各种药品的耐腐蚀性，可参考相关资料。

（7）海水腐蚀：海水的盐分浓度依海域不同而有一些变化，远洋中其盐分为 3.2%~3.6%。

不锈钢在海水中的全面腐蚀量（整体腐蚀量）与不锈钢钢种没有太大关系。但是，容易发生间隙腐蚀或点腐蚀。对于这种局部腐蚀依不锈钢钢种不同其腐蚀程度也各相异，使用时要注意。发生缝隙腐蚀或点腐蚀是由海水中含有 Cl^- 离子和溶存氧所造成的。在间隙部位，海水的氯离子浓度高而且 pH 值低，则发生缝隙腐蚀。

发生点腐蚀的原因，是海水中的氯离子（Cl^-）浓度达到某种程度以上时，在钝态薄膜的缺陷部分和构成薄膜的氧进行置换而被化学性的吸附，进而成为金属氯铬离子而溶解。从阳极溶解开始，由于溶存氧的存在而促进阴极反应，点腐蚀就会急剧地进展。在港湾停船时，震荡的海水飞溅到船体上，由于浸泡和干燥反复进行，则海水中的氯离子（Cl^-）浓度提高而发生剧烈的孔腐蚀。可以包覆超级不锈钢312L(20Cr-18Ni-6Mo-LC）和836L(22Cr-25Ni-6Mo-LC)，有的采取涂敷和采取牺牲阳极防腐处理技术。

就腐蚀而言，海水和淡水比较起来，海水的电池作用显著增大。在海水中使用金属时除了要注意材料在海水中自然电位的排列之外，还要注意以下事项：

1）在结构上尽可能地使用一种金属。

2）如果不能使用一种金属，则在主要零部件上，要选取在电位上“高贵”的金属材料。

3）预计“卑贱”金属方面的腐蚀量。在设计时，预先考虑其腐蚀余量。

4）在易被腐蚀的“卑贱”金属表面要进行涂敷或包覆。

5.7.8 燃气腐蚀和熔融物腐蚀

燃气腐蚀也叫高温气体腐蚀。不锈钢虽然是一类广泛使用的高温材料，但会与高温气体（如燃气）发生反应，形成表面氧化皮。因此，不锈钢在任一给定的用途中的有效性将取决于通过氧化皮而发生的燃气-金属反应速度。在任何情况下，都希望在各种条件下使氧化皮的生长速度相当慢，而不希望出现使氧化皮快速生长的各种条件。因为，氧化皮的急剧形成将使不锈钢迅速耗损，直至受载截面缩减，发生机械失效。

表面生成锈皮的高温气体腐蚀，除氧以外，还有因硫（S）和卤族元素等存在而发生。这些腐蚀现象同样是由于锈皮物质扩散而形成的。在硫化氢（H_2S）或二氧化硫（SO_2）等的高温腐蚀中，成为锈皮硫化物。因为这些硫化物的熔点比较低，容积比大，锈皮容易断裂或剥落。晶格缺陷多的离子的扩散比较容易，容易造成低熔共晶体等。因此，这些锈皮对金属起到的保护作用很小。

在某些气体（如卤素气体）中，还可能形成挥发性的反应产物，从材料表面蒸发。卤族化合物一般挥发性大，即使在比较低的温度下，也会由于其锈皮的多孔性质而引起剧烈的腐蚀。为此，应提高材料的抗氧化能力，如添加铬（Cr）、硅（Si）、铝（Al）等。而在另一些情况下，则是沿着晶界优先形成脆性的氧化物。因此，不可能用任何一种单一的机理来解释不锈钢的高温燃气腐蚀。但是，还是可以根据特定的燃气-金属反应来识别各种不同的腐蚀形式。在工业应用中，最为关注的燃气腐蚀形式是氧化、硫化、碳化、氮化以及卤素气体的腐蚀。在现代工业生产中，还可能发生多重形式的腐蚀。因此，有必要提出一些对多组燃气系统的腐蚀问题能够进行解释的理论。

5.7.8.1 氧化

氧化是在高温中和氧进行反应的现象。氧化这一在燃气-金属反应中所用的术语是指氧化皮的形成。它是使不锈钢产生高温腐蚀现象的最常见的原因。在氧、空气、二氧化碳（CO_2）、蒸汽以及在含有大量上述气体的较为复杂的工业大气中，不锈钢都有可能发生氧化。

金属氧化时，在其表面形成氧化鳞屑。这种鳞屑是离子的结晶，由氧离子和金属离子构成。氧化皮的生长速度（即腐蚀速度）取决于一系列冶金和环境因素以及氧化皮本身的特性。支配氧化（锈皮）成长速度的因素有两个：一是金属离子从氧化物与金属形成的界面向氧化物表面的扩散速度；二是氧离子从氧化物表面向内的扩散速度。

不锈钢优良的抗氧化性能主要是由于铬（Cr）的作用，通常是与氧化铬（Cr_2O_3）的形成有关。这种氧化物不是单纯的铬（Cr）的氧化物，而很可能还含有少量的铁（Fe）和镍（Ni）。大多数不锈钢在氧化性不强的气氛中、高铬不锈钢（如310）在氧化性较强的气氛中，它们的表面都会生成含铁（Fe）和镍（Ni）的氧化物。这种氧化物的生长速度很慢，因此，有些人认为，阳离子穿过氧化物层而进行扩散这一过程控制着氧化物的生长，而这一过程是很慢的。铁的锈皮，在一般情况下，从外层开始依次为Fe_2O_3、Fe_3O_4和FeO的三层结构。如果添加了铬（Cr），则在FeO和金属基面之间会形成$FeO \cdot Cr_2O_3$的微细结晶的第四层。铬（Cr）的添加量再高时，则在第四层和金属基面的分界面上会出现Cr_2O_3层，因此使得外侧层变薄。这个Cr_2O_3薄膜从内部开始防止金属离子扩散，从而提高了金属的耐氧化性。

铬（Cr）含量较低的不锈钢（例如304）可能形成一种尖晶石型的氧化物$FeCr_2O_4$（有时按表达式$FeFe_{2-x}Cr_xO_4$来表示，其中近似地取x为2），在某些情况下，这种尖晶石氧化物也可能有很强的保护性。事实很可能正是由于Cr_2O_3的形成和稳定性提供了最良好的抗氧化性能。

最初形成的氧化皮Cr_2O_3并不保证材料有高的抗氧化性能。随着时间的延长，材料的氧化特性可能发生若干变化。在轻微氧化的情况下，氧化皮保持其保护性，其生长的动力学近似于抛物线的关系：在氧化比较严重的情况下，氧化物的生长速度开始比较慢，但到某一时刻，生长速度可能突然增快。这个被认为的“转折点”的出现取决于合金的成分、环境条件以及时间。研究表明，这种转折点的出现是与双层氧化物锈层的形成相对应的：其内层是尖晶石型的氧化物（$FeCr_2O_4$），外层是铁的氧化物（Fe_2O_3）。

对于不锈钢来说，铬（Cr）是提高其抗氧化能力最重要的元素。保护性Cr_2O_3的形成就是金属表面上铬（Cr）的优先氧化，其结果是使金属-氧化物的界面处出现贫铬（Cr）。为了使Cr_2O_3氧化膜牢固或稳定，一个十分重要的条件是合金的铬（Cr）含量要足够高，以使在该界面区域中的铬（Cr）含量不低于某一最低值。

对铬（Cr）、硅（Si）含量相同但镍（Ni）含量不同的不锈钢的抗氧化性能的比较证明，镍（Ni）对抗氧化性能具有明显有利的作用。有人提出，镍（Ni）能影响氧化皮的附着力和力学性能，降低阳离子在 Cr_2O_3 氧化皮中的扩散速度，因而会推迟转折点的出现，即延缓下列反应的进度：

$$Cr_2O_3 \longrightarrow FeCr_2O_4 + Fe_2O_3 \tag{5-18}$$

硅（Si）对抗氧化性能也是有利的。为了提高不锈钢的耐氧化性，除增加铬（Cr）的含量以外，增加硅（Si）、铝（Al）以及微量的稀土元素都是有效的。

已经知道，晶界可能是优先遭受氧化的部位。对成分接近于310不锈钢的合金晶界氧化情况的研究表明，表面氧化皮的成分与晶界氧化物的成分是一样的。但是，晶界的氧化程度随温度的升高而增加。由此推断，由于整体和晶界两者扩散系数的差异随着温度的升高而降低，故晶界的氧化不可能是一个由晶界扩散所控制的过程。因此，他们主张晶界的优先氧化应该归于成分或结构的差别。

5.7.8.2 硫化

硫化是一个用以描述材料在含有硫化物（如二氧化硫 SO_2、硫化氢或硫的蒸气）的高温气体中遭受腐蚀的术语。其反应可包括在氧化气氛（如空气-二氧化硫的混合气体）中生成氧化物和硫化物，或在还原气氛（如氢-硫化氢的混合气体）中生成硫化物。应当指出，还原和氧化的术语，当它们被用于描述不锈钢的高温气体腐蚀的情况时，则与铬（Cr）的特性有关。而且，在真正还原性的条件下，含铬（Cr）的氧化物是不会形成的。因此，对于其他金属是还原性的条件，而对于不锈钢来说则实际上可能是氧化性。事实上，腐蚀有时可能是由于熔融相（如低熔点金属-硫化物共晶体）所引起，这一事实就使得依据气体-金属反应来定义硫化的种种尝试更加复杂了。

硫化可以在多种环境中发生，如二氧化硫环境、氢-硫化氢环境、硫蒸气以及燃烧气氛等。大多数含硫（S）的固态、液态或气态矿物燃料，它们的燃烧产物往往都含有硫（S）。在金属进行热加工时，金属锭的均热炉和再加热炉，如果采用天然气来燃烧加热，天然气的含硫量是相当低的。但是，如果不锈钢使用在高温场合，在使用含有高硫（0.1%～0.7%S）的重油来做燃料气体时，会在锈皮内层产生硫化。这时就涉及有关熔融硫化物的形成和含镍（Ni）合金（包括奥氏体不锈钢）的热加工性问题。因此，也必须注意含铬（Cr）量低的合金或含镍（Ni）合金的硫化问题。

其他生产过程中的气体和燃气，即通常所说的废气，是一类范围宽广的气体环境，它可能是氧化性的，也可能是还原性的。氧化性的废气通常都含有二氧化硫（SO_2）、二氧化碳（CO_2）、氮（N_2）、水蒸气以及氧（O_2）。还原性的废气含有硫化氢、氢、水蒸气、一氧化碳（CO）、二氧化碳（CO_2）以及氮（N_2）。由于废气成分的复杂性，现场试验可能是选择材料的合理途径。一般情况下，通过增加不锈钢中的含铬（Cr）量，将提高其腐蚀性能。

5.7.8.3　渗碳

所谓渗碳，就是合金吸收碳（C）。当把金属置于含碳（C）的高温气体（如一氧化碳或碳氢化物）环境中时，可能渗碳。对于不锈钢来说，在高温状态下，不锈钢在和碳氢化合物、一氧化碳、有机物等接触时，会引起渗碳，这是因为在高温状态下，碳（C）和氧（O）的亲和力大。渗碳在氧电位低的还原性氛围中容易发生，但在氧的电位高的场合，不易引起渗碳。控制渗碳的有效元素为铬（Cr）、硅（Si）、铝（Al）、铌（Nb）和镍（Ni）等。

在碳化铬容易析出的温度区域中，表面渗碳会硬化。渗碳会与铬成为碳化合物而固定下来，其抗氧化性变坏。当超过其碳的固溶度时，将形成铬（Cr）和铁（Fe）的碳化物，而且可能形成非常粗大的碳化物。由于这些碳化物的形成会降低不锈钢的塑性和韧性，因此，渗碳可能导致不锈钢件的失效。此外，由于形成碳化物时体积的巨大变化，会造成大的局部应力，从而渗碳层下面的材料也可能发生开裂。渗碳发生于高温，而且随着温度的升高，渗碳过程会加剧。

虽然在生产氢和一氧化碳时，在蒸气的碳氢化物变换条件下，材料因渗碳而引起的失效是很少见的，然而，生产乙烯时，在较高温度的乙烯热解条件下，抗渗碳性能是选择合金时应予以关注的一个主要问题。

还应注意，在渗碳的气氛中，还可能发生一种形式的金属损坏，即所谓金属粉化。这种损坏的发生形式可能是全面腐蚀或局部腐蚀，腐蚀产物是一种由碳化物、氧化物及石墨所组成的细小粉末或粉尘。

5.7.8.4　氮化

氮化是在含氮（N）的高温气氛中引起的。原子状态的氮（N）（在高温下由氨进行分解产生）可能渗入不锈钢中，在其内部生成氮化物而硬化，在其表面形成脆性的氮化层，使抗氧化性变坏。因此，氮化也如同渗碳一样，可能导致某种形式的脆裂。不锈钢抗氮化的性能主要取决于合金成分和环境因素（如氨的浓度和温度等）。在氧电位低的还原性氛围中容易引起氮化。控制氮化的有效方法是增加镍（Ni）的含量。

5.7.8.5　卤素气体

在氯气中，不锈钢的腐蚀速度在高温和低温下，由不同的过程所控制。因而，腐蚀问题可以根据这一认识得出最好的解释。在高温（例如600℃）下，腐蚀过程是受氯化物鳞的形成和挥发所控制。因此，合金的最高使用温度通常是其含镍（Ni）量的函数，因为镍（Ni）可以形成一种挥发性最小的氯化物鳞。当温度较低时，氯化物鳞的形成速度很可能是由通过氯化物鳞层的扩散过程以及这层氯化物鳞的保护性所决定。

对于不锈钢来说，其在干燥的氯气和氯化氢中使用温度的上限大约是

320℃。在温度较高的环境下，必须使用高镍（Ni）合金或纯镍（Ni）。由于在较高的温度下，氯化物要产生挥发，所以气体的流动速度、氯气的分压以及试样的形状也会对合金的腐蚀速度有所影响。

5.7.8.6 熔融物

A 燃灰腐蚀

燃灰腐蚀是用以描述由燃烧含硫（S）、钠（Na）及钒（V）的固体燃料所产生的低熔点硫化物和钒化物所造成的腐蚀现象的通用术语，是一种由钒（V）和钠（Na）的熔融物所引起的腐蚀形式。这些化合物当其在气流中时可能呈固态，但通过与合金表面的氧化物发生反应，将形成液态的低熔点共晶物。这些熔融物在很低的温度下便融化，并且破坏保护性的氧化皮。

提高不锈钢中的含铬（Cr）量，可以降低燃灰腐蚀的速度。但与氧化的情况不同，铝（Al）并不能改善不锈钢的抗燃灰腐蚀性能，因为熔融盐易于溶解 Al_2O_3。

B 液态金属和熔融盐

对液态金属和熔融盐中的耐腐蚀性能的研究是伴随着核反应堆的研究而开展起来的。因此，对于不锈钢在热处理熔盐熔池中的状态，也获得了一定的认识。比如，在要求非磁性的场合，要使用铬（Cr）、镍（Ni）、锰（Mn）及氮（N）组合而成的特殊材料。这时，要求不锈钢至少应具有下列属性：（1）非磁性和高强度；（2）耐热性和耐腐蚀性；（3）吸收中子。

详细情况在本书中不再赘述。

6　不锈钢的磁性

6.1　“磁性”和“无磁性”的含义

我们知道，电与磁经常联系在一起，并互相转化。凡是用到电的地方，几乎都有磁的过程参与其中，但很难对磁性是什么做一个严格的定义。人们曾把能吸引铁、钴和镍等物质的性质称为磁性，这种说法不是很严谨。磁性是指能受到磁场影响的一系列物理现象，更进一步讲，磁性是物质的基本属性之一，小到基本粒子，大到宇宙天体，都具有磁性。基本粒子的电荷和磁矩都会产生磁场，从而对其他的电荷和磁矩产生作用。所有的物质对磁场都有一定的磁感应。当给一个物质施加磁场强度 H 时，物质的响应就是其磁感应强度 B，也称为磁通密度。H 和 B 之间具有关系：

$$B = \mu_0 \mu_r H \tag{6-1}$$

式中，μ_0为真空的磁导率，是一个恒量；μ_r为相对磁导率，没有量纲。

按照物质对磁场的反应，磁性基本上可以分为五种：抗磁性、顺磁性、铁磁性、亚铁磁性和反铁磁性，相应地，物质也基本上分为五类。在顺磁体和抗磁体中，H 值在很大范围内变化时 μ_r值基本上都是常数，只是对抗磁性，μ_r略小于 1；对顺磁性，μ_r略大于 1。而对铁磁体，μ_r的值会在很大范围内变化，且是 H 的函数。物质的磁性也会随温度变化。对铁磁性物质、亚铁磁性物质、反铁磁性物质，当使用温度超过一定临界值，称为居里温度 T_c或涅尔温度 T_N时，就会变为顺磁性物质。反之，当温度降到 T_c或 T_N之下时，其磁性又会恢复。如 α-Fe 的居里温度是 $T_c = 770℃$。

所有材料在某种程度上都会受到磁场的影响。人们最熟悉的磁性现象是永磁体，因为永磁体的宏观磁矩会长期保持，但大多数材料没有永久性的宏观磁矩。有些物质会受到磁场的吸引（如顺磁体、铁磁体等），有些物质会受到磁场的排斥力（如抗磁体、超导体等），有些物质会与磁场发生非常复杂的相互作用（如自旋玻璃行为和反铁磁性行为等）。几乎不受磁场影响的物质被称为无磁物质，如铜（Cu）、铝（Al）、气体、塑料等。准确地说，“无磁”应该是指弱磁。现在我们知道，当把纯氧冷却到液态之后，纯氧也会表现出磁性。因此，物质的磁性状态会受到温度及其他一些因素，如压力和外加磁场等的影响，当这些因素变化时，一种物质可能会表现出不同的磁性。不锈钢材料在磁性能的使用上有两个极端：导磁和不导磁。一般来说，按照式（6-1），根据材料磁导率（μ_r）值的大小，可以把不锈钢材料分为两个系列：（1）顺磁性不锈钢（$\mu_r \approx 1$），也就是通常意义上说的无磁钢：B 随磁场 H 的变化很小，μ_r基本上是常数。对奥氏体钢，μ_r的值在1.001左右。顺磁性钢一般用在要求器件随外加磁场必须保持“透明”的部件，也就是必须对磁场响应非常微弱的场合。奥氏体不锈钢就属于这个系列。为保证奥氏体不锈钢无论经过加工还是热处理，仍然保持顺磁性，材料需要有稳定的奥氏体相。（2）铁磁性不锈钢（$\mu_r \gg 1$）：材料的 B 会随着磁场 H 的增加剧烈变化，μ_r的值比较大，铁素体不锈钢的μ_r值一般可达2000左右。铁素体、马氏体和双相不锈钢等都属于这一系列。按照式（6-1），这种钢会导磁并放大、增强外加磁场，所以可以用做场放大器（磁芯）和/或磁场引导（磁衬套）器件。有意思的是，在电磁阀中这两类材料都在使用：通常奥氏体不锈钢作为套筒使用，而铁素体不锈钢则作为芯铁和封头材料使用。

所有普通碳钢、低碳钢、低合金钢和工具钢等都是铁磁性的，其他一些金属材料，如镍（Ni）和Co也是铁磁性的，因此它们都具有磁性。所有等级的不锈钢，除奥氏体等级（200和300系列）外都具有铁磁性，所有的铁素体等级不锈钢（如430、444）、所有的马氏体等级不锈钢（如431，416，420，440C）及所有的沉淀硬化等级不锈钢（如17-4PH），都具有铁磁性。双相等级不锈钢是铁素体和奥氏体的混合物，所以所有的双相等级不锈钢（如2205，2304，2101，2507等）都会被磁铁强烈吸引。

长期以来一个广泛持有的错误概念是将磁性与普通碳钢联系到了一起，因为铁素体不锈钢具有磁性，由此产生了一种铁素体不锈钢不是“真正”意义上的不锈钢，而是不锈铁，会像碳钢一样生锈的非常错误的观点。从理论上讲，不锈钢的磁性完全由其微观组织决定，也就是纯粹地只是由其原子结构决定了某些不锈钢种是铁磁性的，有些钢种是顺磁性的，如铁素体（F）型不锈钢、马氏体（M）型不锈钢具有铁磁性，而奥氏体（A）型不锈钢具有顺磁性。说到不锈钢的耐蚀性，与奥氏体相或铁素体相结构相比，却更多地是由其化学成分来决定的。也就是说材料的耐腐蚀能力与原子结构无关，而与化学成分有关，特别是与铬（Cr）含量有关，而磁性与成分的关系不是很密切。由此可见，目前市场上根据材料是否具有磁性将不锈钢分为不锈钢和“不锈铁”的做法是不科学的。实际上如果按照耐蚀性能，可以认为铁素体不锈钢和奥氏体不锈钢是两个可互换的不锈钢家族。研究显示，多数铁素体不锈钢家族的耐蚀性能与含镍（Ni）的奥氏体等级不锈钢相当。事实上，铁素体不锈钢的磁性是该材料的主要优点之一，也是该钢种的一种特殊功能，使该钢种不同于其他不锈钢钢种，并具有许多存在的意义和潜在的使用价值及优势。最普通的如冰箱上储存刀具的黏结盒及其他一些金属工具等，都要求材料具有磁性。特别地，使用“感应式”加热进行烹饪的平底锅本质上应该具有磁性，只有这样在这个过程中才能把电能通过磁转变成炊具所需的热能而实现加热的目的。

单从耐蚀能力讲，与同等级的锻造材料相比，含有一定比例铁素体相的铸造奥氏体不锈钢强度更大、耐腐蚀更强，因为与奥氏体基相相比铁素体相天然地强度更大、韧性更好，而且有害的铬的碳化物会优先地在铁素体所在区域内形成，而不会像奥氏体不锈钢一样在金属的晶界中形成，导致晶间腐蚀。更进一步讲，一些耐蚀能力最强的不锈钢都是强磁性的，如双相不锈钢和超级双相不锈钢及高合金的铁素体不锈钢等。

6.2 不锈钢主要相的磁性特征

不锈钢中常见的几种磁性元素的性质见表 6-1。

表 6-1 Ni、Fe、Co 的某些物理性质

元素	晶体结构 低温→高温	熔点 /℃	密度 /g · cm^{-3}	线膨胀系数 (0~100℃) /℃$^{-1}$	导热系数 (0~100℃) /J · (S · cm · ℃)$^{-1}$	相稳定性 的次序
Ni	fcc	1453	8.9	13.3×10^{-6}	0.88	最稳定
Fe	bcc→fcc→bcc	1538	7.87	12.1×10^{-6}	0.71	最不稳定
Co	hcp→fcc	1492	8.9	12.5×10^{-6}	0.69	居中

不锈钢中几种常见晶相组织的磁性特征见表 6-2。

表 6-2 不锈钢中主要相的磁性特征

符号	原子结构	金相组织	磁性	T_c (K) /T_N (K)	Fe 原子磁矩 (μ_B/原子)
α-Fe	体心立方 (bcc)	铁素体	铁磁性	1043	2.2
γ-Fe	面心立方 (fcc)	奥氏体	反铁磁性	<100	
BCT-Fe	体心四方晶胞 (bct)	马氏体	铁磁性	1003	
Fe_3C	正交晶系	渗碳体	铁磁性	483	1.44
σ	四方晶系	σ 相	铁磁性	77	

α-Fe 具有体心立方结构 (bcc)，在居里温度 $T_c=1043K$ 以下呈铁磁性，α-Fe 的原子磁矩是 $2.2\mu_B$[4,5]。Fe_3C 是一小部分碳 (C) 原子占据了 bcc 结构中的八面体位形成的，具有正交结构的 Fe_3C 是铁磁性的，$T_c=483K$，铁 (Fe) 的原子磁矩是 $1.44\mu_B$[6]。γ-Fe 具有面心立方 (fcc) 结构，是反铁磁性的，据测定其涅尔温度 $T_N<100K$[7]。对不同材料通过穆斯堡尔谱测得的 T_N 值不是很一致，分别为 (55±3)K 和 (67±2)K，证明奥氏体相颗粒大小不同，测得的值是不同的。另一个实验证明，反铁磁性的 304 不锈钢的涅尔温度 $T_N=(38\pm2)K$[6]。因此，γ-

Fe 在温度超过-173℃时为顺磁性，磁性很弱，而α-Fe 在770℃、马氏体在730℃和渗碳体（Cm）在210℃才会变成顺磁性。在相图（图2-8）的A_1线以上（高于695℃），α-Fe 和马氏体仍是铁磁性的。在现代检测技术中，已经可以根据这些性质和变化来测定钢中铁素体相、奥氏体相和马氏体相及渗碳体相等的相对含量，这些技术在无损检测中也已经得到了应用。例如文献［8］中给出了两种应用：（1）在足够高的温度下，钢全是奥氏体相。淬火（快速冷却）时，奥氏体相就会全部或部分转变为马氏体相，任何未转变的奥氏体相被称作残余奥氏体相，虽然并不希望在钢中有残余奥氏体相存在，但是在许多钢中仍存在数量从0~20%不等的残余奥氏体相，用这种方法就可以测定硬化钢中残余奥氏体相的数量。（2）许多不锈钢是完全奥氏体相，在室温下是顺磁性的，如最流行的含18%Cr-8%Ni 的 18-8 钢种。但这种钢如果在室温下发生形变，或者简单地仅把温度降到远低于室温，就会形成大量的铁磁性马氏体相。用这种方法也可以测定不锈钢中马氏体相的数量。

现在已经知道，不锈钢的磁性行为变化很大，从完全奥氏体不锈钢的顺磁性（人们常说的“无磁性”）到硬化马氏体不锈钢的硬磁性（也叫永磁性），最早使用的永磁体就是马氏体型钢。但不锈钢并不是广泛使用的磁性材料，因为它们的磁性能与传统的磁性材料相比还是要差一些。然而，在有些应用中，不锈钢材料的磁性行为能对器件的性能产生显著的影响。其实从本质上讲，材料磁性的强弱、磁性的高低，本身并没有什么好坏之分，关键是看在使用情况下对器件整体性能的发挥起什么作用，或者有什么影响。在有的应用中要确保材料磁性很弱，如 JB/T 7030—2002《300~600MW 汽轮发电机无磁性护环锻件 技术条件》中对1Mn18Cr18N 材料磁性能的要求是，在$H=0.8\times10^4$A/m 时，磁导率应不大于13.2$\times10^{-7}$H/m，也就是要求该材料的相对磁导率μ_r要不大于1.051；在住宅及为安全、测量和控制目的使用的磁性探测设备中所用的元件需要使用无磁不锈钢，这是因为部件即使出现非常弱的铁磁性都会对设备性能产生不利影响。这时就应使用退火状态的奥氏体不锈钢部件，或者部件在使用过程中未遭受任何变形。更进一步地，如果能提供合适的强度和耐蚀能力的话，选择高镍（Ni）等级规格不锈钢将是非常有用的。而在另一些应用中，材料的磁性能高低是器件能否工作的关键，如在有的电磁阀中，要求软磁不锈钢材料的矫顽力要小于200A/m 等。如果想对一种奥氏体不锈钢磁导率的值做具体了解，可参考 GJB 937—1990《弱磁材料磁导率的测量方法》进行测量，或者参考 ASTM A342《弱磁性材料磁导率的测试方法》标准中规定的方法进行测量。

6.3 影响不锈钢磁性能的主要因素

Fe-Cr 合金具有高的各向异性常数和磁致伸缩，在足够高的纯度条件下，这种合金应该能够获得好的磁性。根据技术磁化理论，对于像碳（C）、氮（N）、硫（S）等这样的一些非金属夹杂来说，都会使磁性恶化。原材料的成分、熔炼方法、最终热处理等，以及合金在500℃、475℃、450℃、400℃任何一种温度回火10小时，或在475℃回火50小时，都会导致明显的时效及磁性恶化，合金的工作温度只能在400℃以下。

不锈钢的磁性主要受晶体结构的影响，但也会受到合金元素和制造过程中冷加工变形量等因素的影响。有些合金元素是强烈形成铁素体相的元素，如铬（Cr）、硅（Si）、钼（Mo）、铝（Al）等，可以使不锈钢具有磁性结构，对增强磁性能有好处；有些元素是强烈形成奥氏体相的元素，如镍（Ni）、锰（Mn）、碳（C）等，对减弱或恶化磁性能有好处。通过这些合金元素的合理添加，就可以影响磁性能，进而达到调控材料磁性能的目的。对一个给定等级牌号的钢，磁导率会随着不锈钢的化学成分和冷加工变形量显著变化。这种现象在许多"不稳定"的钢种如304中会充分表现出来。因为在奥氏体不锈钢中可以获得的磁导率值与传统软磁材料如Si-Fe电工钢合金相比是非常低的，因此，在使用中更应关注的是它们的无磁行为。

由铁（Fe）、铬（Cr）组成的不锈钢的基本结构是铁素体晶粒结构，与碳钢类似，并具有铁磁性。在不锈钢中添加镍（Ni）就是为了把晶粒结构改为顺磁性的奥氏体结构，导致含有镍（Ni）的奥氏体等级不锈钢在未加工状态大多数是顺磁性的。如300系列不锈钢含有不同含量的镍（Ni），使得它们大都是顺磁性的，但经过冷加工后，在冷加工区，应力使原子点阵结构发生变化，就会形成马氏体结构的磁性颗粒。一般来说，含镍（Ni）量越高，奥氏体结构越稳定，来自冷加工的磁响应就越小。事实上，结果是具有更高含镍（Ni）量的316不锈钢，在大多数情况下经过冷加工后都没有磁性；而含镍（Ni）量更低的304，冷加工后可能会有轻微磁性。

通常情况下冷加工后无磁性的奥氏体不锈钢将呈现弱的铁磁性，冷加工对几种奥氏体不锈钢磁导率的影响如图6-1所示。

冷加工后奥氏体合金的磁导率也可以表述为抗拉强度的函数，如图6-2所示。磁导率的上升与抗拉强度的增加或者加工硬化行为的增强关联得很好，这是对奥氏体相稳定性的另一种度量。不同等级之间的性能差异是其成分差异的反映。特别是，镍（Ni）增加了奥氏体的稳定性，因此，减小了加工硬化的比率和磁导率增加的幅度。结果是，在冷加工量相同的情况下，含镍（Ni）量越高的牌号（如384钢）比低镍（Ni）牌号（如304/304L）显示更低的磁导率μ_r。高锰（Mn）、高镍（Ni）合金（如18Cr-2Ni-12Mn）在变形量很大的情况下也能维持低的磁导率μ_r。

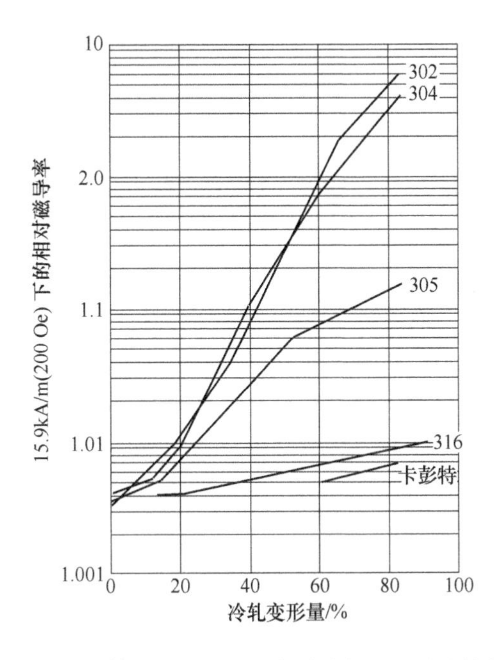

图 6-1 奥氏体不锈钢的磁导率随冷加工变形量的变化

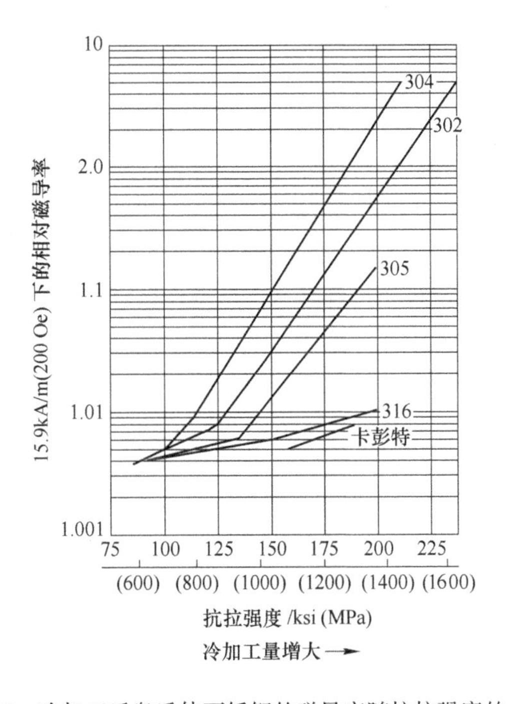

图 6-2 冷加工后奥氏体不锈钢的磁导率随抗拉强度的变化

6.4　奥氏体不锈钢的磁性

与相应成分的锻造材料相比，铸造奥氏体不锈钢中都会含有少量比例的铁素体相成分，这些铁素体相成分在制备大多数“奥氏体”铸造合金时都是有意加入的。这样做对铸造会带来几种好处，最大最重要的好处是铁素体相可以防止在铸造过程中（尤其是凝固阶段）产生热裂纹。事实上铁素体相对不锈钢的焊接也极为重要，焊接可以看成是小范围的、长时间的铸造。基于同样的原因，需要对奥氏体钢进行焊接时会有意使其含有4%~8%的铁素体相。在焊接和铸造两种情况下，少量的铁素体相会导致不同程度的磁响应。

顺磁性的普通锻造300系列不锈钢和更低镍（Ni）的200系列不锈钢不会受到磁铁的吸引，而相应的铸造300系列不锈钢将会受到磁铁的吸引。现在我们知道这并不意味着材料供错了牌号。事实上，铸造300系列等级不锈钢（有磁性）中的少量铁素体相对于铸造厂和最终用户带来的益处远大于人们对其磁性的担心，因为该钢种的这种磁性对钢的各种性能包括耐蚀能力等都没有任何负面影响，相反还是有益的。虽然可以通过调整Ni/Cr的比率来铸造出无磁钢，但却会带来其他的风险，如在某些情况下钢会开裂、金属性会更弱、耐蚀性能会变差。另外，锻造奥氏体不锈钢中含有极少量铁素体相的现象也是很常见的，奥氏体不锈钢不可能含有百分之百的奥氏体相，并且少量的铁素体相并不足以对奥氏体不锈钢的磁性能产生明显影响，除非在对磁性能提出具体要求的非常关键的应用中。这里也要特别指出，如果由于某些特殊原因要求奥氏体不锈钢铸件中铁素体相的含量为零，就要按上面提到的对材料的成分进行仔细调整，以使材料的成分有利于形成奥氏体相，当然这会引起许多与铸造相关的技术问题，需要认真加以解决。

即使锻造奥氏体不锈钢在退火状态下是无磁的，在冷加工过程中仍会出现磁响应。在锻造材料中出现磁性与有意地通过成分的再平衡来在铸造奥氏体不锈钢中促进生成少量铁素体相在原理上是两种完全不同的机制，因此不能将此两者互相混淆。在任何情况下，无论是铸造钢还是锻造钢，产生磁性的趋势都可以通过奥氏体形成元素与铁素体形成元素之比Ni/Cr来进行评估。316等级产品通常仅变得有轻微磁性，而无论冷加工程度多么严重，310和904L几乎完全是无磁性的。另外，301等级钢含有更低的镍（Ni），所以其加工硬化的速度甚至比304钢更快，经过少量的冷加工就会变为弱的铁磁性。同时也应注意到，对不同批次或不同厂家生产的同一等级的钢种，因为每种元素含量的少量差异，不同的加工方式可能会引起不同程度的磁响应。

在经过完全奥氏体化后的不锈钢合金中，也就是在完全退火的条件下，所有的奥氏体不锈钢基本上都是顺磁性的（无磁性的）。在200Oe（16kA/m）的磁化场下测量时，其直流磁导率 μ_r 在 1.003～1.005 的范围内变化。但在经过大变形量的冷加工后，对于某些牌号等级不锈钢，如 302 和 304，因为出现弱的铁磁性，其磁导率 μ_r 的增加可能会非常明显。当经历重大冷加工变形量后，某一特定牌号钢种变为铁磁性的敏感性依赖于奥氏体相的稳定性，而奥氏体相的稳定性取决于化学成分和均匀性。磁导率 μ_r 随冷加工的增加是由形变诱导的马氏体相引起的，冷加工可以把一些奥氏体相变为马氏体相，在钢中马氏体相也是一种磁性相（铁磁性）。另外，冷加工对抗张强度（即抗拉强度）有很大的影响，对屈服强度的影响更大。

可见，无磁不锈钢中也存在磁性，因此，用有无磁性的方法不能把奥氏体不锈钢（铸造或锻造）与其他铁磁材料区分开。另外，随着材料科学的发展，现在也在研究材料在强磁场下的性质，如 50T 甚至 80T 的强磁场下。从式（6-1）可以看出，在很强的磁场下，顺磁性的奥氏体不锈钢也会变得有磁性，会受到磁场的强烈吸引。所以强调不锈钢的磁性来决定其能否使用是不客观的，关键是使用在什么场合。

奥氏体不锈钢铸件的磁性能基本上不受热处理的影响，其磁性能主要是 Ni/Cr 比率的函数。然而，奥氏体不锈钢经过冷加工后会对磁铁做出响应的现象可以通过固溶处理来消除。标准的处理是加热到大约 1050℃（随等级不同而不同），然后用水淬火或者通过其他方式快速冷却。高温可以使“应变诱导马氏体”重新形成奥氏体，不锈钢就又回到无磁状态，当然也返回了低强度状态（马氏体相有高强度）。

6.5 马氏体不锈钢和铁素体不锈钢的磁性

前面提到，由于奥氏体不锈钢含有镍（Ni），使得其用量受到一定的影响。虽然所有的马氏体不锈钢和绝大部分沉淀硬化型不锈钢都是铁磁性的，但由于硬化转变诱导的应力的影响，如果在硬化条件下磁化，这些等级不锈钢都会表现出永磁性。对一个给定的牌号，趋势是其矫顽力 H_c 会随着硬度的增加而增大，如图 2-19 所示，致使这些合金更难于退磁。在现在的技术条件下，虽然这些材料无论如何都不会作为永磁材料使用，但前面提到的硬化不锈钢的潜在困难都适用于这些钢。可见，对于需要有磁性的场合，由于马氏体不锈钢和双相不锈钢的软磁性能较差，所以发展铁素体软磁不锈钢就成为各发达国家开发和研究的重点。铁素体不锈钢是铁磁性的，作为软磁元件在诸如电磁阀芯、加油机、轭铁及自动控制技术中已经得到了广泛应用。虽然它们的磁性能没有传统软磁合金好，但在必须能够耐腐蚀的环境中作为磁性元件还是得到了成功的应用。在这种情况下，与电镀铁和电工钢（Si-Fe）元件相比，它们提供了性价比高的另一种选择。

表 6-3 是部分马氏体不锈钢和铁素体不锈钢的典型磁性能，表中也列出了绍

兴康健精密不锈钢有限公司部分代表性产品的磁性能。十多年来该公司一直致力于研发和生产能替代进口产品的高档不锈钢材料，部分产品的磁性能已经达到甚至超过国外同类产品的水平，在国内众多行业取得了广泛应用，也已经成功用在了汽车发动机中。

表 6-3 马氏体不锈钢和铁素体不锈钢的磁性能

等级		状态	μ_m	H_c/A · m^{-1}（Oe）	洛氏硬度
马氏体 M	410	A	750	480（6）	B85
		H	95	2900（36）	C41
	416	A	750	480（6）	B85
		H	95	2900（36）	C41
	420	A	950	800（10）	B90
		H	40	3600（45）	C50
	440B	H	62	5100（64）	C55
铁素体 F	430F	A	1800	160（2）	B78
	430FR	A	1800	160（2）	B82
	446	A	1000	360（4.5）	B85
	KJ-1	A	1500	250（3.1）	B86
	KJ-2	A	1900	200（2.5）	B80
	KJ-3	A	2300	150（1.9）	B75
	KJ-4	A	3100	120（1.5）	B73

注：A 为完全退火状态，H 为退火至最大硬度。

表 6-3 中的最大磁导率 μ_m 和矫顽力 H_c 值都是按照 GB/T 13012—2008《软磁材料直流磁性能的测量方法》（相当于 ASTM A 341 标准或 IEC 60404-4）用磁导计测量直径 9.53～15.88mm 的圆棒得到的。如果用标准样环，测量的值会有所不同。

从表 6-3 中可以看出，通过成分调整和热处理工艺等，不锈钢的软磁性能可以在很大的范围内变化。对马氏体不锈钢，这种变化伴随着力学性能的很大变化，如硬度可从 HRB85 变到 HRC55；而对铁素体不锈钢，磁性能的变化对力学性能的影响却并不是很显著，如硬度只在 HRB73～HRB86 之间变化。关于铁素体不锈钢的磁性能我们在下面还要重点进行介绍，在此不再赘述。

7 现代铁素体不锈钢

7.1 铁素体不锈钢的市场优势

随着机电一体化技术的发展，自动监控技术和远程控制操作技术等在包括家用电器的各个产业领域的应用日益增多，智能化产品的发展速度加快，特别是利用电磁力作为开关元件、控制单元的器件发展很快，如制动器、继电器、电磁阀等，材料的工作环境也越来越复杂。在这些单元使用的磁芯都要求有高的磁导率 μ_r、低的矫顽力 H_c 等，而且由于苛刻的使用环境还要求这些磁芯应具有良好的耐蚀性，因此，正如前面所述，软磁不锈钢的开发日益受到广泛的重视。另外，随着物质生活水平的不断提高，人们的审美意识也在不断进步，除要求产品要有好的使用性能之外，对产品的外观也提出了越来越高的要求，一个突出表现是不锈钢材料的大量使用。

不锈钢是在 1900~1915 年间发明的，实际上是英国、法国和德国等国家的数个科学家研究工作累积的结果[9]。不锈钢在现代生活中已经扮演着越来越重要的角色，具有十分重要的作用，并且其消费量正在以每年 5%的速率增长，在食品、饮料、采矿、汽车工业及建筑等领域的使用量也在不断增大[9]。多年来，不锈钢已经稳定地确立了自己在如炊具、紧固件、餐具、装饰、建筑及化工装备、乳制品和食品加工厂、健康和卫生应用、石油和石化工厂、编织工厂、制药和运输工业等中的地位，在有些涉及暴露在高温或低温环境的应用中更是如此。由于寿命周期长，不锈钢通常是一种较低成本的选择。前文已经提到，不锈钢一般分为六类，不同种类的不锈钢拥有不同的性能特性，如完全奥氏体化的不锈钢具有弱磁性，而同是不锈钢的马氏体和铁素体不锈钢却拥有铁磁性。由于铁素体不锈钢对镍资源的依赖很小，并具有良好的抗腐蚀和抗高温氧化性能，随着镍（Ni）资源越来越紧张，有关铁素体不锈钢的品牌研发和生产工艺研究越来越受到企业的重视。另外，由于铁素体不锈钢具有软磁性能，也为特种铁素体不锈钢材料的研发奠定了基础，如对具有优异软磁性能的铁素体不锈钢的研发，已经成为铁素体不锈钢的另一个增长点。

在目前的市场情况下，现有及潜在的用户在针对特定的应用需求选择不锈钢钢种时，首先要避免“性能过剩”。只要合理选材，现代铁素体不锈钢常常可以有效地替代应用范围最广、最易获得的 304 不锈钢[9]。长期的应用实践表明具有成本优势的铁素体不锈钢能够充分完美地满足加工者及最终用户对性能的要求，有时候可能仅仅在使用方面做一个合理的让步（如建议最终用户定期清洗产品表面）就能保证这类低成本的铁素体不锈钢产品在其使用期内完全不被腐蚀。

7.2 铁素体不锈钢的综合性能

这种材料在历史上之所以被称为铁素体不锈钢，除了因为主晶相是铁素体之外，还有一个原因是这种钢与室温下的纯铁具有相同的体心立方（bcc）晶体结构，并具有铁磁性。铁素体不锈钢把良好的软磁性能及耐蚀性能完美地结合在一起，虽然其软磁性能没有常见的软磁材料如电工钢（Fe-Si）合金好，但如果用在有腐蚀的环境，就是一种不可替代的材料。软磁铁素体不锈钢除了具有和低碳钢相似的性能之外，具有更好的耐腐蚀性、很好的耐大气腐蚀性能（能在工业气体及沿海大气中使用）、较优的力学特性（强度和硬度大、韧性高）、优良的软磁性能（如 $\mu_0 M_S \geqslant 1.6\text{T}$、$B_r \leqslant 0.5\text{T}$ 和 $H_c \leqslant 400\text{A/m}$）等，越来越受到重视。作为软磁材料使用时，它兼有硬度大、耐腐蚀等电工纯铁和硅钢（电工钢）所不及的优点；与奥氏体不锈钢相比它具有成本低（低镍或无镍）的优点。软磁铁素体不锈钢对于许多机电装置的使用也十分关键，因为只有为这些装置提供最佳的软磁性能，才能保证正确的输出信号和响应时间。例如，在现代汽车工业中就需要兼具软磁性能和耐蚀性能的合金，如汽车中的燃油喷油器、燃油泵、防抱死制动系统（ABS）的电磁铁及主动悬挂调整系统等。现在，这类合金会使用在包含乙醇或甲醇，甚至可能包含有腐蚀性污染物的燃料中；这类合金在水基的使用环境也十分苛刻，特别是在存在氯化物的情况下。如果使用传统不锈钢材料，会引起固有的缝隙腐蚀。其他重要的用途还有工业电磁阀、调节控制腐蚀性液体（如化学品等）流量的泵和阀门、在半导体制备中调节腐蚀性化学品流动的阀及各种类型的铁芯、电枢和继电器等。

对材料耐蚀性能的要求远不止于汽车工业，在电磁阀、泵、许多需要某种耐蚀能力的装置中都需要使用耐蚀性能好的软磁合金，如冰箱、洗衣机、洗碗机、蒸汽熨斗、苏打水和啤酒等的龙头、咖啡壶、医用冲洗装置、自动贩卖机及暴露在温和化学试剂中的零件等。一个更重要的考虑是这些合金还可以延长产品的储存期，因为即使把产品储存在温和耐蚀环境中，在进入服务期之前，在保存期内产品也不能生锈，这样也就等于延长了产品的寿命。

现今使用的软磁铁素体不锈钢可以看作是从传统软磁材料演变而来的，只是拥有了更加强大的耐蚀能力并可以满足新的应用需求。在制备过程中，考虑的主要是在保留基本的磁性能和平衡合金元素以改进耐蚀性能两个方面进行权衡。在服务环境变得更加苛刻的情况下，提高材料的耐蚀能力就变得非常重要，也更关键，因为传统的在材料表面增加涂覆层的方法通常会导致磁性气隙，甚至会使部件失效。例如，高的耐蚀能力对使用在含有乙醇和甲醇燃料中的合金是最基本的要求，这些燃料有时还会含有腐蚀性的污染物，从而会使燃料喷油器失灵。要使像汽车中的燃油喷油器这样小的部件正常工作，就不能允许部件的尺寸因腐蚀而发生改变，也不允许材料的质量有任何损失。

即使不作为磁性元件使用，在制备和使用铁素体不锈钢时其磁性行为也是非常重要的。退火的铁素体不锈钢显示软磁性，粗略地讲，当它们受到的外加磁场很小时（如远离外磁场或去掉外磁场时），它们不具备吸引其他磁性物体的能力。然而，冷加工能增加这些钢的矫顽力（H_c），从而会改变它们的磁性行为，这些钢将从软磁性变为具有弱的永磁性。如果把冷加工的铁素体不锈钢部件暴露在强磁场中（如发生在磁粉探伤时的情况），部件会被永久磁化，因此，它们将能吸引其他铁磁性物体。这样除了可能会引起操作上的问题，如部件会吸引小片的铁或钢等之外，如果不及时进行清理，还会损害钢的耐蚀能力。因此，如果这些部件在制备过程中曾受到过强磁场的作用，就必须小心地通过电或热进行退磁。

7.3 铁素体不锈钢的市场潜力

铁素体不锈钢在我国具有很广阔的发展前景。首先从消费领域分析。我国是一个家电生产大国，而铁素体不锈钢是家电工业的使用大户，如洗衣机的滚筒就只能使用铁素体不锈钢；在小家电领域，铁素体不锈钢更是大有作为。另外，随着国内汽车工业的发展，汽车排汽系统也是使用铁素体不锈钢的重要领域；在房屋建筑等方面，室内外的装饰，特别是屋面用铁素体不锈钢更有优势；在石化和环保等工业领域，需要更好的抗腐蚀性能，所以超纯铁素体不锈钢将成为这个领域的选择；我国还是世界上最大的五金制品制造和出口基地，铁素体不锈钢在五金制品领域也有巨大的使用空间。其次，研究表明，随着我国消费水平的提高，从20世纪90年代中后期开始，我国不锈钢主导消费领域也发生了根本性的转变，即由需求量较少的单一制造业快速转向轻工和民用等耐用消费品领域。随之，我国不锈钢的生产和消费迅猛发展。据统计，我国不锈钢粗钢产量已经由1995年的56万吨增长到了2013年的1898.4万吨。从2001年开始，我国已经成为世界不锈钢第一消费大国，同时，从2006年开始，我国的不锈钢粗钢产量首次达到世界第一，达到530万吨。在2010年，我国不锈钢的产量突破1000万吨，占世界不锈钢总产量的份额高达37.7%，成为不锈钢的生产大国，并呈快速增长的态势。一直以来，我国不锈钢的结构始终以含镍（Ni）奥氏体不锈钢为主。与此同时，我国不锈钢行业快速发展也面临着镍资源严重缺乏的问题，2006年，我国精炼镍产量为13万吨，消费量为23.7万吨，供应缺口达到10.7万吨。为节约镍资源，同时考虑到现代铁素体不锈钢的特点和优势，我国发展现代铁素体不锈钢势在必行。这就需要对产业结构进行调整，降低能耗，并加大对特殊用途不锈钢的生产能力。

通过添加特殊元素而具有如同纯铁一样磁特性的高耐蚀性软磁铁素体不锈钢材料，适用于各种电磁机器的轭铁、制动器部件、电磁屏蔽等，还可望作为高电阻材料在高频电器上获得应用[9]。软磁不锈钢在工业机械、工业机器人、油、煤气喷灯、液面控制装置、气缸、自动售货机、空调暖气设备、热水器、煤气截止阀、洗衣机等各种需要控制液体等的电磁阀中及在汽车用旋转（回转）传感器及调节器部件、电磁开关及继电器（直流用、交流用）、电脑终端、空调等中已经获得了广泛的应用。在各类电磁阀中，包括液体阀、气体阀等中，需要使用大量的软磁不锈钢。电磁阀用软磁不锈钢除要求材料有更高的动态磁特性外，由于工作时有工作介质，所以要求材料还应具有良好的耐蚀性能。表现在材料指标上，要求材料要具有高的最大磁感应强度 B_m，高的相对磁导率 μ_r、低的剩磁 B_r 和低的矫顽力 H_c。由于软磁不锈钢的冶炼技术比较复杂，对成分的控制相对较严格，所以这种材料在我国长期依赖进口，主要是从美、德、意、日等发达国家进口，价格很高，备货周期长。在家电价格非常敏感的今天，降低家电价格已成为家电普及、家电下乡的重要推手，作为占主要成本的材料价格的下降更是势在必行。我国已经成为不锈钢生产的大国，但还不是强国。对于特种不锈钢，还只能依赖进口。作为电磁阀及其他器件核心材料的软磁不锈钢的国产化也就成为一个重要课题。

深入了解不同不锈钢种在不同环境中的使用特性是能够成功应用各种不锈钢的先决条件，除此而外，还必须考虑到各不锈钢钢种在成型性方面的局限性以及如何防止缺陷，如晶间腐蚀等的产生等。关于不锈钢及其耐腐蚀性能，我们在前面已经做了较为详细的论述，下面主要介绍现代铁素体不锈钢的性能特点及其磁性能，重点将讨论现代软磁铁素体不锈钢材料的综合性能、性能特点及描述这些性能的指标参数等。

7.4　铁素体不锈钢与奥氏体不锈钢的比较优势

不受不锈钢生产企业控制的镍价的攀升带来了奥氏体不锈钢价格的急剧增加，迫使奥氏体不锈钢用户寻求能够提供同样特性的价格更低的材料，铁素体不锈钢的出现也使得奥氏体不锈钢当前的市场主导地位受到了挑战。而铁素体不锈钢之所以能够作为多用途不锈钢使用，主要是因为这种材料的价格稳定，且其价格具有可预见性。但价格低、耐蚀性好并不是人们关注铁素体不锈钢的唯一原因，实际上铁素体不锈钢在许多性能上都优于奥氏体不锈钢。在工艺技术上，随着成型技术的发展以及性能优异的高等级现代铁素体不锈钢的开发，已经可以为不同用途更加合理地选用性价比适当的铁素体不锈钢。目前铁素体不锈钢的用途涵盖从厨具、餐饮设施到户内家具和装饰项目、汽热管、燃烧器、空调管、烧烤架等，许多新的应用领域还在不断涌现，应用范围也正在逐步扩大。潜在的不锈钢用户也正在将铁素体不锈钢的使用扩展到新的、意想不到的应用领域中去，发挥铁素体不锈钢优越性的潜在应用领域仍在拓展。而且，铁素体不锈钢的“磁性”并不是一种“负面”效应，相反，磁性正是这些卓越不锈钢的一种特殊性能，一方面使它们有别于其他不锈钢钢种，另一方面也有许多现存或潜在的用途和优点。如，电冰箱门、刀具及其他一些金属工具的闭合都是有效地利用了磁性这一特性的结果，电磁阀更是把铁素体不锈钢的磁性特点充分发挥到了极致。对铁素体不锈钢的性能及寿命周期成本进行详细验证需要高昂的成本，但事实证明，在大多数情况下铁素体不锈钢完全能取代奥氏体不锈钢，而一些潜在的用户可能会发现对于他们的应用铁素体不锈钢将是可行的选择。虽然铁素体不锈钢现在还处于发展阶段，但是不锈钢消费的未来是属于铁素体不锈钢的。

在普通环境中，对于城市设施，选用铁素体不锈钢不但美观耐用，而且经济实惠。铁素体不锈钢还是专业厨房设备外表面的理想材料，其表面光亮这一特征已经成为食品应用领域清洁卫生的象征，在壶、锅、餐具（包括餐刀）及浴室和厨房用具中也已得到了广泛应用。铁素体不锈钢表面可以着色的特性使其应用范围进一步扩大。铁素体不锈钢虽然经常和装潢、装饰以及水池等联系在一起，其实在其他领域已有无数成功应用的实例。在铁素体不锈钢成功应用的典型案例中，汽车排气系统和洗衣机两大特殊应用领域多年来一直在广泛使用铁素体系列不锈钢，易于加工和大的价格优势仅是这两个领域首选铁素体不锈钢的额外因素。例如，选用铁素体不锈钢可以大幅度延长长期在高温和腐蚀环境下使用的汽车排气系统部件的寿命周期；同样，在有洗洁剂并长期在潮湿环境下使用的铁素体不锈钢洗衣机滚筒也未出现绝对不允许的局部腐蚀现象。另外，铁素体不锈钢比奥氏体不锈钢的线膨胀系数小这一因素正是符合美国排放标准的催化式排气净化器经久耐用的重要因素。日益严格的环保条例加上科技和经济的需求也使得铁素体不锈钢成为制造汽车排气系统的基本原材料。实际上在许多条件下，铁素体不锈钢正成为一种比昂贵的奥氏体不锈钢材料更好的选择，因为这类不锈钢可能更适用于特殊要求的环境条件，而且性能不高也不低，刚好能满足使用要求。

由于不锈钢的耐蚀性主要取决于化学成分而非奥氏体相或铁素体相结构，从耐蚀性角度来讲，铁素体不锈钢与奥氏体不锈钢甚至可以被看作是不锈钢家族中两个可互换的钢种。铁素体不锈钢是一种不含镍（Ni）的铬钢，有的不锈钢钢种仅含有铬（Cr）。为了强化一些特殊性能，有的不锈钢钢种还含有其他元素（如Mo、Ti、Nb 等）。这类不锈钢钢种在长期使用中比普通碳钢有更好的性能，并拥有价格昂贵的奥氏体不锈钢的大多数力学性能和耐蚀性能，而且在一些性能上更是优于奥氏体不锈钢。铁素体不锈钢屈服强度较铬镍（Cr-Ni）奥氏体不锈钢高，伸长率稍低，但加工硬化倾向小，易于冷镦，也易于切削。铁素体不锈钢还具有极好的耐大气腐蚀能力，在强氧化环境如硝酸中也有好的耐蚀能力。在有机酸中，所有铁素体钢的耐蚀能力都比奥氏体钢的要优越，但是在还原介质中铁素体不锈钢的耐蚀能力一般都比奥氏体不锈钢差。铁素体不锈钢最显著的优势是具有某些特殊的耐蚀能力，如抗应力腐蚀开裂的能力。铁素体不锈钢具有很好的抗氯化物和碱应力腐蚀裂纹能力、抗水中的氧化性介质能力、抗高温氧化能力、抗氯化物介质中的点蚀和缝隙腐蚀能力，虽然成分中镍（Ni）和铜（Cu）的残余物会降低这种钢对抗应力腐蚀的能力[9]。

最为关键的是，由于铬（Cr）的价格在历史上一直相对保持稳定，所以与奥氏体不锈钢相比，铁素体不锈钢成本更低、价格更稳定，其耐腐蚀性、抗氧化性、抗应力腐蚀性都很高，具有磁性并且在技术、美观和应用上都具有优势，因此，铁素体不锈钢在不锈钢家族中能够作为广泛使用的304钢种的补充，并替代200系列不锈钢。由于铁素体不锈钢的这些可靠的特殊技术性能优势和成本优势，因此在许多应用领域替代其他材料（如碳钢、Cu、Zn、Al、塑料等）后都可以使用户在材料技术条件及寿命周期成本上受益，因而经常是一个理想的选择，铁素体不锈钢的时代已经来临。

7.5　普通铁素体不锈钢和超纯铁素体不锈钢

铁素体不锈钢系指具有体心立方晶体结构，在使用状态下具有铁素体组织的一类不锈钢，可以分为普通类和高纯类。根据含铬（Cr）量的不同，铁素体不锈钢大致又可以分为低铬（Cr）类（8%~14%）、中铬（Cr）类（14%~18%）和高铬（Cr）类（18%~30%）三种类型。人们通常把钢中碳（C）和氮（N）总含量（C+N）不大于150μg/g的铁素体不锈钢称为超纯铁素体不锈钢。超级铁素体不锈钢的含铬（Cr）量一般在25%~30%，属于高铬铁素体不锈钢。

铁素体不锈钢具有良好的耐蚀性能和抗氧化性能，其抗应力腐蚀性能优于奥氏体不锈钢，价格比奥氏体不锈钢便宜。但普通铁素体不锈钢对晶间腐蚀敏感、塑性和韧性都很低、延-脆性转变温度在室温以上。又由于热影响区的晶粒大、475℃脆性、高温脆性以及δ相形成等因素所引起的焊缝韧性的不足等，焊接裂纹倾向较大，导致普通铁素体不锈钢存在可焊性差、脆性倾向比较大的缺点，生产和使用受到限制。

20世纪60年代的研究已经证明，铁素体不锈钢的上述缺陷，如高温脆性、冲击韧性低、可焊性差等，都是由钢中存在的间隙元素如碳（C）、氮（N）等造成的。碳（C）、氮（N）在铁素体相中的溶解度很低，在高温加热后的冷却过程中会有碳（C）、氮（N）化合物析出，导致高温脆性、韧性等一系列问题[10,11]。通过降低钢中的碳（C）和氮（N）的含量，添加铌（Nb）、钛（Ti）、锆（Zr）、钽（Ta）等稳定化元素，添加铜（Cu）、铝（Al）、钒（V）等焊缝金属韧化元素三种途径，可以改善铁素体钢的可焊性和脆性。实验表明，如果把碳（C）、氮（N）总量降低到150μg/g以下，可以使铁素体不锈钢的各种性能得到明显改善，综合性能显著提高。更进一步地，通过加入诸如钛（Ti）和铌（Nb）等合金元素还可以进一步稳定碳（C）和氮（N）元素。通过准确控制这两种元素在钢中的含量，就可以防止形成有害的碳化物和氮化物沉淀相。

可见，为了确保铁素体不锈钢的耐蚀性和焊接点的延展性，间隙元素（C和N）的含量应该越低越好，从而发展出了超纯铁素体不锈钢。超纯铁素体不锈钢冶炼的技术核心是如何强化脱碳和脱氮，以保证超纯铁素体不锈钢所要求的极低的碳（C）、氮（N）含量。冶炼的主要任务之一是降低钢液中C+N的总含量，再根据钢中最终的碳（C）、氮（N）含量，确定适宜的钛（Ti）、铌（Nb）加入量，最终保证填隙元素的含量能满足钢种对性能的要求。

7.5.1 超级铁素体不锈钢的发展历史

随着现代经济的高速发展，不锈钢使用量大大增加。而不锈钢，尤其是超级奥氏体级不锈钢需要大量的镍（Ni）。由于镍（Ni）资源严重缺乏，促使不锈钢价格大涨。这一切都是铁素体不锈钢的发展机遇。

超级铁素体不锈钢的发展可以分为三个阶段：第一阶段是用高纯冶炼技术，如用真空感应炉和电子束熔炼；第二阶段是添加少量镍（Ni），改善加工性能；第三阶段是加入钛（Ti）和钼（Mo），并用AOD精炼。

1970年，通过真空双联工艺（真空感应炉+真空自耗炉或真空电子束炉冶炼）的双真空冶炼，在传统铁素体不锈钢446基础上开发出了第一种C+N量极低（≤150μg/g）的高纯铁素体不锈钢EB26-1。此钢系在446钢基础上的高纯化，主要是碳（C）、氮（N）、氧（O）量的显著降低，446钢的脆性转变温度为+120℃，而且对晶间腐蚀非常敏感，而高纯化后的EB26-1不锈钢的脆性转变温度则在-60℃，而且耐晶间腐蚀性能显著改善。随后，于1971年出现高纯26Cr-2Mo和1974年的高纯29Cr-4Mo等高纯铁素体不锈钢。最早人们曾把EB26-1、29Cr-4Mo和28Cr-2Mo等均称为新铁素体不锈钢，但最后（20世纪70年代末到80年代初）人们才把超级铁素体不锈钢定义为钢中 $1\times w(Cr)+3.3\times w(Mo) \geqslant 35\%$ 的那些牌号，并一直沿用至今。

第一代超级铁素体不锈钢，主要是控制C+N含量不大于200μg/g，使塑性改善，并具有良好的耐蚀性，但要用双真空熔炼，成本高，难于推广。第二代超级铁素体不锈钢采用AOD精炼，加少量镍（Ni），并用钛（Ti）与铌（Nb）稳定化，以避免残余碳（C）和氮（N）造成不利影响。

第二代超级铁素体不锈钢的特点是：较高的铬（Cr）、适中的钼（Mo）和少量的镍（Ni），并用钛（Ti）、铌（Nb）稳定化。由于添加了镍（Ni），且间隙元素碳（C）、氮（N）含量低，降低了韧性（脆性转变温度达-84℃），韧性比不含镍（Ni）的同类铁素体钢低。这种钢的耐蚀性能比奥氏体不锈钢 304 和 316 更优良。

由于 20 世纪 60 年代在不锈钢生产中先后出现了 VOD 和 AOD 等炉外精炼工艺，可以比较容易地降低不锈钢中有害的碳（C）、氮（N）、氧（O）等间隙元素的含量，加之 C+N 含量不大于 100～150μg/g 的高纯铁素体不锈钢的真空双联工艺成本较高，大规模工业生产一直未能完全实现，人们转向稍提高钢中碳（C）、氮（N）量并加入钛（Ti）、铌（Nb）以解决焊后的晶间腐蚀倾向。有些牌号又加入适量镍（Ni）以降低超级铁素体不锈钢由于碳（C）、氮（N）量稍高和钛（Ti）、铌（Nb）的加入所引起的脆性转变温度升高和韧性下降的缺点。除个别牌号仍采用真空感应炉冶炼外，目前大量生产的耐点蚀当量（PREN）值（$1\times w(\mathrm{Cr})+3.3\times w(\mathrm{Mo})$）≥35%的一些超级铁素体不锈钢均采用 VOD、AOD 等炉外精炼工艺。

由于超纯铁素体不锈钢中加入的微量铌（Nb）和钛（Ti）有稳定化作用，铌（Nb）和钛（Ti）的加入还可以避免焊接后的晶间腐蚀，使其不仅具有良好的综合性能，而且相对成本较低，有广泛的使用范围。

研究结果表明，加入少量铌（Nb）是赋予铁素体不锈钢良好深冲性的最有效方式之一。除改善了成型性能外，还取得了许多意想不到的效果：如提高了抗起皱性能，从而改善了不锈钢的表面质量；提高了不锈钢的抗蠕变性能；改善了不锈钢的焊接性能等。

7.5.2　现代铁素体不锈钢的分类

铁素体不锈钢按 C+N 含量可以分为不同的级别：

（1）$w(\mathrm{C+N})>0.03\%$（300μg/g）为常规铁素体不锈钢，表示为 0Cr；

（2）$w(\mathrm{C+N})\leqslant 0.03\%$（300μg/g）为超低碳铁素体不锈钢，表示为 00Cr；

（3）$w(\mathrm{C+N})\leqslant 0.02\%$（200μg/g）为高纯铁素体不锈钢，表示为 000Cr；

（4）$w(\mathrm{C+N})\leqslant 0.01\%$（100μg/g）为超纯铁素体不锈钢，表示为 0000Cr。

现代铁素体不锈钢目前主要包括现代低 Cr 铁素体不锈钢（00Cr12、00Cr11Ti 等）、中 Cr 铁素体不锈钢（00Cr17Ti、00Cr17Nb、00Cr18Mo1.5Ti 等）、高纯铁素体不锈钢（000Cr18Mo2TiNb 等）和超级铁素体不锈钢（0000Cr28Ni4Mo2TiNb）等。这些具有体心立方结构的高铬（Cr）铁素体不锈钢有着极优异的耐点蚀、耐缝隙腐蚀、耐应力腐蚀断裂性能（特别在氯化物腐蚀介质中的耐蚀性）。

这些材料的广泛应用，与其说是因为优异的耐蚀性，不如说是因为解决了这些材料在生产中存在的问题，进而解决了材料在应用中的力学性能（强度、韧性和伸长率）、成型性能和焊接性能等问题。现代铁素体不锈钢主要有以下几类：

（1）高纯铁素体不锈钢。高纯铁素体不锈钢是指 C+N 含量不大于 200μg/g 的高纯铁素体不锈钢，按钢中 Cr-Mo 量主要包括 18-2，26-1，28-2，28-4 和 30-2 等。

（2）超级铁素体不锈钢。超级铁素体不锈钢系指钢中点蚀指数 $1\times w(\mathrm{Cr})+3.3\times w(\mathrm{Mo})\geqslant 35\%$的那些牌号。

非高纯牌号中 C+N 含量的提高，是为了便于 AOD、VOD 等炉外精炼工艺生产，以降低钢的成本和售价；镍的加入，是为了既降低钢的脆性转变温度又更耐还原性酸介质的腐蚀。

（3）低碳、氮和超低碳、氮中铬铁素体不锈钢。中铬铁素体不锈钢含铬量一般在 14%～22%。

430 系列（1Cr17）是中铬铁素体不锈钢中产量和使用量最大的一种，其产量仅次于 18-8 型 Cr-Ni 奥氏体不锈钢的 304 钢种（0Cr18Ni9）。

Cr17 型不锈钢，降低了钢中碳、氮含量，单独和复合加入稳定化元素钛（Ti）和铌（Nb），用 0.5%～2.0% Mo 和≤1.0% Cu 合金化以提高钢的耐蚀性、冷成型性、焊接性，并降低了钢的脆性转变温度。

（4）现代低铬铁素体不锈钢。现代低铬铁素体不锈钢系指含 11%～14%Cr 的低碳、超低碳的一些牌号，如 0Cr12Al(405)、00Cr12(410L)、0Cr11Ti(409)、00Cr11Ti(409L) 和 00Cr11NbTi(466) 以及 00Cr12NiTi(3CR12) 等。由于它们具有不锈性、高温抗氧化性，且成本仅约为 18-8(304) Cr-Ni 奥氏体不锈钢的 1/2，因此，又常被称为经济（实用）型不锈钢。

7.5.3 现代铁素体不锈钢的特点

现代铁素体不锈钢具有如下特点：

（1）采用现代冶金技术所生产的现代铁素体不锈钢，已经极大程度地克服了由于化学成分的影响曾长期存在于传统（普通）铁素体不锈钢性能上的某些不足。例如，在钢中碳（C）、氮（N）、氧（O）等间隙元素足够低，钢的截面尺寸适宜的条件下，即使承受冲击载荷，现代铁素体不锈钢的室温韧性和脆性转变温度也完全可以满足使用的需求，没有脆化的危险。此外，向钢中单独或复合加入适量的钛（Ti）、铌（Nb）等稳定化元素的现代铁素体不锈钢，没有晶间腐蚀的敏感性，完全可以满足焊接用途的需要。

（2）控制钢的化学成分（成分的最佳化），优化钢的生产工艺（工艺的最优化），现代铁素体不锈钢还具有优良的冷加工成型性、抗皱性和焊接性等性能，出现了无皱折的现代铁素体不锈钢。

（3）现代铁素体不锈钢既具有传统（普通）铁素体不锈钢原有的优点，又较圆满地克服了传统铁素体不锈钢的不足，同时还开发了许多综合性能好、寿命周期成本低于碳钢的低铬牌号，从而使现代铁素体不锈钢成为了更具有生命力和竞争力且用途更加广泛的不锈钢类，成为了最主要的节镍不锈钢类。大量生产和扩大应用现代铁素体不锈钢是不锈钢的重要发展方向。

（4）现代铁素体不锈钢，特别是中铬和高铬牌号仍主要适用于薄（小）截面尺寸的板、管（包括焊管）、带、棒、丝材的生产和应用。与生活密切相关的厨房设备和器皿、汽车等交通运输构件、建筑内外装饰（屋顶、幕墙、门窗、护栏等）、各种家用电器和电子产品以及市政建设、环保等部门是现代铁素体不锈钢的主要应用领域。

（5）现代铁素体不锈钢仍然存在475℃脆性和中温σ（χ相）脆性，因此，现代铁素体不锈钢仍不适于在475℃左右，或在500～800℃范围内长期加热和使用。

（6）我国低、中铬现代铁素体不锈钢的大量生产和应用已经起步；高铬的高纯和超级铁素体不锈钢的生产与应用也在进行。

7.5.4　超级铁素体不锈钢

传统铁素体不锈钢性能上的某些不足曾长期影响着铁素体不锈钢的生产和应用。

随着人们对铁素体不锈钢的深入研究和应用实践以及不锈钢生产和应用技术的不断进步和完善，采用近代不锈钢生产技术所生产的现代铁素体不锈钢与用电弧炉等单炼并加工生产的传统（普通）铁素体不锈钢相比，性能上的某些不足已经得到了很大程度的克服和相当圆满的解决。超级铁素体不锈钢的特点是：

（1）超纯铁素体不锈钢因碳（C）、氮（N）含量极低，较普通铁素体不锈钢以及马氏体不锈钢拥有更优越的耐腐蚀性、韧性及焊接性。

（2）超纯铁素体不锈钢具有良好的耐氯离子点蚀性能、耐缝隙腐蚀性能、耐点蚀等局部耐腐蚀性能，还具有优良的抗气蚀、抗湍流与高速液体及抗蒸汽液滴冲击性能。因此，超纯铁素体不锈钢是一种抗氧化、抗硫化、抗海水、抗氯离子、抗高温浓硫酸以及各种酸类腐蚀的理想材料。且价格与铜、铜合金和钛材相比较低，通常用于高氯化物、低pH值环境，还可以广泛应用于滨海电厂凝汽器、锅炉、热交换器、海水淡化、汽车零件、铁路产品、石油化工、油漆颜料、化工厂、军工、食品、民用制品和地热能等领域。超纯铁素体不锈钢的抗腐蚀性能优于奥氏体不锈钢，可以取代奥氏体不锈钢。

（3）超级铁素体不锈钢具有体心立方的铁素体组织，铬（Cr）的加入增强了耐点蚀、耐缝隙腐蚀性能，降低了韧性，升高了脆性转变温度；Mo通过提高表面膜中铬（Cr）的富集度并生成MoO_3^{2-}促进表面膜的均匀度，进而增强钢的耐蚀能力；少量镍（Ni）的加入，使得钢具有更低的韧脆性转变温度，提高了钢的韧性和强度；铌（Nb）和钛（Ti）在钢中与碳（C）、氮（N）、氧（O）等间隙元素的结合能力较强，可以防止铬（Cr）的碳化物和氮化物形成，铌（Nb）和 Ti（钛）的双稳定化作用近来已成为研究的热点，此外微米级的（Nb，Ti）（C，N）可起到细化晶粒的作用。

（4）超级铁素体不锈钢合金化元素较多，在热加工过程中容易析出多种金属间化合物，主要为铬（Cr）、铌（Nb）、钛（Ti）的碳氮化物，以及 σ 相、χ 相、Laves 相和 α′相等金属间化合物。铌（Nb）和钛（Ti）的碳氮化物为超级铁素体不锈钢中常见的析出相，研究表明，它们的存在会提高钢的脆性转变温度。σ 相是一种具有四方晶体结构的金属间化合物，存在温度范围为 480~980℃，σ 相硬且脆（具有高达 HRC60 的硬度），它的析出会使钢的冲击性能急剧下降，且会造成析出相周围贫 Cr 区的形成，从而使钢的耐腐蚀性降低。χ 相是一种由 FeCrMo 组成的金属间化合物，形成温度为 730~1010℃，常与 σ 相共存，对钢的脆性和耐腐蚀性均有不利影响。铁素体不锈钢中 Lave 相为密排六方结构，形成温度为 650~750℃，常伴随着碳化物、σ 相和 χ 相一同出现，导致钢的塑韧性和耐腐蚀性能降低。由于 σ 相、χ 相、Laves 相等的析出和溶解过程都是可逆的，可以通过高于它们析出温度加热、保温并随后快冷的热处理制度来消除它们带来的不利影响。

（5）超级铁素体不锈钢为一系列严格控制碳（C）、氮（N）含量的高铬（Cr）、钼（Mo）不锈钢，就间隙元素含量而言，可区分为中等纯度和超高纯度两类。超级铁素体不锈钢，无论是中等纯度还是超高纯度，它们的共同特点是高铬（Cr）、钼（Mo）含量，从而使这类铁素体不锈钢对 σ、χ相和 Laves 相的析出十分敏感。在热加工过程中可能会使这类造成钢的脆性的有害金属间相析出，因此它们的退火处理不仅要完成再结晶，还必须使这些不希望出现的有害第二相完成溶解。鉴于这些相的完全溶解温度在 1000℃以上，因此，超级铁素体不锈钢的退火温度应在 1010~1065℃的范围为宜。退火后必须水淬，以便抑制有害相的析出。

（6）超纯铁素体不锈钢是不含镍或含少量镍，碳、氮含量极低（一般不大于 150μg/g），其组织结构以铁素体为主的 Fe-Cr、Fe-Cr-Mo 或同时含有少量微合金化元素钛（Ti）、铌（Nb）、钒（V）等的合金。与奥氏体不锈钢相比，铁素体不锈钢价格低廉，导热系数高（为其 130%~150%），线膨胀系数小（为其 60%~70%），加工硬化倾向低，因而具有良好的传热性、抗震性和加工性能。

（7）超级铁素体不锈钢具有高强度、高伸长率、高硬度、高弹性模量、高导热性和优良的疲劳性能。其屈服强度与抗拉强度差距大，且塑性好，因而易于加工。

（8）超级铁素体不锈钢有良好的成型性，虽然强度高，在开始成型时需要较大的外力，但它的应变硬化率较低，使得它不需中间退火就可进行第二次变形。

（9）超级铁素体不锈钢可采用一般不锈钢常用的方法进行焊接，如气体保护钨极或金属极电弧焊。焊接时应用低电流，要减少氧（O）、氮（N）和碳（C）的污染，避免焊接金属中稳定化元素的损失，可以得到良好的焊后耐蚀性与韧性。

（10）超级铁素体不锈钢热处理工艺简便，可加热到930～970℃，随后快速冷却。如果断面较薄，其加热温度与保温时间足以降低硬度和屈服强度。

（11）超级铁素体不锈钢像钛（Ti）一样，对氢脆敏感。在使用中，其电压不能超过其临界吸氢电位，否则容易发生氢脆。但它不像钛（Ti）会形成氢化物，而是氢扩散进入铁素体。由于氢不会形成第二相，氢脆是可逆的，一旦形成可把其加热至40℃或在空气中放置24h加以去除。

（12）超级铁素体不锈钢，当暴露温度为315～600℃时，容易失去延性，即发生475℃脆性。因此，不宜用于高温，一般用于260℃以下环境。

7.5.5　超纯铁素体不锈钢的腐蚀性能

超纯铁素体不锈钢具有良好的抗应力腐蚀性能。超纯铁素体不锈钢应力腐蚀的产生几乎都是从点蚀开始的，点蚀的产生导致其表面的钝化膜破坏；点蚀处金属溶解，成为应力腐蚀裂纹产生的源头。

铁素体不锈钢的抗应力腐蚀性能受合金成分、热处理制度和加工状况以及受力、环境状况等因素的影响。铁素体不锈钢的抗应力腐蚀性能远比想象复杂。为了防止铁素体不锈钢的氯化物穿晶应力腐蚀断裂，需要控制钢中镍（Ni）、铜（Cu）及钴（Co）的含量；为了防止焊后或敏化后的晶间应力腐蚀断裂，需采用碳（C）、氮（N）低的高纯和含稳定化元素钛（Ti）铌（Nb）的铁素体不锈钢；为了防止铁素体不锈钢的苛性应力腐蚀断裂，在氢氧化钠（NaOH）等介质中，使用温度一般不宜超过150℃。

超纯铁素体不锈钢在许多腐蚀介质中（特别是有机酸、氧化性酸和强碱）有优良的抗腐蚀性能，还有卓越的耐晶间腐蚀、点蚀、缝隙腐蚀及应力腐蚀性能。

与奥氏体不锈钢相比，超纯铁素体不锈钢具有优良的抗应力腐蚀、耐点蚀等局部腐蚀性能，可极大地扩宽其使用范围。

7.5.6　超纯铁素体不锈钢的发展方向及应用前景

超级不锈钢系指20世纪70～90年代先后问世的，其性能（特别是耐蚀性能）优于原有的同类不锈钢的那些牌号的统称。铁素体、马氏体和奥氏体三大类超级不锈钢的共同特点是除耐全面腐蚀外，耐点蚀、耐缝隙腐蚀等局部腐蚀的性能优异。超纯铁素体不锈钢是一种省镍（Ni）的环保型材料，并且综合性能优良，发展前景相当广阔。

各类超级不锈钢所面临的共同课题是随着不锈钢中铬（Cr）、钼（Mo）量或铬（Cr）、钼（Mo）量，氮（N）量的提高，不锈钢的组织热稳定性下降，碳化物、氮化物和金属间相析出所导致的焊后（或从高温到低温的冷却过程中）塑性、韧性和耐蚀性的劣化问题。这一问题的存在将严重阻碍超级不锈钢的进一步发展。

目前，超纯铁素体不锈钢的发展方向主要为：

（1）超纯化。降低碳（C）、氮（N）含量，克服自身局限性。

（2）合金化。加入合金元素，提高性能，主要有：

1）提高铬（Cr）、钼（Mo）含量，改善耐局部腐蚀性能；

2）加入钛（Ti）、镍（Ni）等稳定化元素；

3）加入硅（Si）、铝（Al），提高高温抗氧化性；

4）用镍（Ni）合金化，改善耐稀硫酸腐蚀性能；

5）用硫（S）、硒（Se）合金化，改善可机加工性。

7.6 现代铁素体不锈钢的制备工艺

现代铁素体不锈钢就是指采用现代不锈钢生产工艺，特别是采用氩氧脱碳法（AOD）、真空吹氧脱碳法（VOD）以及真空转换精炼（VCR）、真空炉等精炼技术生产的低碳（C）、低氮（N）、低氧（O）、低磷（P）和超低碳、超低氮的各类铁素体不锈钢。

超纯铁素体不锈钢最突出的特点是碳（C）、氮（N）含量极低，深度脱碳（C）、脱氮（N）可以达到这一目的，因此冶炼超纯铁素体不锈钢的重点在于脱碳（C）及脱氮（N）技术。

7.6.1 不锈钢生产设备

7.6.1.1 氩氧脱碳法（AOD）

AOD 精炼法是氩氧脱碳法（argon oxygen decarburization）的简称，也被称为不锈钢生产的“利器”，该法采用氩-氧混吹来降低钢中的含碳（C）量。AOD 精炼炉示意图见图 7-1a。它采用常压操作，炉体一侧设多个风口，通过风口可向炉内输送氧气、氩气和氮气。在操作中还可以根据不同的操作阶段，通过调节供给的气体种类和气量降低一氧化碳（CO）的分压来降碳（C），是可以实现降碳（C）保铬（Cr）目的的重要精炼方法。这种方法的特点是，在精炼不锈钢时，在标准大气压力下向钢水吹氧的同时，吹入惰性气体（Ar，N_2），通过降低一氧

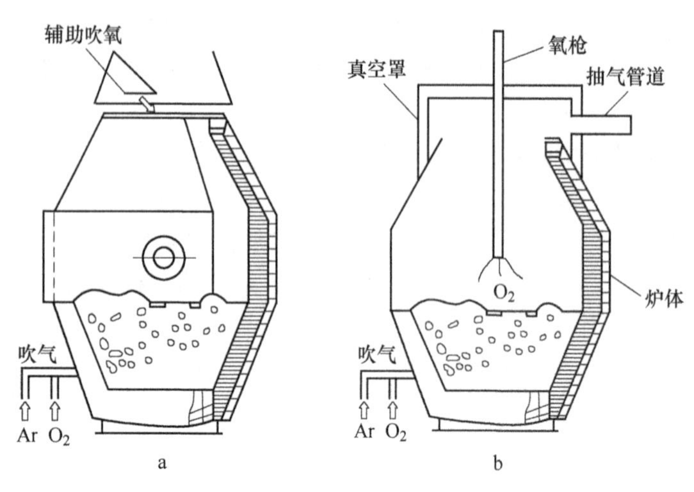

图 7-1　AOD 和 AOD-VCR 示意图

a—AOD；b—VOD-VCR

化碳（CO）分压来达到假真空的效果，从而使含碳（C）量降到很低的水平，并能抑制钢中铬（Cr）的氧化。这种通过混合气体来降低 CO 分压进而达到脱碳效果的思路提出得比较早（约 1954 年），但直到 1968 年才由美国硬质合金联合会研制成功了世界上第一台 AOD 炉，并将 AOD 的生产技术商品化。

AOD 的优点包括：（1）原料适应性强，对于原材料要求较低：可以利用廉价的高碳铬铁和高碳炉料，也可以使用 100%返回废钢生产不锈钢。可以获得低含碳（C）量的不锈钢，大大低于 L 级不锈钢的最高含 C 量（0.03%），同时，可以把由于氧化而致使铬（Cr）的烧损降至最少；（2）精炼铬回收率高，适合生产低碳和超低碳不锈钢；（3）氩氧混吹，不用抽真空，由氩气泡造成真空室来提高脱碳效率，不需要加热设备；（4）在高碳区吹炼速度快，反应的动力学条件优越；（5）采用 AOD 法还能有效地降低含量的另一种元素是硫（S），易于将特殊钢中的含硫（S）量控制在 0.005%以下；（6）成本相对较低，设备简单，操作方便，基础建设投资低，经济效益显著等。

AOD 的缺点是专业冶炼不锈钢，通用性不强。经过多年的研究和开发，到目前为止，AOD 工艺应用较为广泛，并在不锈钢的生产中发挥着重要作用，其中美国和日本应用较多。据统计，2000 年世界上 80%的不锈钢都是用 AOD 炉生产的，世界上最大的 AOD 炉炉容达到了 175t。

要提高材料的抗点蚀性能，就需要降低硫化物含量。AOD 的工作模式如图 7-2 所示。在 AOD 工作模式下，有两个时期，分别是脱碳期和还原期。在前一时期，主要是脱碳和脱氮；在后一时期，是从熔渣中还原铬的氧化物，并脱硫。AOD 接收来自电炉或电弧炉 EAF（Electric Arc Furnace）的不锈钢预熔体后，从顶枪中吹氧，开始脱碳和脱氮，并从风嘴中吹入氧和惰性气体（是 N_2或 Ar），还可以根据熔融钢中的含碳（C）量不断改变它们的比例。当含碳量降低到目标值，再加入石灰、萤石及还原剂开始还原精炼。采用二步法或三步法生产工艺路线时，可以将处理后的不锈钢钢水送 LF 炉（精炼炉）进行最终成分、温度的均匀调整或送 VOD 进行终脱碳（C）。影响脱氧和脱硫的因素如表 7-1 所示。

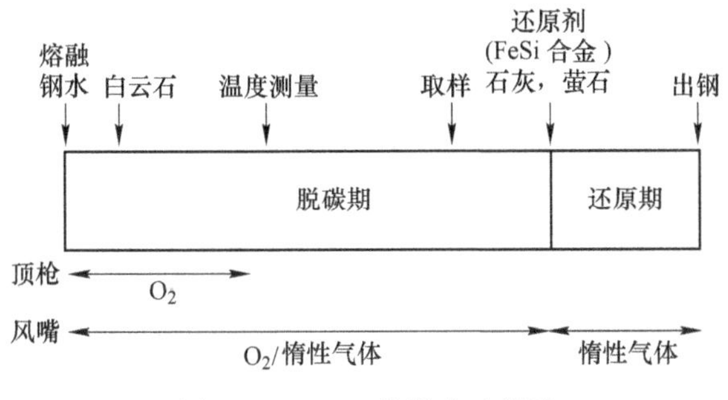

图 7-2 AOD 工作模式示意图

表 7-1 降低总的氧含量和硫含量的操作因素

过　程	操作因素	低的总氧含量		低 S
		非溶解	溶解	
AOD	碳的还原效率		○	
	熔渣的成分		●	●
	风嘴气体的流速		○	●
LF	处理时间	●	○	
	底吹气体的流速	●	○	
	熔渣的成分	●	○	

注：○—有效因素；●—更有效因素。

VCR（Vacuum Converter Refiner）法叫真空转换精炼工艺，是基于 AOD 法在大气压下深脱碳受到限制而发展起来的。AOD-VCR 法是在传统 AOD 精炼设备基础上增加真空罩和抽真空设备而开发的，如图 7-1b 所示，实质就是给 AOD 精炼炉加上真空功能，即是具有真空功能的改进型 AOD 工艺。它可以节省氩气用量，并降低不锈钢中碳（C）和氮（N）的含量。当在常压下不能深度脱碳（C）时，就可以采用 VCR 法。

AOD-VCR 在精炼过程中，前期当钢水 $w(C) \geqslant 0.1\%$时，吹炼操作与 AOD 法基本相同，利用气体（氩气或氮气）稀释进行保铬（Cr）脱碳（C）；当钢水中脱碳（C）至 $w(C) \leqslant 0.1\%$时（$w(C) = 0.08\% \sim 0.10\%$），停止吹炼、取样；随后在 AOD 炉锥形帽上加一个真空罩，利用真空进行脱碳，真空度在 10～50Torr

(1Torr=133Pa)。此时风口吹入惰性气体，进行深脱碳（C），维持一段时间后，加入硅铁，还原炉渣中的氧化铬。

实际操作表明，低碳区的表观脱碳速度常数，VCR 法是 AOD 法的 2 倍，并且用 VCR 法不需要超高真空度，能在无高真空的情况下快速进行深脱碳，在较短的时间内（一般处理时间为 10~20min）便能够使终点碳达到较低的值。此外，在冶炼时除了需加强深脱碳（C）、脱氮（N），还需密封，以防止从空气中吸氮（N）。

AOD-VCR 法因引入真空技术，从而集成了 AOD 和 VOD 两者的优势。该工艺充分地综合利用了 AOD 的强搅拌和 VCR 的真空技术，尤其是克服了 AOD 法深脱碳（C）能力不足的问题，可以在低碳（C）范围内改善脱碳效率，缩短脱碳（C）时间，减少铬（Cr）氧化和降低氩耗。

事实证明，利用 AOD-VCR 工艺生产含铬 18% 的铁素体不锈钢时，钢中 $w(C)$、$w(N)$ 可以分别达到 20~40μg/g、60~80μg/g 的极低水平；生产 13Cr% 和 20%Cr 的铁素体不锈钢时，钢中的氮（N）含量可分别达到 20~40μg/g 和 70~90μg/g 的极低水平。

但是 AOD-VCR 法的不足是耐火材料消耗大，废钢加入量受到限制，且设备维护费用较高。

7.6.1.2　真空吹氧脱碳脱气法（VOD）

VOD 工艺（vacuum oxygen decarburization）是在真空脱碳（VD）工艺的基础上增加了吹氧脱碳功能，所以通常也称为真空吹氧脱碳脱气法，是低碳不锈钢冶炼的核心工序，于 1962 年由德国开发，并于 1967 年在德国开始工业化应用。VOD 精炼设备主要由真空罐、顶吹氧枪、真空抽气、合金加料等系统组成，如图 7-3 所示。

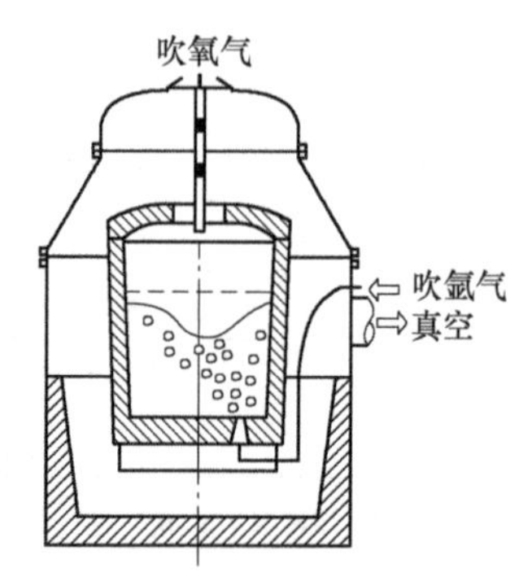

图 7-3　VOD 示意图

VOD 法通常是在 5~20kPa 真空条件下经拉瓦尔型（Laval）喷枪从顶部向钢包熔池内吹入纯氧脱碳（C）。低压环境下一氧化碳（CO）分压大大降低。同时经钢包底部透气砖吹入惰性气体搅拌钢液，进一步稀释一氧化碳（CO）并降低其分压，从而实现在较低钢液初始含碳量（$w(C)=0.20\%\sim0.60\%$）和温度（≤1650℃）下阻止铬（Cr）大量氧化而快速脱碳。脱碳至 $w(C)=0.06\%\sim0.10\%$ 时结束吹氧，然后进一步降低真空压力和增加底部吹氩搅拌强度，促进钢液中溶解的氧（O）与剩余碳（C）反应，最后添加硅铁或铝还原富铬炉渣，同时添加适量的石灰、萤石渣料，进行造渣脱硫。

VOD 的特点是：（1）需要抽真空，钢包要有自由高度，以免吹氧时钢水飞溅烧坏设备；（2）无加热设备，冶炼时间不能过长；（3）在封闭条件下冶炼，无法掌握具体情况，总结经验相对更重要；（4）基建费用及生产费用相对高些，耐材消耗大等。

VOD冶炼过程可以分为三个阶段：吹氧脱碳期、自由脱碳期和还原期。对冶炼过程有影响的工艺制度主要包括真空制度、吹氧制度、底吹Ar制度、温度制度及造渣制度等。通过合理的工艺制度和合适的初始条件，就可以保证在短的真空处理时间内使钢水达到很高的纯净度，并能有效地防止钢水喷溅，降低耐材消耗。

VOD法是一种生产低碳（C）、低氮（N）和低氢（H）不锈钢的有效方法。比AOD常压精炼法更适合精炼中低铬系超纯铁素体不锈钢，其$w(C+N)$可达200μg/g以下。但是对于高铬系列的超纯铁素体不锈钢，VOD法冶炼还存在一定难度。

通过增加底吹透气砖数量（使用2~4mm不锈钢管吹氩）和吹氩强度（由普通VOD≤5L/(min·t)提高到10~20L/(min·t)），从而发明了强搅拌型SS-VOD（Strong Strring VOD）。SS-VOD设备构造与VOD基本相同，仅底吹系统及真空系统有所区别。

SS-VOD法吹炼第一阶段先进行通常的VOD操作，在$w(C)\leqslant 0.01\%$时的第二阶段，提高真空度并强搅拌吹氩（Ar），促进脱碳（C）和脱氮（N）。SS-VOD法由于大流量底吹氩的强烈搅拌作用，明显改善了脱碳（C）和脱氮（N）的动力学条件，以致深脱碳（C）、氮（N）能力明显增强，可以达到$w(C+N)\leqslant$100μg/g的水平。此方法唯一的不足之处是耐火材料消耗比较大，大约是普通VOD法的1.5倍，而且底吹透气砖的寿命也相对比较短。

SS-VOD（强搅拌VOD）法是生产超纯铁素体不锈钢的核心工序，是在吹氧阶段进行通常的VOD操作，而在自由脱碳阶段提高真空度并强吹氩搅拌促进脱碳和脱氮的方法。大量氩气自钢包底部的疏松插棒吹入，以强烈搅动钢包中的钢水，从而使不锈钢中碳（C）和氮（N）的含量降低至极低水平。冶炼终点碳（C）、氮（N）总含量是衡量此操作水平的重要标准。用50t的SS-VOD设备精炼17%Cr铁素体不锈钢时，可以生产出$w(C+N)\leqslant$100μg/g的超高纯铁素体不锈钢。该工艺不能单纯强化脱碳（C）、脱氮（N），还应充分考虑熔池不宜过热，并要使夹杂物降到很低的水平，还要控制合适的冶炼周期以保证冶炼炉数。

VOD-PB（VOD-Powder Blowing）法也叫VOD-吹粉工艺，是在真空精炼过程中利用顶吹喷枪从钢水表面向钢液内部喷吹铁矿石粉等氧化剂或干燥石灰石脱硫剂等。喷入的大量粉状精炼物质颗粒在钢水中成为细小的一氧化碳（CO）气泡核心，促进了脱碳（C）、脱氮（N）反应，以去除不锈钢中的碳（C）和氮

(N)。理论和实践表明，VOD-PB 法可在高碳区促进快速脱碳（C），在低碳区促进快速脱氮（N），进而在低碳区深度脱碳（C）、高碳区深度脱氮（N）。实践证明，用此法冶炼含铬 18%和 29%的铁素体不锈钢时，钢中 w(C+N) 极限水平分别达到 35μg/g 和 79μg/g。VOD-PB 与 SS-VOD 法相比，深脱碳能力基本相当，而脱碳速率明显加快，尤其是中高铬系列钢种深脱碳能力优势更明显。

7.6.1.3　脱碳和脱氮工艺水平和比较

与普通钢脱碳（C）相比，不锈钢脱碳困难的重要原因是优先生成的氧化物 Cr_2O_3在炼钢温度下为固态，需将氧再次释放才能使 Cr_2O_3脱碳，脱碳速度受到熔体内氧含量的制约。氧（O）向反应界面传质的方式与碳（C）、氮（N）一样，所以 VOD 脱碳脱氮反应是典型的气液相界面化学反应，脱碳和脱氮过程可以用同一方程来描述。如果把体系中由于物质浓度不均匀而发生的质量转移过程称为传质，不锈钢脱碳就是由碳（C）或氧（O）在边界层内的传质控制，而脱氮是由液相边界层传质和界面化学反应混合控制。不论设备上是采用真空、强搅拌，还是喷吹氧化剂，目的都是在于改善低碳区脱碳的动力学条件，在深脱碳的同时促进脱氮的进行。

铁素体不锈钢中的碳（C）和氮（N）是具有类似作用的间隙元素，因此，铁素体不锈钢冶炼过程中如何除碳（C）、除氮（N）是不锈钢精炼工艺中的一项重要任务。因此，在 VOD 和 AOD 技术的基础上，又开发出新的精炼技术来有效去除不锈钢中的碳（C）和氮（N）。其中包括：（1）真空精炼技术 RH-吹氧脱碳技术（RH-Oxygen Blowing）；（2）钢水表面吹氢工艺；（3）具有顶吹氧功能的 RH-KTB 工艺，RH 真空脱气法也叫钢液真空循环脱气法，是一种钢液真空处理技术，简称 RH 法。RH-KTB 法（RH-KAWASAKI Top Blowing）是在钢液真空循环脱气法（RH 法）基础上开发的，其特点是通过真空室上部的水冷氧枪向真空室的钢水表面吹氧，控制钢水表面的一氧化碳（CO）的二次燃烧，用燃烧的热量加热钢水，可以获得较慢的降温速度而不需要向钢水中加铝；（4）K-OBM（Oxygen bottom-blown）是一种转炉顶底复吹工艺技术；（5）AOD 和 VOD 混合精炼工艺等技术。采用这些可以把含铬（Cr）量为 20%～30%的铁素体不锈钢中的碳（C）和氮（N）的总含量控制在 100μg/g 以下；（5）CLU 是电炉-转炉两步法，该工艺的主要特点是在脱碳过程中通过底部风口吹入的过热水蒸气进入钢水后，会分解成氢和氧。氢可作为稀释气体代替氩来降低脱碳过程中的 CO 分压，氧则可进行氧化反应。同时，在水蒸气分解过程中要吸收大量的热量，降低温度，因而无须像 AOD 工艺那样在脱碳末期加入固态冷却剂。CLU 法同 AOD 法相比氩气消耗可减少 70%。

不锈钢生产中主要使用的精炼工艺及其脱碳（C）、氮（N）的能力的综合比较如表 7-2 所示，表中所列数据代表最为先进的水平。

表 7-2 不锈钢生产中主要使用的各种精炼工艺及其脱碳氮的能力

工 艺		主要优势					高纯化水平 ($18Cr/\mu g \cdot g^{-1}$)			工艺特点
		深度脱C	深度脱N	效率	成本	纯度	w(C)	w(N)	w(C+N)	
VOD	SS-VOD	○	○	—	—	○	≤20	≤50	≤70	真空处理
	VOD-PB	○	○	—	○	○	32	48	80	
	VOD-H_2喷吹	○	○	○	○	—	—	—	—	
AOD	VCR	○	○	○	○	○	20	60~80	80~100	非真空
AOD-VOD		○	○	○	—	—	—	—	—	非真空
RH	RH-OB	○	○	○	○	—	—	—	—	
	KTB	○	○	○	○	○	—	—	—	

注：“○”代表此项是工艺的主要优势；“—”代表此项不是这种工艺的主要优势。

7.6.2 不锈钢生产工艺

不锈钢的冶炼生产工艺可分为一步法、二步法和三步法。

一步法是指在一座电炉内完成废钢熔化、脱碳、还原和精炼等工序，将炉料一步冶炼成不锈钢。随着炉外精炼工艺的不断发展，一步法冶炼生产工艺由于冶炼周期长、作业率低、生产成本高，目前工业化生产中已很难见到，仅仅在小规模的生产厂家中使用。原来的电炉都已经演变为初炼炉，承担熔化废钢和合金料的任务。

两步法主要是以电炉为初炼炉熔化废钢及合金料，生产不锈钢初炼钢水，然后在不同的精炼炉（如 AOD、VOD 等）中进行精炼得到合格的不锈钢钢水。初炼炉可以是电炉或转炉。两步法中精炼炉又可分为常压和真空状态下的精炼，从而形成电炉（EAF）—转炉（AOD）两步法工艺和电炉（EAF）—真空吹氧（VOD）两步法工艺。过去常采用两步法（初炼炉+炉外精炼）冶炼工艺，但该工艺生产超纯铁素体不锈钢成本高。

近年来，随着精炼技术的发展，由两步法加上深脱碳装备形成的三步法冶炼技术，在不锈钢生产中的应用规模不断扩大。三步法冶炼的基本工艺流程是初炼炉+转炉式脱碳炉（AOD、K-OBM、MRP）+真空精炼炉（VOD、SS-VOD、VOD-PB、RH-OB、RH-KTB）。初炼炉只起熔化初炼的作用，初炼炉可以是电炉或转炉，负责向 AOD 等精炼炉提供初炼钢水。AOD 炉的功能主要是快速脱碳（C），并避免铬（Cr）的氧化等。最后由真空吹氧精炼炉（VOD 等）完成最终成分的微调、纯净度的控制。三步法可以用来生产超低碳（C）、超低氮（N）的不锈钢。

三步法冶炼过程如图 7-4 所示。首先，把废钢和合金在 60t 的电弧炉（EAF）中熔化，随后，在 AOD 炉中进行脱碳、脱硫和脱氮。接着，在钢包炉（精炼炉 LF）中进行钢渣精炼、成分和钢水温度的调整，并把钢包送入连铸连轧（BT/CC）过程。

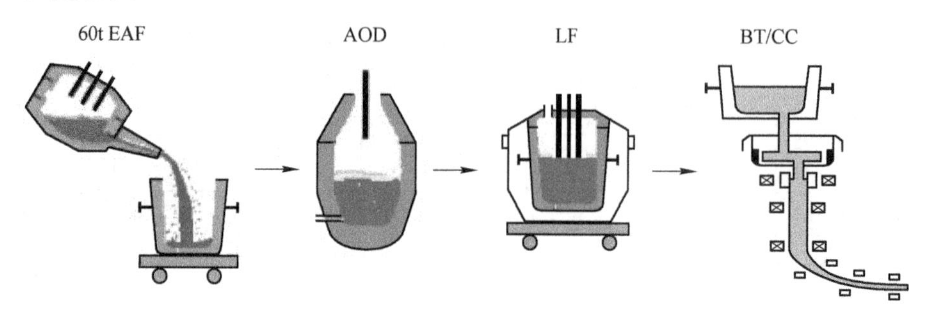

图 7-4　不锈钢的制备过程示意图

奥氏体不锈钢、铁素体不锈钢等可以采用不同的生产工艺。各种不锈钢的生产工艺流程如图 7-5 所示。图中还显示了一种革新的铬矿石熔化还原技术：使用 STAR 炉（Stainless Advanced Teactor）及熔融还原炉（SR-KCB 炉）将铬矿石和不锈钢废料还原，再用脱碳炉（DC-KCB 炉）和 VOD 进行脱碳、脱气处理。

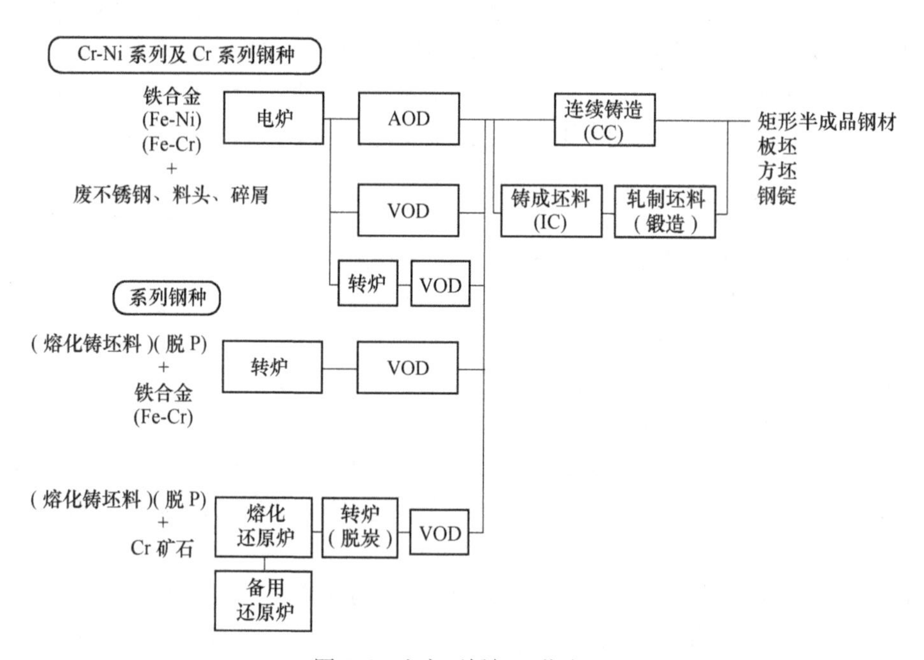

图 7-5　生产不锈钢工艺流程

在实际生产中，生产低、中铬（Cr）超低碳（C）、氮（N）铁素体不锈钢

（w(C)≤0.03%、w(N)≤0.03%）多采用双联工艺（电炉+AOD、电炉+VOD）。生产高纯超级铁素体不锈钢（w(C)≤0.010%、w(N)≤0.015%）多采用三联工艺，而精炼超纯铁素体不锈钢关键是最后的 VOD 精炼。高纯、超级铁素体不锈钢制钢技术有很多不同的工艺路线。先进的冶金技术及装备在三步法冶炼超纯铁素体不锈钢过程中作用极大，如电炉—AOD—VOD。电炉熔化，转炉精炼，紧接着真空精炼，通常是用来生产极低碳（C）、氮（N）规格的产品。生产不锈钢的几种冶炼设备如图 7-6 所示。

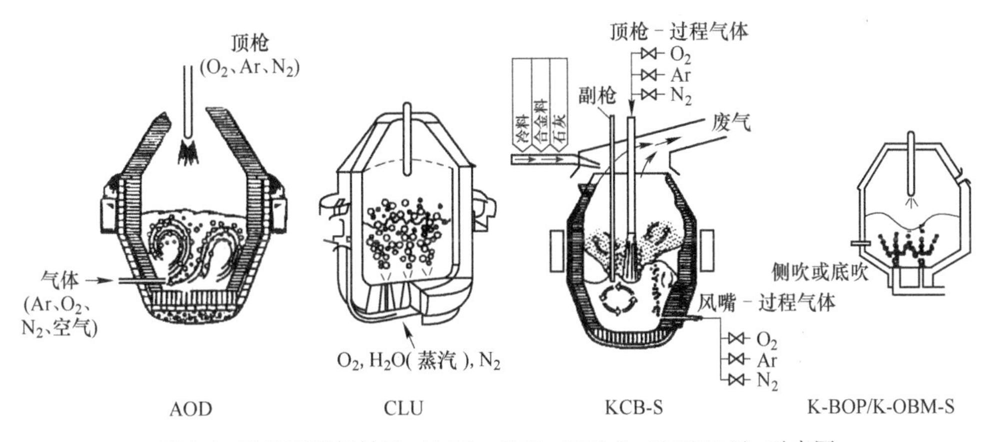

图 7-6 冶炼不锈钢转炉（AOD、CLU、KCB-S、K-OBM-S）示意图

目前，超纯铁素体不锈钢冶炼的主要流程为：电弧炉+转炉式脱碳炉（AOD、K-OBM、MRP）+真空精炼炉（VOD、SS-VOD、VOD-PB、VCR）三步法冶炼，其中 MRP（Metal Refining Process）是金属精炼工艺，而两步法（初炼炉+炉外精炼）冶炼超纯铁素体不锈钢主要是依靠 AOD 在大气条件下的深脱碳。表 7-3 为两步法（AOD）冶炼铁素体不锈钢时的碳（C）、氮（N）含量。从表 7-3 中可以看出，尽管可通过过量供氧把含碳（C）量降低，但含氮（N）量相对偏高，且过量供氧会产生熔池氧化严重及熔池过热等问题。

表 7-3 AOD 冶炼铁素体不锈钢终点 C、N 含量 （μg/g）

项 目	11%~13%Cr		16%~18%Cr	
	典型	最好	典型	最好
C	70	30	70~100	50
N	80~110	60	100~130	70

纵观国内外三步法冶炼超纯铁素体不锈钢的工艺路径，VOD 及其延伸工艺 SS-VOD、VOD-PB、AOD 加上真空功能的 VCR 等精炼设备，在生产超纯铁素体不锈钢中发挥着重要作用。目前冶炼铁素体不锈钢时应用最广泛的是 SS-VOD

法，原因是铁素体不锈钢产量相对不是很大，VOD-PB 和 VCR 法都需要对设备进行大面积改造，而 SS-VOD 法只需要对常规 VOD 实现强化吹 Ar 即可，普遍受到不锈钢生产商的欢迎。当前，不锈钢冶炼技术的发展趋势是：进一步区分不锈钢中的碳（C）和氮（N）对不锈钢使用性能的影响效果，以开发出低生产成本的高效炼钢工艺。

电子束熔炼法一直被用于生产超低间隙原子含量的不锈钢，与 AOD 法不同，这种熔炼方法要求采用低碳（C）炉料。用 AOD 熔炼或真空熔炼加电子束精炼，可以生产出含氮（N）低于 90μg/g，C+N 总量在 110~120μg/g 范围内的高纯铁素体不锈钢。

铁素体不锈钢由于凝固过程的特点，凝固组织的特性是柱状晶发达，高温强度低；高铬（Cr）、钼（Mo）钢还存在 875℃ 脆性、475℃ 脆性及常温脆性等问题。因此，常采用连铸工艺。连铸生产从 1960 年发展至今已经成为不锈钢铸造不可缺少的手段，其生产技术得到长足发展。目前应用在板坯连铸生产中的无氧化环境密封中间包、中间包热循环技术、浸入式长水口、电磁搅拌技术、二次冷却控制技术等均已在连铸中采用。超纯铁素体不锈钢由于高铬（Cr）的原因在凝固过程中晶粒比较粗大，因此常采用电磁搅拌细化晶粒。

影响不锈钢生产方法的种种变革的一个因素（虽然并不是唯一的因素）一直是不锈钢中含碳（C）量的易控制性。超低碳（C）级的 304L 和 316L 的含碳（C）量被降低至 0.03%以下，为的是改善不锈钢的抗敏化性能。这种敏化作用会使不锈钢经焊接或高温下使用之后，在晶界产生腐蚀。

各种熔炼方法可能获得的最低含碳（C）量列于表 7-4 中。普遍采用的方法是在电炉中吹气熔化炉料以及造渣精炼，通常还是采用吹氧法来降低含碳（C）量。然而，采用吹氧法的效率通常只能将含碳（C）量降至大约 0.04%，再低会造成铬（Cr）的严重烧损。以前为了符合 304L 和 316L 这类超低碳（C）不锈钢限定的 w(C) ≤0.03%的要求，必须采用高纯（低 C）的炉料。采用低碳（C）的炉料，相应地也就减少了炉料中对铬（Cr）的需求，因为铬（Cr）的烧损量也减少了。

表 7-4　各种熔炼方法可以达到的含碳量

熔炼方法	含碳量/%	
	最低值	典型值
碱性电弧炉熔炼法	0.03①	0.05
氩-氧脱碳法（AOD）	0.01~0.02	0.05
电子束熔炼法	—	0.001

①系采用低 C 炉料炼得。

可见，由于软磁铁素体不锈钢材料的制造难度大、技术要求高，对生产工艺过程的控制要求十分严格，长期以来，国内主要依赖进口，总体生产水平与国外差距比较明显。随着技术水平的进步，国内现在也能生产综合性能良好的铁素体不锈钢，与国外发达国家的差距也正在逐步缩小。我国不锈钢生产企业中既有达到国际先进装备水平的大型企业，也存在着以中频炉为冶炼装备、采用落后生产工艺的企业。这些采用落后工艺装备的不锈钢生产企业不但能源消耗高、产品质量差、资源浪费严重，产品也比较落后。虽然这些年来采用先进工艺的国内大型钢铁集团在超纯铁素体不锈钢生产方面已经取得了长足的进步，但生产中仍存在不少问题，与国外先进水平的差距还是比较明显，主要表现在冶炼终点碳（C）、氮（N）控制还不稳定、有偏析现象、夹杂物分布不均匀等。据统计，对409L钢种，至2005年4月底 $w(C+N)$ 波动范围仍较大，为150~230μg/g；至2007年8月初，终点含碳（C）量仍经常超过100μg/g，钢种要求的其他控制指标也不够稳定，除非采用矿石冶炼的超低碳铁水或用高纯废料进行炼钢。对于一些生产工艺落后的企业，其产品质量可想而知。这些现象大多是由采用废钢冶炼造成的。当然随着技术的进步，这种局面也正在逐步改观。有的大型企业开始采用高纯铁水冶炼不锈钢，从而使得这种局面得到了改观，但国内众多企业仍然缺乏冶炼高纯铁素体不锈钢的经验，生产的牌号也十分有限，造成经验的欠缺。

7.7 常用软磁合金的磁性能

在现在使用的铁素体不锈钢未被发现之前，有许多种软磁合金，每一种都有不同的磁性和力学性能组合。由于Ni-Fe合金（包括坡莫合金和超坡莫合金）和Fe-Co合金价格较高，除军品外，在民用领域很少使用，所以在这里只简单介绍三个家族的软磁合金，在此也不涉及现在广泛使用的非晶、纳米晶等软磁材料，因为它们大多以带材形式出现，或者以磁粉芯的形式出现。

7.7.1 电工纯铁

电工纯铁也称电磁纯铁，是一种含铁量超过98.6%的优质钢，并具有低碳（C）、低硫（S）、低磷（P）的特点，应该注意到，这些杂质对磁后效起主要作用[12]。电磁纯铁还含有少量的硅（Si）、锰（Mn）和铝（Al），因此也是纯度较高的一种优质铁。电工纯铁可以认为是第一种实用化的磁性合金，在国家标准GB/T 6983—2008《电磁纯铁》中有专门规定。虽然在所有软磁合金中电磁纯铁的耐蚀性能可能是最差的一种，但由于具有高 $\mu_0 M_S$（约2.2T）和低 H_c 的特点，所以能提供极好的直流磁特性，并使得以低的成本设计工作元件成为可能。其电阻率约为13μΩ·cm，在交流应用中发热比较严重，主要用在不考虑能量损耗的场合，如在家用真空吸尘器电机中使用时，因工作时间短、空气冷却效果好，不影响工作。在国家标准中给出了包括薄板、厚板、棒、条、带等形状的供货条件，磁性能也分为普通级 DT4、高级 DT4A、特级 DT4E、超级 DT4C 四种级别，级别越高，H_c越低，μ_r越高，适用于各种用途，广泛使用在磁路磁芯、继电器、电磁阀和由激活电路控制的电磁阀中。但由于耐蚀能力最差，限制了其在燃料喷油系统中的应用。

现代的电磁纯铁一般都是通过真空熔炼制备的，并通过调整化学成分及时效处理减少了材料的老化现象，在整个磁铁体积范围内磁性能都比较均匀，还可以根据使用条件来定制最佳性能的产品。在某些情况下可以用低碳钢来替代工业纯的纯铁。

7.7.2　Si-Fe

Si-Fe 也称电工钢，是指含硅 0.5%~4.5%的铁合金。为硅在铁中的置换固溶体，属立方晶系。在低碳钢中加硅（Si）的主要作用是增加硬度和电阻率，并使材料的磁晶各向异性常数 K_1减小，同时保持与低碳钢相似的磁性能。随含硅（Si）量的不同，其电阻率可达 25~58μΩ · cm，为电磁纯铁的数倍。电阻率提高后在交流应用中可通过限制涡流来降低磁芯损耗，其耐蚀性能仅比普通的电工纯铁稍好一些，能提供最小的耐蚀能力，主要用于电磁开关、衔铁、极头、继电器、磁芯等。经过电镀后可用于耐蚀环境。随着含硅（Si）量增大，合金的 M_S会降低，并且当含硅（Si）量达到 6.0%~6.5%时，合金的脆性很大，很难轧制[12]，所以常规下含硅（Si）量一般都在 4.5%以下。

电工钢按成分可以分为低硅（约 1%）、中硅（约 2.5%）和高硅（约 4%）三类，主要形状为片或带，很少作为棒材使用，除了冲片后叠片使用外，常做成薄带后卷绕成铁芯。电工钢按制作工艺分为冷轧和热轧，按结构分为取向和无取向，采用冷轧然后热处理的方法可以获得织构（晶粒定向排列的取向硅钢），如图 1-32 所示。为了进一步提高电阻率，在电工钢片（带）材表面还涂覆有有机或无机涂层，以增强片间绝缘。作为电工钢，其性能在国家标准 GB/T 2521—2008《冷压取向和无取向电工钢带（片）》、GB 11255—1989《晶粒取向硅钢薄带》和 GB/T 5212—1985《电工用热轧硅钢薄钢板》等中有详细规定。

7.7.3　Al-Fe

铁铝合金是以铁、铝（6%~16%）为主要成分，不含贵重元素的另一类高电磁性能的软磁合金。常用的铁铝合金为冷轧或热轧带材，主要特点是高电阻率和高硬度，抗振动和抗冲击性能良好，磁性能对应力也不像 Ni-Fe 合金那样敏感。常用的铁铝合金型号有 1J6、1J12 和 1J16 等。型号中最后数字为含铝量，随着含铝量的增加，材料的磁导率μ_r和电阻率变高，而饱和磁化强度 M_S

降低。当含铝量超过16%时，材料变脆，塑性减弱，难以进行机加工。铁铝合金制成的铁芯与铁镍合金铁芯一样，需要最终高温退火处理，以消除应力，提高磁性能。Al-Fe合金的性能在GB/T 14986—2008《高饱和、磁温度补偿、耐蚀、铁铝、恒磁导率软磁合金》中有规定，该标准中还规定了其他一些软磁合金的性能。

7.8 软磁铁素体不锈钢的分类

在选择软磁合金时要考虑许多因素，目的是为应用选择一种能提供最佳综合性能的合金。前面提到的三种合金的耐蚀能力都比较差，需要进行表面涂覆。多年来，高品质的铁素体不锈钢在国内外获得了广泛应用，大量的研究和开发仍在不断进行，所以很有必要对已经能供应得非常好的钢种及正在研究开发的钢种进行分级。从应用市场和应用角度，铁素体等级不锈钢目前已经形成了系列性能优异的商业牌号，且基本上可以分为五个级别，如表7-5所示，其中前三个家族为标准等级，后两个是“特殊”等级。到目前为止，使用量最大的铁素体不锈钢，无论从吨位数还是从使用的范围、数量来看，都集中在标准等级[12]。

表7-5 铁素体系列不锈钢的分类

分类	含Cr量/%	典型钢种	特性和用途
第一类	8~14	409、410、420	强度与碳钢相当并具有耐蚀性。含Cr量最低，也最便宜。最适合在没有腐蚀或轻微腐蚀及允许表面有局部轻微生锈的一些温和环境下使用，如室内（使用过程中不与水接触或定期擦干）或室外，在这样的服役环境中其寿命比碳钢更长。409型不锈钢一般专用于汽车排气系统消音器（腐蚀不严重的外部），410L型不锈钢常作容器、公共汽车、长途大轿车及液晶显示器外框等
第二类	14~18	430系列	一类使用最广的铁素体不锈钢，含有较高的铬，有更强的耐蚀能力，多数性能与奥氏体钢如304钢种相当，在某些应用领域可替代304型不锈钢，在室内使用时一般具有足够的耐蚀性。典型用途包括洗衣机滚筒、室内面板等，也经常作为304的替代材料，用于厨房设施、洗碗机、壶和锅等。在温和的环境条件，甚至包括与水间歇接触的一些环境条件下更耐蚀
第三类	14~18	430Ti、439、441	加入了Ti、Nb等稳定元素，比第二系列有更好的焊接性能和成型性能。在多数情况下其性能甚至优于304等级不锈钢。适用环境与第二类不锈钢类似，但更容易进行焊接加工。典型用途包括水槽、热交换管（制糖业、能源等）、汽车排气系统（比409寿命长）和洗衣机的焊接部位，甚至可以替代304用于性能要求更高的场合

续表 7-5

分类	含 Cr 量/%	典型钢种	特性和用途
第四类	14~18	434、436、444	为增强耐蚀能力加入了 Mo，有的含 Mo 量甚至超过 0.5%。比 304 不锈钢耐蚀性优异，444 钢种对局部腐蚀的耐蚀能力与 316 钢种相近。典型应用领域包括热水箱、太阳能热水器、汽车排气系统、电加热壶和微波炉部件、汽车装饰条和户外面板等
第五类	18~30	442，445，446，447	提高了含 Cr 量并含有 Mo，有增强的耐蚀性和抗氧化性，甚至比 316 不锈钢还要优越。另外不属于前四类的铁素体不锈钢钢种都可认为属于这个系列。典型用途为沿海和其他高耐蚀环境。447 含 29% Cr 和 4% Mo，在海水中其耐蚀性与金属钛（Ti）相当

标准等级中的 w(Cr) = 8%~14%的低铬系铁素体不锈钢的原型钢为 0Cr13（AISI410），为了满足汽车工业排气系统的需要和提高钢的耐蚀性和可焊性，发展了 0Cr11Ti（409 系列）、00Cr12（410L）和 429 系列等低铬系铁素体不锈钢，并得到了广泛应用。中铬系列不锈钢是以 430 为基础的改进型钢种。

7.9 铁素体不锈钢的易切削性及应用范围

软磁铁素体不锈钢普遍用于很多种使用环境苛刻的控制系统中，这些应用对材料的普遍要求是，除了良好的磁性能、耐蚀性能之外，为了满足大批量生产要求并降低加工成本，材料要易于加工，由此开发出了一些易切削钢种。材料的易加工性可以由以下一种或数种特征来表征：刀具的使用寿命、金属切削速率、切削力、碎屑的形态及制品的表面粗糙度等。从加工角度来看，即使对易切削钢种，选择合适的刀具及加工方法也是非常重要的。对不锈钢钢种而言，一般采用以下措施来改善被加工材料的可切削性：（1）通过添加硫（S）、铅（Pb）、铋（Bi）、碲（Te）、硒（Se）等化学元素及改进脱氧方法等。（2）通过改变钢的制备及加工方法，如使用铸造技术、冷拉、热处理，使材料获得所要求的显微组织等。加工硬化虽然能感生出磁性，但仅仅是表面的，不会改变或影响晶粒的结构。但锻造可以通过机械方式改变材料的晶粒形貌，如可以把晶粒变成等轴晶，而铸件的晶粒形貌是均匀的。

铁素体不锈钢基本上都是碳素钢，因此对许多苛刻的应用都是完全适用的。在磁性能与碳钢和 Si-Fe 电工钢材料类似而耐蚀性能优异的前提下，现代铁素体不锈钢对于机电一体化及自动化领域已经变得越来越重要，完全可能替代这两类合金。虽然发展铁素体不锈钢的最初原动力是提高材料的耐蚀性能，后来发现铁素体不锈钢也能提供比碳钢更高的电阻率及比电工钢（Si-Fe）合金更好的加工性能。在最初始的开发阶段，能提供的铁素体不锈钢只有430钢种。为了满足对更好磁性、更好加工性能和更好的焊接性能等的需求，现在已经开发出了一系列材料（表7-5）。

基于历史原因，人们对于铁素体不锈钢的认识一直存在偏差。430等级不锈钢曾经是早期市场上唯一得到认可和仅能供应的铁素体不锈钢种。在早期对此钢种的使用中，由于认识的局限性，开拓性的用户一般都未能得到充分的技术支持，特别是在最有可能出现问题的焊接结构中或在具有严重腐蚀性的环境中使用的情况下。从而使人们对这类材料产生了一些误解，进而形成了铁素体不锈钢性能差而奥氏体不锈钢性能优良的错误认识。其实在大多数情况下，与价格更高的奥氏体不锈钢材料相比，铁素体不锈钢的出现确定无疑是一种更好的选择，尤其在大量事实证明碳钢和铁素体不锈钢具有相同的成型能力的条件下。因此，人们只要想一想那些当前用碳钢能成型的复杂形状（如汽车车身），就可以马上意识到铁素体不锈钢具有广阔的应用能力。只要选择适当的工具和选择正确的牌号，使用铁素体等级不锈钢就可以做出想要的各种形状。而且更为重要的是，随着炼钢工艺及生产技术水平的进步，现代铁素体不锈钢的性能早已取得了极大的改进。随着认识的不断深入，已经可以通过现代技术的全面支持和不锈钢钢种的增加及多样化来全面保证在性能上满足用户的各种特殊需求。因此，认为铁素体不锈钢性能差或极其优异的看法都是不全面的，这两个钢种之间的差别仅仅是性能和用途不同而已。现在普遍形成的看法是，不锈钢的含碳（C）量必须达到一个非常低的标准。很多年以来，这个标准一直难以达到。随着技术水平的进步，国外发达国家直到20世纪80年代才很好地解决了这个问题，国内现在也已经能够提供类似材料。

7.10 铁素体不锈钢在汽车发动机中的应用及发展方向

目前市场对具有良好软磁性能的铁素体不锈钢的需求不断增长，但同时要求材料还要能提供改进的耐蚀性能，以适应材料对腐蚀性的燃料、盐、液体介质、氯化物、温和的化学试剂及其他苛刻环境的耐受能力。最近几年这种发展趋势变得越来越明显，例如，随着汽车发动机技术的发展，汽车发动机燃油供给系统已经全面从化油器供给系统改为电子控制燃油喷射系统（以下简称“电喷系统”）。经过二十多年的发展，电喷系统技术又由进气道“单点”喷射技术发展到进气道“多点”喷射技术。现在，为了提高发动机的空燃比、降低油耗、降低发动机尾气污染物排放，世界范围内又在全面推广乘用车汽油机缸内直喷喷射这一新技术，这一技术也是现在世界各国汽车工业和内燃机工业针对越来越严格要求的燃油消耗量和控制有害气体排放的主流技术。电喷系统的核心材料就是控制油量阀中的铁素体不锈钢，而在缸内直喷技术中，对铁素体不锈钢材料的综合性能提出了更高的要求。由于部件很细小，所以部件需要有比430钢种更高的饱和磁化强度M_S来产生更大的力，同时，也需要有更好的耐蚀能力，耐蚀能力要比电磁纯铁和电工钢（Si-Fe）更好，也要比430好或至少与430一样好。随着混合动力汽车的发展及新燃油的出现，还要求材料要能耐受甲醇、乙醇等燃料。另外，缸内直喷技术使用多个喷油器，要求多个喷油器同时工作，因此对材料的纯净度和均匀性也提出了更高的要求。为适应此种需求，世界各国都在积极开发此类钢种，康健公司在成功开发出了一系列铁素体不锈钢软磁产品的基础上，在对耐蚀性能、磁性能、成本及加工性进行了仔细平衡后，在与国内有关单位积极协作的基础上，也开发出了类似钢种，并成功得到了应用。

铁素体不锈钢材料未来发展的重点一定是不断满足市场追求的为燃油喷油器和其他技术所需的新的、更苛刻的应用，但同时我们也要注意到，即使不惜成本，也没有一种材料能同时满足最佳的软磁性能、最佳的耐蚀性能、最佳的加工性能和最佳的焊接性能等，而需要在这几者之间进行权衡与折中。也就是说，对给定的应用，要使合金具有最好的综合性能的同时，还要具有合理的价格。这就需要材料的使用者与供应者之间必须进行密切合作，因为要想达到好的性能，就必须对软磁合金进行特别处理。软磁材料的临界性能会受到材料熔炼、热或冷加工及退火等一系列因素的强烈影响。因此，材料获得的综合性能在很大程度上依赖于制造商对材料使用条件的了解程度，要想获得最好的综合性能，制造者必须了解使用者的特殊需求，这也是国内配套生产厂家的优势所在，即能为用户提供更好的技术支持。

8　铁素体不锈钢的主要特点

8.1　铁素体不锈钢的主要性能参数

具有耐蚀能力的软磁合金必须在多种腐蚀环境中的关键控制装置和系统中工作而不受到损害，因此应该选择在维持最佳磁性能、成本和制备特性等的情况下能适应耐蚀环境的软磁合金。良好的耐蚀能力对许多工作在液体环境的部件也非常关键，特别是存在氯化物的场合，因为对像电磁阀这样的部件，会在其固有缝隙处引起腐蚀。如果有些产品在服务前必须存放在某些温和的腐蚀环境中，在设计时还应该考虑能否给这些合金提供产品的延长保存期，以保证在储存期间不生锈。

铁素体不锈钢有许多优异的性质，如线膨胀率低（加热时膨胀程度小于奥氏体不锈钢）、高温抗氧化性好（表面氧化剥落倾向小于奥氏体不锈钢）、热传导率高（比奥氏体不锈钢热传导更加均匀）、含有稳定化元素铌（Nb）的铁素体不锈钢有良好的抗蠕变能力（在长时间应力作用下的应变比奥氏体不锈钢小）、更易于切削和加工（奥氏体不锈钢的切削加工需要专用工具和大功率的机械，对工具造成的损耗也更大）、在冷加工变形时铁素体不锈钢的形变回复倾向比奥氏体不锈钢小、铁素体不锈钢的屈服强度更高（与碳钢相当，但高于304奥氏体不锈钢）、无应力腐蚀断裂倾向（不同于奥氏体不锈钢）等。作为软磁材料，铁素体不锈钢还必须能够在宽的腐蚀环境中完美地工作，同时保持基本的性质不变，如饱和磁化强度 M_S、矫顽力 H_c、磁导率 μ_r 和电阻率 ρ 等。在电子控制已经被集成进入大量汽车和工业功能等中的情况下，这些控制的核心部件是能优化机电元件的输出和响应时间的软磁合金，而这类合金能够按照规定的输出和响应时间来发挥作用的基础就是它们所拥有的关键磁性能。前面已经提到，这些合金对许多机电装置的性能极其重要，并可以认为是用在腐蚀环境中的一些控制装置的核心部件。

要使软磁性能优异的高耐蚀性铁素体不锈钢材料在各种腐蚀环境中都能可靠地工作，就必须在磁性能、电性能、力学性能和耐蚀性能等方面，也就是在诸如最大磁感应强度 B_m、磁导率 μ_r、矫顽力 H_c 和电阻率 ρ、抗拉强度 σ_b 等这些基本参量之间保持平衡。选择材料时经常涉及一系列因素，包括冶金特性、加工性能和成本等。使用在机电一体化领域的软磁合金及软磁元件，最主要的性能参数包括但不局限于以下几个：

（1）饱和磁化强度 M_S。饱和磁化强度是材料能获得的磁化强度的最大值，代表这样一种理想状态，这时材料中所有的磁矩基本上都沿着外磁场方向平行取向。在铁素体不锈钢中，铁（Fe）原子是能提供磁矩的最主要的磁性成分，所以铁（Fe）原子的含量基本上决定了材料 M_S的高低。由此可以推测，M_S是非磁性元素含量的函数，因为如果铁（Fe）的原子磁矩被非磁性的组分有效稀释，M_S应该随这些元素如铬（Cr）的含量的增加而线性减小。如图 8-1 所示，纯 Fe 的 $\mu_0 M_S \approx 2.1$T，如果加入 12%Cr，合金的 $\mu_0 M_S \approx 1.7$T；如果含铬（Cr）量提高到 16%Cr，合金的 $\mu_0 M_S \approx 1.6$T。

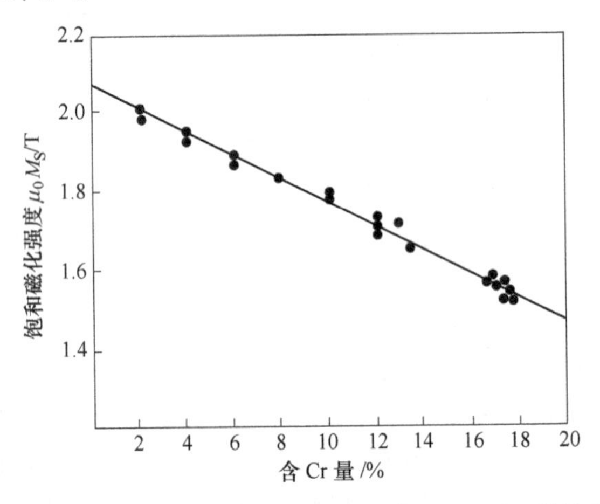

图 8-1　含 Cr 量与 Fe-Cr 合金饱和磁化强度 $\mu_0 M_S$ 的关系

但同时也应该注意到，其他一些元素如锰（Mn）、硅（Si）、钼（Mo）等也都是非磁性原子，所以随这些元素含量的增加，M_S也将减小。例如，加入 Cr、Mo 和 Si，会降低 Fe-Cr 合金的饱和磁化强度 $\mu_0 M_S$，如图 8-2 所示。

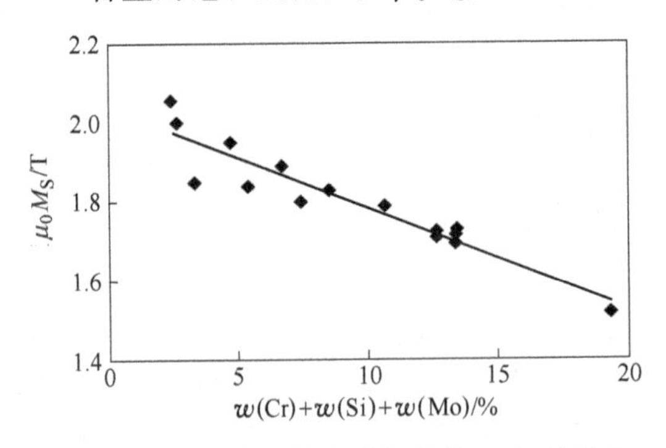

图 8-2　合金元素对饱和磁化强度 $\mu_0 M_S$ 的影响

因为在应用中都期望材料有高的 M_S，因此应该认识到，在为某一特别应用选择合金时，必须在 M_S 值和耐蚀能力等性能之间有一个清楚的权衡。

（2）最大磁感应强度 B_m。磁感应强度也称磁通密度，是指材料在一定磁场下获得的磁感应强度的大小。最大磁感应强度越高，材料可施加的力就越大，控制部件的效率也就越高。高磁感应强度材料的使用可以缩小部件的有效体积而不损失其使用性能。大的 B_m 要求材料要有高的 M_S。当然，材料的加工状态不同，在相同的磁场下，获得的 B_m 也就不同。

（3）矫顽力 H_c。矫顽力是使材料的磁感应强度或磁化强度降为零时所施加的磁场强度（电流）的大小。磁场强度的大小与线圈的匝数和所施加的电流大小有关。对软磁材料而言，要求矫顽力越小越好，这样，打开和关闭阀时需要的磁场就越小，相应地无延迟地打开和关闭阀门所需要的电流就越小（在线圈匝数一定的情况下），施加的力也就越小，因此可以允许设计使用倔强系数 k（也称劲度系数或弹性系数）更小的弹簧。这对许多应用至关重要，如对燃油器而言就可以设计出更小的喷油器。另外，低的矫顽力 H_c 使材料的快速磁化和退磁成为可能，从而可以减小器件的延迟，对快速开关电磁阀和喷油器来说这是最基本的要求。这无论对开路或闭路器件，诸如阀和喷油器等的快速工作也是必不可少的，从而可使燃料喷射器与高速气缸更加协调地动作。低矫顽力 H_c 也可以减小磁滞损耗，一方面节约能量，另一方面可以降低器件的温升。

（4）相对磁导率 μ_r。高磁导率意味着使用比较小的磁化电流和使用永磁体产生比较小的外加磁场就能获得所需要的性能，传递需要的力，这个指标也是标志软磁材料性能好坏的一个重要指标。从理论上讲，H_c 与 μ_r 成反比。在弱场中使用时，考虑的一般是材料的起始磁导率 μ_i，而在强场下使用时，要考虑材料的最大磁导率 μ_m。软磁材料需要有高的磁导率，材料的磁导率越高，软磁性能就越好，获得给定磁通密度所需的电流就越小，器件对磁场的响应就越快，效率也就越高。也就是说使用高磁导率的材料可以设计出更小、更廉价的器件，这些器件可以用更小的输入功率来实现更高的效率。

（5）无老化。随着材料使用时间的延长，材料的性能逐渐下降，从而部分或全部丧失其使用价值的现象称为老化。无老化意味着允许器件长时间地保持其磁性能。软磁合金的成功应用需要磁性能无论在时间上（无老化）还是空间上（在整个磁体体积内）都保持一致。这些性质主要由通过热处理建立的冶金结构及合金的化学成分（如成分残留）来控制。在制造完成后有时需要对电磁器件进行热处理，以获得理想的磁性能。热处理能释放残余应力、对晶粒结构进行重结晶，并且在适当条件下，能去除像碳（C）、氮（N）、氧（O）、硫（S）等杂质，这些因素都会影响器件的老化。

（6）电阻率 ρ。对于软磁不锈钢材料的应用来说，材料的电阻率也很重要。电阻率当然越高越好，这是因为当铁磁部件（如阀体）工作在变化的磁场中或交变磁场中时（多数情况下都是如此），会产生寄生涡流。涡流一方面可以产生损耗，使材料发热，进而形成温升，降低材料的磁性能；另一方面，涡流会产生附加磁场，从而屏蔽外磁场，削弱材料实际感受到的场，进而使装置的灵敏性变差直至失灵。要使器件正常工作，就需要通过反馈电路来增大磁化场，但涡流损耗 P_e 也会随之增大，这样就会导致恶性循环。而高电阻率可阻碍材料在交流或快速脉冲直流电应用中形成有害的涡流。也就是说高电阻率也就意味着更小的损耗和更小的驱动动力，这对任何阀或类似由磁场控制的装置都很重要。可见，在想要获得快速响应的应用中，仅仅磁性能好是不够的，材料还需要有高的电阻率。低涡流损耗 P_e 会导致更快速的装置响应，这对工作速度的提高显得更加重要，对电磁阀有效工作也非常关键。经验表明，电阻率和传统磁性能是同等重要的。软磁铁素体不锈钢的电阻率可以通过添加特定的合金元素和形成独特的微结构来提高，因此对这些应用特别适合。

（7）耐蚀性能。软磁铁素体不锈钢还要为暴露在大气、燃料或类似环境中的控制设备提供良好的耐腐蚀性。在服务环境中能抗腐蚀非常关键，特别是在今天腐蚀环境不断增多、腐蚀越来越严重的情况下。对于小型器件，如果材料的有效体积因为腐蚀减小了，会大大降低器件的效率，甚至使器件失效。对于大型器件，局部的腐蚀有可能损坏整个部件。所以材料一定要有足够的耐腐蚀性，这也是使用不锈钢的原因。

（8）易加工性。为应用挑选合适合金在很大程度上依赖于所预期的元件是如何加工和/或焊接的。虽然有些元件可以通过冷镦或热镦来制备，但从经验来看几乎所有的零件产品在制备过程中都需要进行一定量的机加工；而且，有些部件还需要焊接。由于有的器件形状复杂，加工量非常大，为了便于加工成复杂形状，也为了降低加工成本，提高加工效率，材料除了要具有好的磁性能之外，还必须具有良好的切削性能，易于用专机进行机加工。

可加工性是一个非常复杂的问题，因为对于同种易切削钢种，不同厂家的反映可能会相差很大，反映出不同加工工艺选择对材料的适用性。实际上，加工效率虽然基本上随切削速率的变化而变化，但同一钢种的加工性能会因各种因素而有所不同，如机型、刀具材料、刀具几何形状、切削液及对部件的切削方式等。有些厂家对这些合金考虑的关键就是要易于加工，也称改进的加工性能。除了明显地要求高的切削速率之外，其他一些因素也会影响到对不锈钢材质的选择，如表面粗糙度、刀具磨损率及其他一些操作的适用性，如焊接等。改进加工性能的主要措施有：（1）采用合理的加工工艺（即选择适当的切削角、加工速度和进刀量甚至冷却液等）；（2）选择适当的加工刀具（高速钢、合金钢等制作的刀具）；（3）对材料进行适当的热处理（如软化退火）。

但是，这些方法并非对所有的金属材料又都是非常有成效的。比如，奥氏体不锈钢是可加工的，但是因为韧性好，切屑会成为长长的卷曲状而难以排除。这同样限制了切削速度和加工效率，更难以实现切削自动化。金属材料切削加工性的好坏通常由如下四个方面来表征：

1）由于高速的切削条件所造成的高生产效率（与切削速度、走刀速度、进刀量有关）。

2）刀具的寿命（与刀具的磨损有关）。

3）加工产品的表面精度。

4）切屑的形态（粒化的程度）。

事实上，机加工性、焊接性和冷（热）镦性等对材料的成分和制备工艺给予了不同的约束要求。原则上，低含铬（Cr）量合金比高含铬（Cr）量合金有更好的切削性能，适当地提高硬度，如冷拔后采用适当的退火工艺，可以在一定范围内对某些机型提供好的加工性能，同时也能有更高的表面光洁度；另外，加工性能的变差也可以通过正确选择工具和切削液来补偿。但加工时也应该注意，任何形式的加工硬化或冷变形都会对磁性能有不利的影响。另外，材料的磁性能越好，晶粒尺寸就越大，硬度也越低，这会影响到产品的表面光洁度和切削形态。

对于材料力学性能的要求，如抗拉强度（σ_b）、屈服强度（σ_s）、延伸率（δ）、断面收缩率（ψ）、冲击韧性（a_K）、硬度（HB、HRC 等）等在前面已有介绍，在此不再赘述，在这里只介绍了与磁性能相关的一些参数。一般认为，在设计时首先要考虑的是 M_S、μ_m 和 H_c，其次是 ρ 和 B_r，因为最终的磁性退火对获得所需的性能非常关键。在研究了可以提供的各种软磁材料及其基本特性之后，就可以更好地描述影响材料选择的各种因素。

8.2 铁素体不锈钢的性能特点及不同软磁合金的磁性能对比

Cr-Fe 铁素体不锈钢也被称作磁性不锈钢，典型的主要成分是铁（Fe）和铬（Cr）。在铁（Fe）中加铬（Cr）能显著提高材料的耐蚀能力，从而使软磁合金材料可以在腐蚀环境中使用。这种合金能为暴露在大气、燃料及其他腐蚀环境中的控制器件提供好的耐蚀性能，同时，有高的 μ_i 和 μ_m，也易于加工制备。通过控制化学成分、铁素体相、夹杂物等因素，Cr-Fe 合金在用于耐蚀环境时，耐蚀能力比纯铁、低碳钢、Al-Fe 合金和电工钢（Si-Fe）合金等要好得多，并能提供耐蚀能力、磁性能、成本和加工性能的最佳组合，有些钢种还能抵抗含有甲醇、乙醇及含有污染物的燃油。然而，在用铬（Cr）代替铁（Fe）之后合金的磁性能从根本上来说变差了，这些合金在作为磁芯使用时在拥有足够磁性能的同时，磁滞损耗 P_h 更大了，B_m 和磁导率 μ_r 比电工钢（Si-Fe）合金低很多。铁素体不锈钢中最常用的材料是 430 系列，430 也是选择材料时的基准材料，该材料有效地综合了磁性能和耐蚀性能。

前面提到的电工纯铁、电工钢（Si-Fe）、Al-Fe 及 Cr-Fe 四类软磁合金基本上都是铁素体相，可以提供磁性和力学性能等的不同组合。表 8-1 列出了这四种合金的成分及主要性能。

表 8-1　软磁合金的主要成分（质量分数，%）及物理性能

合金	C	Mn	Si	Cr	B_m/T	H_c/A · m^{-1}	μ_m	ρ /μΩ · cm
电工纯铁	0.02	0.12	0.12	0.2	2.1	56	11000	13
Si-Fe	0.03～0.04	0.15～0.40	1.00～4.00	—	2.1	56～90	4500～5000	25～58
Al-Fe	0.03～0.04	0.10	0.15	—	0.6～1.2	12～64	2500～5000	12～16
Cr8	0.03	0.50	0.50	8.00	1.8	120～350	1900～3100	49～52
Cr12	0.03	0.50	0.50	12.00	1.7	150～350	1800～3000	57～60
Cr13	0.01～0.03	0.5～1.25	1.50	13.00	1.7	130～140	1800～3000	78
Cr18	0.015	0.40	0.90	17.50	1.5	180～400	1500～2200	75.5
430	0.065	0.80	0.50	17.75	1.4	180～400	1500～2600	76
430F	0.065	0.80	1.25	17.75	1.4～1.5	120～380	1800～3000	76

注：表中性能是在 H=800A/m 的条件下用棒材测得的。

8.3　含铬（Cr）量对铁素体不锈钢性能的影响

铁素体不锈钢属于单相钢，由于含铬（Cr）量高，含碳（C）量少，钢组织不论在高温或低温下都呈单一的铁素体。前面已经提到，铁素体不锈钢都是在 430 的基础上发展出来的，大约共有五类。在许多自动化设备中，像 16%～18%Cr 这样的耐蚀能力是不需要的，因此开发出了低铬（Cr）合金，如 8%Cr 和 12%Cr 不锈钢钢种。对一些特殊用途，还需要更加耐蚀的钢种，也就是 18%～30%Cr 含量的钢种。对铁素体不锈钢，在 350～540℃范围会析出一种相，最大效应是在 475℃左右。因为沉淀硬化会降低材料的温度塑性，所以在制备和使用铁素体不锈钢时必须要考虑到这种因素，特别是对含铬（Cr）量较高的钢种。通过添加钛（Ti）和铌（Nb），或者熔入少量的碳（C）和/或氮（N），就可以保证这种钢的结构无论在室温还是在高温都会保持完全铁素体相。这种微观结构即使在焊接时也能提供好的塑性和耐蚀能力，还可以通过加入钼（Mo）来改进抗点蚀能力，加入硅（Si）和铝（Al）来增强抗高温氧化的能力。

真空、氩氧脱碳、电子束熔化和大容量真空感应熔炼等技术的发展，使高含铬（Cr）量的铁素体钢的制备成为可能。含铬（Cr）量在 18%～30%的高铬（Cr）铁素体不锈钢如 442 和 446 等在许多工业环境中有极好的耐蚀能力和抗氧化能力，这些钢种还具有低的碳（C）和氮（N）含量。在这些合金中加入钛

（Ti）能阻止晶间碳化铬和氮化铬在焊接和加工过程中的沉淀。对铁素体结构和成分进行控制，合金会显示出好的耐一般腐蚀的能力、抗晶间腐蚀和点蚀及抗应力腐蚀开裂的能力，高铬不锈钢还具有极好的耐高温氧化能力。它们有高的热导率、有比奥氏体不锈钢更高的屈服强度、有更低的拉伸塑性。

高铬（Cr）钢有极好的耐氯化物、有机酸和氯化物应力腐蚀能力，并可用在很宽的温度范围内。在这些应用中传统的不锈钢或者其他材料要么不能胜任，要么价格太高。高铬不锈钢在热交换管、供水管及在耐氯化物或咸冷水下操作的设备中都很有用。可制成片、带、管、线，可代替黄铜、白铜、耐蚀性高的含镍（Ni）奥氏体不锈钢等用于仪器、电厂、化学、石化、海洋、造纸等工业中。

含18%～20%Cr的439可抵抗氯化物应力腐蚀开裂，抗一般腐蚀和点蚀的能力与奥氏体型304和316钢种几乎一样，适于暴露在水氯环境、热交换场合、发电厂的冷凝器管、食品行业、家庭和工业建筑水管等应用中。

更低的含铬（Cr）量除了可以降低一些合金成本之外，更重要的是可以增大材料的饱和磁化强度M_S。开发这种低铬（Cr）合金的动力也正是为了取代电工钢（Si-Fe）合金元件，因为许多元件在设计时就是为了充分利用电工钢（Si-Fe）合金的高饱和磁化强度M_S。如果使用更低M_S的16%～18%Cr铁素体不锈钢合金，就需要重新设计。实际上这些合金的使用环境足够温和，如基于酒精的燃料等，同时把铬含（Cr）量从12%增加到18%对耐蚀能力也没有任何好处。含12%Cr的409有相当低的成本和好的成型能力、焊接能力及充足的耐大气腐蚀能力，可用作汽车排气装置、散热器水箱、催化反应器、集装箱等。另外，Cr12和Cr8不锈钢钢种还可用在自动化的机电设备及汽车的机电元件中，在包括燃油喷油器、燃油泵及ABS电磁阀等中也已经获得了广泛应用。在许多应用中这些低铬（Cr）不锈钢钢种都具有足够的耐蚀能力，可以认为它们适用于需要一定抗腐蚀能力的控制器件中，无论对于服务中的，还是对于扩展保存期内都适用，且无须额外增加保护性涂层。

8.4 铁素体不锈钢的力学性能和其他物理性能

通俗地讲，合金的力学性能可以描述为材料的拉伸、压缩、弯曲、硬度和断裂韧性等。极限抗拉强度σ_b指的是材料在断裂时的最大抗力；屈服强度σ_s是指材料在永久塑性变形发生之前所承受的应力，此时材料开始从弹性状态向弹-塑性状态过渡，它标志着宏观塑性变形的开始，此时去掉应力伸长（变形）将不再消失；硬度是指材料抵抗压痕的能力；韧性是指材料在断裂前吸收变形能量的能力。铁素体不锈钢具有良好的力学性能，其应力-应变曲线与普通碳钢非常类似，而且其力学性能与其他不锈钢家族相比占据中等位置。铁素体不锈钢具有适度高的屈服强度σ_s（一般比奥氏体不锈钢高）、适度高的极限抗拉强度σ_b和好的

总伸长率 δ，同时能提供好的塑性，它们的伸长率和成型性能与碳钢相当。

金属合金的物理性能包括材料的导热性、导电能力以及热胀冷缩性等。与奥氏体不锈钢相比，铁素体不锈钢还有一些其他有用的特点，如铁素体不锈钢的两个物理性能比奥氏体不锈钢更优异：线膨胀和导热系数。铁素体不锈钢的线膨胀系数与碳钢类似，比奥氏体不锈钢低很多，这意味着加热时铁素体不锈钢的变形更小。铁素体不锈钢高的导热系数也很引人注目，因为这意味着其能更加有效地扩散热量，这也使得它们非常适合用于电熨斗或热交换器（管或板）。

铁素体不锈钢进行最终热处理的目的，主要是为了清除因冷变形加工及焊接所导致的内应力，并改善加工性能。对铸件来说通过热处理也可以消除在凝固过程中产生的偏析，从而使组织均匀化，对焊接件可以消除在焊接过程中所形成的相变产物和 475℃ 脆性。研究表明，475℃ 脆性现象是由铁素体相分离为富铁（Fe）的 α-铁素体和富铬（Cr）的 α′-铁素体诱发的，这种现象可以有效地把此类合金的最高工作温度限制在 300℃左右[13]，因为这种现象是在 300～500℃范围内发生的。经过热老化之后，会在含有 12%Cr 的铁素体不锈钢中观察到硬化和脆化现象，这种现象被称作 475℃脆性，而块体中形成的精细地分散着的纳米尺寸的富铬（Cr）沉淀物一直被认为是引起这种现象的原因。对不同成分材料的进一步研究表明，在含有 9%Cr 的铁素体不锈钢中，经过 400℃热老化和在 250℃下经过辐射后，α′颗粒就已经存在了（辐射加速了相的分离）[13]。消除这种现象的方法一般是在比临界点稍低的适当温度加热进行退火。铁素体不锈钢在 650～900℃会因体心正方（bct）σ 相的出现而产生脆性，σ 相主要是在铸造、热处理或焊接过程中产生的。475℃脆性和 σ 相脆性都会使材料的力学性能恶化，特别是 σ 相的形成，会在很大程度上影响蠕变和耐蚀性能[14]，所以在使用过程中要特别加以关注。

综上所述，铁素体不锈钢具有十分优良的技术特性，是未来不锈钢材料的主要发展方向之一。随着人们对铁素体不锈钢认识的不断深入，其应用一定会越来越广泛。

9　铁素体不锈钢性能的主要影响因素

随着现代制造业、机电一体化和电气自动化技术的不断发展，在产品设计中对材料的综合性能提出了越来越高的要求，同时提高材料的综合性能也已成为当下研究的热点。另外，随着使用在苛刻环境中的材料的增多，对材料的耐蚀性能也提出了各种要求。

软磁铁素体不锈钢对于许多机电装置的使用非常关键，只有为这些装置提供最佳的磁性能，才能保证正确的输出信号和响应时间，例如，汽车中的燃料喷射器、燃油泵、防抱死制动系统（ABS）的电磁铁和主动悬挂调整系统等。铁素体不锈钢的其他重要用途还有工业电磁铁、控制腐蚀性液体流量的泵、各种类型的铁芯、电枢和继电器以及用于调节腐蚀性化学品流量的阀门等。我们知道，铁素体不锈钢的软磁性能，如高相对磁导率（μ_r）、低矫顽力（H_c）和低剩磁（B_r）等，除了强烈地依赖于合金的化学成分，特别是碳（C）、氮（N）、磷（P）、硫（S）和非金属夹杂物等杂质之外，还与由冷加工引起的内应力等有关。也就是说，随着杂质含量和内应力的增加，材料会出现磁硬化，即磁导率 μ_r 会减小，矫顽力 H_c 会增高。因此，良好退火的高纯合金才会有最佳的磁性能。

前面已经对现代不锈钢材料及其磁性能、现代铁素体不锈钢材料及其物理性能，包括磁性能及性能特点进行了讨论。在此基础上，下面将重点讨论铁素体不锈钢在实际使用过程中经常遇到的几个问题，并将深入探讨合金元素对软磁不锈钢材料综合性能的影响。

9.1　饱和磁化强度 M_S 和最大磁感应强度 B_m

在电磁控制装置中，磁性材料对外所施加的力是通过材料的磁感应强度 B 来体现的。给磁芯加上磁场，磁芯就会对衔铁产生磁力，磁芯克服机械力（如弹簧等）做功，就可以使器件产生动作（工作）。高的 B_m 能使材料在尽可能低的输入能量下产生尽可能高的力，这样就可以使控制装置，如电磁阀和喷油器等正常工作。B_m 越高，在一定磁场下可以产生的力就越大，控制装置的机械效率就越高。进而，B_m 越高，在不损失性能的前提下元件就可以设计得更小、更轻。

以电磁阀为例，可以说明磁性能的重要性。图 9-1 为电磁阀的工作原理示意图。

从图 9-1 可以看出，在螺线管部，可动芯铁材料和固定铁芯材料需要有高的

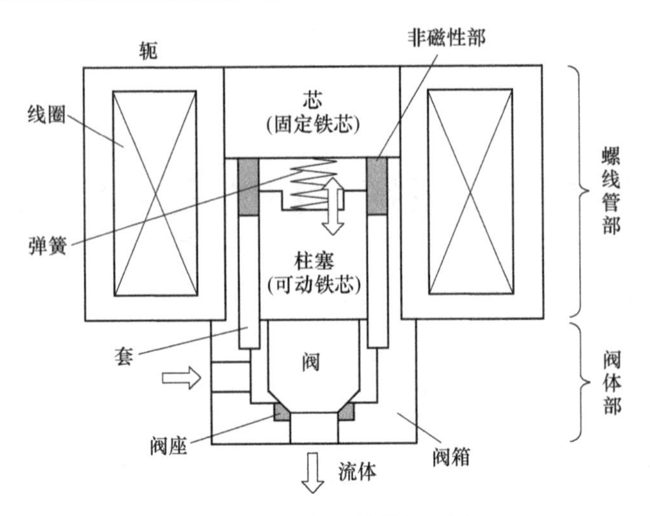

图 9-1　电磁阀的结构原理图

磁通密度、高的磁导率 μ_r、高的电阻率和低的矫顽力 H_c 等，例如可以是铁素体不锈钢 430 等；而芯铁外的套筒材料则应该是耐磨性好、耐腐蚀性能好的非磁性材料，如奥氏体不锈钢 304 等。在阀体部，要求阀具有高的耐蚀性、耐磨性和强度；而阀座应具有好的耐蚀性和强度。

从理论上可以计算出，对高磁导率材料，如电磁铁吸引衔铁的起重力为

$$F = \frac{SB^2}{2\mu_0} \tag{9-1}$$

式中，S 为磁极与衔铁接触的总面积；B 为磁芯中的磁通密度。这个公式也适用于由螺线管-芯铁-衔铁组成的系统，典型的结构如电磁阀，只是系数可能会有所不同（在这个公式中系数 $k=1/2$）。由式（9-1）可以看出，因为部件中的吸引力与 B^2 成正比，使用高饱和磁通密度材料就具有很大的优势。磁感应强度 B 越大，吸引力就越大。

现在很多资料中都介绍饱和磁通密度或饱和磁感应强度 B_s，实际从理论上分析，B 值是不可能达到饱和的，因为这一值会随着磁场的增加而不断增加[8,15]。因为

$$B = \mu_0(H + M) = \mu_0 H + J \tag{9-2}$$

前面提到，饱和磁化强度 M_S 是存在的，但是，随着磁场的增加即使 M 值达到饱和值 M_S，从式（9-2）可以看到，由于磁场强度 H 仍在增加，所以磁感应强度 B 仍会增加，如图 9-2 所示。因此，饱和磁感应强度 B_s 是不存在的，也就是说，B_s 无论在磁化曲线还是磁滞回线上，都不是一个特征点。实际存在的应该是最大磁通密度 B_m 值，B_m 是在一定的磁场 H_m 下获得的。最大磁通密度 B_m 当然越高越好，高 B_m 意味着可以使控制装置如电磁阀和喷油器等以尽可能小的最小能量工作。

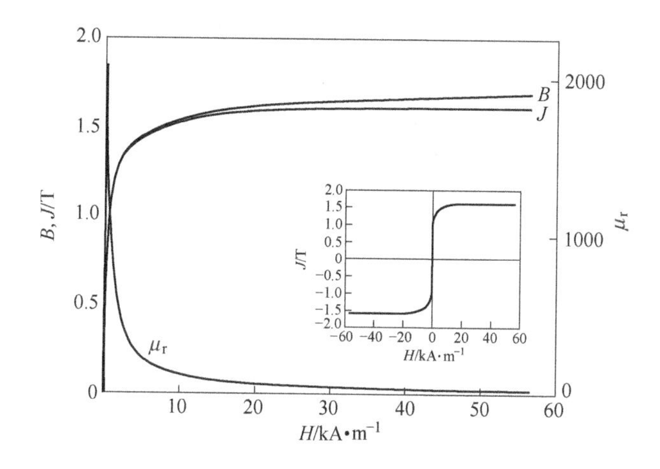

图 9-2 铁素体不锈钢的磁化曲线、磁滞回线及磁导率曲线

从图 9-2 也可以看出 $J=\mu_0 M$ 值与 B 值在低场下差别不大，但在高场下区别还是比较明显的。对永磁材料，由于测量磁场较高，差异会更大[15]。所以在要求测量材料的 B_m 值时，一定要说明 H_m 的大小。另外还需要说明的是，$\mu_0 M_S$ 的值是结构不灵敏量，只与材料的成分有关，对一个特定的钢种，该值基本上是一个恒量，与材料所经历的加工过程及热处理状态等无关。

9.2 耐蚀能力和抗高温氧化性

由于不锈钢不经过电镀或其他后处理工艺，如钝化等，就能抵抗腐蚀，铁素体不锈钢还具有磁性，因而获得了大量应用。但是，不锈钢并不是绝对不会腐蚀。铁素体不锈钢对晶间腐蚀的敏感性主要取决于铬（Cr）的消耗，这种消耗是由铬的碳化物和氮化物在晶界的沉淀所引起的。原因在于低温下碳（C）和氮（N）在铁素体相中有更低的溶解度，并在铁素体中有更高的扩散速度，导致在铁素体不锈钢中的焊接接合区，也就是在焊接和紧邻焊接的区域，钢中的碳（C）和氮（N）会在与铬（Cr）形成化合物后，在固溶体中以碳化铬和氮化铬的形式在晶界处析出来，引起晶界局部出现贫铬，从而增加了材料的晶间腐蚀倾向，降低了材料的耐应力腐蚀性。为防止传统（普通）铁素体不锈钢的其他脆性和对晶间腐蚀的敏感性，消除晶间腐蚀，最主要的方法是把钢中碳（C）、氮（N）等的含量降低到极低的水平，提高钢的纯净度。同时，也可以加入强烈形成碳化物、氮化物的元素钛（Ti）和铌（Nb）以固定碳（C）和氮（N），这样既可防止贫铬区的形成又可细化钢的晶粒。

除铬（Cr）之外其他能影响耐蚀能力的元素包括：钼（Mo）、强碳化物形成元素如铌（Nb）、钛（Ti）和硫（S）等。在铁素体不锈钢中钼（Mo）能改进抗点蚀能力。铌（Nb）作为稳定元素，有助于保持耐蚀能力，特别是合金元件在装配时需要焊接的情况下，因为强碳化物形成元素，如铌（Nb）和钛（Ti）可以用于绑定碳（C）和氮（N），从而改进焊接和耐蚀性能。虽然加入硫（S）会使不锈钢成为易切削钢种，但对耐蚀能力是有害的。

大气腐蚀是由潮湿空气与大气中污染物形成的薄液膜覆盖在钢铁表面引起的，一般来说不同环境需要不同的铁素体（400 系）或奥氏体（300 系）不锈钢来抗大气腐蚀，在工厂、沿海、海水等特定环境下，关键是在使用过程中能否接受可能会发生的一些局部腐蚀（点蚀）。在工业环境中，氯离子和硫化物是导致大气腐蚀的主要污染物，典型腐蚀环境如含有氯离子的潮湿海洋大气等。造成腐蚀的因素有许多种，如内在夹杂、表面附着物、表面缺陷、组织缺陷、盐浓度（含盐地区、海水等）、高温、强酸性环境、强还原性环境等；由于铁素体不锈钢被广泛应用于各种腐蚀严重的大气环境中，在选择钢种时除了应考虑到服役环境的腐蚀因素外，要防止腐蚀的发生，产品表面还要避免出现像缝隙一样的几何形状；为防止表面积尘，表面还要便于清洗，以保持清洁、光滑，同时还要注意清洗的效果（例如雨水等）；有时甚至要经过钝化或时效；在侵蚀环境中还应选择高铬（Cr）和/或高钼（Mo）不锈钢等。

在致敏材料中，如热影响区，局部腐蚀会比全面腐蚀严重得多，如应力腐蚀开裂、在沉积物下或密封空间中的缝隙腐蚀、点蚀和晶间腐蚀等。点蚀指的是在卤化物等介质中发生的不易发现的区域腐蚀种类，这种腐蚀可以在短时间内使安装好的部件失去作用。对这种腐蚀的抵抗能力取决于氯化物浓度、暴露时间、温度和氧含量等。一般，耐点蚀的能力随含铬（Cr）量增大而增加；钼（Mo）也可以起重要作用，一个百分比的钼（Mo）相当于几个百分比的铬（Cr）。缝隙腐蚀一般指的也是局部腐蚀，原因是许多金属构件是由螺钉、铆、焊等方式连接的，在这些连接件或焊接接头缺陷处一般都会出现狭窄的缝隙，因此会在缝内发生强烈的腐蚀。一些局部腐蚀可能会引起意想不到的、有时甚至是灾难性的后果。有时虽然材料的大面积结构并未发生改变，但局部腐蚀却已经非常严重，甚至威胁到整个器件的功能实现，从而使材料失效。因此，在设计时必须充分考虑到局部腐蚀的危害，并选择合适级别的不锈钢种。

所谓敏化处理原来一般指的是已经经过固溶处理的奥氏体不锈钢，在 420～850℃范围内停留时间过长或在焊接过程中，因晶界贫铬而造成的晶界腐蚀敏感性，这个温度范围也称为敏化区间。现在敏化处理是用来衡量不锈钢晶界腐蚀倾向的一种检测手段，而稳定化处理是为了进一步提高抗晶界腐蚀能力而进行的热处理。铁素体不锈钢的敏化温度更高一些，约为 1100℃。所谓稳定化处理，就是通过添加钛（Ti）、铌（Nb）等强碳化物形成元素，与钢中的碳（C）牢固结合在一起。这样，在焊接过程中就可以避免在晶间产生贫铬区，因为此时碳与铬无法形成铬的碳化物。因此，经稳定化处理过的铁素体不锈钢没有晶间腐蚀倾向。为了保证完全稳定化，钛（Ti）的含量必须高于碳（C）含量的五倍，或者Nb+Ti的含量必须高于碳（C）含量的三倍。也可以适当地加入氮（N），因为氮（N）与钛（Ti）、铌（Nb）形成的氮化物可以细化熔合区的晶粒。非稳定化处理的铁素体不锈钢由于不含钛（Ti）或铌（Nb），因此在热影响区会由于产生了铬的碳化物而具有晶间腐蚀敏感性，这种现象叫“敏化”，其程度主要取决于碳（C）含量。敏化态不锈钢的耐蚀性可以通过在600~800℃的温度范围内退火处理而恢复。虽然含钼（Mo）的铁素体不锈钢比304不锈钢具有更优异的耐局部腐蚀（点蚀）性能，但稳定化的铁素体不锈钢也同样具有很好的耐点蚀性。

我们知道，不锈钢防腐蚀的钝化膜是依靠氧来维持的，因此如果不锈钢表面的沉积物累计到一定量时，可能就会夺取钢中的氧引发腐蚀，腐蚀的发展最终会导致钝化膜的破裂。腐蚀也可能因一些在介质中似乎很微小的杂质而异常加速，这些杂质很难预料，有时即使存在的量只有百万分之几的浓度，但却能起到主要作用；腐蚀也可能通过钢的传热、通过腐蚀性介质或者通过接触的触点发生。

当不锈钢被加热时，其中的铬（Cr）生成了保护性的“膜”，从而延迟了进一步氧化。如果膜和基体的热膨胀行为不同，就会影响到膜的稳定性，尤其是在周期性的冷热循环条件下。如果膜的线膨胀系数很低而金属基体的线膨胀系数很高，那么当金属冷却和收缩时，大量的氧化膜将会发生剥落或开裂，反之亦然。如果在冷热循环中不存在膜的剥落或开裂，也就不会发生更进一步的氧化，这类不锈钢钢种就更适用于在加热系统、燃烧系统等环境中使用。由于铁素体不锈钢的线膨胀系数比奥氏体不锈钢小，因此就比奥氏体不锈钢更适用于高温循环氧化环境中。

在铁素体钢中，铬（Cr）是改进材料耐高温氧化最有效的合金元素，一般铬（Cr）的含量（质量分数）应不低于12%，以利于产生回火马氏体，并避免生成δ-铁素体。对抗高温氧化性能来说，δ-铁素体是一个有害相，因为它能减少抗蠕变强度和断裂韧性。铬（Cr）能改善抗氧化能力，加入钨（W）、钼（Mo）或钴（Co）能增加固溶体强度，钨（W）、钼（Mo）、铌（Nb）、钒（V）或钴（Co）能通过形成金属间化合物和氮化碳来增加沉淀强化；碳（C）或氮（N）能改进均匀沉淀性，镍（Ni）能增加韧性。

9.3　加工性

铁素体不锈钢易于进行加工制造，因此应用极为广泛。除切削加工、焊接之外，冲压也是一种常见的加工方式。冲压过程是通过冲床将钢板压入模腔内制得零件的过程，在将平板或片成型为中空物体时常用冲压工艺。这时金属向内拉伸，在冲模和压边装置之间滑动，形成零件的筒壁或筒裙。区分“冲压”和

“拉伸”的依据是金属是否滑动，拉伸和深冲加工的共同作用也使得成型过程变得异常复杂。在成型中，一般都要把钢板的边部通过压边装置加以限制。

虽然铁素体不锈钢的总体拉伸成型性要低于奥氏体不锈钢，但在许多情况下奥氏体不锈钢优越的延展性是“性能过剩”。与奥氏体不锈钢 304 相比，标准的铁素体不锈钢并不能满足许多部件对深冲加工的要求，在含有氯离子的气氛中也不能提供良好的耐蚀效果，焊接性能也比较差，但铁素体不锈钢的延展性和碳钢一样，对大多数成型操作都没有问题，一些铁素体不锈钢（特别是钛稳定的 430Ti 钢）也具有优异的拉伸性能，并且在对深冲工艺进行改进后，铁素体不锈钢良好的冲压性以及较大的价格优势更使其成为首选，也能符合复杂的三维设计需要。这些改进包括在深冲加工时，例如在加工水槽时，由于铁素体不锈钢不像奥氏体不锈钢一样易于成型，为此需要增加一个中间轧程。在家用电器中，铁素体不锈钢所具备的冲压和拉伸性能完全能满足要求。铁素体不锈钢在复杂变形后其相组成并不发生变化，因此并不影响其优良的耐蚀性、耐热性和装饰性，而且这种材料易于清洁和维护，也很卫生，它还有着奥氏体不锈钢的所有优点，并且有不同的成品表面，所以在工业或消费品行业得到了广泛的应用。

铁素体不锈钢的加工硬化和延伸性通常与高强碳钢比较一致，而不同于奥氏体不锈钢，所以必须将设计、结构和制造参数等与铁素体不锈钢相关的材料性质综合考虑，才能更有效地发挥材料的特性。从总体成型性来讲，奥氏体不锈钢要优于铁素体不锈钢，但如果把 304 不锈钢改为铁素体不锈钢就能够降低整个生产成本并增加收益，虽然需要花费一定费用对制造工艺和冲模等进行调整。尤其是铁素体不锈钢宜于冲压，特别是在考虑到比如深冲或回弹效应等某些特定因素的情况下，铁素体不锈钢要优于奥氏体不锈钢。所以如果用改良的铁素体不锈钢进行替代，就可以实现向铁素体不锈钢的成功转换，现在也已经研究出了深冲性能或耐蚀性能增强的铁素体不锈钢。当然，冲压时必须对毛坯和工具（用铜、铁或铝青铜合金制作的模和槽）等进行润滑以避免产生表面缺陷，也可以防止粘贴现象，进而可以延长工具的使用寿命。另外，在某些成型过程后，铁素体不锈钢易于出现由裂纹和皱褶等引起的称为“折皱”和“条痕”的表面缺陷，这种缺陷外观表现为一族平行于钢板轧制方向的线或脊。“折皱”描述了变形表面的整体形貌，既包括微观几何变形，又包括变形所引起的“条痕”波动。稳定化元素如钛（Ti）等的添加，将有助于消除这一缺陷。因此在深冲领域，常用 430Ti 替代奥氏体不锈钢。

9.4　易切削性

钢的易切削性也是一个很重要的问题，关于易切削性我们在前面已经进行了初步讨论。现在已经知道，金属切削在机加工过程中是通过反复的局部断裂来实现的。切削消耗的能量包括两部分：断裂能和摩擦能。刀具从被加工材料的表面切削产生新表面时有摩擦能，每切掉一块碎屑产生新的切屑表面时还需要断裂能。可见，切削加工性是一个很复杂的问题，相互影响因素包括工件材料、切削刀具和切削加工条件等三个方面。由此可以想象，基于这两种能量，引起钢内部断裂的一些因素会降低断裂能，而内部润滑或外部润滑则会减小摩擦能，从而可以使钢的切削性能从总体上得到改善，此过程可以通过降低金属基体的加工硬化速度和/或制造多相界面来完成。从理论上分析，要想改进材料的加工能力，除外部因素，如合适的刀具、冷却液、进刀量、加工工艺过程等之外，对材料本身可以通过添加元素和改善微观结构等来实现，往钢中加入各种改善切削性的添加剂来降低其总能量，即可以获得易切削钢。其他一些影响加工性的因素包括晶粒尺寸、硬度和间隙元素等。

对于常规的不锈钢，尤其是奥氏体不锈钢，切削加工性能都不好，一般都需要进行改进，其原因如下：

（1）摩擦系数比碳钢高：易导致粘合或卡住倾向，引起刀具迅速磨损、寿命缩短。

（2）热导率比碳钢低：使加工件散热困难，以致刀具端部产生高温，缩短寿命。

（3）延性和加工硬化倾向：由于加工率的增加，使奥氏体不锈钢的强度急剧提高。这将导致：1）有延性的切屑（强度也高）难以排除而成长为长的卷曲状；2）由于刀具前面金属的迅速硬化，增加了刀具的磨损；3）由于加工表面的硬化使进刀困难，从而加剧了刀具的磨损。

在一般钢中添加低熔点金属，如铅（Pb）、钙（Ca）、铟（In）、铋（Bi）等或硫族非金属，如硫（S）、硒（Se）、碲（Te）、磷（P）等，均可使钢的切削加工性能获得显著的改善。因此，人们常常把这些元素称为易切削元素。在常规不锈钢中加入易切削元素而获得的钢种称为易切削不锈钢。不锈钢中的这些最常用的易切削添加元素，如硫（S）、硒（Se）、铅（Pb）、钙（Ca）等可以单独或联合加入，也可以和碲（Te）、铋（Bi）等联合加入。

钢中所含的夹杂物对钢的切削性能的影响有的是有益的，也有的是有害的，主要取决于夹杂物的类型、数量、尺寸、形状以及分布状况等。其中大多数添加剂都是通过在钢中起到润滑剂的作用和使夹杂物变脆来改善钢的切削性的。钢中的硫化物相随着钢中锰（Mn）与硫（S）含量比例的不同而不同，这些硫化物相在切削加工中的作用不同，因而使可加工性改善的效果亦不同，其中硫化锰对改善可加工性的效果最显著。

钢的内部断裂可以通过夹杂物（如硫化锰）来产生。假如夹杂物很密集的话，裂纹就可能由一个夹杂物向另一个夹杂物扩展，从而使断裂能降低。使用易切削添加剂可以形成多相界面，这些多相界面是裂纹萌生的地方，并且是最有效的方法，也是众多合金开发工作的重点。易切削夹杂物包括铍（Be）、硫（S）、硒（Se）、碲（Te）、铅（Pb）、铋（Bi）、磷（P）、钙（Ca）及某些“软的氧化物”等，它们都被用于改善加工性能。这些氧化物遇到刀具-金属界面上的高温时会软化，这种软化的氧化物可以包覆在刀具表面起润滑作用，从而可以减小对刀具的磨损。现在已经确定的软性氧化物有 Ca-Al-Si 氧化物（硅酸盐），是钢水在用钙（Ca）脱氧过程中形成的，遇到刀具-金属界面上的高温会软化。这种技术最初是在碳钢和合金钢工业中发现和使用的，现在也已经被用于不锈钢工业。但是需要在金属组分和氧化物之间维持一种平衡，否则这些软的氧化物会形成硬的、有磨损作用的粗糙氧化物，反而会降低刀具的寿命。

前面已经提到，加入铅（Pb）或硫（S）可以改善不锈钢的切削性能，但铅（Pb）对环境和健康有不良影响，所以发展无铅（Pb）电磁不锈钢已是大势所趋；而加入硫（S）后在钢中形成的 MnS 会严重恶化材料的耐蚀性和磁特性。近期有企业介绍，在钢中加入钛（Ti）后，使钛（Ti）形成碳硫化物（TICS-$Ti_4C_2S_2$）。后在钢中均匀析出，并使其在钢中微细分散，就可以确保切削性和磁特性，这种钢被称作 TICS。研究发现，TICS 钢的碳（C）和硫（S）含量都高于基础钢种，但却能保持至少同等的磁特性，这是因为通过与钛（Ti）成分平衡的最佳化，使几乎全部碳（C）和硫（S）都形成了十分热稳定的化合物 TICS。与铅（Pb）和 MnS 相比，这种 TICS 对钢的耐蚀性并无损害，却可以有效地改善钢的易切削性和冷锻性，对磁性也有好处。

9.4.1 易切削钢的种类

在油、水等弱腐蚀性条件下，$w(\text{Cr}) \geq 8\%$其耐蚀性就较好；$w(\text{Cr}) \geq 11.5\%$时将赋予合金良好的耐蚀性。但含铬（Cr）过高，则对磁性和加工性不利。易切削不锈钢主要分为两大类，一类是纳入了相关标准，以加入了硫（S）和铅（Pb）的钢种为主；一类是各企业根据需要自行开发的钢种。这样，就把钢种分为可提高切削性和重视耐蚀性两类钢种。（1）高切削性的钢种：在标准中通过提高易切削元素以提高钢的切削性，如将钢中含硫（S）量提高到 0.30%，到最小影响腐蚀性的量；再复合加入硫（S）和铅（Pb）。在铁素体系不锈钢和马氏体系不锈钢中加入硒（Se）以进一步提高易切削性，来生产高效加工的精密加工部件。（2）在重视耐腐蚀性的同时确保易切削性的钢种方面，采取了对易切削元素的最佳控制。如 410L 和 430F、供食品机械用的含铋（Bi）的奥氏体系不锈钢、加入钙（Ca）以提高切削性的奥氏体系不锈钢和马氏体系不锈钢钢种等。

9.4.2 改善易切削钢综合性能的措施

改进易切削钢加工性能的主要措施有：（1）易切削元素的添加；（2）低 Mn

易切削钢给出了与常规不锈钢相媲美的耐蚀性。但高 Mn 含量的易切削不锈钢却比常规不锈钢耐蚀性差；(3) 当易切削元素加入量较大时，热加工性能会变差。

要保持不锈钢良好的加工性，并改善耐蚀性和热加工性能，主要改进途径如下：

(1) 限制有害元素的加入量，提高耐蚀性而无损于可加工性：高硫（S）含量（0.3%）以及增加锰（Mn）和铌（Nb）的含量，对降低耐蚀性都有显著影响。低硫（S）含量、化学成分平衡和严格的化学成分控制是较好耐蚀性而无损害可加工性的关键。

(2) 添加钼（Mo）、铜（Cu）以改善耐蚀性：在一般不锈钢（如 304）中添加钼（Mo），可以改善耐局部腐蚀性能，这已有定论。在易切削不锈钢中添加钼（Mo）具有同样的效果。然而，两者的机理不同。对于一定的含硫（S）量，存在一个临界含钼（Mo）量，可以避免硫（S）的有害影响。当含硫（S）量为 0.15%时，临界含钼（Mo）量为 1%。

(3) 降低锰（Mn）含量以改善耐蚀性：当钢中的含锰（Mn）量低于临界含锰（Mn）量时，腐蚀率很低。因此，近代发展的易切削不锈钢都把含锰（Mn）量降至 0.5%以下，同时还加入了铂（Pt）和铜（Cu），其耐蚀性和可加工性均比标准易切削钢有大幅度提高。

(4) 表面钝化处理以改善耐蚀性：对于常规不锈钢，其钝化处理通常是在 20%的硝酸溶液中进行，其主要目的在于获得“洁净”的表面，以利于表面钝化膜的形成。对于易切削不锈钢，情况则有些不同。这是因为：1）它们中含有大量的硫化物；2）这些部件通常承受了较大的机加工量，因而含有大量的嵌入的工具钢颗粒。大量试验结果指出：1）对易切削钢，在碱—酸—碱中进行复合处理比单一处理效果更佳；2）对高锰（如 2% Mn）重硫化钢比对低锰（如 0.5% Mn）重硫化钢钝化效果更理想；3）对纵断面（加工面与变形方向一致）比对横断面钝化效果更佳。经复合钝化处理的高锰重硫化钢，其耐蚀性优于或相当于低锰重硫化钢。

(5) 改善热加工性：易切削钢通常是在常规不锈钢中单独或复合添加硫（S）、硒（Se）、铅（Pb）、钙（Ca）等而获得。但当这些元素，尤其是铅（Pb）含量较高时，其热加工性会变差。因此，在要求高度热加工性的场合，上述元素的添加量会受到限制。添加易切削元素对热加工所带来的不利影响可以通过添加适量的铝（Al）、钛（Ti）、铌（Nb）、钽（Ta）、钒（V）、钨（W）、锆（Zr）和稀土元素来消除。

9.5 焊接性

焊接是金属之间最经济最有效的连接方法，是通过母材和填充金属熔化后的重结晶使相互分离的两个或更多的材料达到完全的结合。不锈钢的焊接性受其化学成分、金相组织和物理性能等的影响。由于与奥氏体不锈钢相比，铁素体不锈钢具有较低的线膨胀系数、较低的电阻率和较高的导热性，使得在进行焊接时铁素体不锈钢具有一些奥氏体不锈钢所不能比的非常实用的优势，如焊后产生晶间腐蚀的倾向要小。试验显示，有焊缝的制品需采用含铬（Cr）量比标准 430 更高的钢种，以优化耐腐蚀性能，且需进一步对焊接件进行热处理以满足性能要求。

诸多为碳钢而研发的焊接方法中只有少数真正适合于不锈钢。目前公认的焊接不锈钢的标准方法有电弧焊、电阻焊、电子束焊、激光焊和摩擦焊等。电弧焊是铁素体不锈钢焊接中最常用的焊接方法。在焊接铁素体不锈钢时，焊缝表面和附近区域通常处在惰性气体的保护氛围中（如纯氩或者氩和氦的混合气体）。对奥氏体不锈钢常用氩氢混合气体，虽然有可能引起焊接接头的氢脆。在焊接铁素体不锈钢时绝对禁止用氮气，而常用氩气作保护气体，在有些焊接工艺中可能采用更复杂的混合气体，如氩气加 2%～3%的氧。铁素体不锈钢经过焊接后，可能会由于在高温下产生新相或者因晶粒粗化而产生脆化。

因焊接而产生的轻微污染可以通过机械除锈或酸洗来去除。酸洗可以在氟酸（10%HNO_3+2%HF）溶液或者专为焊接配制的溶液中进行。酸洗后可以马上进行钝化和除锈处理以去掉有机金属残余物（富铁的粒子），这样还有助于迅速重新形成钝化层。这个过程包括在 20%～25%的硝镪水中浸泡，焊接区的局部钝化也可以采用特殊的钝化涂料来进行。

9.6　矫顽力 H_c

矫顽力 H_c 是磁性材料的一个重要指标，也是从技术上区分软磁材料和硬磁材料、半硬磁材料的唯一依据。同样是软磁材料，H_c 的差别也很大；即使对同一种材料，随着工艺过程的不同，矫顽力 H_c 的差别也可能很大，如图 9-3 所示。因此从本质上讲矫顽力 H_c 属于结构灵敏量，对内应力也很敏感。从理论上讲，相对磁导率 μ_r 与矫顽力 H_c 成反比，低的矫顽力 H_c 就意味着高的 μ_r。

Fe-Cr 合金体系与 Fe-Ni 合金和 Fe-Co 合金等合金体系不同，不存在会导致异常高的磁导率 μ_r 或异常低的 H_c 这样的特殊成分配方。在其他合金体系中这些特殊的成分配方，如 80%Ni-Fe 或 50%Fe-Co，从理论上与材料的最小磁晶各向异性常数 K_1 相联系，K_1 越小软磁性能越好。与特殊的成分配方相比，在铁素体不锈钢中，技术磁性，如磁导率 μ_r 和矫顽力 H_c，更强烈地依赖于材料的微观结构。这些因素包括晶粒尺寸、夹杂物的含量、碳化物和氮化物等析出物及晶粒取向等。

晶粒大小不但是影响钢的力学性能的重要因素，而且也会影响到材料的磁性能。研究表明，随着钢中铁素体晶粒的细化，钢的屈服强度 σ_s 将提高，同时还

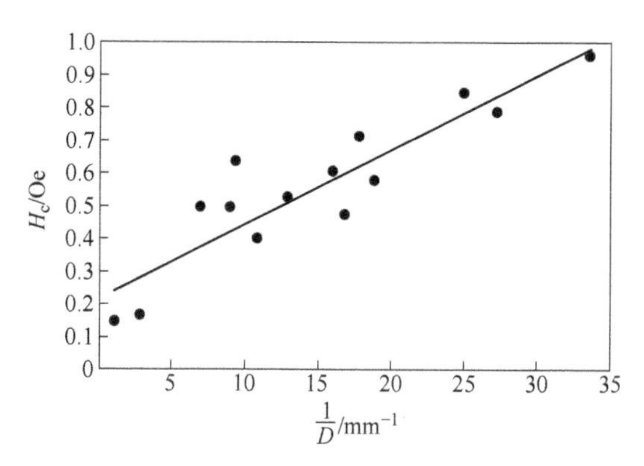

图 9-3 Cr-Fe 合金的 H_c 与晶粒尺寸 $1/D$ 的关系

能提高钢的塑韧性。某一成分的 Fe-Cr 合金的矫顽力 H_c 与晶粒尺寸的关系如图 9-3 所示。经过分析，发现在微观结构和矫顽力 H_c 之间有一个近似公式：

$$H_c = H_{c0} + A_1\sqrt{\tau} + \frac{A_2}{D} + A_3 N_v \tag{9-3}$$

式中，H_{c0}为与磁晶各向异性有关的内禀值；τ 为位错密度，也是对冷加工量或应力的一种量度；D 为晶粒尺寸；N_v 为尺寸与畴壁宽度在一个数量级的夹杂物的浓度；A_1、A_2 和 A_3 为比例常数。上式表明，要获得最小的矫顽力 H_c，应无剩余冷加工造成的位错、晶粒尺寸应足够大，且没有能钉扎畴壁的细小颗粒。这显然是不可能的，因为总会有硫化物或碳化物出现。碳（C）的出现特别不利于获得好的软磁性能，如图 9-4 所示。在同等情况下，含碳（C）量越高，矫顽力 H_c 就越大。

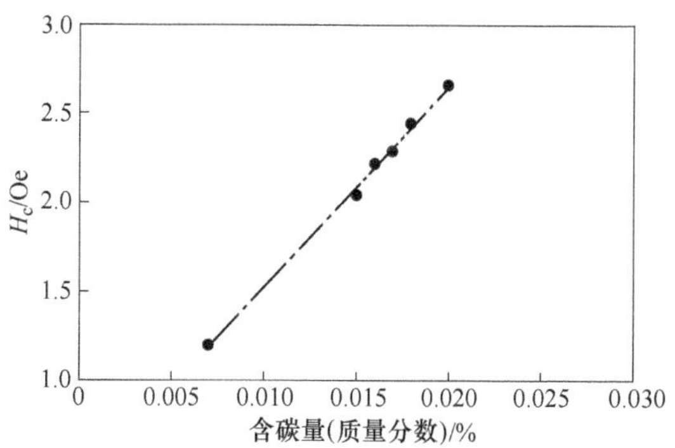

图 9-4 Cr-Fe 合金中含碳量对 H_c 的影响

对易切削钢种，含硫（S）量在获得好的磁性能方面也起着主要作用。首先，硫化物会阻止晶粒长大。前面提到（图 9-3），更小的晶粒尺寸会导致矫顽力 H_c 增大。第二，硫化物与主相的线膨胀系数不同，在从热处理温度降温时基体会受到应力作用。最后，因为硫化物是有效的非磁性区域，会生成反磁化畴，从而增加了材料磁化的难度。可见，硫（S）的加入会增大材料的矫顽力 H_c。

很容易加工硬化的301不锈钢在需要高抗拉强度 σ_b 的应用场合很容易找到用武之地，并发挥作用。另外，由于加工硬化而变得有磁性的奥氏体不锈钢（300系列）可以通过退火或释放应力返回无磁状态，原因是在高温下经过短时加热就可以使受影响的晶粒结构从铁磁性的马氏体相恢复到顺磁性的奥氏体相，此时材料将不再具有 H_c 和剩磁 B_r。因为400系列不锈钢整体上都是铁磁性的铁素体相或马氏体相，它们的磁性能很难通过简单的退火而发生改变，如使 H_c 变小等。

尽管如此，铁素体不锈钢在不同的状态，其矫顽力 H_c 也是不同的，如图9-5所示。

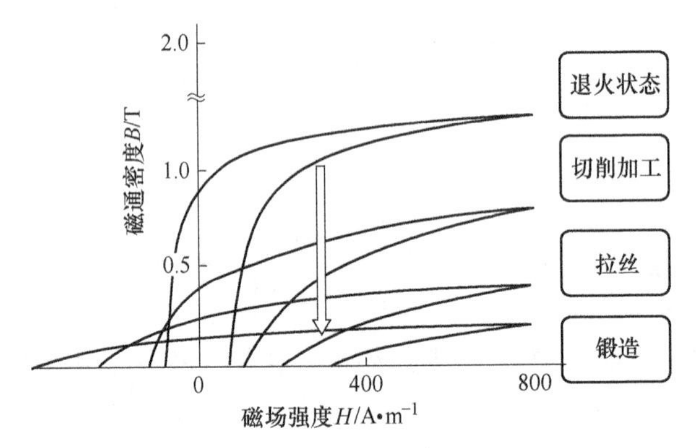

图9-5　加工状态对材料磁滞回线的影响

从图9-5可以看出，材料在不同的加工状态，因为磁滞回线的形状是不同的，反映出来的矫顽力 H_c、剩磁 B_r 等还是有一定的差别的。但是，磁化到饱和后，材料的饱和磁化强度 $\mu_0 M_S$ 却是相同的，因为饱和磁化强度是结构不灵敏量。

9.7　电阻率

铁素体不锈钢的电阻率显然是由合金的成分决定的。含铬（Cr）量对合金电阻率的影响如图9-6所示，图中的电阻率是通过测量高纯二元合金得到的。从图9-6可以看出，无论对高纯二元合金还是对商品化的合金，电阻率的最大增长都发生在0~12% Cr之间。要额外增加电阻率，就需要加入额外的元素。其中硅（Si）和铝（Al）是最有效的添加剂，如图9-7所示。图9-6还显示了含铬（Cr）量对饱和磁化强度 M_S 和腐蚀速率的影响，其中的普通腐蚀速率是由浸在特殊的沸腾腐蚀性水混合溶液中24h后测得的。从图9-6中可以看出，如果含铬（Cr）量超过12%，腐蚀速率会很低，说明对某些应用，至少需要12%的含铬（Cr）量。

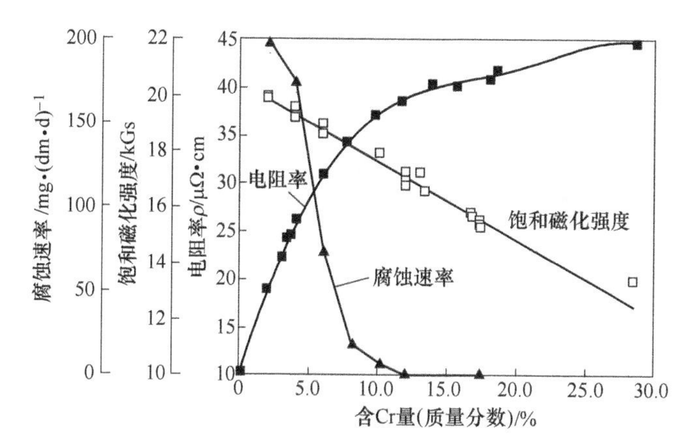

图 9-6 含 Cr 量对耐蚀能力、室温电阻率及 $\mu_0 M_S$ 的影响

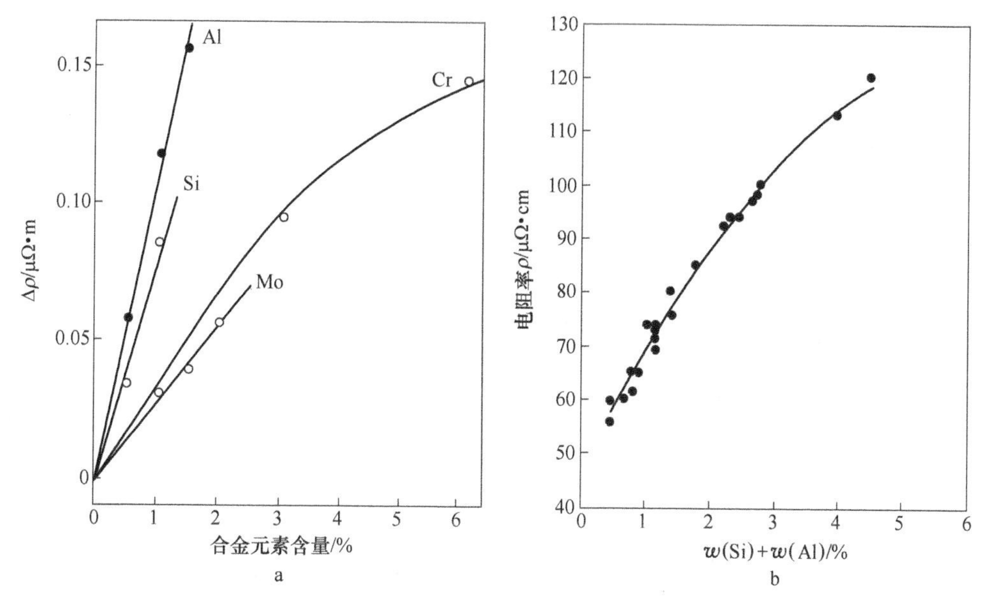

图 9-7 对 Cr-Fe 合金室温电阻率的影响

a—合金元素；b—Si+Al

10 合金元素对相结构及性能的影响

软磁不锈钢所具有的优良综合性能与合金元素是密不可分的，所以很有必要结合合金元素对材料的性能进行分析。当然，想要对主要合金元素对材料性能的主要贡献及其影响有理解，先要知道这些元素和性质之间的关系。除铁（Fe）和碳（C）之外，在合金钢中使用的元素有很多，其中很重要的元素包括铝（Al）、钛（Ti）、铌（Nb）、氮（N）、硫（S）、硒（Se）、锰（Mn）、镍（Ni）、铬（Cr）、钼（Mo）、钒（V）、钨（W）、硅（Si）、铜（Cu）、钴（Co）和硼（B）等。

当然，合金元素在钢中的作用是一个很古老的话题，如原则上铬（Cr）使钢变硬，而镍（Ni）和锰（Mn）则使之变得有韧性。对于合金元素的作用，一般人们都是基于某一特别钢种来说的，所以这种方法有时会出现错误判断。一种更重要的性质是合金元素会促进某一种相的形成，并使之稳定。在不锈钢中，这些元素分为奥氏体形成元素、铁素体形成元素、碳化物形成元素和氮化物形成元素等。

10.1 合金元素对相结构的影响

10.1.1 奥氏体形成元素

碳（C）、氮（N）、镍（Ni）、锰（Mn）和铜（Cu）等是奥氏体形成元素，其中最重要的是碳（C）、镍（Ni）和锰（Mn），并以碳（C）和氮（N）的作用程度最大。足够量的镍（Ni）或锰（Mn）可以使奥氏体相保持至室温，最著名的是含有13%Mn、1.2%Cr和1%C的哈德菲尔高锰钢（Hadfield Steel），在此钢中锰（Mn）和碳（C）参与稳定奥氏体相。当然这也使得形成奥氏体不锈钢成为可能，如含18%Cr和8%Ni的奥氏体不锈钢。

10.1.2 铁素体形成元素

最重要的铁素体形成元素是铬（Cr）、硅（Si）、钼（Mo）、钛（Ti）、铌（Nb）、钽（Ta）、钒（V）、钨（W）和铝（Al）等。

10.1.3 碳化物形成元素

一些铁素体形成元素同时也是碳化物形成元素，反过来大多数碳化物形成元素也是铁素体形成元素。下列元素与碳（C）的亲和力依次增加：铬（Cr）、钨（W）、钼（Mo）、钒（V）、钛（Ti）、铌（Nb）、钽（Ta）、锆（Zr）。

某些碳化物可以称为特殊碳化物，如不含铁的碳化物，如 Cr_7C_3、W_2C、VC、Mo_2C。有些碳化物包括铁（Fe）和一种碳化物形成元素，如 Fe_4W_2C。

10.1.4 碳化物稳定剂

碳化物的稳定性依赖于钢中其他元素的存在。碳化物如何稳定取决于元素在渗碳体和基体之间是如何分区的。锰（Mn）是一个非常弱的碳化物形成元素，却是一个相当有效的碳化物稳定剂。铬（Cr）实际上也被用作碳化物稳定剂。

10.1.5 氮化物形成元素

所有的碳化物形成元素也都是氮化物形成元素。氮（N）可以通过渗氮进入钢表面。镍（Ni）不是氮化物形成元素。

10.2 合金元素对性能的影响

铁素体不锈钢的合金化与奥氏体不锈钢、马氏体不锈钢等不锈钢相同，即通过合金化使不锈钢表面能在腐蚀介质中形成连续、稳定、易修复的钝化膜，即使其具有良好的抗蚀性能。总之，对铁素体不锈钢进行合金化的目的是：（1）改善耐蚀性；（2）提高韧性；（3）改善抗氧化性；（4）改善机加工性；（5）改善软磁性能；（6）提高电阻率等。在实际生产中，通过调整钢材中合金元素的含量，并与现代冶炼技术相结合，就可以改善铁素体不锈钢的抗腐蚀性能、力学性能和物理性能等。

铬（Cr）、碳（C）、镍（Ni）、锰（Mn）、氮（N）、钛（Ti）、铌（Nb）、钼（Mo）、铜（Cu）等 9 个元素一般作为合金元素加入钢中，硅（Si）、硫（S）、磷（P）一般作为残余元素存在于钢中。为了某些特定的目的，不锈钢有时也加入硅（Si）、硫（S）、磷（P）、铝（Al）和稀土等元素。

在了解了元素对相结构的影响之后，就可以进一步理解各种元素的作用。

10.2.1 碳（C）和氮（N）的作用

10.2.1.1 碳（C）的作用

碳（C）是不锈钢中仅次于铬（Cr）的第二号常用元素，碳（C）在不锈钢中的含量及其分布形式，在很大程度上左右着不锈钢的组织和性能。碳（C）具有两面性，具有双重作用。一方面，碳（C）是强奥氏体形成元素，也是扩大奥氏体区的，碳（C）对奥氏体的稳定作用很强烈，约为镍（Ni）的 30 倍。图 10-1 显示了碳（C）对不锈钢奥氏体区的影响。在高温下处于 α 或 α+γ 相区的铬（Cr）钢是不能或很难通过淬火得到马氏体组织的，以含 13%Cr 的钢为例，含碳（C）量小于 0.08%时为铁素体钢，含碳（C）量为 0.08%～0.15%时为半马氏体钢，含碳（C）量大于 0.15%时为马氏体钢。

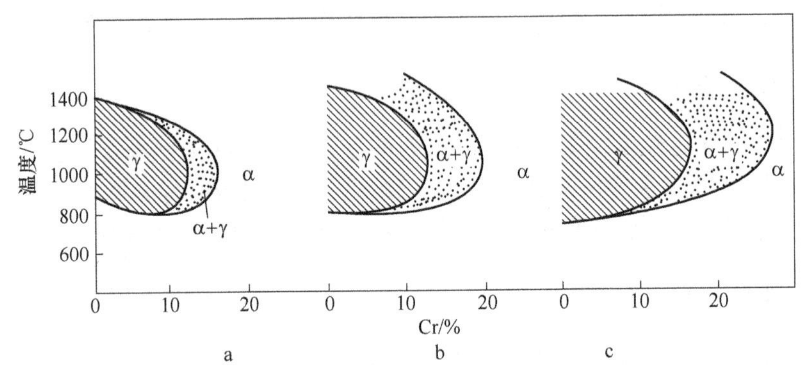

图 10-1　碳（C）对不锈钢奥氏体区的影响

a—0%C；b—0.10%C；c—0.25%C

碳（C）能显著提高不锈钢的机械强度，从 2Cr13、3Cr13、4Cr13 到 9Cr18，钢的强度随含碳（C）量的增加逐级提高。在奥氏体钢中碳（C）也是最有效的固溶强化元素。表 10-1 显示奥氏体钢的抗拉强度 σ_b 和屈服强度 $\sigma_{0.2}$ 随含碳（C）量的增加而上升。但由于会形成碳化物，会减小晶间腐蚀抗力，在不锈钢发展早期这是一个很严重的问题，现代低含碳（C）量的不锈钢基本上不受晶间腐蚀的影响。另外，碳（C）与铬（Cr）的亲和力极大，对软磁性能也极为不利。

表 10-1　碳（C）对 18-8 型不锈钢强度的影响

C 含量/%	屈服强度 $\sigma_{0.2}$/MPa	抗拉强度 σ_b/MPa
0.020	176	589
0.065	250	627
0.14	304	706
0.21	333	745
0.305	358	797

不锈钢奥氏体化时碳（C）的最大溶解度为 0.50%，在冷却过程中碳（C）的溶解度减少，会不断析出。由于碳（C）和铬（Cr）的亲和力很大，它能与铬（Cr）形成一系列复杂的碳化物，析出碳化物的类型因钢中含铬（Cr）量的不同而异。含铬（Cr）量小于 10%的钢，主要为渗碳体型碳化物 $(Fe,Cr)_3C$，高铬（Cr）钢中的碳化物为复杂碳化物 Cr_7C_3 和 $Cr_{23}C_6$。不锈钢中的碳化物主要以 $(Fe,Cr)_{23}C_6$ 形式存在。碳化物中的铬（Cr）可以被置换，以 $(Fe,Cr)_7C_3$ 和 $(Fe,Cr)_{23}C_6$ 的形式存在。

碳（C）与铬（Cr）形成碳化物时要占用不锈钢中的一部分铬（Cr），以 $Cr_{23}C_6$ 为例计算：

$$(\text{Cr 原子量} \times 23)/(\text{C 原子量} \times 6) = (52 \times 23)/(12 \times 6) \approx 17$$

不锈钢中的碳（C）要与 17 倍的铬（Cr）结合，生成碳化物。因此，固溶体中铬（Cr）的含量必然就要减少，钢的耐腐蚀性能就要降低。如果形成碳化物后固溶体中的含铬（Cr）量低于 11.65%，就不能称其为不锈钢，模具钢 Cr12 和 Cr12MoV 就是一例。0Cr13～4Cr13 五个牌号，标准中规定含 Cr 量为 12.0%～14.0%，就是考虑到碳（C）要与铬（Cr）形成碳化物来确定的。

因为碳（C）对耐腐蚀性能有不利的影响，铁素体和奥氏体钢很少采用碳（C）来强化，其含碳（C）量多在 0.15%以下。马氏体钢的含碳（C）量大多在 0.10%～0.40%的范围内。

10.2.1.2 氮（N）的作用

氮（N）是强奥氏体形成元素，能显著增大机械强度。加入氮（N）也会增强抵抗局部腐蚀的能力，与钼（Mo）联合添加时更是如此。

氮（N）也是稳定奥氏体元素，氮（N）与锰（Mn）结合能取代比较贵的镍（Ni）。氮（N）稳定奥氏体的作用比镍（Ni）大，与碳（C）相当。氮（N）代镍（Ni）的比例约为 0.025∶1。一般认为，氮（N）可取代 2.5%～6.5%的镍（Ni）。

在奥氏体中，氮（N）也是最有效的固溶强化元素之一。氮（N）与铬（Cr）的亲和力要比碳（C）与铬（Cr）的亲和力小，奥氏体钢中很少见到 Cr_2N 的析出。因此，氮（N）能在不降低耐蚀性能的基础上，提高不锈钢的强度。研制含氮（N）不锈钢是近年来不锈钢工业的趋势。

氮（N）在钢中的溶解度有限（低于 0.15%），加入铬（Cr）和锰（Mn）能提高其溶解度，加入镍（Ni）和碳（C）能减少其溶解度。在大气冶炼条件下，氮（N）以 Cr-N 或 Mn-N 合金形式加入钢中，很难准确控制回收率。一般认为，氮（N）含量超过 0.2%对冶炼操作极为不利。氩-氧精炼、加压电渣熔炼、平衡压力浇铸等技术的发展和应用，能准确控制钢中的氮（N）含量，从而使用氮（N）来控制钢中的组织成为现实。适当调整不锈钢的成分，特别是铬（Cr）与锰（Mn）的配比，能将钢中的氮（N）含量稳定在 0.4%左右。例如，美国的 205 钢（17Cr-1.25Ni-15Mn-0.15C-0.35N）的氮（N）含量为 0.30%～0.40%。

10.2.1.3 碳（C）和氮（N）的联合作用

碳（C）、氮（N）在铁素体中溶解度低、扩散速度快（约为在奥氏体中的 600 倍），多余的碳（C）、氮（N）在钢中以间隙原子形式存在。因此，在铁素体不锈钢中，碳（C）、氮（N）是有害元素，会造成一系列的组织缺陷和性能恶化。有研究表明，铁素体不锈钢性能上全部缺点差不多都与其所含碳（C）、氮（N）相关。

随着铁素体不锈钢中碳（C）、氮（N）含量的增加，其冷却速度效应、尺寸效应及缺口敏感性增强，冲击韧性降低，脆性转变温度显著上升。此外，随着铁素体不锈钢中碳（C）、氮（N）含量增加，其晶间腐蚀敏感性上升，抗局部腐蚀性能下降。而导致铁素体不锈钢产生高温脆性倾向和对晶间腐蚀敏感的根本原因是铬（Cr）与未溶解的碳（C）、氮（N）会很快形成碳（C）、氮（N）化物析出。除碳（C）、氮（N）外，氧（O）对铁素体不锈钢也有类似影响，钢的脆性转变温度随氧（O）含量的增加而上升。

随着碳（C）、氮（N）含量的增加，铁素体不锈钢脆性转变温度明显上移，且晶间腐蚀敏感性增加，并使不锈钢的一般腐蚀性下降。另外，碳（C）、氮（N）含量对材料成型性能的影响也较大。随碳（C）、氮（N）含量增加，材料的塑性应变比显著下降。从铁素体不锈钢材料的成型性、耐蚀性和脆性转变温度等方面考虑，碳（C）、氮（N）都是越低越好。

Fe-Cr 合金中碳（C）和氮（N）的含量高了，会在高铬（Cr）合金区域形成奥氏体而导致加热后冷却时形成硬而脆的马氏体，控制 C+N 含量不超过 0.6%，可以避免马氏体的形成，合金会保持单相铁素体组织，晶粒等轴均匀、晶界无析出物，从而使其具有优良的耐蚀性能，同时拥有优良的加工性能。

因为钢中 C+N 的含量是影响不锈钢磁性能和加工性能的最大因素，特别是对在弱磁场下的性能影响更加显著，所以必须将 C+N 含量降低到 0.02% 以下，这样就会保证钢的低矫顽力 H_c，同时弱场下的磁感应强度 B 也会急剧提高，而且冷锻加工性也会显著改善。当前随着 VOD（真空吹氧脱碳炉）、AOD（氩氧脱碳炉）、RH（真空循环脱气精炼炉）和 VD（真空脱碳炉）等炉外精炼技术的发展，使高纯度铁素体不锈钢的大量生产成为可能。

在铁素体钢中氮（N）和碳（C）都会显著降低韧性和耐蚀能力。碳（C）对铁素体不锈钢的磁性能影响很大，对软磁材料的磁性也极为有害（图 9-4）。在不锈钢中加入碳（C）会增大材料矫顽力 H_c 的原因，一方面是由于碳（C）在铁素体中的溶解度非常低，在从高温加热后的冷却过程中，碳（C）会与合金成分中的某些元素形成碳化物后析出，同时溶入铁（Fe）中的碳（C）作为间隙原子，会使局部区域发生畸变。固溶态杂质与畸变联合作用，会形成应力场。这种应力场会与材料的磁致伸缩发生交互作用，影响磁弹性能，阻碍畴壁位移，进而导致材料矫顽力 H_c 增加，磁导率 μ_r 降低，加大磁滞损耗 P_h，降低弱场下的磁感应强度 B。另一方面，碳（C）可以引起铁磁性的马氏体晶粒结构，马氏体相的矫顽力要比铁素体相的矫顽力高很多。

马氏体不锈钢基本上只含有铬（Cr）和碳（C），在硬化条件下具有扭曲的 bcc 晶体结构（马氏体相），具有铁磁性。马氏体不锈钢可以通过热处理硬化，如 410 和 416 等，对热处理有非常好的响应，磁性能也会随热处理方式不同发生很大变化。马氏体不锈钢通常对相对温和的环境具有耐蚀能力。含铬（Cr）量一般在 10.5%～18%，含碳（C）量可超过 1.2%。铬（Cr）和碳（C）的含量要达到平衡，以确保硬化后为马氏体结构。

在马氏体钢中碳（C）和氮（N）都能增加硬度和强度，降低韧性。在一些高铬和中铬铁素体不锈钢中，碳氮含量的提高可使其在热处理过程中出现铁素体+奥氏体（或马氏体）的双相组织结构。随着含碳量的提高还会使 γ 相扩大[10]，而且由于马氏体的存在，其室温抗拉强度虽然得到了一定的加强，但是对其焊接性、耐腐蚀性和韧性等特性在不同程度上会产生一些不利的影响。另外马氏体属于淬火相，会使材料的矫顽力 H_c 升高，所以对于铁素体不锈钢而言应尽量避免马氏体相的生成。

碳氮在铁素体中属于间隙原子，对矫顽力 H_c 的影响如图 10-2 所示。由于铁素体不锈钢中碳（C）和氮（N）的高温扩散速度较快，而且其溶解度又极低，所以在高温热加工（如退火、焊接等）后的冷却过程中会有一些碳化铬或氮化铬出现。碳（C）和氮（N）产生的相变和第二相粒子的析出被认为是铁素体不锈钢高温脆化及高温敏化的主要根源，而且碳化铬对铁素体不锈钢晶间腐蚀的敏感性很高。如图 10-3 所示，当碳（C）和氮（N）的含量达到一定值时腐蚀速率会急剧升高[11]，所以应加入稳定化元素以避免晶间腐蚀的发生，提高铁素体不锈钢的耐蚀性。

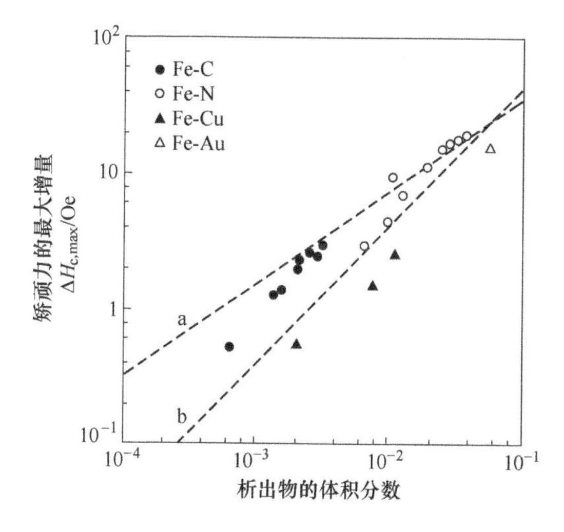

图 10-2 填隙式（a）或替代式（b）溶解物的沉淀引起的矫顽力增加

为了防止碳（C）、氮（N）的危害，即晶间腐蚀，一方面是降低碳（C）、氮（N）含量，另一方面是添加稳定化元素。进一步降低碳（C）、氮（N）含量

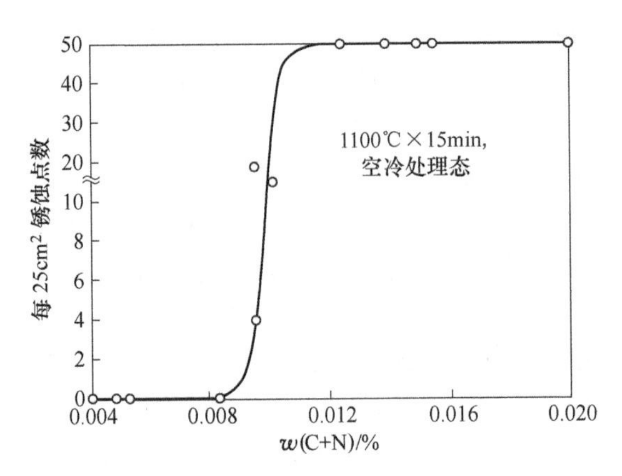

图 10-3　在 5%NaCl 中（35℃）C+N 含量对 Cr16 铁素体不锈钢锈蚀的影响[11]

需增加大量成本，因此需要添加一些稳定化元素。目前在铁素体不锈钢中普遍使用的稳定化元素是铌（Nb）或钛（Ti）。

10.2.2　铬（Cr）的作用

铬（Cr）能促进铁素体结构的形成，是所有不锈钢的基本元素，平均含量约为18%。铬（Cr）既可溶入 α-Fe 中，也可溶入 γ-Fe 中，但在有碳（C）的情况下，形成的碳化物是渗碳体 $(FeCr)_3C$、碳化铬 $(CrFe)_3C_2$、$(CrFe)_7C_3$、$(CrFe)_4C$ 等。不锈钢之所以具有很好的耐腐蚀性能就是因为其中加入了一定量的铬（Cr）元素。铬（Cr）也能增加高温抗氧化能力。

铁素体不锈钢优良的耐蚀性及其所含的铁素体相组织主要取决于铬（Cr）和钼（Mo）。对于超纯铁素体不锈钢，其含铬（Cr）量常低于 30%。在氧化性介质中，钢的耐蚀性随铬（Cr）含量的提高而增加，如图 5-2 和图 5-3 所示。另外，铬（Cr）是铁素体形成元素，足够量的铬（Cr）可使不锈钢变成单一的铁素体不锈钢。

在钢铁产品中，铬（Cr）被广泛用于生产不锈钢和其他合金，钢之“不锈”就是由于所含的铬（Cr）赋予了其特殊的耐蚀性，从而使其具有了显著的抗蚀性能。从某种意义上讲，所有钢种都有发生腐蚀的倾向。然而，由于不锈钢含有铬，所以比碳钢更耐蚀。很多人误以为耐蚀的原因是镍（Ni），其实铬（Cr）才是不锈钢获得耐蚀性的主要成分。我们知道，磁性与原子结构有关，而耐蚀性与原子结构无关，仅与一种化学成分有关，即有特定的铬（Cr）含量。磁性与抗蚀性之间其实没有关系，把五类铁素体系不锈钢与奥氏体 304 不锈钢的耐蚀性相比较，就可以非常清楚地看到铬（Cr）的作用，同时也可以进一步认识到含镍（Ni）的奥氏体不锈钢与大多数铁素体不锈钢的耐蚀性是相当的。

在不锈钢中铬（Cr）是一种特有的、最重要的元素，也是使不锈钢具有耐蚀能力从而“不生锈”的合金元素。铬（Cr）极易获得，又易以不锈钢的形式进行循环利用，不会对环境造成威胁。当低碳钢中的铬（Cr）含量至少超过10.5%（质量分数）时，就会在表面形成一层可靠的能及时自我修复的惰性保护膜，阻止氧化反应的进一步发生，从而使不锈钢具有显著的耐蚀性，并提高钢的抗氧化性、耐磨性以及抗拉强度。含铬（Cr）量越高，钝化层的作用就越好，耐蚀能力就越强，因此在耐热钢中的含铬（Cr）量更高。由于铬（Cr）元素的存在能够降低铁元素的化学电位，而且会在合金表面形成一层致密的氧化物薄膜（Cr_2O_3），这一层氧化物薄膜能够有效阻碍腐蚀性气体或液体的进一步氧化，以达到保护基体不受氧化的目的。而且，在大气和水环境中，这一层氧化物薄膜一旦遭到破坏（如加工、划痕、磨损等）就会立即在不锈钢基体表面形成一层新的氧化物薄膜以阻碍其继续氧化。含铬（Cr）量对不锈钢抗腐蚀性能的影响如图10-4所示[16]，点蚀实验表明，随着合金中铬（Cr）元素含量的增加，其抗点蚀性能也随之提高[16]。铁素体不锈钢对晶间腐蚀也具有很强的敏感性，其机理是由于铬（Cr）元素易在晶界处形成碳铬化合物（$Cr_{23}C_6$），导致铁素体相中含铬（Cr）量的减少，形成贫铬区所致，实验证实增加铬含量可以有效地减少晶间腐蚀的敏感性[11]。提高不锈钢的含铬（Cr）量可以增强其耐点蚀、耐缝隙腐蚀等性能，但会降低韧性、升高脆性转变温度。

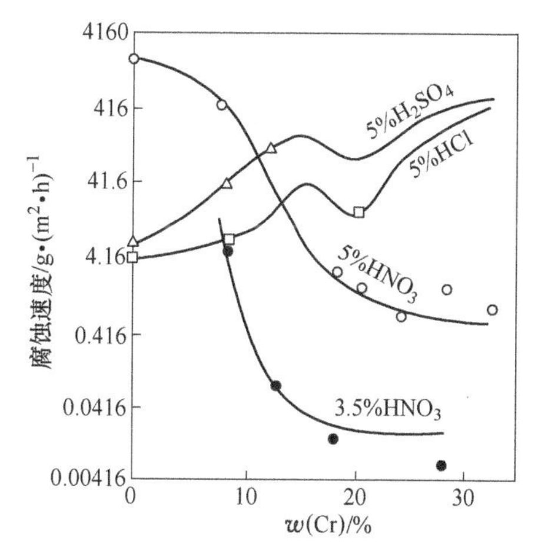

图 10-4 铬对不锈钢抗腐蚀性能的影响[16]

铬（Cr）对铁素体不锈钢的物理性能起着主导作用。随着钢中含铬（Cr）量的增加，铁素体不锈钢点蚀电位升高，其耐蚀性能提高。当含铬（Cr）量达到19%时，其点蚀电位达到与304相当。通过在沸腾的腐蚀性水溶液（含氯化物的低pH值溶液）中的试验表明，含铬（Cr）量增加，耐蚀能力提高，但是含铬（Cr）量与耐蚀能力的增加并不是线性关系，也随腐蚀介质而变化，如图9-6和图10-4所示。同时试验也表明8%Cr已经具有了充足的耐蚀能力，这种材料同时还具有高的M_S，因为随着含铬（Cr）量的增加，材料的饱和磁化强度M_S会减小（图9-6）。

铬（Cr）钢比同等抗拉强度的镍（Ni）钢更易切削加工。如果从回火温度550~450℃缓慢冷却，更高含铬（Cr）量的钢很容易受到回火脆性的影响。回火脆性是指淬火钢在回火后出现韧性下降的现象，通常用于描述缺口影响的晶间脆性，是由晶界富含合金元素引起的。淬火钢在回火时，随着回火温度的升高，硬度会降低，韧性会升高。但是对许多钢种来说，冲击韧性随回火温度的变化会出现两个低谷，一个称第一类回火脆性，发生在200~400℃之间，原因是As（砷）、Sb（锑）、Sn（锡）等杂质元素在回火时向晶界、亚晶界的偏聚降低了晶界的断裂强度，大量的锰（Mn）也会对此有贡献。另一个称第二类回火脆性，发生在450~650℃之间，是回火后通过慢速冷却诱导产生的，锑（Sb）、锡（Sn）、磷（P）等杂质元素向原奥氏体晶界偏聚是产生此种脆性的主要原因，而镍（Ni）、铬（Cr）不仅促进杂质元素的偏聚，且本身也偏聚，从而降低了晶界的断裂强度，产生回火脆性。加入适量的钼（Mo）、钨（W）等有益的合金元素能防止回火脆性。这些钢也有形成表面斑纹的倾向，这种纹一般也称为“铬（Cr）线”。

铬（Cr）钢也使用在需要硬度很高的场合，如模具、球轴承等。虽然增加含铬（Cr）量会赋予不锈钢更好的耐蚀能力，但是不锈钢的含铬（Cr）量也不是越高越好，含铬（Cr）量也会也显著影响材料的力学性能。随着基体中含铬（Cr）量的增加，不锈钢的塑性和抗拉伸性能会随之降低，强度升高、伸长率下降。一方面恶化了材料的加工性能，严重阻碍材料的应用。另一方面，有可能出现475℃脆性现象。同时高含铬（Cr）量也会有利于σ相的析出，从而增加了硬度，缩短了时效脆化的时间，这样热处理时也极易产生微裂纹。对于磁性而言，非磁性元素铬（Cr）是很强的铁素体形成元素，铬（Cr）在体心立方晶格中对铁元素的替代相当于一个磁性空位，所以材料的磁性会有所下降，如图8-1和图9-6所示[17]。另外，铬（Cr）与其他元素所形成的第二相粒子（σ相、α′相和$Cr_{23}C_6$等）的体积会随含铬（Cr）量的增加而增加，这种非磁性相在磁化过程中会阻碍畴壁运动，进而使材料的矫顽力H_c增加，磁导率μ_r降低，因此要把含铬（Cr）量控制在合适的范围内。

10.2.3　镍（Ni）和Ni+Cr的作用

镍（Ni）是不锈钢中的第三号元素，它在钢中起扩大奥氏体区、稳定奥氏体组织的作用。铁素体不锈钢中，添加适当镍（Ni），可使力学性能提高、抗应力腐蚀性能下降。加入镍（Ni）后一般会增大塑性和韧性，并减小不锈钢在酸性环境中的腐蚀速率，增强钢在不含硫化物环境中的抗全面腐蚀性能。

镍（Ni）作为合金元素是铁磁性金属，但原子磁矩小于同样是铁磁性元素的钴（Co）和铁（Fe），如图1-30所示，所以当含镍（Ni）量达到一定量的时候，合金的饱和磁化强度M_S会随着镍（Ni）含量的增加而降低。镍（Ni）和碳（C）、氮（N）相似，同样可以使Fe-Cr合金的α+γ两相区向更高铬（Cr）浓度的方向移动，也就是会扩大奥氏体区。同时，镍（Ni）和锰（Mn）作用十分相同，都可以降低共析温度。

铬（Cr）不锈钢中加入一定量的镍（Ni）之后，组织和性能都会发生明显变化。例如，1Cr17为铁素体钢，热处理后抗拉强度 σ_b 在500MPa左右，加入2.0%的镍（Ni）后，变为1Cr17Ni2马氏体钢，淬火后抗拉强度达1100MPa以上。图10-5显示了含碳（C）量0.10%的钢，在不同含铬（Cr）量下得到稳定奥氏体组织所需的含镍（Ni）量。当铬（Cr）为18%时，只需要8%的镍（Ni），常温下就能得到奥氏体组织，这就是18-8型不锈钢的由来。

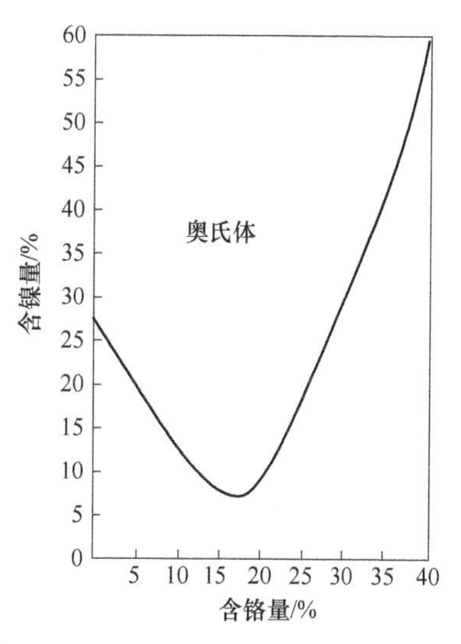

图10-5 铬、镍含量对不锈钢组织的影响

镍（Ni）能显著地提高铬（Cr）钢的耐腐蚀性能和高温抗氧化性能。Cr-Ni奥氏体钢比含铬（Cr）量相同的铁素体钢和马氏体钢有更好的耐腐蚀性能。含铬（Cr）量在20%以下时，钢的抗氧化性能随含镍（Ni）量的增加不断改善。对于高铬（Cr）钢，最佳含镍（Ni）量在10%～20%之间，Cr20Ni10和Cr25Ni20就是两个典型的耐热钢。

镍（Ni）能有效地降低铁素体钢的脆性，改善其焊接性能，但对抗应力腐蚀性能有不利的影响。对于奥氏体钢，镍（Ni）能降低钢的冷加工硬化趋势，改善冷加工性能，使钢在常温和低温下均具有很高的塑性和韧性。

镍（Ni）是稳定奥氏体元素。镍（Ni）的主要作用是促进奥氏体化，但在钢中单独加入镍（Ni）并不能形成不锈钢。镍（Ni）钢以高强度、高韧性和高塑性著称，而铬（Cr）钢以高硬度和耐蚀性著称。镍（Ni）和铬（Cr）一起可使钢具有所有这些特性，甚至会强化一些性质，且不会带来单一元素的缺点。如，300系列不锈钢与400系列不锈钢相比有更高的含铬（Cr）量，同时镍（Ni）增强了铬（Cr）形成一层表面保护层的能力，导致300系列不锈钢显示出更好的耐腐蚀能力。含碳（C）量低的Ni-Cr钢容易产生表面硬化，而多数用于结构件的钢其含碳（C）量会达到0.25%～0.35%，并可以通过热处理达到所需要的性质。在沉淀硬化型不锈钢中加镍（Ni）可以通过形成中间化合物来增加硬度；在马氏体不锈钢中加入镍（Ni）并降低含碳（C）量，可以使材料的焊接性能得到改善。

耐蚀能力是铬（Cr）和镍（Ni）含量的函数，而不是引起磁性的金属晶体结构的函数，也就是说，磁性与耐蚀能力之间没有必然的联系。在高温下耐腐蚀和耐氧化的钢镍（Ni）和铬（Cr）含量都较高。

10.2.4　钼（Mo）的作用

钼（Mo）是强铁素体形成元素，既可以溶入 α-Fe 中，也可以溶入 γ-Fe 中，在有碳（C）的情况下会形成复杂的碳化物 $(FeMo)_6C$、$Fe_{12}Mo_2C_6$、Mo_2C 等。钼（Mo）也是某些高速钢、磁性合金、耐热钢和耐蚀钢的成分，钼（Mo）能有效提高不锈钢抗均匀腐蚀和局部腐蚀的能力，在某种程度上还可以增强机械强度，并且钼（Mo）通常趋向于降低回火脆性。但对于铁素体不锈钢、双相不锈钢和奥氏体不锈钢而言，钼（Mo）也会增大形成第二相的风险；在马氏体不锈钢中由于钼（Mo）会影响碳化物析出，会增大高温回火的硬度。

钼（Mo）是形成铁素体的元素，因此，18-8Cr-Ni 钢加钼（Mo）后，为保持纯奥氏体组织，含镍（Ni）量也要相应提高。加钼（Mo）后，18-8 钢的含镍（Ni）量一般提高至12%以上，例如：0Cr17Ni12Mo2 和 00Cr17Ni14Mo2。

在铁素体不锈钢中加入钼（Mo），主要是为了促使钢的 Fe-Cr 钝化，增强耐蚀性，尤其是在氯化物溶液中的抗局部腐蚀性能。钼（Mo）还能促进钝化膜中铬（Cr）元素富集，进而增强不锈钢的抗点蚀能力。

钼（Mo）能促使不锈钢表面钝化，具有增强不锈钢抗点腐蚀和缝隙腐蚀的能力，铁素体不锈钢中如果不含钼（Mo），含铬（Cr）量再高，也很难获得满意的抗点蚀性能，但只有在含铬（Cr）钢中钼（Mo）才能发挥作用。一般来说，含铬（Cr）量越高，钼（Mo）提高钢耐点蚀性能的效果就越明显。研究表明，钼（Mo）提高不锈钢耐点蚀性能的能力相当于铬（Cr）的 3.3 倍。1Cr17 中加入 1%的钼（Mo）（1Cr17Mo）可使其在有机酸和盐酸中的耐腐蚀性能明显提高。18-8 的 Cr-Ni 钢中加入 1.5%～4.0%的钼（Mo），可以提高其在稀硫酸、有机酸（醋酸、蚁酸、草酸）、硫化氢、海水中的耐蚀性能。

铬（Cr）是不锈钢中保证耐蚀性的基本成分。作为一种铁素体形成元素，钼（Mo）能提高不锈钢的耐蚀性能，但钼（Mo）在不锈钢中不能取代铬（Cr）的作用。在铁素体钢中加钼（Mo）可以改进抗点蚀性能，典型的添加量约 0.3%，有的高达 2%。反过来在大多数的应用中镍（Ni）却对抗点腐蚀不起任何作用。钼（Mo）对含碳（C）量不大于 0.01%的铁素体不锈钢的电化学行为如图 10-6 所示，对三种材料，I_{CC}（临界电流密度）都随含钼（Mo）量的增加而减少[18,19]，表明耐蚀能力增强了。

钼（Mo）和铜（Cu）可以提高不锈钢的耐蚀性能。不锈钢的钝化作用是在氧化性介质中形成的，通常所说的耐腐蚀，多指氧化性介质而言。在非氧化性酸中，如稀硫酸和强有机酸中，一般铬（Cr）不锈钢、Cr-Ni 不锈钢均不耐蚀。特别是在含有氯离子（Cl^-）的介质中，由于氯离子能破坏不锈钢表面的钝化膜，造成不锈钢局部地区的腐蚀，即点腐蚀。在不锈钢中加入钼（Mo）和铜（Cu）

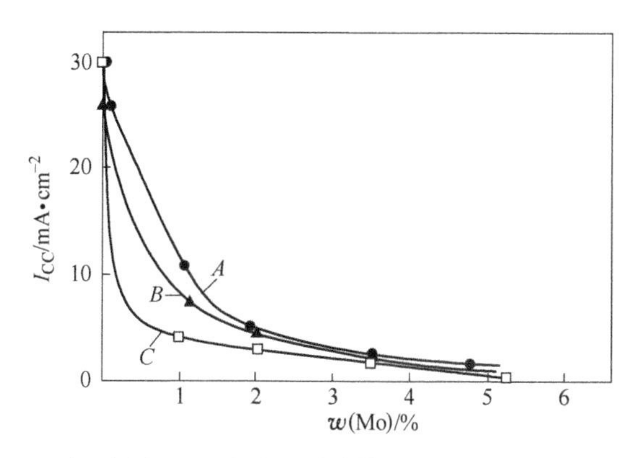

图 10-6 Mo 对不同含 Cr 量的高纯铁素体不锈钢的临界电流密度的影响

是提高不锈钢在非氧化性介质中抗蚀性能的有效途径。

钼（Mo）通常与其他元素联合添加，钼（Mo）的加入能促使铬（Cr）元素在氧化膜中的聚集，从而提高了氧化膜的稳定性。实验表明，钼（Mo）是铁素体不锈钢耐点蚀和耐缝隙腐蚀的最佳选择，对于由点蚀和缝隙腐蚀引起的应力腐蚀也具有很好的抑制作用。但钼（Mo）的加入会促进 α′相、σ 相和 χ 相的形成，使合金的脆性转变温度升高而容易产生脆裂。对于磁性而言，钼（Mo）的加入促进了第二相粒子的形成，并且第二相粒子的含量会随着含钼（Mo）量的增加而增加。这些粒子对畴壁运动起钉扎作用，会阻碍磁化过程，因此会增大材料的矫顽力 H_c，降低材料的磁导率 μ_r。图 10-7 给出了含钼（Mo）量对 Cr13 和 Cr17 两种铁素体不锈钢磁感应强度 B 的影响[20]。从图 10-7 中可以看出，随着含钼（Mo）量的增加，材料的磁感应强度 B 值都会下降。

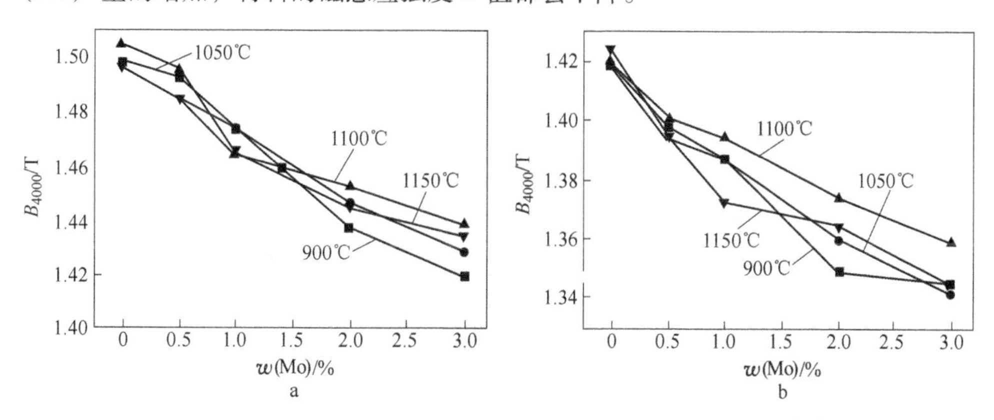

图 10-7 含钼（Mo）量和退火工艺对合金磁感应强度的影响[20]

a—Cr13；b—Cr17

钼（Mo）能改善奥氏体不锈钢的高温力学性能，如表 10-2 所示。在马氏体不锈钢中加入0.5%~4.0%的钼（Mo），可以增加钢的回火稳定性。钼（Mo）在不锈钢中还能形成沉淀析出相，提高钢的强度，如沉淀硬化型不锈钢0Cr17Ni5Mo3。

表10-2　Mo对不锈钢高温力学性能的影响

牌　号	抗拉强度/MPa					屈服强度/MPa					蠕变极限
	20℃	316℃	538℃	760℃	871℃	20℃	316℃	538℃	760℃	871℃	
0Cr18Ni9	586	441	379	200	117	241	172	124	96.5	68.9	119
0Cr17Ni12Mo2	586	538	455	276	172	262	241	193	138	103	171

10.2.5　钛（Ti）和铌（Nb）的作用

钛（Ti）和铌（Nb）都既是强铁素体形成元素，也是强碳化物、氮化物形成元素，可以与其中残余的碳（C）和氮（N）形成碳化物、氮化物。因此，对铁素体不锈钢，铌（Nb）和钛（Ti）也是碳化物、氮化物稳定化元素，钛（Ti）和铌（Nb）都可以以这两种方式降低有效碳（C）元素的含量，促进铁素体结构，从而都可以防止晶间腐蚀。此外，铌（Nb）和钛（Ti）还能抑制不锈钢中铬（Cr）的碳化物、氮化物析出，使其耐晶间腐蚀性增强。

在铁素体不锈钢中加铌（Nb）和/或钛（Ti），有时是为了改善韧性，同时能改善敏化阻力，以减小发生晶间腐蚀的风险。在奥氏体钢中，如果含碳（C）量较高，可以加钛（Ti）或铌（Nb）以增强抗晶间腐蚀的能力，它们同时还都能增强高温力学性能。在马氏体不锈钢中加钛（Ti），钛（Ti）会与碳（C）结合，从而降低马氏体不锈钢的硬度，增加回火抗力；在马氏体不锈钢中加铌（Nb）也可以降低硬度，并增加回火抗力。在沉淀硬化型不锈钢中加钛（Ti），可以形成能增加强度的中间相。

在铁素体不锈钢中加入钛（Ti），可形成TiN，其形核作用能细化铸态组织。但是，在连铸时，含钛（Ti）铁素体不锈钢可能出现翻皮、皮下夹杂等问题。

在铁素体不锈钢中加钛（Ti）可以改善材料的韧性、成型性和耐蚀性。钛（Ti）能提高合金孔蚀电位，固定碳（C）、氮（N）等间隙元素，而且使自身碳化物细化，有效地防止贫铬（Cr），使加工性能改善。此外，钛（Ti）和铌（Nb）与氮（N）可结合生成氮化钛和氮化铌，钛（Ti）与氧（O）可结合生成TiO_2，奥氏体中还能溶解一部分铌（Nb）（约0.1%）。考虑到这些因素，实际生产中，为防止晶间腐蚀，钛（Ti）和铌（Nb）的加入量一般按下式计算：

$$w(\mathrm{Ti}) = 5 \times [w(\mathrm{C}) - 0.02] \sim 0.8\% \qquad (10\text{-}1)$$

$$w(\mathrm{Nb}) \geqslant 10 \times w(\mathrm{C}) \qquad (10\text{-}2)$$

铌（Nb）除了具有很好的耐晶间腐蚀性能外，对提高钢的耐点蚀性能也有利，铌（Nb）的这种耐点蚀性是由于在加入了铌（Nb）后可以有效提高钝化膜中铬（Cr）的浓度导致的。此外，铌（Nb）在铁素体不锈钢中除了稳定化作用外，还能提高表面质量、高温屈服强度，改善抗起皱性能、高温性能。一般铌（Nb）在铁素体不锈钢中的含量为0.15%~0.5%。

铌（Nb）的含量大于8倍的碳（C）的含量时几乎可以固定合金中所有的碳（C），使钢具有很好的抗氧化性能；在奥氏体钢中铌（Nb）可以防止氧化性介质所致的晶间腐蚀。铌（Nb）还有抗大气、海水、H_2S等的腐蚀作用。铌（Nb）在铁铬合金中通常以微量元素添加，其含量为0.3%~0.4%。但应控制铌（Nb）的加入量，加入过多会降低钢的纯净度，致使冷轧成品的外观质量及使用性能降低。

Cr-Ni奥氏体不锈钢在450~800℃温度区加热，常发生沿晶界的腐蚀破坏，称为晶间腐蚀。一般认为，晶间腐蚀是碳（C）从饱和的奥氏体中以$Cr_{23}C_6$形态析出，造成晶界处奥氏体贫铬（Cr）所致。防止晶界贫铬（Cr）是防止晶间腐蚀的有效方法。钛（Ti）和铌（Nb）都与铁素体相中的碳（C）元素有很强的亲和力。如果将各种元素按与碳（C）的亲和力大小排列，顺序为：钛（Ti）、锆（Zr）、钒（V）、铌（Nb）、钨（W）、钼（Mo）、铬（Cr）和锰（Mn）。可见，与合金中的铁（Fe）和铬（Cr）元素相比，钛（Ti）和铌（Nb）与碳（C）的亲和力都比铬（Cr）大。因此，把钛（Ti）和铌（Nb）加入钢中后，碳（C）和氮（N）会优先与钛（Ti）和铌（Nb）元素结合，生成稳定化合物碳化钛（TiC）和碳化铌（TiNb）等，这样就避免了析出碳化铬而造成晶界贫铬（Cr），从而有效防止晶间腐蚀。

因此，在体心立方晶格（铁素体相）中碳（C）含量的减少是由于TiC等第二相粒子的析出产生的。一般可以同时加入铌（Nb）和钛（Ti），进行复合稳定。钛（Ti）主要固定氮（N），铌（Nb）则主要固定碳（C），这种双重稳定更有利于消除碳（C）和氮（N）的有害作用。实验表明，双稳定元素（Ti+Nb）较单稳定元素（Ti或Nb）的稳定效果要好得多，即钛（Ti）和铌（Nb）混合使用，要比单独使用钛（Ti）或铌（Nb）的效果更好。

含钛（Ti）和铌（Nb）的钢固溶处理后会得到单相奥氏体组织，这种组织处于不稳定状态。当温度升高到450℃以上时，固溶体中的碳（C）逐步以碳化物形态析出，650℃是$Cr_{23}C_6$形成温度，900℃是TiC形成温度，920℃是NbC形成温度。要防止晶间腐蚀就要减少$Cr_{23}C_6$含量，使碳化物全部以TiC和NbC形态存在。由于钛（Ti）和铌（Nb）碳化物比铬（Cr）的碳化物稳定，钢加热到700℃以上时，铬（Cr）的碳化物就开始向钛（Ti）和铌（Nb）的碳化物转化。稳定化处理是将钢加热到850~930℃之间，保温1h，此时铬（Cr）的碳化物全部分解，形成稳定的TiC和NbC，钢的抗晶间腐蚀性能就会得到改善。

钛（Ti）和铌（Nb）的加入还能抑制晶粒长大，并起到细化晶粒的作用，这样晶界的影响效果也就相应地变大了。实验表明，纯铁的矫顽力 H_c 会随晶粒尺寸的增大而降低，如图 10-8 所示[21]，对不锈钢也是如此（图 9-3）。细晶粒还有助于提高材料的强度和韧性，改善不锈钢的焊接性[22]。但对于磁性而言，由于稳定的第二相粒子在晶内析出会阻碍磁畴运动；另外，在晶界附近位错密度也高，会造成点阵畸变和应力场，也将阻碍畴壁位移和磁矩转动。因此，晶粒越细，材料的磁导率 μ_r 就越低，矫顽力 H_c 就越高，相应地软磁性能也就越差。

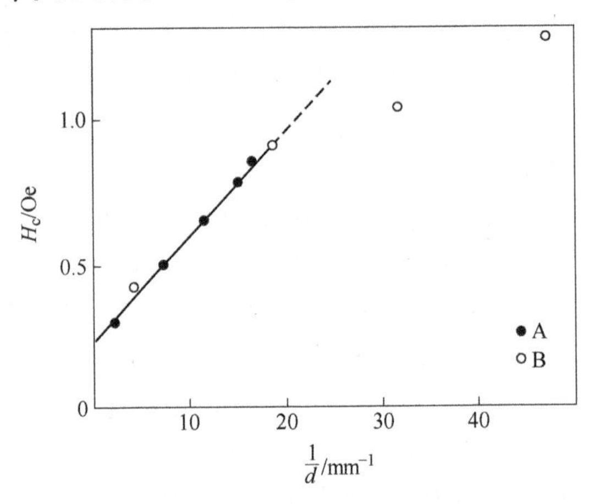

图 10-8　高纯铁的矫顽力 H_c 与晶粒大小的关系[21]

不锈钢中加入钛（Ti）和铌（Nb），在一定条件下会弥散析出 Fe_2Ti 和 Fe_3Nb_2 金属间化合物，钢的高温强度会有所提高。但铌（Nb）价格贵（是 Ti 的 70 倍），因此，广泛采用的是加钛（Ti）不锈钢。含钛（Ti）不锈钢存在一些缺点：如 TiO_2 和 TiN 以夹杂物存在，含量高且分布不均匀，会降低钢的纯净度；铸锭表面质量差，增加工序修磨量，极易造成大批废品；成品抛光性能不好，很难得到高精度表面等。

10.2.6　硅（Si）和锰（Mn）的作用

硅（Si）是形成铁素体元素，在提高不锈钢的抗氧化和热强性能方面具有良好的作用。含硅（Si）的不锈钢钢水流动性好，能铸成高质量的耐热不锈钢铸件。硅（Si）对 18-8 型奥氏体不锈钢的耐硝酸腐蚀性能有不利影响，当含硅（Si）量处于 0.8%~1.0%时影响最显著，但硅（Si）能提高奥氏体不锈钢的抗应力腐蚀能力。一般认为，硅（Si）会使不锈钢的冷加工性能下降。

锰（Mn）是奥氏体形成元素，它能抑制奥氏体的分解，使高温形成的奥氏体组织保持到室温。锰（Mn）稳定奥氏体的作用为镍（Ni）的 1/2，2%的锰（Mn）可以代替 1%的镍（Ni）。

锰（Mn）和氮（N）可以代替镍（Ni）。含锰（Mn）钢具有冷加工强化效应显著、耐磨性高的优点。缺点是对晶间腐蚀很敏感，并且不能通过加钛（Ti）和铌（Nb）来消除晶间腐蚀。

Cr-Mn 钢要在常温下得到完全奥氏体组织，与钢中的碳（C）和铬（Cr）含量密切相关。当含碳（C）量低于 0.2%、含铬（Cr）量大于 14%~15%时，不论向钢中加入多少锰（Mn），都不能得到纯的奥氏体组织。要得到奥氏体组织，必须增加含碳（C）量或降低含铬（Cr）量，这两种做法都会降低钢的耐腐蚀性能，所以锰（Mn）不能代替全部镍（Ni）。

硅（Si）可以增强不锈钢在高温下的抗氧化能力及在更低温度下抗强氧化溶液的能力，能促进铁素体结构，并使强度增加。锰（Mn）在不锈钢中一般用于改善热塑性，它对铁素体/奥氏体的平衡效果主要取决于温度：在低温下锰（Mn）是奥氏体稳定剂，但在更高温度下却稳定铁素体相。锰（Mn）还会增加氮（N）在不锈钢中的溶解度，在双相不锈钢和奥氏体不锈钢中可用于获得高的含氮（N）量。

硅（Si）可以溶入铁素体中，在耐热钢中对抗氧化有贡献，并且是一种非常有效的硬化剂，也是一种通用的脱氧剂。硅（Si）在基体中会使晶格发生畸变，导致导体中的自由电子在发生定向移动时易发生散射现象，所以会使材料的电阻率增高。硅（Si）在晶面滑移时会起到钉扎作用，所以会增加合金的强度和硬度。硅（Si）还会使钢的脆性转变温度在热处理过程中发生一定程度的改变。锰（Mn）也会使脆性转变温度发生改变，研究表明[23]，随着锰（Mn）元素含量的增加材料的脆性转变温度也随之上升，含有 0.2%Mn 元素的不锈钢较无锰（Mn）不锈钢的脆性转变温度上升 90℃左右。

硅（Si）在软磁材料中是一种非常重要的元素。硅（Si）可以降低材料的磁晶各向异性，因此会减小磁化过程中的阻力，从而使磁化变得更容易。另外，添加 0.5%Si 材料的磁感应强度 B 要明显优于不添加硅（Si）的材料的磁感应强度 B，原因在于硅（Si）可以使合金易于沉淀析出其他相，主要是沉淀析出碳化物，并使碳石墨化，从而降低对磁性的有害影响。添加硅（Si）的另一个好处是减弱了碳（C）、氧（O）和氮（N）在铁素体中脱溶引起的磁时效现象，这对铁素体不锈钢的磁性能是非常有利的。如果在 13%~18%Cr 不锈钢中添加一定量的硅（Si），可使其矫顽力 H_c 降低而最大磁导率 μ_m 急剧增高，材料会显示出良好的软磁性能。

在传统的 9%~12%Cr 铁素体不锈钢中含硅（Si）量（质量分数）一般低于 0.5%，如果把含硅（Si）量增加至高于 1.0%，就可以有效地增强材料的耐蚀能力，原因在于可以形成更加致密的保护层。这时即使把含碳（C）量控制在 0.2%左右，由于硅（Si）的强铁素体稳定效果，还是不至于对材料形成大的损害。要在不损害材料加工性能和耐蚀性能的前提下不断改进材料的性能，可以把含硅（Si）量提高到1.5%。硅（Si）除了可以增加电阻率之外，更高的含硅（Si）量还可以抑制奥氏体相的形成，从而可以在更高的热处理温度下对材料进行热处理，但如果加入过量硅（Si）会损害钢的加工性。

锰（Mn）有时与硫（S）、磷（P）共同添加，作为改善切削性能之用，这时含硫（S）量可酌情提高。钢中有足够量的锰（Mn）存在时，会与硫（S）形成硫化锰夹杂物而起到应力集中及裂纹萌生的作用，进而导致切屑的断裂。切屑的这种易碎性会随着MnS增加而得到更加显著的改善，因此所有商业化的钢种都会含有0.3%~0.8%的锰（Mn），以降低并抵消硫化铁的影响。但是如超过0.2%，将使焊接性能变坏。过量的锰（Mn）会部分溶入铁（Fe），部分形成Mn_3C，与Fe_3C一起出现。现在有一种趋势是增加锰（Mn）的含量，减少碳（C）的含量，以使钢在获得同等抗拉强度σ_b的情况下塑性得到改善。低碳钢更高的锰（Mn）含量可以使其在冷轧后更易重结晶，锰（Mn）也可以在某种程度上增大材料的电阻率。但如果含锰（Mn）量超过1.8%，钢会趋向于变得空气硬化，结果会损害材料的塑性。

锰（Mn）对力学性能也有好的影响，为降低成本，锰（Mn）作为奥氏体形成元素，锰（Mn）也可以替代不锈钢中的部分镍（Ni），即可以增加含锰（Mn）量，降低价格较贵的镍（Ni）的含量。

铁素体不锈钢中较高含量的硅（Si）和锰（Mn），易增加其脆性倾向、可焊性降低。因此，应控制硅（Si）和锰（Mn）的含量，一般均不得大于0.6%。此外，锰（Mn）也是合金中的杂质，为了避免磁性恶化，应控制在0.5%以下。

10.2.7　铝（Al）的作用

铝（Al）是稳定铁素体的元素，在铁素体不锈钢中，少量的硅（Si）和铝（Al）可以提高钢的耐高温氧化性能，改善焊接性能。含铝（Al）量达到1%左右时，有显著的沉淀硬化效果，但铝（Al）会降低钢抵抗硝酸腐蚀的能力。

铝（Al）的作用与硅（Si）相近，可以提高钢的电阻率，如图9-7所示，使材料变硬，并使γ相区缩小，同时也能使材料的磁感应强度B降低。硅（Si）与铝（Al）的加入都能使电磁性能大幅度地提高，具体表现为磁导率μ_r上升、矫顽力H_c下降，老化现象与应力敏感性等缓解或消除，而使磁稳定性大为提高，还有因电阻率提高而使涡流下降、铁损大为降低等。因此，它们的添加都是有利的。但两者相比，铝（Al）添加所致的硬度上升值较硅（Si）小得多。6%的含铝（Al）量只和2%~3%的含Si量相当。而且合金含铝（Al）时合金表面会形成致密的、结合牢固的氧化膜，具有保护作用，以致含铝（Al）合金的耐蚀性远优于含硅（Si）的合金。因此，在铁铬合金中以添加铝（Al）为佳。

加 1.5%的铝（Al）或钛（Ti）可使材料有高的硬度。铝（Al）在铁素体不锈钢中能起到细化晶粒的作用，对铸件能提高等轴晶的含量，铝（Al）还能与不锈钢中的氮（N）元素反应形成 AlN，从而减少固溶体中的间隙原子氮（N），这样有利于提高冷成型性能，在高温连续退火时还可以减少马氏体相的形成。铝（Al）还可以作为脱氧剂使用，且脱氧效果好[23]，更进一步地还能为更好地发挥稳定性元素钛（Ti）的作用提供有利条件。

钢中铝（Al）的氧化物会使软磁性能恶化，而且当含铝（Al）量达到一定量时会使钢粗化并促使碳（C）石墨化，原因在于大的长条形析出相在晶界上形成后会防碍晶粒细化。当含铝量大于 0.5%时，钢变脆的现象就会变得更加突出。

在耐腐蚀性能方面，不锈钢晶间腐蚀的敏化温度跟含铝（Al）量有关。随着含铝（Al）量的增加，其敏化温度也会随之增高。铝（Al）元素的这一特性意味着，通过添加一定量的铝（Al）就可以减少因高温处理（如退火、焊接等）过程所导致的晶间腐蚀[24]。

综上所述，铝（Al）的突出作用在于有效减少了不锈钢基体中氧（O）元素和其他一些非金属杂质的影响，从而使得铁素体不锈钢的耐蚀性能得到有效改善。铝（Al）作为非磁性元素对材料的饱和磁化强度无贡献，但可以增大电阻率。它产生的氮化铝等第二相粒子也会阻碍磁畴运动，因此对磁性能是有害的。

10.2.8 硫（S）、硒（Se）、铅（Pb）、铋（Bi）和碲（Te）的作用

一般情况下，铁素体不锈钢中所含的硫（S）、磷（P）和氧（O）等均被称为杂质元素。在铁素体不锈钢中，尤其是超纯铁素体不锈钢中，微量的杂质元素常会导致钢材性能的急剧恶化。特别是硫（S），在不锈钢中一般是残余元素。室温下，硫（S）在不锈钢中的溶解度小于 0.01%。因此，硫（S）通常主要是以金属硫化物的形式存在于不锈钢中。含硫（S）不锈钢易出现含硫（S）的条形夹杂物，从而大大降低不锈钢的抗腐蚀性能及力学性能，并使热加工性能变坏。硫（S）对不锈钢的强度影响不大，但会降低不锈钢的韧性，使不锈钢的伸长率和冲击值大幅度下降。一般要求含硫（S）量小于 0.01%。因此，提高杂质控制水平，对于提高超纯铁素体不锈钢性能具有重要意义。

在某些特定的钢种中加硫（S）是为了增强加工性能，形成易切削钢种，因为硫（S）可以提高不锈钢的切削性能。易切削不锈钢中一般含有 0.15%~0.4%的硫（S），含硫（S）量不同，材料的机加工性能也显著不同。低硫钢（$S<0.025\%$），其切削性能不好；中硫钢（$0.020\%<S<0.035\%$）在低速切削时加工性能好，而在高速切削时加工性能不好。改善切削性能的加硫钢（$S=0.07\%\sim0.10\%$），其加工性能有一定程度的改善；重硫化不锈钢（$S>0.15\%$），加工性能获得显著的改善。

硫（S）在不锈钢中以硫化锰和硫化铁的形式独立存在，在压力加工过程中，硫化物夹杂沿金属延伸方向拉长，呈细条状或纺锤状，相当于在不锈钢中形成了无数微小的缺口，破坏了钢的连续性。但在随后的切削和磨削加工中，切屑和磨屑很容易折断和脱落，从而使机械加工能顺利进行。硫化物是软的，具有自润滑性能，能降低金属和刀具（磨轮）之间的摩擦，提高刀（磨）具的使用寿命，加工件的尺寸精度和表面光洁程度也相应地得到了提高。

在重硫化不锈钢中，硫（S）与锰（Mn）、铬（Cr）等元素结合，生成相应的易熔硫化物，其作用如下：（1）在切削过程中，当硫化物区达到一定温度时，硫化物会变得软而韧，在金属-刀具界面上起润滑作用，降低了切屑与刀具之间的摩擦；（2）由于在钢中存在有弥散分布的脆性硫化物，故切屑易破碎成短小的卷曲状或碎屑；（3）硫化物可以减少切屑的粘合作用，减少了刀具切削瘤的形成。由于上述种种原因，钢的切削加工性能获得显著改善。

硫（S）和锰（Mn）会发生相互作用，硫（S）在铁素体不锈钢中可以与锰（Mn）元素结合在一起，形成易使不锈钢生锈的 MnS，所以当形成此化合物时硫（S）被认为是有害元素，尤其是当含硫（S）量（质量分数）大于0.01%时其对腐蚀性的危害会更加突出。但硫（S）元素可以改善不锈钢的切削加工性能，有利于铁素体不锈钢的大规模推广应用。如果要单纯改进加工性能，可以牺牲一些磁性能，加入0.5%S 就可以达到理想效果。但在加至可以改善加工性能的含硫（S）量水平时，会降低耐蚀性能、塑性、焊接性、成型性和磁性能等。加入更低的含硫（S）量可减小加工硬化，以改善成型性；适当加入硫（S）也能改善不锈钢的焊接性能。

现在硫（S）是最常用的易切削添加剂，以 Mn-Cr-Fe 硫化物夹杂形式存在，并逐渐取代了铅（Pb）。但硫（S）的含量必须严格加以控制，最大可至0.5%，最常用的是0.25%~0.35%。除硫（S）之外，锰（Mn）与硫（S）的比率及硫化物的大小和形态也很重要。高的锰（Mn）与硫（S）比率及大的、球状的硫化物有利于改进加工性能。高含硫（S）量会导致磁性能、耐蚀性能、焊接性能及锻粗性（冷镦性）等都变差，因此，虽然广泛使用，硫（S）常常并不是最好的易切削添加剂。但如果不能用传统不锈钢钢种加工成特定规格的产品，含硫（S）钢种就具有特别的优势。

硒（Se）也是在不锈钢中常用的易切削添加元素。在改善切削性能方面硒（Se）有着和硫（S）相同的作用，但又与硫（S）不尽相同：（1）硒（Se）可以使钢中的硫化物球化，使钢的横向韧性获得显著改善；（2）显著提高加工表面的光洁度。但加硒钢的价格比重硫化钢贵。

由于硫化物以细条状和纺锤状沿加工方向分布，所以易切削钢棒的纵向抗拉强度 σ_b 降低甚微，但伸长率 δ 却有较大幅度下降。以硒（Se）代硫（S）能显著改善易切削钢的塑性。硒（Se）会形成 MnSe 夹杂，含硒（Se）钢的伸长率和冲击值要比含硫（S）钢高得多，含硒（Se）易切削钢的各项力学性能与同类非易切削钢相近。但在添加量相同的情况下，硒（Se）效果比硫（S）要差一些，虽然用硒（Se）后表面光洁度会更好一些，并能促进硫化物夹杂球形化和长大。但硒（Se）是有毒物质，且价格昂贵，除重要部件外，一般很少使用含硒（Se）易切削钢。另外，加硒（Se）钢种大多数都用于对磁性能要求不高的场合。

铅（Pb）和液态铁的原子半径相差 27%，1600℃时铅（Pb）在钢液中只溶解约 0.3%，合金钢中铅（Pb）的溶解度会更小，在 0.19%~0.26%之间，所以常温下铅（Pb）几乎不固溶于固体钢中。而且，铅（Pb）与常用合金元素均不能形成化合物，因此铅（Pb）既不固溶于基体中，也不进入非金属夹杂物中，而是在钢水凝固过程中呈数微米的颗粒析出，或与非金属夹杂物 MnS 相连。铅（Pb）在钢中可单独呈粒状存在，也可与硫化物结合存在。其作用是：（1）由于铅（Pb）是低熔点物质，在切削过程中起润滑和熔融脆化作用，从而改善切削性能，显著降低刀具磨损，同时也具有非常好的断屑特性；（2）提高加工表面精度。

铋（Bi）和铅（Pb）被认为是最好的易切削添加剂，能产生高的金属切削速率、优异的表面光洁度和更低的刀具磨损。而且，铅（Pb）也能导致比硫（S）更佳的耐蚀能力和冷锻性能。铅（Pb）和铋（Bi）这两种元素本质上都不溶于不锈钢，因此都必须在熔融合金中复合添加。即要么在钢锭中添加，要么在连铸包中添加。因此，如何获得一种在钢中均匀分布的铅（Pb）或铋（Bi）颗粒是一个已经存在多年的问题。另外，这两种元素都会提高热加工的难度。

在不锈钢中，铅（Pb）可以单独加入，但常和其他易切削元素复合加入。但铅（Pb）的作用又与上述元素不同：（1）在改善加工性方面，其效果比其他元素略好；（2）由此而带来的对热加工的不利影响也大，但可通过复合加入适量的铝（Al）、钛（Ti）、铌（Nb）、钒（V）等而予以消除；（3）铅的密度大，很难使铅（Pb）均匀弥散在钢中获得均匀的分布；（4）铅（Pb）有毒，人们也不希望接触带铅（Pb）的切屑，使得其应用受到一定的限制，特别是欧盟 RoHS 法案的公布，故只适用于大机加工量的部件。因此，含铅（Pb）易切削钢现在已经很少使用。

碲（Te）与硫（S）属于同一主族，在钢中溶解度也非常小，在钢中可形成 MnTe 夹杂，常与 MnS 形成复相球状夹杂物。碲（Te）为表面活性极高的元素，能够有效降低变形过程中的切变阻力，同时能够对硫化物进行变质和改性。此外，部分铅（Pb）和碲（Te）存在于 MnS 边缘，形成软的包裹层，可以减轻加工过程中 MnS 的压延变形，尽量减小 MnS 夹杂的长宽比，以有利于切削。也有报道称在含铅（Pb）的易切削钢中，碲呈 PbTe 相，并分布于 MnS 的两端。碲

（Te）的存在状态与钢中硫（S）的含量有关，当 Te/S 不大于 0.07 时，钢中的碲（Te）只存在于 MnS 中；略大于 0.07 时，很少数的 MnS 夹杂物边缘有少量的 MnTe；如果 Te/S 增大，MnTe 量相应增高。据报道，用于奥氏体不锈钢中时其易切削效果比硫（S）更有效。与硒（Se）类似，碲（Te）也能促进硫化物夹杂球形化和长大。碲（Te）主要用于奥氏体和马氏体不锈钢，在奥氏体不锈钢中会引起热加工问题。

10.2.9　铜（Cu）的作用

铜（Cu）是一种奥氏体形成元素，但其形成作用非常弱，加入少量的铜（Cu）对金相结构基本不会产生影响，但是能够延迟马氏体相的形成，因此可以减少马氏体相的含量。此外，铜（Cu）在铁素体中的溶解量有限，在正火温度下溶解量不超过 3.5%，室温下在铁素体中 0.35%Cu 会达到饱和。

铜（Cu）对海水、硫酸以及盐酸等还原性介质有强烈的耐蚀能力，特别是与钼（Mo）共同添加的场合。在铁素体不锈钢中，铜（Cu）具有提高钢的耐蚀性和冷加工性的作用。加入适量铜（Cu）生产出的钢材经抗菌性热处理后，具有良好的抗菌性。镍（Ni）和铜（Cu）能提高合金的孔蚀电位，特别是增强耐氯离子（Cl^-）、溴离子（Br^-）的腐蚀能力，能有效地避免钝化膜还原。

铜（Cu）还可以改善高铬（Cr）铁素体不锈钢的加工性能，并且铜（Cu）本身具有较好的抗还原性腐蚀能力，可以提高材料的耐蚀性。因为铜（Cu）的熔点较低，其加入量不能过多，否则会降低材料的热塑性，造成热轧困难。

含铜（Cu）的不锈钢钢水流动性较好，容易铸成高质量的部件。铜（Cu）还能提高不锈钢的冷加工性能，如 0Cr18Ni9Cu3 多作为冷顶锻钢使用。

铜（Cu）可增强材料耐空气腐蚀的能力，也能增强对某些酸的抵抗能力。铜（Cu）能增加不锈钢的成型性，也能减小加工硬化，因此能改善加工性能。在超级铁素体不锈钢中加入一定量（1.0%）的铜（Cu），能够使不锈钢的脆性转变温度下降，下降幅度约为 20℃[25]。铜（Cu）元素对铁素体不锈钢的耐腐蚀性也有一定的积极作用，一般在 0.4%～0.5%的含铜（Cu）量时点蚀电位会达到峰值。但在生产实践中还应该考虑到铜（Cu）对铁素体不锈钢的热加工性能和应力腐蚀性能等方面的不利影响[26]，所以一般铜（Cu）的含量不应超过 2.0%。铜也是无磁性元素，对饱和磁化强度 M_S 没有贡献，且对磁性有不利影响。铜作为替代原子对矫顽力 H_c 的影响，如图 10-2 所示[27]，随着含铜（Cu）量的增加，材料的矫顽力 H_c 也随之增加。

10.2.10　磷（P）的作用

磷（P）在不锈钢中是残余元素。在奥氏体不锈钢中磷（P）的危害不像一般钢中那样显著，含量允许偏高一些（不大于0.045%）。磷（P）对钢有强化作用。有些沉淀硬化型不锈钢中，磷（P）是作为合金元素加入的，例如PH17-10P。

在碳钢和合金钢中，磷（P）是一种易切削元素。与前面提到的其他易切削元素不同，磷（P）不形成夹杂物，而是降低了基体的应变硬化速率，从而有助于切削加工。在不锈钢中磷（P）会对耐蚀性能产生不利影响，所以现在很少将磷（P）用于不锈钢材料中。不锈钢中的磷（P）元素来自于原材料，一般也不易完全去除，因为磷（P）元素的存在能提高铁素体不锈钢耐大气腐蚀的能力[28]。含磷（P）量的增加会降低铁素体不锈钢的力学特性（如脆性），磷（P）、硫（S）对材料脆性转变温度的影响如图10-9所示[23]，表明磷（P）的效果明显比硫（S）显著。

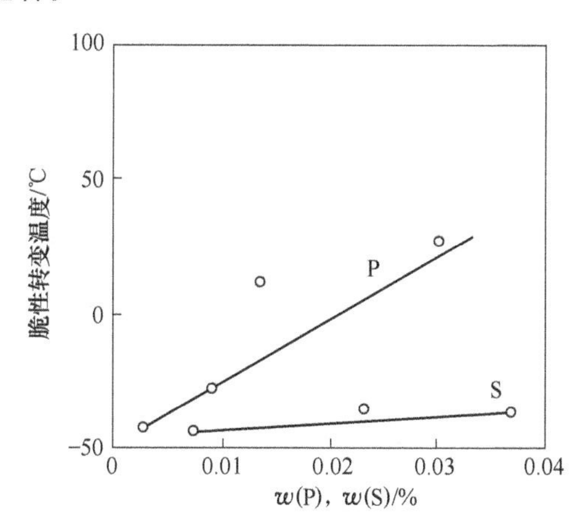

图10-9 P、S含量对高纯21Cr-1Mo钢脆性转变温度的影响[23]

10.2.11 稀土元素的作用

稀土元素有脱气、脱硫和消除其他有害杂质的作用，可以较大幅度地提高合金的耐蚀性。通常将微量稀土元素添加于铁铬合金或铁镍合金中。在不锈钢中加入稀土元素后的磁性能要比不加入稀土元素的磁性能好。

稀土元素应用于不锈钢，主要是改善工艺性能，保证热加工顺利进行。不锈钢中加入稀土元素能扩大一次结晶组织的等轴晶区，缩小柱状晶区并使等轴晶粒尺寸变小，这已为不少研究所证实，并且稀土元素有净化晶界的作用。所谓净化作用，是指在钢液中与氧（O）、硫（S）等有害元素反应生成化合物，并作为夹杂物从钢液中排出，导致钢内杂质含量减少。从这里也可以看出，稀土元素还是很好的脱氧去硫加入剂，能减少钢中的非金属夹杂物，并可以改变夹杂物的形态，从而对钢的综合力学性能有较大改善。稀土元素还能够细化晶粒，使畴壁移动和转动的阻力减小，进而使材料的矫顽力 H_c 降低，磁导率 μ_r 增高，软磁性能变好。

双相不锈钢常用稀土元素改善热加工性能。

10.2.12　其他元素的作用

钴（Co）：在铁素体（α-Fe）和奥氏体（γ-Fe）中都具有较高的溶解度，但形成碳化物的能力较弱，会减小材料的淬透性，但在回火时可以维持材料的硬度。

硼（B）：近些年来，特别是在美国，为了增加钢的淬透性，会在以前完全脱氧、细晶粒的钢中添加 0.003%~0.005%B。

钒（V）：钒（V）能促进铁素体相的形成，钒（V）在较低温度下能形成碳化物和氮化物，能增强韧性。由于形成的碳化物的作用，钒（V）能增强马氏体不锈钢的硬度，也能增加回火抗力。钒（V）的另一个作用是氧化物的清除剂，能形成钒（V）的碳化物，对耐热钢的力学性能起有益作用，特别是在存在其他元素的情况下。一般只用在硬化型不锈钢中。

钙（Ca）：用钙（Ca）脱氧的不锈钢称为钙易切削不锈钢。钙（Ca）是为改善切削性能而添加的元素，通常添加量为 0.001%~0.005%。其优点是：（1）切削时，钙氧化物软化或熔化，在刀具表面形成黏附层，起减摩作用；（2）没有材质低劣问题；（3）和硫（S）复合加入，具有优良的切屑破碎特性；（4）可以显著提高表面的加工精度。但因钙（Ca）的密度小，故加钙工艺较难，一般采用气体运载法把钙硅铝合金加到脱氧良好的钢液中。

钨（W）：钨（W）可溶于铁素体（α-Fe）和奥氏体（γ-Fe）中，可与碳（C）形成 WC 和 W_2C，但在有铁（Fe）元素存在时会形成 Fe_3W_3C 或 Fe_4W_2C，铁的化合物 Fe_3W_2 提供了一种时效硬化系统。钨（W）可细化晶粒，在工作中可降低脱碳趋势，因此可用在耐蚀、耐热钢中。在钢中添加合金元素钨（W）和/或铬（Cr）之后，通过必要的热处理，就会形成碳化物沉淀，从而阻碍畴壁的运动，从而使软磁性能恶化。钨（W）在大多数不锈钢中都是作为杂质出现的，但在有些钢种中，如在超级不锈钢如 4501 中，钨（W）可用于改善点蚀性能。

10.3　各元素的综合作用

不锈钢中的合金元素主要从以下几个方面发挥作用：

（1）促进不锈钢钝化膜的生成和稳定。

（2）提高不锈钢的电极电位。

（3）调整不锈钢的组织结构。

（4）减少或消除不锈钢中组织的不均匀性，增强组织的稳定性。

（5）平衡或减小碳（C）、氮（N）对耐腐蚀性能的不利作用。

（6）强化不锈钢的基体，调整不锈钢的力学性能和物理性能（包括磁性能）。

（7）改善不锈钢的冷、热加工工艺性能。

（8）改善不锈钢的切削性能。

综上所述，不锈钢组织取决于各元素的综合作用。例如，在10%～20%Cr的Cr-Fe合金中，加入硒（Se）或硫（S）可以改善切削加工性，但碳（C）、硫（S）、钛（Ti）的含量不应超过0.15%，否则将降低弯曲性能。加入钛（Ti）或锆（Zr），可以与合金中的碳（C）和氮（N）结合以减少这两种元素的不利影响。碳（C）可降低抗腐蚀性，控制含碳（C）量及加入硅（Si）、钛（Ti），不仅改善了合金的力学性能，而且提高了磁性。铬（Cr）、硅（Si）、铝（Al）还可以提高合金的电阻率，降低涡流损耗 P_e，但硅（Si）、铝（Al）的总量应小于3%。

成分的调整有时是为了便于制备，例如，改变基本成分是为了更易于制备出管材和铸件；有时也是为了易于焊接，有时是为了获得所需要的性能。总之，合金元素是不锈钢材料形成的基础，从上述讨论中也可以看出，有些元素的作用具有双面性，加之元素和元素之间还会有相互作用，这就更增加了分析的难度，所以，合理地控制好元素的含量是非常有必要的。当然，材料的加工和热处理过程也可以对材料的最终性能起到调节性的作用，在此不再赘述。

这里还要注意一个问题，上述元素中的绝大多数在铁素体相中均属于非磁性元素，除锰（Mn）外，其他元素的原子半径和铁（Fe）的原子半径相差较大，都会使晶格发生畸变，并对晶面移动和磁畴运动产生阻碍作用。因此，要想获得理想的磁性能，必须在各种性能之间仔细进行权衡，想要使一个钢种同时具有多项优异的综合性能几乎是不可能的。

经过多年的艰苦攻关，国内厂商现在也已经能够生产出质量过硬的软磁铁素体不锈钢产品，磁性能可以与进口产品媲美。一般来说，430钢种是软磁铁素体不锈钢的参照合金。该合金中由于添加了铬（Cr），与铁（Fe）相比合金的 $\mu_0 M_S$ 有明显下降，矫顽力有很大的增加。但该合金具有高的耐蚀性能及高的电阻率，并可以为工业和消费电子产品提供最大的品质保证，也是使用量最大的一种产品。其他铁素体不锈钢品种都是以该钢种为基础衍生出来的。用户在选择时可以以该钢种为标准，通过与国内不锈钢生产和制造厂家的共同努力，为自己的应用选择合适的钢种。

11 国内外常用铁素体不锈钢的磁性能

为了能对软磁铁素体不锈钢有一个比较全面的认识和理解，在本书一开始，我们首先对基本的磁学理论和金属学基础知识作了简单介绍，接着，我们对不锈钢及其分类、不锈钢的牌号表示方法、不锈钢的耐蚀性能等做了讨论，并讨论了涉及腐蚀的一些知识。在此基础上，我们讨论了不锈钢的特性及特点，并对铁素体不锈钢的性能特点、影响不锈钢性能的因素、制备方法及不锈钢的相结构、合金元素对不锈钢性能的影响等进行了论述，对不锈钢的磁性能也有了初步的认识。

关于耐蚀软磁合金，虽然国内外已形成了一些标准，但很少能见到完整的资料，实测的曲线数据更是难得。国外的生产厂家一般也不提供产品标准，包括磁性能曲线及数据等。在长期的研究过程中，我们搜集和整理了一些耐蚀软磁合金的资料，结合实测数据，现在整理出来，供大家参考。

11.1 铁素体 Fe-Cr 系耐蚀软磁合金（不锈钢）

虽然在传统的磁学书籍中很少提及，并不被认为是传统的软磁材料，但铁素体 Fe-Cr 系软磁合金不仅在直流领域，在交流领域磁特性也相当优良，是工业上很重要的软磁材料，特别是在需要耐蚀性能的场合。这类合金行业内称之为不锈钢，很多人不确切地称其为不锈铁，但是，本质上是一类铁素体 Fe-Cr 系软磁合金。

我们已经知道，铁素体 Fe-Cr 系磁性合金通过增加硅（Si）和添加铝（Al），都能有效地提高其电阻率而改善其交流磁特性。而且，添加铝（Al）比添加硅（Si）对于引起材料脆性的程度较小，如果采用 AOD 精炼技术，合金成分也容易得到控制。研究表明，通过添加高达 5%左右的铝（Al）提高合金电阻率，可以有效地提高这类合金的交流磁性能。例如，410 电磁不锈钢，添加少量铝（Al）和硅（Si），可以使铁素体相稳定化，并可进一步提高其磁特性，还能改善其切削加工性。表 11-1 是 13Cr-0.8Si-Fe 和 13Cr-2.5Al-Fe 两个软磁 Fe-Cr 合金与电工纯铁和 1%硅钢的磁性能比较。

表 11-1　13Cr-0.8Si-Fe 和 13Cr-2.5Al-Fe 耐蚀软磁合金与纯铁和硅钢的性能比较

合　金	B/T				B_r/T	H_c/Oe	μ_m	$\rho/\mu\Omega\cdot cm$
	B_1	B_2	B_5	B_{10}				
Fe	1.079	1.350	1.497	1.563	1.351	0.563	11360	11.0
1Si-Fe	0.992	1.269	1.472	1.553	1.196	0.512	11240	22.9

续表 11-1

合 金	B/T				B_r/T	H_c/Oe	μ_m	$\rho/\mu\Omega \cdot cm$
	B_1	B_2	B_5	B_{10}				
13Cr-0.8Si-Fe	0.0682	0.561	1.068	1.202	0.983	1.616	3198	70.0
13Cr-2.5Al-Fe	0.528	0.897	1.091	1.176	0.955	0.807	5746	99.2

注：$B_1 \sim B_{10}$分别为 1～10Oe 下的磁特性（1Oe＝79.58A/m）。

从表 11-1 可以看出，虽然耐蚀性能提高后，作为代价，材料的软磁性能降低了。但是，随着自动控制技术的迅猛发展，软磁材料在电子器件上的应用越来越多，常用的软磁材料很难保证耐蚀性能。而 Fe-Cr 系软磁合金不仅耐蚀性能优良，而且电阻率高，作为交流电磁器件应用时反而具有优良的磁特性，可以同时作为结构材料和功能材料使用。因而，获得了很大的市场占有率。例如，4130 是合金结构钢（标准 ASTM A29/A29M-04），金相组织是索氏体。索氏体指的是钢经正火或等温转变所得到的铁素体与渗碳体的机械混合物。对应的国产牌号为 30CrMo。研究表明，这种材料具有优异的交流软磁性能，如表 11-2 所示。

表 11-2 合金结构钢 4130 的交流磁性能

磁 性	60Hz	400Hz	1200Hz
H_m	8913	8913	8833
B_m（$H=H_m$ 时）/T	2.14	2.14	2.08
$H_c/A \cdot m^{-1}$	1639	1982	2340
B_r/T	1.45	1.49	1.48
μ_m	191	191	187
μ（B＝1.5T 时）	512	507	468

当前，国际上有一些大公司，专门从事电磁用不锈钢的研发和制造，在国际市场上拥有很大的市场占有率和话语权。例如，美国卡彭特（Carpenter）公司、日本东北特殊钢有限公司、德国萨普公司（ZAPP）等，此外，还有英国、法国、瑞典、意大利、日本等国的其他公司。现在美国卡彭特公司的 430 系列软磁不锈钢已经成为世界的标杆，在涉及性能对比时，多以此系列材料作为基准，特别是软磁 430FR 材料，可见其影响力。

在此还要说明的是，Fe-Cr 系耐蚀合金材料，在磁性上可以分为两个极端：作为铁素体系列，拥有比较好的软磁性能；作为奥氏体系列，基本上没有磁性。但是，马氏体系列虽然也拥有铁磁性，但其磁性能随热处理状态的不同，可以在软磁和永磁之间变化。在一些大功率的阀体中，马氏体系列不锈钢拥有绝对的优势。在电磁阀中，如图 9-1 所示，铁素体系列不锈钢和奥氏体系列不锈钢都在使用，如在四通阀中，芯铁和封头一般用铁素体系列不锈钢，而导管，必须使用奥氏体系列不锈钢，以免对芯铁的运动造成不利影响。如果导管材料具有磁性，甚至会阻碍芯铁的运动，从而使阀的功能遭到破坏。在本书中，我们只讨论铁素体不锈钢的磁性能，是因为铁素体不锈钢涉及的情况复杂多变。而对奥氏体系列不锈钢，只要进行彻底的退火处理，其磁性就可以完全消除。关于“磁性”和“无磁性”，在书中已经有较详细的论述，在此不再展开讨论。

11.2　美国卡彭特（Carpenter）公司的电磁不锈钢系列产品

11.2.1　卡彭特（Carpenter）公司给出的430系列产品的性能

表11-3~表11-6为卡彭特（Carpenter）公司给出的430系列材料的成分、磁性能、力学性能和物理性能数据。

表11-3　美国卡彭特（Carpenter）公司给出的430系列的化学成分　（%）

钢号	Cr	C	Si	Mn	Mo	P	Ni	S
430	≤17.5	≤0.015	≤0.90	≤0.40	≤1.75	≤0.02	≤0.2	—
430F	17.25~18.25	≤0.065	0.03~0.70	≤0.80	≤0.50	≤0.03	≤0.60	0.25~0.40
430FR	17.25~18.25	≤0.065	1.00~1.50	≤0.80	≤0.50	≤0.03	≤0.60	0.24~0.40

表11-4　美国卡彭特（Carpenter）公司给出的430系列的磁性能

钢　号	状　态	H_c/A·m^{-1}	B_r/T	μ_m	HRB
430F	未退火	400~560	0.40~0.85	300~500	>92
	轧机退火 PG	360~480	0.30~0.85	400~700	82~91
	轧机退火 CG	240~400	0.20~0.85	500~1100	82~91
	轧机退火 CG	120~200	0.20~0.85	1100~2400	75~82
	完全退火	120~200	0.20~0.85	1100~2400	72~80
430FR	未退火	400~560	0.20~0.65	300~500	>92
	轧机退火 CG	95~200	0.25~0.80	1100~2500	80~88
	轧机退火 PG	320~440	0.25~0.80	500~800	82~91
	完全退火	95~200	0.25~0.80	1100~2500	80~88

表11-5　美国卡彭特（Carpenter）公司给出的430系列的力学性能

钢号	σ_s/MPa	σ_b/MPa	δ/%	ψ/%	HB	HRB	状态
430F	310	517	20	60	150	82	退火
	276	483	20	60	145	78	氢气退火
430FR	345	538	30	60	174	86	退火

表11-6　美国卡彭特（Carpenter）公司给出的430F的磁性能、物理性能

μ_i(B=0.02T)	μ_m	H_c/A·m^{-1}	B_r/T	μ_0M_S/T	ρ/μΩ·m
230	1100~1600	240~320	0.8~0.95	1.47	0.6

美国卡彭特（Carpenter）公司在上述表中的性能是按照 ASTM A341《用直流磁导计和点对点试验法（冲击法）测量软磁材料直流磁性能的试验方法》（相当于 IEC 404-4），用直棒测量的结果。退火态的直径在 6.35~32mm 的棒，当直径从 32mm 降至 6.35mm 时，直径越小，一般会具有更高的磁导率 μ_m、更低的 H_c 和更高的 B_r 值（在表 11-4 所示的范围内）。B_r 值的变化一般都是由测量方法引起的，而不是材料本身的变化引起的。当棒的直径超过 32mm 时，一般是用加工的环形试样测量的，采用的标准是 ASTM A596《使用冲击法和环形样品测量材料直流磁特性测试标准》或 ASTM A773《使用磁滞回线测量仪测试低矫顽力磁性材料直流磁特性的测试标准》（对应的国际标准是 IEC 404-4《软磁材料直流磁特性测量方法》，国标 GB 13012《软磁材料直流磁性能的测量方法》）。此外，在表中指出的完全退火是指在干燥氢气气氛中，在 845℃下保温 2h，然后以 56℃/h 降温至 427℃出炉。

卡彭特公司的 18-FM（430）的耐蚀性能优于传统的 430 不锈钢。这种钢的耐蚀性能也优于 430FR 不锈钢，但磁性能与 430FR 接近。

430F 是电磁阀用不锈钢，具有高的磁导率 μ_m 和低的矫顽力 H_c。这种钢可以以三种硬度范围交货：

（1）HRB 75~82：剩磁 B_r 最低；

（2）HRB 82~91：剩磁 B_r 略高一些；

（3）HRB 不低于 91，具有最佳机加工状态，但需经过退火才能得到最佳磁性能。

430FR 可以用于空气、纯水和腐蚀性环境。这一系列合金电阻率比 430F 更高，因此在交流情况下具有更低的损耗。

11.2.2 卡彭特（Carpenter）公司给出的系列电磁不锈钢产品的性能

表 11-7 是美国卡彭特公司生产的系列电磁不锈钢。为了方便比较，表 11-7 中也同时列出了 430FR 和电磁纯铁、硅钢的成分及磁性能、电阻率等数据。可以看出，电磁不锈钢有着比硅钢更高的电阻率，因此更适合于应用在交流场合。

表 11-7 美国卡彭特（Carpenter）公司的系列电磁不锈钢

合金	化学成分/%					磁性能			ρ /μΩ·cm	应用环境
	C	Cr	Si	Mo	S	$\mu_0 M_S$ /T	H_c /A·m^{-1}	μ_m		
电磁纯铁	≤0.02	0.20	0.12			2.1	56	75000	13	干空气，继电器、电磁阀、磁极片

续表 11-7

合金	化学成分/%					磁性能			ρ /μΩ · cm	应用环境
	C	Cr	Si	Mo	S	$\mu_0 M_S$ /T	H_c /A · m^{-1}	μ_m		
硅钢	0.03	≤0.25	2.50			2.1	56	11000	40	干空气，继电器，电磁阀，磁极片
8-FM	≤0.06	8	1.25	0.35	0.30	1.8	200	3100	52	燃料，温和的气氛，喷油器
12-FM	≤0.03	12.0	0.5	0.35	0.30	1.7	200	3100	57	腐蚀性燃料，淡水，喷油器，ABS 电磁阀
13-FM	≤0.03	13.0	1.5	0.3	0.30	1.7	140	3000	78	腐蚀性燃料，淡水，喷油器，ABS 电磁阀
18-FM	0.015	17.5	0.9	1.75	0.30	1.5	199	1500	75	氯化物，温和化学品，喷油器，电磁阀
29 电磁阀用不锈钢	0.03	28.75	—			1.3	98	1624	63	腐蚀性高纯环境，工业用电磁阀
430FR				0.4	0.30	1.5	200	3000	76	温和的水环境，喷油器，ABS 电磁阀

注：系列电磁不锈钢材料都具有极好的耐蚀性能和加工性能。

11.2.3　实测性能曲线及数据

我们先后测试过很多样品，对同一牌号的样品，其性能差异也很大，有一定的变化范围，也可能是材料不同的供货状态决定的（如退火态、酸洗交货等）。因此，这里给出的曲线，是我们认为的典型曲线。此外，正如前面提到的，同一种材料，用棒测和环样测试，测得的数据差别是很大的。这里提供的测试数据，都是棒测数据，对拿到的棒样未进行任何热处理，这可能也是造成数据差别的原因。因此，测量的数据仅供参考。我们得到的样品也不全面，仅是一些典型的材料样品。

图 11-1 为实测的卡彭特公司 430FR 棒料的磁特性曲线，其性能数据汇总在表 11-8 中。

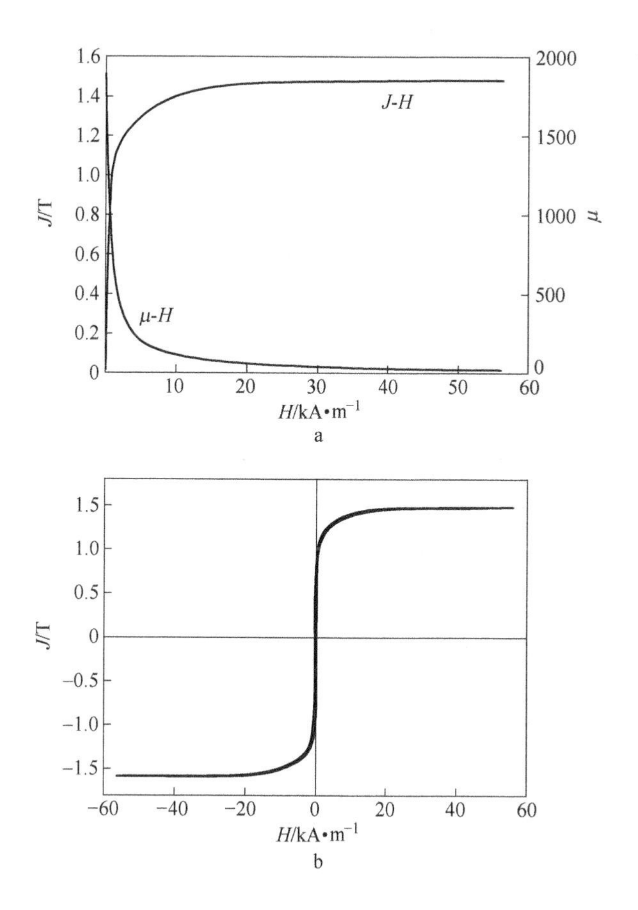

图 11-1 430FR 的磁特性曲线

a—磁化曲线和 μ-H 曲线；b—磁滞回线

表 11-8 实测的 430FR 的磁性能数据

牌 号	B_r/T	H_c/A · m^{-1}	$H_{\mu m}$/A · m^{-1}	μ_m	J_S/T
430FR	0.743	137	184	2095	1.534

11.3 日本东北特殊钢公司 K-M 系列电磁不锈钢

11.3.1 日本东北特殊钢公司给出的 K-M 系列电磁不锈钢的性能

表 11-9 列出了日本东北特殊钢公司给出的 K-M 系列电磁不锈钢的化学成分、磁特性及物理性能数据。作为比较，表中也列出了 430F 的数据。

表 11-9　K-M 系列不锈钢的化学成分、磁特性及物理性能

钢种	化学成分/%							磁特性			HRB	耐蚀性	切削性	冷锻性
	C	Si	Mn	S	Cr	Ti	其他	B_5 /T	B_{25} /T	H_c /A · m^{-1}				
K-M35FL	0. 01	0. 8	0. 3	0. 02	13	—	Al，Pb	1. 10	1. 33	75	72	一般	优	优
K-M80	0. 02	0. 8	0. 2	0. 04	13	0. 3	Al	1. 15	1. 37	78	75	中	良	优
K-M85	0. 04	0. 8	0. 2	0. 06	13	0. 2	Al	1. 04	1. 32	113	76	良	优	良
K-M32	0. 06	2. 2	0. 2	0. 05	13	0. 2	—	1. 02	1. 30	135	89	良	良	—
K-M48	0. 06	2. 2	0. 2	0. 05	13	0. 2	Ni，Cu，Mo	0. 92	1. 19	90	94	优	良	—
430F	0. 02	5. 0	0. 5	0. 30	18	—	Mo	0. 78	1. 19	200	83	优	优	—

注：B_5 和 B_{25} 分别是指磁场强度 H=5Oe 和 25Oe 下的磁感应强度值（1Oe=79. 58A/m）。

日本东北特殊钢公司的 Fe-Cr 系列电磁不锈钢的成分范围为：12%～20%Cr，0. 3%～3. 0%Al，0. 1%～1. 0%V，C<0. 1%，Si<2. 5%，Mn<2%，余 Fe。合金的典型性能：σ_b=392～490MPa，ψ=73%～77%，μ_m=3000，H_c=72～104A/m，B_{80}=0. 1T，B_{100}=1. 01～1. 1T，B_{800}=1. 1T，B_{1500}=1. 2T，ρ=0. 9～1. 0μΩ · m。合金适于焊接、切削加工和压力加工。资料中提到的，TICS=$Ti_4C_2S_2$。其中的两种合金 K-M31 和 K-M34，μ_m 都大于 4000，且都具有良好的抗腐蚀性，如表 11-10 和表 11-11 所示。

表 11-10　K-M31 和 K-M34 合金的典型化学成分　　（%）

钢　种	Cr	Al	V	C	Si	Mn
K-M31（Cr13Si2 余 Fe）	15. 05	1. 10	0. 31	0. 05	1. 28	0. 11
K-M34（Cr18Si2 余 Fe）	14. 80	1. 73	0. 54	0. 06	1. 09	0. 14

表 11-11　K-M31 和 K-M34 合金的典型磁特性和抗蚀性能

牌号规格	磁感/T			H_c /A · m^{-1}	P /W · kg^{-1}	ρ /μΩ · m	腐蚀速度/g ·（m^2 · h）$^{-1}$				
							7%HNO_3		3%NaCl		28%NH_4OH
	B_{50}	B_{400}	B_{800}				20℃	煮沸	20℃	煮沸	20℃
K-M31（棒材）	0. 05～0. 08	0. 95～1. 0	1. 17～1. 19	128～144	—	0. 90～0. 95	0. 1～1. 0	3. 0～10. 0	<0. 01	<0. 01	<0. 01
K-M34（棒材）	0. 3～0. 4	0. 92～0. 99	1. 15～1. 16	40～48	—	0. 95～0. 98	<0. 1	<0. 2	<0. 1	<0. 3	<0. 01
K-M34（0. 2mm 厚板）	0. 4～0. 5	0. 94～1. 0	1. 02～1. 15	40～48	1. 52	—	—	—	—	—	—

表 11-12 为 K-M 系列不锈钢合金的性能特点，表 11-13 为 K-M 系列合金的典型性能，选择材料时可以参考。作为比较，表 11-12 和表 11-13 中都列出了 430F 的值。

表 11-12 K-M 系列合金的性能特点

钢种	主要成分	磁性	耐蚀性	加工性	冷锻性	耐磨性	生产效率	特点
K-M31	13Cr-2Si	○				○	○	最基础的软磁材料，广泛用于电磁阀行业，硬度高、电阻率高、易切削
K-M35FL	13Cr-0.7Si-0.2Al-0.2Pb	●		●	●		●	磁性好、易切削，适于冷锻，广泛用于汽车喷油嘴的标准材料
K-M35CS	13Cr-0.7Si-0.2Al-TICS							磁性与 K-M35FL 相同，不含 Pb，易切削性能优良
K-M35ST	13Cr-0.75Si-0.2Al-MnS+Te							磁性与 K-M35FL 相同，不含 Pb，易切削性能优异
K-M41F	18Cr-1.2Si-0.2Al-0.3Mo-MnS							磁性能优异，易切削性好，不含 Pb
K-M62F	13Cr-1Si-Al-Ti-Pb	○	○	○			○	耐蚀性比 K-M35FL 更好，并有优异的切削性能及冷锻性能
K-M60	13Cr-Al-X	○	○		●		△	冷锻用
K-M38	18Cr-2Si-2Mo-X	○	●				○	高耐蚀性（水）、高电阻
K-M38CS	18Cr-2Si-2Mo-X-TICS	○	●	○			△	K-M38 改善切削性，优异耐蚀性能，电阻率高，易切削(不含 Pb)
K-M45	20Cr-2Si-2Mo-X	○	●				△	超高耐蚀性（纯水）、高硬度、高电阻率
K-M57	14Cr-3Ni-2Mo-X 15Cr-Ni-Cu-Al-Ti	○	●			●	△	高硬度，力学性能优异
430F	17Cr-S		○				○	比较钢种

注：○—好；●—更好；△—最好。

表 11-13　K-M 系列合金的磁性能和物理性能

钢　种	磁通密度/T					H_c /A · m^{-1}	ρ /μΩ · mm	硬度 HRB
	B_{80}	B_{160}	B_{400}	B_{800}	B_{2000}			
K-M31	0.10	0.45	0.93	1.13	1.26	150	0.92	90
K-M35FL	0.36	0.85	1.08	1.21	1.33	72	0.72	75
K-M35CS		0.88	1.12	1.22	1.32	95	0.72	74
K-M35ST		0.46	0.89	1.15	1.28	105	0.76	76
K-M62F	0.32	0.85	1.08	1.18	1.28	88	0.76	74
K-M60	0.33		1.12	1.22	1.31	83	0.65	
K-M57	0.40	0.64	0.95	1.07	1.20	58	0.90	HV350
K-M41F		0.38	0.84	1.04	1.20	135	0.82	85
K-M38	0.22	0.70	0.86	1.03	1.16	89	0.85	92
K-M38CS	0.25	0.65	0.90	1.10	1.20	100	0.94	94
K-M45	0.30	0.78	0.89	1.00	1.10	75	1.09	92
430F	0.02	0.35	0.78	1.04	1.19	250	0.76	83

K-M31 广泛应用于电磁阀行业，是最基础的软磁不锈钢材料。K-M35FL 是汽车喷油嘴行业的标准材料。K-M45 广泛用于半导体行业。K-M38 广泛应用于特殊环境下作业的电磁阀。

表 11-12 中所列出的性能，是材料经过热处理后的典型性能值。材料对应的热处理工艺为：

K-M31，K-M35FL，K-M35CS，K-M35ST，K-M62F：950℃×4h，真空，炉内冷却。

K-M57：1050℃×2h，真空，氮气（N_2）煤气冷却，550℃×3h。

K-M38，K-M38CS，430F：850℃×4h，真空，炉内冷却。

K-M45：1000℃×2h，真空，水冷。

以 Fe-13Cr-0.8Si-0.3Al 钢为基，又开发出了 K-M80 和 K-M85。

我们知道，经过不同的热处理工艺，材料会有不同的性能。表 11-14 和表 11-15 列出了几种 K-M 电磁不锈钢经过特殊处理后的性能数据。

表 11-14　K-M 合金热处理后的磁性能和力学性能

钢种	成　分	热处理状态	磁性能			ρ /μΩ · cm	点蚀电位 /mV	力学性能				硬度 HRB
			$\mu_0 M_S$ /T	H_c /A · m^{-1}	μ_m			σ_s /MPa	σ_b /MPa	δ /%	ψ /%	
K-M35CS	13Cr-0.7Si-0.2Al-TICS	950℃×3h 炉冷	1.34	105	3500	72	−100	255	436	45	77	76

续表 11-14

钢种	成 分	热处理状态	磁性能			ρ /μΩ · cm	点蚀电位 /mV	力学性能				硬度 HRB
			$\mu_0 M_S$ /T	H_c /A · m^{-1}	μ_m			σ_s /MPa	σ_b /MPa	δ /%	ψ /%	
K-M33CS	15Cr-2Si-0. 3Mo-TICS	950℃×3h 炉冷	1. 29	100	3500	88	140	370	520	40	69	85
K-M41CS	17. 5Cr-1. 2Si-0. 2Al-0. 3Mo-TICS	850℃×3h 炉冷	1. 20	200	2500	80	250	400	550	40	65	87

表 11-14 中材料的特点是：软磁性能优异，耐蚀性优良，高硬度。

表 11-15 K-M 系列合金热处理后的磁性能和力学性能

钢种	成 分	热处理状态	磁性能			ρ /μΩ · cm	点蚀电位 /mV	力学性能				硬度 HRB
			$\mu_0 M_S$ /T	H_c /A · m^{-1}	μ_m			σ_s /MPa	σ_b /MPa	δ /%	ψ /%	
K-M31	13Cr-2Si	950℃×3h 炉冷	1. 25	150	2500	92	-10	400	570	43	73	88
K-M35FL	13Cr-0. 7Si-0. 2Al-0. 2Pb	950℃×3h 炉冷	1. 30	75	4500	72	-130	245	370	47	74	70
K-M38	18Cr-2Si-2Mo	850℃×3h 炉冷	1. 15	80	3000	85	350	450	590	36	70	90
K-M45	20Cr-2Si-2Mo	1000℃×3h 快冷	1. 10	60	4000	109	750	590	680	32	70	95
K-M60	13Cr-0. 2Al-1Mo	950℃×3h 炉冷	1. 35	85	3500	65	0	225	370	46	83	70

表 11-15 中材料的特点是：软磁性能优异，耐蚀性优良，高电阻，高硬度，用于喷油器、电磁阀、ABS 传感器、流量计、半导体阀系统等。

11. 3. 2 实测的性能曲线及数据

图 11-2 和图 11-3 分别是日本东北特殊钢公司 K-M31 和 K-M35 两种棒料的实测磁特性曲线，它们的性能数据汇总在表 11-16 中。

表 11-16 实测的 K-M31 和 K-M35 产品的磁性能数据

牌 号	B_r/T	H_c/A · m^{-1}	$H_{\mu m}$/A · m^{-1}	μ_m	J_S/T
K-M31	0. 683	219	374	1221	1. 631
K-M35	0. 495	128	195	1541	1. 716

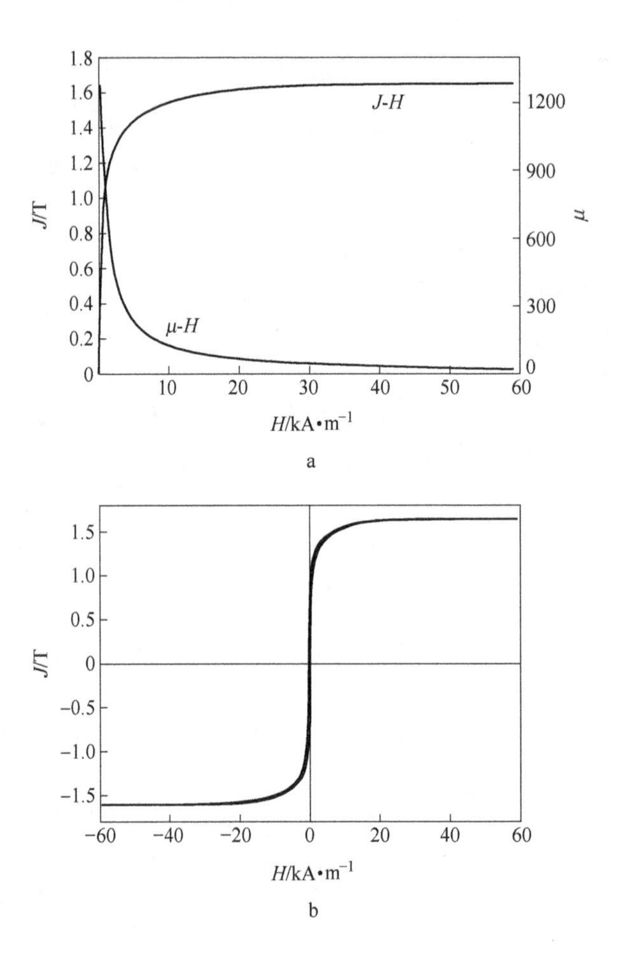

图 11-2　K-M31 的磁特性曲线

a—磁化曲线和 μ-H 曲线；b—磁滞回线

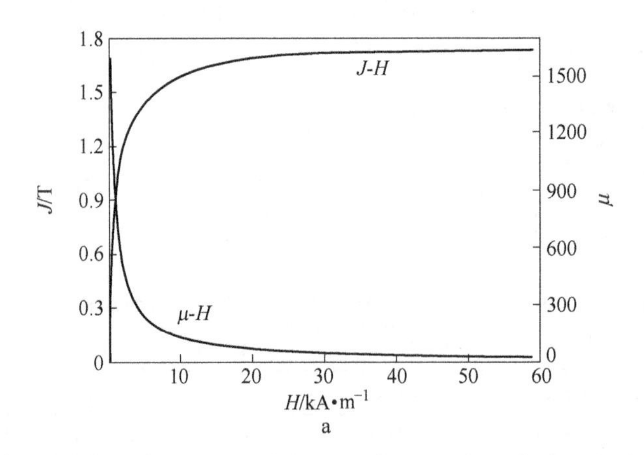

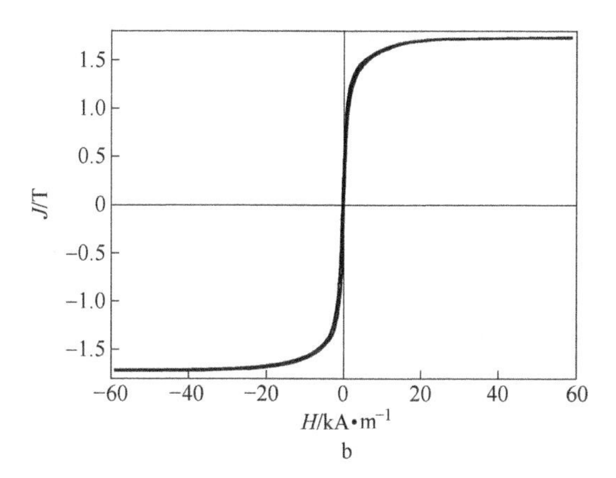

图 11-3　K-M35 的典型磁特性曲线

a—磁化曲线和 μ-H 曲线；b—磁滞回线

11.4　意大利 MG 系列电磁不锈钢

11.4.1　意大利公司给出的 MG 系列电磁不锈钢的性能

表 11-17～表 11-19 列出了意大利 MG 系列电磁不锈钢的化学成分、物理性能、力学性能及磁特性的数据。作为比较，表中也列出了 430F 的数据及 FeSi3P 和 FeSi4 电工钢的性能。

表 11-17　MG 系列电磁不锈钢的成分　(%)

成分	C	Mn	Si	Cr	Ni	Mo	P	S	N	其他
430F	≤0.030	0.30～0.60	0.30～0.60	17.25～18.25	≤0.30	0.20～0.35	≤0.030	0.25～0.35	≤0.030	
MG2	≤0.030	≤0.60	1.20～1.50	17.25～18.25	≤0.30	0.20～0.35	≤0.030	0.25～0.35	≤0.020	
MG3	≤0.025	≤0.50	0.60～1.00	17.50～18.25	≤0.30	1.50～2.00	≤0.030	0.25～0.35	≤0.030	
MG4	≤0.020	0.30～0.60	1.25～1.50	18.00～18.50	≤0.250	1.50～2.00	≤0.030	0.25～0.35	≤0.020	
MG5	≤0.025	0.75～1.50	0.50～1.00	12.00～13.00	≤0.30	0.30～0.60	≤0.045	0.25～0.35	≤0.025	
MGC	≤0.020	≤0.50	0.85～1.00	17.50～18.00	≤0.30	1.70～1.80	≤0.025	0.30～0.35	≤0.020	Nb：0.25～0.30
MGT	≤0.025	≤0.50	≤1.00	17.50～19.00	≤0.30	2.00～2.50	≤0.040	0.25～0.35	≤0.025	Ti：0.30～0.70
FeSi3P	≤0.030	≤0.50	2.50～3.00	≤0.10	≤0.050	≤0.050	0.10～0.15	0.020～0.035		
FeSi4	≤0.030	0.20～0.30	3.80～4.20	≤0.10	≤0.050	≤0.050	≤0.030	0.020～0.030		

表 11-18 MG 系列不锈钢的物理性能和力学性能

项目	D /kg · dm^{-3}	ρ /μΩ · mm	α(20~500℃) /K^{-1}	T_c /℃	E /kN · mm^{-2}	σ_b /MPa	σ_s /MPa	δ_5 /%	ψ /%	硬度 HRB
430F	7.62	600	11.9×10^{-6}	670	220	484	323	36	72	77~79
MG2	7.59	760	11.9×10^{-6}	660	220	504	337	35	67	81~83
MG3	7.80	610	11.1×10^{-6}	670	220	510	345	34	65	81~83
MG4	7.78	765	12×10^{-6}	680	220	542	380	35	67	81~83
MG5	7.70	570	12×10^{-6}	720	220	420	250	37	60	76~77
MGC	7.70	620	12×10^{-6}	720	220	520	345	35	61	82~83
MGT	7.7	620	11.9×10^{-6}	680	220	540	350	34	58	82~84
FeSi3P	7.65	400	13.2×10^{-6}	750		719	668	26	72	HB216
FeSi4	7.60	580	13.5×10^{-6}	730		628	448	23	66	HB190

表 11-19 MG 系列不锈钢的磁性能

项目	$\mu_0 M_S$/T	μ_m	H_c/A · m^{-1}	B_r/T	备 注
430F	1.69	1610	159	0.80	1.4105
MG2	1.65	1840	125	0.81	更高的 Si 含量
MG3	1.67	1600	165	0.78	XM34，1.4114，高 Mo，MG1+Mo
MG4	1.61	1410	134	0.75	更高的 Mo 含量，1.4106，MG2+Mo
MG5	1.85	1739	129	0.72	1.4005，更低的 Cr 含量
MGC	1.67	1577	167	0.81	1.4114+Nb
MGT	1.66	1849	112	0.71	MG4+Mo+Ti
FeSi3P	2.05	5027	56	0.73	
FeSi4	2.02	4054	54	0.71	

MG1 不锈钢的性能在表中未列出。MG1 的典型性能为：$\mu_0 M_S = 1.6$T，$H_c \leqslant$ 400A/m，$B_r = 0.3 \sim 0.9$T，HB160~200。

11.4.2 实测的性能曲线及数据

图 11-4 是意大利 MG4 棒料的实测磁特性曲线，其性能数据汇总于表 11-20 中。

表 11-20 实测的 MG4 产品的磁性能数据

牌 号	B_r/T	H_c/A · m^{-1}	$H_{\mu m}$/A · m^{-1}	μ_m	J_S/T
MG4	0.605	166	252	1495	1.501

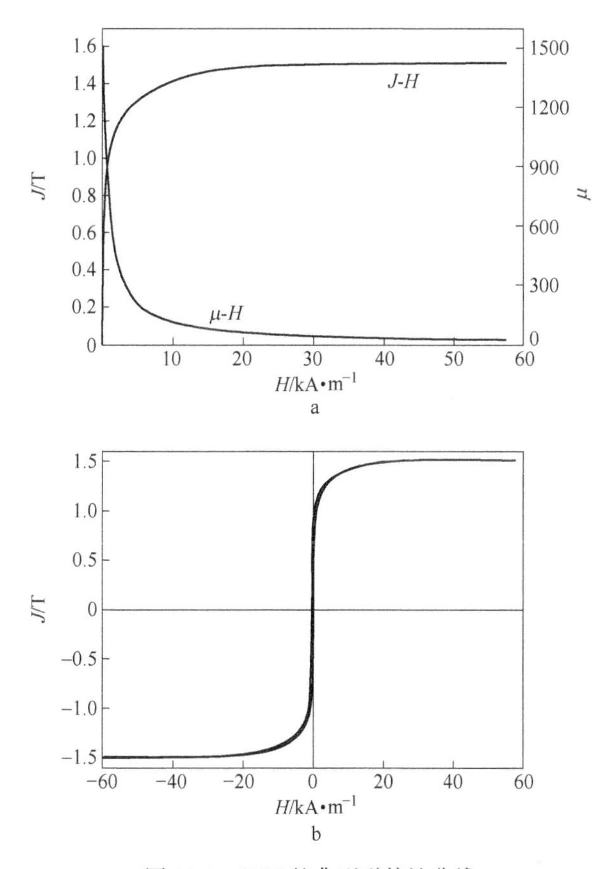

图 11-4 MG4 的典型磁特性曲线

a—磁化曲线和 μ-H 曲线；b—磁滞回线

11.5 德国萨普（ZAPP）公司系列电磁不锈钢

11.5.1 德国萨普（ZAPP）公司 1.4105IL 的性能

表 11-21 和表 11-22 列出了德国萨普（ZAPP）公司典型的电磁不锈钢 1.4105IL 的化学成分、力学性能及磁特性的数据。这些数据是从一份质保书中得到的。

表 11-21 1.4105IL 的化学成分 （%）

成分	C	Cr	Si	Mn	P	S	Mo
含量	0.018	17.64	1.29	0.70	0.021	0.275	0.26

表 11-22 1.4105IL 的磁性能数据

H_c/A · m^{-1}	μ_m	B_r/T	σ_b/MPa	δ_5/%
≤220	≥1200	0.5~1.1	350~550	≥25.0

11.5.2　实测的性能曲线及数据

图 11-5、图 11-6 和图 11-7 分别是德国萨普（ZAPP）公司 1.4113IM、1.4005 和 1.4105 三种棒料的实测磁特性曲线，它们的性能数据汇总在表 11-23 中。

表 11-23　实测的 1.4113IM、1.4005 和 1.4105 产品的磁性能数据

牌　号	B_r/T	H_c/A · m^{-1}	$H_{\mu m}$/A · m^{-1}	μ_m	J_S/T
1.4113IM	0.973	173	232	2194	1.509
1.4005	0.755	433	625	694	1.710
1.4105	0.551	309	484	798	1.537

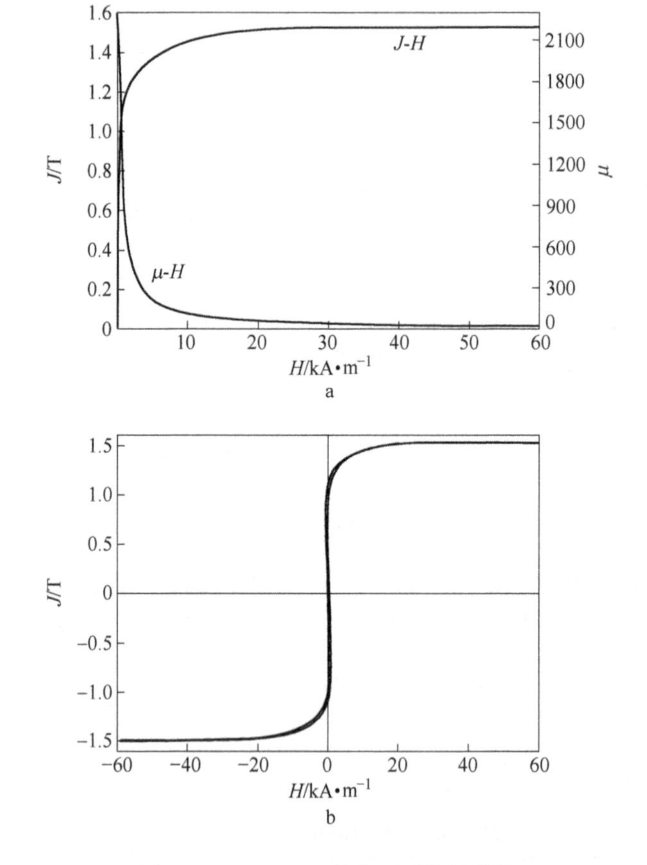

图 11-5　1.4113IM 的典型磁特性曲线

a—磁化曲线和 μ-H 曲线；b—磁滞回线

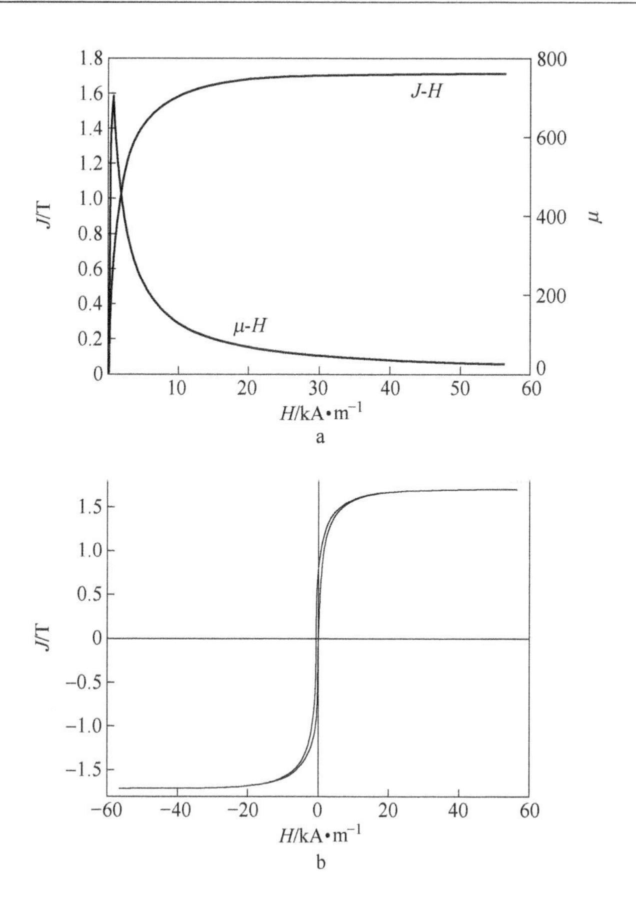

图 11-6 1.4005 的典型磁特性曲线

a—磁化曲线和μ-H曲线；b—磁滞回线

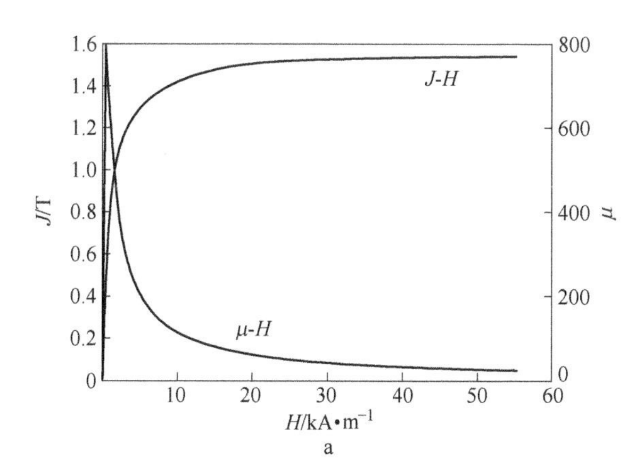

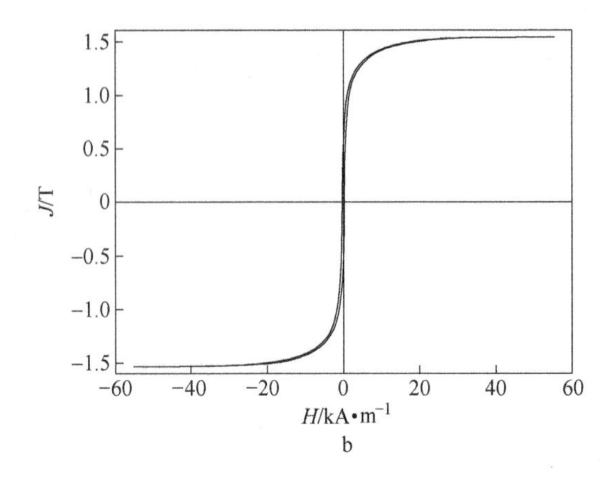

图 11-7　1.4105 的典型磁特性曲线

a—磁化曲线和 μ-H 曲线；b—磁滞回线

11.6　国外公司产品的对比

图 11-8 为前面测量过的国外产品的磁化曲线比较，这些材料的实测性能汇总在表 11-24 中。从图 11-8 和表 11-24 中可以看出，这些材料之间还是有差别的，最主要的差别是，因为不同材料之间铁磁性元素铁（Fe）的含量不同，造成了它们之间 $\mu_0 M_S$，也就是 J_S 的差别。另外，由于成分不同（如含碳量不同等）、热处理工艺不同等，它们的矫顽力 H_c 和磁导率 μ_r 等磁性能还是存在一些差异。在选择材料时要注意这些差异。

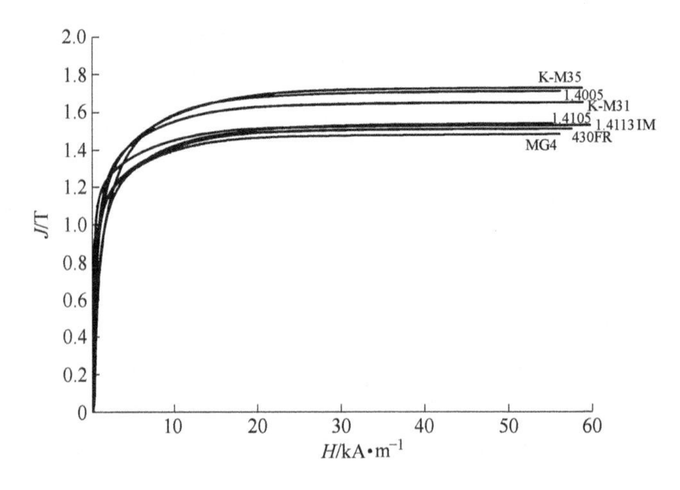

图 11-8　国外各牌号产品的磁化曲线比较

表 11-24 国外各种牌号产品的性能比较

牌 号	B_r/T	H_c/A · m^{-1}	$H_{\mu m}$/A · m^{-1}	μ_m	J_S/T
430FR	0.743	137	184	2095	1.534
1.4113IM	0.973	173	232	2194	1.509
1.4005	0.755	433	625	694	1.710
1.4105	0.551	309	484	798	1.537
MG4	0.605	166	252	1495	1.501
K-M31	0.683	219	374	1221	1.631
K-M35	0.495	128	195	1541	1.716

国内生产企业，包括一些大型国有企业，正在积极开发此类电磁不锈钢材料，并且已经取得了很大的进展，“圆珠”用钢的开发成功就是国内企业积极奋进的一个缩影。国外的这些产品，在国内都可以找到相对应的产品。但是，由于国内一些企业盲目迷信国外产品，给国产产品的推广带来一定的难度。

总之，国际上的铁素体（和/或马氏体）电磁不锈钢产品，在化学成分上，总体上按含铬（Cr）量的不同，可以分为两类，如表 11-25 所示，其他产品都是从这两类产品衍生出来的。对同一类产品（含 Cr 量大体相同），主要差别在于碳（C）、磷（P）、硫（S）等含量的不同及合金元素硅（Si）、锰（Mn）、钼（Mo）、钛（Ti）等含量的不同。

表 11-25 铁素体不锈钢的化学成分 （%）

钢种	化学成分					
	C	Si	Mn	P	S	Cr
410L	≤0.030	≤1.00	≤1.00	≤0.040	≤0.030	11.00~13.50
430F	≤0.12	≤1.00	≤1.25	≤0.060	≤0.015	16.00~18.00

这两类材料的磁性能，根据含碳（C）量和热处理工艺的不同，可以在很大的范围内变化，完全可以满足用户对磁性能的需求。国外产品的优势是，由于已经从事了很多年的生产实践，经验丰富，其综合性能比较好。而国内产品在保证磁性能的情况下，可能还存在一些问题，如加工性能、焊接性能、耐蚀能力等。长期的经验证明，只要进行良好的沟通，都能得到很好的解决。期望用一种产品能满足所有的需求，是一种很不切实际的想法。

国内用户一直认为，日本的 K-M31 就是 00Cr13Si2Mo，K-M35 就是 00Cr13Si2Pb，K-M31S 就是 00Cr14Si2PbS，K-M37F 就是 00Cr17Si2Pb；并认为德国萨普的 4106IM 就是 00Cr17Si2，4113IM 就是 00Cr18Si2，4105IL 就是 00Cr17Si2S。我们的测试分析表明，这些牌号的含碳（C）量，其实并没有我们想像得那么低。真实情况是，不管是国际还是国内，对磁性材料，只要满足了用户的需求，化学成分只是参考，很少有客户要求磁性材料既要保证化学成分，又要保证磁性能。当然，这也完全在于用户的选择。选择有比较高性价比的产品，完全是一种市场行为。

软磁铁素体不锈钢会通过自身的发展，不断满足用户的各种特殊需求。但总的发展趋势如图 11-9 所示，是从四个方面来进行的。当然，这张图也不能完全说明所有的问题，只能作为参考的依据。但是，总的来说，要开发一种新的产品，不能盲目地进行开发。对用户也是一样，在选择产品时，也要有一定的目的，首先应该考虑到，自己主要的性能要求是什么。

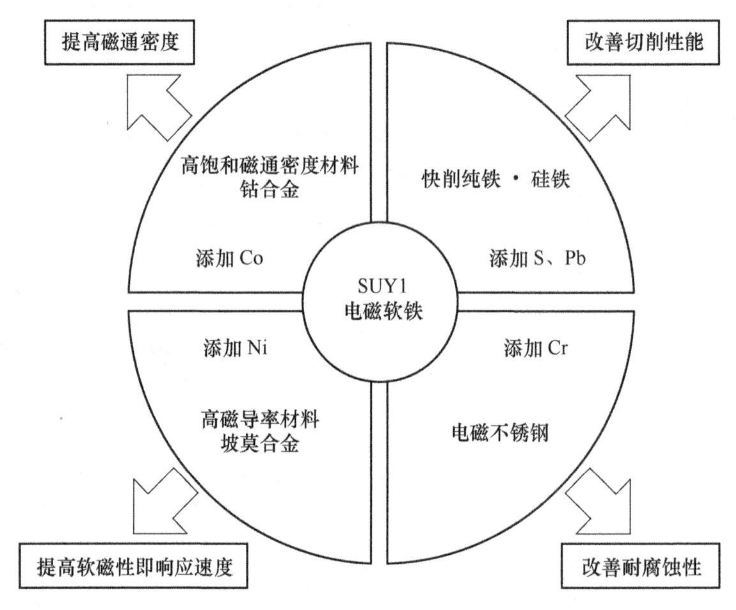

图 11-9　软磁铁素体不锈钢的发展趋势

参考文献

[1] Plaut R L, Herrera C, Escriba D M, et al. A short review on wrought austenitic stainless steels at high temperatures——Processing, microstructure, properties and performance [J]. Mater Res, 2007, 10 (4): 453~460.

[2] Lo K H, Shek C H, Lai J K L. Recent developments in stainless steels [J]. Mater Sci Eng R, 2009, 65 (4~6): 39~104.

[3] 周友军, 连和平, 任彤, 等. AOD 和 VOD 精炼工艺的综合比较 [J]. 工业加热, 2013, 42 (4): 53~55.

[4] Ara K. Magnetic characteristics of ferromagnetic stainless steels [J]. IEEE Trans Mag, 1989, 25: 2617~2623.

[5] Kittel C. Introduction to the solid state physics [M]. Third ed. John Wiley and Sons, Inc, 1967.

[6] Gonser U, Meechan C J, Muir A H, et al. Determination of néel temperatures in fcc iron [J]. J Appl Phys, 1963, 34: 2373~2378.

[7] Lv Z Q, Fu W T, Sun S H, et al. Structural, electronic and magnetic properties of cementite-type Fe_3X (X = B, C, N) by first-principles calculations [J]. Solid State Sci, 2010, 12: 404~408.

[8] Cullity B D, Graham C D. Introduction to magnetic materials [M]. Second Edition. John Wiley & Sons, Inc., Hoboken, New Jersey, 2009.

[9] International Stainless Steel Forum (ISSF). The ferritic solution: Properties, advantages, applications. 2007. www. worldstainless. org/publications/brochures_ and_ posters.

[10] 康喜范. 铁素体不锈钢 [M]. 北京: 冶金工业出版社, 2012.

[11] Iwaoka S, Kaito H, Ohtani T, et al. Development of improved VOD method for producing ultra low interstitial ferritic stainless steel [C] //Stainless Steel 77, London, England, 1977: 130~159.

[12] O'Handley R C. Modern magnetic materials: Principle and applications [M]. John Wiley & Sons, Inc., 2000.

[13] Terentyev D A, Bonny G, Malerba L. Strengthening due to coherent Cr precipitates in Fe-Cr alloys-Atomistic simulations and theoretical models [J]. Acta Mater, 2008, 56 (13): 3229~3235.

[14] Mohapatran J N, Kamada Y, Murakami T, et al. Magnetic hysteresis loop technique as a tool for the evaluation of σ phase Embrittlement in Fe-Cr alloys [J]. J Magn Magn Mater, 2013, 327: 71~75.

[15] Liu Y P, Yi Y D, Shao W, et al. Microstructure and magnetic properties of soft magnetic powder cores of amorphous and nanocrystalline alloys [J]. J Magn Magn Mater, 2013, 330: 119-133.

[16] 陆世英, 张廷凯, 康喜范, 等. 不锈钢 [M]. 北京: 原子能出版社, 1995.

[17] 宋全明. Chrome Core 系列耐蚀软磁合金的开发及应用 [J]. 金属功能材料, 2013, 5: 45~46.

[18] Lizlovs E A, Bond A P J. Anodic polarization behavior of high purity 13 and 18% chromium stainless steels [J]. J. Electrochem. Soc., 1975, 122: 719~722.

[19] Lizlovs E A, Bond A P. J. Anodic polarization behavior of 25% chromium ferritic stainless steels [J]. J. Electrochem. Soc., 1971, 118: 22~28.

[20] 赵宇，李军，李波，等. 钼对耐蚀软磁合金抗蚀性及磁性能的影响 [J]. 金属研究学报，2006, 11: 36~37.

[21] Degauque J, Astie B. Influence of the grain size on magnetic and magnetomechanical properties of high-pure iron [J]. J Magn Magn Mater, 1982, 26: 261~263.

[22] 郑淮北. 12CrNi 铁素体不锈钢焊接性研究 [D]. 沈阳：东北大学，2011.

[23] Abo H, Nakazawa T, Takemura S, et al. Influence of carbon and nitrogen on toughness and grain boundary corrosion in ferritic stainless steel [C] //Stainless Steel 77, London, England, 1977: 35~47.

[24] Nana S, Cortie M B. Retardation of intermetallic phase formation in experimental superferritic stainless steels [J]. Metallurgical and Materials Transaction A, 1996, 27A: 2436~2444.

[25] Bourgain P. Ferritic stainless steel and process for producing such a steel, US, 5230752 [P]. 1993-7.

[26] Steigerwald R F, Bond A P, Dundas H J, et al. The New Fe-Cr-Mo ferritic stainless steels [J]. Corrosion, 1977, 33 (8): 279~295.

[27] David J. 磁学及磁性材料导论 [M]. 肖春涛，译. 兰州：兰州大学出版社，2003.

[28] Yazawa Y. Proceedings of the International Congress, Stainless Steel'96, Dusseldorf, [C]. 1996: 123~126.

参考书目

1. 康喜范编著，铁素体不锈钢，冶金工业出版社，2012.

2. 刘震宇，江来珠著，铁素体不锈钢的物理冶金学原理及生产技术，冶金工业出版社，2014.

3. 陆世英著，超级不锈钢和高镍耐蚀合金，化学工业出版社，2012.

4. 张文华主编，不锈钢及其热处理，辽宁科学技术出版社，2010.

5. [美] A·约翰·塞德赖克斯著，吴剑译，不锈钢的腐蚀，机械工业出版社，1986.

6. 陆世英，不锈钢概论，中国科学技术出版社，2007.

7. 戴道生，钱昆明著，铁磁学（上），科学出版社，1987.

8. 钟文定著，铁磁学（中），科学出版社，1987 年.

9. 廖绍彬著，铁磁学（下），科学出版社，1988 年.

10. [日] 近角聪信著，葛世慧译，铁磁性物理，兰州大学出版社，2002.

11. David Jiles 著，肖春涛译，磁学及磁性材料导论，兰州大学出版社，2003.

12. 姜寿亭，李卫著，凝聚态磁性物理，科学出版社，2003.

13. 严密，彭晓领，磁学基础与磁性材料，浙江大学出版社，2006.

14. 冯端，金国钧著，凝聚态物理学（上卷），高等教育出版社，2003.